油气储运工程

主　编：吕宇玲
副主编：何利民

石油工业出版社

图书在版编目（CIP）数据

　　石油百科．开发．油气储运工程/吕宇玲主编．—北京：石油工业出版社，2024.7

　　ISBN 978-7-5183-5631-7

　　Ⅰ.①石… Ⅱ.①吕… Ⅲ.①石油与天然气储运–普及读物 Ⅳ.①TE8-49

　　中国版本图书馆CIP数据核字（2022）第195033号

石油百科（开发）·油气储运工程
Shiyou Baike（Kaifa）·Youqi Chuyun Gongcheng

出版发行：石油工业出版社
　　　　　（北京安定门外安华里2区1号　100011）
　　　　　　网　址：www.petropub.com
　　　　　　编辑部：（010）64523757　图书营销中心：（010）64523633
经　　销：全国新华书店
印　　刷：北京中石油彩色印刷有限责任公司

2024年7月第1版　2024年7月第1次印刷
710×1000毫米　开本：1/16　印张：26.5
字数：480千字

定价：160.00元
（如出现印装质量问题，我社图书营销中心负责调换）
版权所有，翻印必究

《中国石油勘探开发百科全书》
总编委会

主　　　任：刘宝和
常务副主任：沈平平　魏宜清
副　主　任：贾承造　赵政璋　袁士义　刘希俭　白泽生　吴　奇
　　　　　　赵文智　李秀生　傅诚德　李文阳　丁树柏
委　　　员：（按姓氏笔画排序）
　　　　　　马　纪　马双才　马家骥　王元基　王秀明　石宝珩
　　　　　　田克勤　刘　洪　齐志斌　吕鸣岗　余金海　吴国干
　　　　　　张　玮　张　镇　张卫国　张水昌　张绍礼　李建民
　　　　　　李秉智　宋新民　汪廷璋　杨承志　邹才能　陈宪侃
　　　　　　单文文　周　虬　周家尧　孟慕尧　岳登台　金志俊
　　　　　　咸玥瑛　姜文达　禹长安　胡永乐　胡素云　赵俭成
　　　　　　赵瑞平　秦积舜　钱　凯　顾家裕　高瑞祺　章卫兵
　　　　　　蒋其垱　谢荣院　潘兴国

主　　　编：刘宝和
常务副主编：沈平平　魏宜清
副　主　编：张卫国　孟慕尧　高瑞祺　潘兴国　单文文

学术委员会

主　　　任：邱中建
委　　　员：（按姓氏笔画排序）
　　　　　　王铁冠　王德民　田在艺　李庆忠　李德生　李鹤林
　　　　　　苏义脑　沈忠厚　罗平亚　胡见义　郭尚平　袁士义
　　　　　　贾承造　顾心怿　康玉柱　韩大匡　童晓光　翟光明
　　　　　　戴金星
秘　书　长：沈平平
副秘书长：傅诚德

《石油百科（开发）》编委会

主　　任：刘宝和

副 主 任：（按姓氏笔画排序）

　　　　　丁树柏　刘希俭　李文阳　李秀生　沈平平　张卫国
　　　　　李俊军　吴　奇　单文文　孟慕尧　赵文智　赵政璋
　　　　　袁士义　贾承造　高瑞祺　傅诚德　潘兴国

主　　编：刘宝和　蒲春生

副 主 编：（按姓氏笔画排序）

　　　　　尹洪军　李明忠　步玉环　何利民　陈明强　范宜仁
　　　　　国景星　廖锐全

成　　员：（按姓氏笔画排序）

　　　　　于乐香　王卫阳　王胡振　邓少贵　石善志　吕宇玲
　　　　　任　龙　任丽华　刘　静　刘均荣　刘陈伟　许江文
　　　　　李红南　吴飞鹏　张　益　张　锋　张　楠　张顶学
　　　　　张福明　罗明良　郑黎明　赵　勇　柳华杰　钟会影
　　　　　郭辛阳　郭胜来　曹宝格　章卫兵　葛新民　景　成
　　　　　温庆志　蒲景阳

专家组：郭尚平　胡文瑞　苏义脑　刘　合　李　宁　沈平平
编辑组：李　中　方代煊　何　莉　贾　迎　王金凤　王　瑞
　　　　金平阳　何丽萍　张　倩　王长会　沈瞳瞳　孙　宇
　　　　张旭东　申公显　白云雪

PREFACE 序

能源安全是关系国家经济社会发展的全局性、战略性问题，对国家繁荣发展、人民生活改善、社会长治久安至关重要。党的十八大以来，习近平总书记提出"四个革命、一个合作"能源安全新战略，为我国新时代能源发展指明了方向，开辟了能源高质量发展的新道路。

能源是国家经济、社会可持续发展最重要的物质基础之一，当前全球能源发展处于从化石能源向低碳的可再生能源及无碳的自然能源快速转变的过渡期，能源结构呈现出"传统能源清洁化，低碳能源规模化，能源供应多元化，终端用能高效化，能源系统智能化，技术变革全面化"的总体趋势。尽管如此，油气资源仍是影响国家能源安全最敏感的战略资源。随着我国经济快速发展，油气对外依存度不断加大，2021年已分别达到72.2%和46.0%。因此，大力提升油气勘探开发力度和加强天然气产供储销体系建设，关系到国家能源安全和经济社会稳定发展大局，任务艰巨、责任重大。

近年来，随着油气勘探开发理论与技术的进步，全球油气勘探开发领域逐渐呈现出向深水、深层、非常规、北极等新区、新领域转移的趋势。中国重点含油气盆地面临着勘探深度加大、目标更为隐蔽、储层物性更差、开发工程技术难度增加等诸多挑战。因此，适时地分析总结我国在油气勘探、开发和工程技术等方面的新理论、新技术、新材料以及新装备等，并以通俗易懂的百科条目形式使之广泛传播，对于提升广大石油员工科学素养、促进石油科技文化交流、突破油气勘探开发关键技术瓶颈等方面意义重大。《石油百科（开发）》共10个分册，是在2008年出版的《中国石油勘探开发百科全书》基础上，通过100多位专家学者的共同努力，按照《开发地质》《油气藏工程》《钻完井工程》《采油采气工程》《试井工程》《试油工程》《测井工程》《储层改造》《井下作业》和《油气储运工程》10个专业领域分册，对油气勘探开发理论、技术、工程等方面进行了更加全面细致的梳理总结，知识体系更加完整细化，条目数量大幅度增加，并适当调整了原有条目内容和纂写形式，进一步完善并总结了当前在非常规与深水深地油气等储层勘探开发新进展，增加了更多的原理或示意插图，使词条描述更加清晰易懂，提高了词条描述的准确性与可读性，拓宽了百科全书读者范围，充分满足了基层石油工人、工程技术人员、科研人员以及非石油行业读者的查阅需要。《石油百科（开发）》的编纂出版，提升了《全书》内容广泛性与实用性，搭建了石油科技文化交流平台，推动了油气勘探开发技术创新，是我国石油工业进入勘探开发瓶颈期的一项标志性石油出版工程，影响深远。

当前，我国油气资源勘探开发研究虽取得了重大进展，但与国外先进水平仍有一定差距。习近平总书记站在党和国家前途命运的战略高度，做出大力提升油气勘探开发力度、保障国家能源安全的重要批示，为我国石油工业的发展指明了方向。我们要高举中国特色社会主义伟大旗帜，继承与发扬石油工业优良传统，坚持自主创新、勇于探索、奋发有为，突破我国石油勘探开发领域"卡脖子"的技术难题，为实现中华民族伟大复兴中国梦贡献更大的石油力量。中国的石油工业任重而道远，这套《石油百科（开发）》的出版必将对中国石油工业的可持续发展起到积极的推动作用。

中国工程院院士

FOREWORD 前言

《中国石油勘探开发百科全书》（包括综合卷、勘探卷、开发卷和工程卷，简称《全书》）于 2008 年出版发行，《全书》出版后深受读者欢迎，并且收到不少读者的反馈意见。石油工业出版社根据读者的反馈意见以及考虑到《全书》已出版十几年，随着油气勘探开发理论与技术不断创新、发展，涌现了大量的新理论、新技术、新材料以及新装备，经过调研以及和有关专家研讨后决定在《全书》的基础上按专业独立成册的方式编纂《石油百科（开发）》。

《石油百科（开发）》包括《开发地质》《油气藏工程》《钻完井工程》《采油采气工程》《试井工程》《试油工程》《测井工程》《储层改造》《井下作业》和《油气储运工程》10 个分册，总计约 6500 条条目，主要以《全书》工程卷和开发卷为基础编纂而成。和《全书》相比，《石油百科（开发）》具有如下特点：《石油百科（开发）》每个专业独立成册，做到专业针对性更强；《全书》受篇幅限制只选录主要条目，而《石油百科（开发）》增补了大量条目（增加一倍以上），尽量做到能够满足读者查阅需求，实用性更强；《石油百科（开发）》增加了大量的图表，以增加阅读性；有针对性地增加了非常规、深水深地以及极地油气等难动用储层勘探开发理论与技术的条目。

百科全书的组织编纂是一项浩繁的工作。2016 年 11 月，石油工业出版社在山东青岛中国石油大学（华东）组织召开了《石油百科（开发）》编纂启动会，成立了由 30 多位专家教授组成的编委会，全面展开《石油百科（开发）》编纂工作。为了使《石油百科（开发）》的撰写、审稿和编辑加工能按统一标准规范进行，石油工业出版社组织编印了《石油百科·编写细则》，之后又先后编印了《石油百科·编写注意事项》《石油百科·编辑要求》，推动了各分册工作的顺利进行。

《石油百科（开发）》由中国石油大学（华东）蒲春生教授牵头，由陈明强、何利民、李明忠、廖锐全、范宜仁、步玉环、国景星、尹洪军教授分别担任 10 个分册的主编。在编纂过程中，采取主编责任制，每个分册主编挑选 3~4 名参编人员作为分册副主编，组成编写小组。2017—2020 年期间，编委会每年定期召开两次编审讨论会，对《石油百科（开发）》各分册的阶段初稿进行研讨，及时解决撰写过程中遇到的困惑和难点，使《石油百科（开发）》的编纂工作得以顺利进行。经过全体编写人员的共同努力和辛勤工作，于 2020 年 6 月完成了《石油百科（开发）》的初稿，并由石油工业出版社责任编辑进行了初审，专家组成员对《石油百科（开发）》初稿进行了仔细、认真地审阅，并提出了许多十分宝贵的修改意见和指导性建议。在此基础上，结合专家审阅意见，各分册编写小组进行了最后修改完善与提升，陆续完成了《石油百科（开发）》终稿，编纂经历了近 4 年时间。

为了确保条目的准确性和权威性，由中国科学院和中国工程院石油勘探、开发、工程方面的院士及资深专家组成《石油百科（开发）》专家组，对《石油百科（开发）》各分册框架及条目进行了认真的审核，在此表示诚挚的谢意！

《石油百科（开发）》涉及内容广泛，参加编写人员众多，疏漏之处在所难免，敬请读者批评指正。

《石油百科（开发）》编委会

凡 例

1.《石油百科（开发）》是在《中国石油勘探开发百科全书》（简称《全书》）开发卷和工程卷的基础上编纂而成，增加了大量条目和对原来条目进行修改完善。

2.《石油百科（开发）》按专业独立成册，包括《开发地质》《油气藏工程》《钻完井工程》《采油采气工程》《试井工程》《试油工程》《测井工程》《储层改造》《井下作业》和《油气储运工程》10个分册。分册之间的交叉条目，在不同分册各自保留，释文侧重本专业内容。

3. 条目按照学科知识体系分类排列，正文后面附有条目汉语拼音索引。条目是本书的主体，是供读者查阅的基本单元，可以通过"条目分类目录"和"条目汉语拼音索引"进行查阅。

4. 条目一般由条目标题（简称条头）、与条头对应的英文、条目释文、相应的图表和作者署名等组成。有些条目提供了推荐书目，读者可以进一步阅读相关内容。

5. 作者署名原则为：完全采用《全书》的条目其署名为原条目作者；对《全书》条目修改的其署名为原条目作者和修改作者；新增加条目其署名为条目撰写作者。

6. 条目内容涉及其他条目，或与其他条目互为补充时，本书提供了"参见"方式，在正文中用蓝色楷体标出，方便读者查阅相关知识。

7. 当一个条目有多种叫法时，在正文中用"又称××"表示，并用斜体标出。又称条目收录到"条目汉语拼音索引"中，并且用楷体加"*"标出。

总 目 录

- 序

- 前言

- 凡例

- 条目分类目录

- 正文 /1—385

- 附录 石油科技常用计量单位换算表 /386—392

- 条目汉语拼音索引 /393—401

条目分类目录

油田集输

油气集输 ········· 1	聚合物配制站 ········· 14
集油流程 ········· 1	**集输站场** ········· 16
开式集油流程 ········· 1	计量站 ········· 16
密闭集油流程 ········· 2	单井计量站 ········· 17
不加热集油流程 ········· 2	多井计量站 ········· 17
加热集油流程 ········· 3	多相流量计 ········· 18
蒸汽伴热集油流程 ········· 3	油气计量分离器 ········· 18
电加（伴）热集油流程 ········· 4	接转站 ········· 19
掺热水集油流程 ········· 4	油气混输接转站 ········· 19
掺热油集油流程 ········· 5	油气分输接转站 ········· 20
掺蒸汽集油流程 ········· 5	油气集中处理站 ········· 21
掺活性水集油流程 ········· 6	一级布站 ········· 22
掺稀原油集油流程 ········· 7	一级半布站 ········· 22
掺轻质馏分油集油流程 ········· 8	二级布站 ········· 22
单管集油流程 ········· 9	三级布站 ········· 23
双管掺液集油流程 ········· 9	**油气混输** ········· 23
三管伴热集油流程 ········· 10	含气率 ········· 24
萨尔图集油流程 ········· 10	含液率 ········· 24
辐射状管网集油流程 ········· 10	气泡流 ········· 25
树枝状管网集油流程 ········· 11	气团流 ········· 25
闭式热水循环采油集油流程 ········· 11	分层流 ········· 26
单管环状掺水集油流程 ········· 12	波浪流 ········· 26
蒸汽驱集油流程 ········· 13	冲击流 ········· 26
高凝油集油流程 ········· 13	不完全环状流 ········· 27
水力活塞泵采油集油流程 ········· 13	环状流 ········· 27
单井罐拉油流程 ········· 14	弥散流 ········· 27

流型图 ……………………………	28
两相水力摩阻系数 ……………	28
分相流模型 ……………………	29
均相流模型 ……………………	29
多相泵 …………………………	29
螺旋轴向泵 ……………………	30
双螺杆多相泵 …………………	30
油气产量计量装置 ……………	31
功图法计量装置 ………………	32
称重式计量装置 ………………	32
分离式多相流量计 ……………	33
均相化多相流量计 ……………	34
非均相化多相流量计 …………	34
容积式流量计 …………………	35
速度式流量计 …………………	35
差压式流量计 …………………	35
电磁流量计 ……………………	35
超声波流量计 …………………	36
质量流量计 ……………………	36
体积管 …………………………	37
油气水分离 …………………	38
油气水三相分离器 ……………	39
捕雾器 …………………………	40
气液旋流分离器 ………………	43
段塞流捕集器 …………………	43
天然气除油器 …………………	44
分离器控制系统 ………………	45
传感器 …………………………	45
控制阀 …………………………	46
原油除砂 ………………………	46
原油脱水 ……………………	47
油水乳状液 ……………………	48
复合乳状液 ……………………	49
破乳 ……………………………	49

絮凝 ……………………………	49
破乳剂 …………………………	50
消泡剂 …………………………	50
原油热化学沉降脱水 …………	51
原油电脱水 ……………………	52
原油开式罐沉降脱水 …………	53
原油压力罐沉降脱水 …………	53
蒸发脱水 ………………………	54
游离水脱除器 …………………	54
原油电脱水器 …………………	55
原油加热 ……………………	56
油田加热炉 ……………………	56
火筒式加热炉 …………………	56
管式加热炉 ……………………	57
水套加热炉 ……………………	58
真空加热炉 ……………………	58
换热器 …………………………	59
板式换热器 ……………………	59
管式换热器 ……………………	60
板翅式换热器 …………………	61
原油稳定 ……………………	61
原油负压闪蒸稳定 ……………	62
原油微正压闪蒸稳定 …………	63
原油加热闪蒸稳定 ……………	64
原油全塔分馏稳定 ……………	65
原油提馏稳定 …………………	65
原油精馏稳定 …………………	66
多级分离稳定 …………………	67
原油稳定塔 ……………………	68
脱甲烷塔 ………………………	68
脱乙烷塔 ………………………	69
脱丁烷塔 ………………………	70
吸收塔 …………………………	70
再生塔 …………………………	71

闪蒸容器	71	含油污水双向过滤技术	80
塔底再沸器	72	含油污水双层滤料过滤技术	81
回流罐	73	油田污水改性纤维球过滤技术	81
回流冷凝器	73	污水连续砂滤技术	81

油田采出水处理 … 74

		膜过滤	82
含油污水处理重力流程	75	过滤滤料	83
含油污水处理压力流程	76	纤维球滤料	83
含油污水处理技术	77	核桃壳滤料	84
低温含油污水处理技术	78	油田污水稳定生物塘处理技术	85
稠油污水处理技术	79	含油污水气浮选技术	85
含油污水旋流除油技术	80		

气田集输

气田集输	87	输气管线	97
天然气集输	87	**集气站**	97
低渗透气田地面集输	88	增压站	98
煤层气地面集输	88	**天然气处理**	99
页岩气地面集输	89	天然气脱酸性气工艺	101
天然气集气流程	89	天然气固体脱硫工艺	101
辐射状管网集气流程	90	氧化铁脱硫工艺	102
树枝状管网集气流程	90	分子筛脱硫工艺	102
环状管网集气流程	90	天然气液体脱硫工艺	103
辐射与枝状组合式管网集气流程	90	醇胺脱硫工艺	104
辐射与环状组合式管网集气流程	91	砜胺脱硫工艺	106
常温分离集气流程	91	新砜胺脱硫工艺	107
常温分离单井集气流程	92	冷甲醇法脱硫工艺	107
常温分离多井集气流程	92	Fluor 法脱硫工艺	108
常温多级分离集气流程	93	膜分离脱酸工艺	109
低温分离集气流程	94	超音速分离工艺	110
集输气管网	94	变压吸附脱硫工艺	110
天然气井场	95	硫黄回收工艺	111
采气管线	95	克劳斯硫黄回收工艺	111
集气管线	96	尾气处理工艺	113

低温克劳斯工艺 …………………… 113
还原—吸收工艺 …………………… 114
硫黄成型工艺 ……………………… 115

天然气脱水 ……………………………116

天然气液体吸收脱水工艺 ………… 117
三甘醇脱水工艺 …………………… 118
乙二醇脱水工艺 …………………… 119
天然气固体吸附脱水工艺 ………… 119
分子筛脱水工艺 …………………… 121
硅胶脱水工艺 ……………………… 124
低温分离脱水工艺 ………………… 124
空冷脱水工艺 ……………………… 125
冷凝器 ……………………………… 125
水冷式冷凝器 ……………………… 126
空冷式冷凝器 ……………………… 127
蒸发式冷凝器 ……………………… 127
冷箱 ………………………………… 128
冷剂制冷脱水工艺 ………………… 128
丙烷制冷脱水工艺 ………………… 129
节流阀制冷脱水工艺 ……………… 129
闪蒸分离器 ………………………… 129
氨制冷脱水工艺 …………………… 130
吸附平衡 …………………………… 130
吸附速率 …………………………… 131

吸附热 ……………………………… 131
吸附剂再生 ………………………… 132
吸附剂平衡湿容量 ………………… 132
吸附剂设计湿容量 ………………… 133
干气露点 …………………………… 133

天然气凝液回收 ………………………133

油吸收 ……………………………… 134
固定床吸附 ………………………… 135
天然气回收冷凝法 ………………… 136
天然气凝液浅冷回收工艺 ………… 136
氨压缩制冷回收工艺 ……………… 137
氨吸收制冷回收工艺 ……………… 139
丙烷压缩制冷回收工艺 …………… 139
天然气凝液深冷回收工艺 ………… 140
丙烷乙烷复叠式制冷回收工艺 …… 140
膨胀制冷回收工艺 ………………… 141
膨胀与冷剂相结合制冷回收工艺 … 142
热分离机制冷回收工艺 …………… 143
气波制冷回收工艺 ………………… 144

凝析气集输处理 ………………………144

凝析气高压集输工艺 ……………… 145
凝析气节流阀制冷处理工艺 ……… 145
凝析油逐级闪蒸分馏稳定工艺 …… 145

油气外输

油田集输工艺泵 ………………………147

增压泵 ……………………………… 147
脱水泵 ……………………………… 147
外输泵 ……………………………… 147
轻烃泵 ……………………………… 147
同步回转油气混输泵 ……………… 148
液化石油气泵 ……………………… 148

离心泵 ……………………………… 149
单吸式离心泵 ……………………… 149
双吸式离心泵 ……………………… 150
容积泵 ……………………………… 151
齿轮泵 ……………………………… 151
螺杆泵 ……………………………… 152

清管器 …………………………………153

橡胶清管球	153	聚乙烯防腐层	172
聚氨酯泡沫清管器	154	聚乙烯胶黏带防腐层	173
皮碗清管器	154	硬质聚氨酯泡沫塑料	174
直板清管器	155	管线内防腐层	174
刮蜡清管器	156		
射流清管器	157		
清管器收发装置	157		

输送钢管 … 158

- 无缝钢管 … 158
- 电阻焊钢管 … 159
- 直缝埋弧焊钢管 … 159
- 螺旋缝埋弧焊钢管 … 159
- 双金属复合管 … 160
- 非金属管道 … 160
- 玻璃钢管道 … 161
- 聚乙烯塑料管道 … 161
- 聚丙烯塑料管道 … 162

管线阀门 … 162

- 闸阀 … 163
- 截止阀 … 164
- 球阀 … 165
- 止回阀 … 166
- 安全阀 … 167
- 调节阀 … 167
- 节流阀 … 167
- 疏水器 … 168
- 手动阀 … 169
- 电动阀 … 169
- 气动阀 … 170
- 液压阀 … 170

管线外防腐层 … 170

- 石油沥青防腐层 … 171
- 环氧煤沥青防腐层 … 171
- 熔结环氧粉末外涂层 … 172

管道输油工艺 … 175

- 油品等温输送 … 175
- 油品加热输送 … 175
- 油品顺序输送 … 176
- 油品改性输送 … 176
- 降凝输送 … 176
- 降凝剂 … 177
- 加轻油稀释输送 … 177
- 原油磁处理输送 … 178
- 加减阻剂输送 … 178
- 减阻剂 … 179
- 水环输送 … 180
- 混油界面检测 … 180
- 混油处理 … 180
- 混油切割 … 181

输油流程 … 182

- 旁接油罐输送流程 … 183
- 密闭输送流程 … 183

输油站 … 183

- 输油首站 … 184
- 输油末站 … 185
- 输油泵 … 185
- 减压系统 … 186
- 水击 … 186
- 泄压阀 … 186
- 安全停输时间 … 187
- 停输再启动 … 188

管道泄漏检测 … 189

- 直接检测 … 189
- 间接检测 … 189

实时模型法 …………………… 191
　质量平衡法 …………………… 191
　负压波法 ……………………… 191
　管道泄漏定位 ………………… 192
　管线结蜡 ……………………… 192
　管线清蜡 ……………………… 193
输气工艺 ………………………… 193
输气站 …………………………… 193
　输气首站 ……………………… 194
　输气末站 ……………………… 194
　气体接收站 …………………… 195
　气体分输站 …………………… 195
　压气站 ………………………… 195
　天然气系统调峰 ……………… 195
　泄压放空系统 ………………… 196
　放空火炬系统 ………………… 196
　天然气管道减阻 ……………… 196
水合物浆液输送 ………………… 197
天然气水合物 …………………… 197
　气体饱和水含量 ……………… 198
　水露点 ………………………… 199
　烃露点 ………………………… 199
　甜气图 ………………………… 199
　酸气图 ………………………… 199
　水合物抑制剂 ………………… 199
天然气计量 ……………………… 200
　孔板流量计 …………………… 200
　涡轮流量计 …………………… 201
　涡街流量计 …………………… 201
　气体罗茨流量计 ……………… 202

油品储存

储油库 …………………………… 203
　储罐容量 ……………………… 204
　周转系数 ……………………… 204
　防火堤 ………………………… 205
　应急事故池 …………………… 205
　油气回收 ……………………… 206
　油品蒸发损耗 ………………… 207
　油库消防 ……………………… 207
储油罐 …………………………… 207
　立式圆筒形金属拱顶罐 ……… 208
　立式圆筒形金属外浮顶罐 …… 208
　立式圆柱形金属内浮顶罐 …… 209
　覆土油罐 ……………………… 210
　零位罐 ………………………… 210
　卧式储罐 ……………………… 210
　球罐 …………………………… 211
　低温双层储罐 ………………… 212
储罐附件 ………………………… 212
　油罐管式加热器 ……………… 213
　呼吸阀 ………………………… 214
　液压安全阀 …………………… 214
　透光孔 ………………………… 215
　人孔 …………………………… 216
　搅拌器 ………………………… 216
　量油孔 ………………………… 217
　阻火器 ………………………… 218
　液位报警器 …………………… 219
　避雷针 ………………………… 219
　铁路油罐车 …………………… 219
　鹤管 …………………………… 220
　输油臂 ………………………… 221
　汽车油罐车 …………………… 222

油轮……………………………… 222
油品计量
　液位检测……………………… 223
　在线取样……………………… 224
油库消防系统………………… 224
　消防管道……………………… 224
　消防给水系统………………… 225
　移动消防设备………………… 225
　消防报警通信系统…………… 226
　消防器材……………………… 227
　泡沫比例混合器……………… 227
　负压比例混合器……………… 228
　压力式比例混合器…………… 229
　泡沫产生器…………………… 229
　泡沫枪………………………… 230
　消火栓………………………… 230
半地下油库…………………… 231

地下油库……………………… 232
地下水封石洞油库…………… 232
水封洞库竖井………………… 233
储油洞室……………………… 234
巷道…………………………… 235
密封塞………………………… 236
水幕系统……………………… 236
水力保护界限………………… 237
围岩稳定性…………………… 238
防渗填层……………………… 238
储油洞室微震监测…………… 238
裂隙水处理…………………… 239
地下盐穴洞库………………… 240
储油溶腔……………………… 241
溶腔检测……………………… 242
盐穴储气库气密性试验……… 242

天然气储存

油气产品储存………………… 244
　油气产品常温压力储存……… 244
　低压气罐……………………… 245
　高压气罐……………………… 246
　高压管束……………………… 246
　天然气吸附储存……………… 246
　油气产品低温常压储存……… 247
　天然气液化储存……………… 247
　液化石油气调峰……………… 248
　油气产品低温压力储存……… 248
　天然气溶解储存……………… 248

天然气水合物固态储存……… 249
地下储气库…………………… 250
　油气藏型地下储气库………… 250
　含水层型地下储气库………… 251
　盐穴型地下储气库…………… 251
　废弃矿坑型地下储气库……… 252
　有效储气量…………………… 252
　垫底气………………………… 252
　注气压缩机…………………… 253
　过滤分离设备………………… 253
　储气库调峰…………………… 253

液化天然气

液化天然气 …………………… 255
  LNG 分层 ………………… 257
  LNG 翻滚 ………………… 257
  LNG 老化 ………………… 258
  LNG 液化率 ……………… 258

LNG 储运系统 ………………… 259
  LNG 储存系统 …………… 260
  LNG 常压储罐 …………… 260
  LNG 子母型储罐 ………… 261
  LNG 地下储罐 …………… 262
  LNG 地上储罐 …………… 262
  单容式储罐 ……………… 263
  双容式储罐 ……………… 263
  全容式储罐 ……………… 264
  薄膜型储罐 ……………… 264
  球形罐 …………………… 265
  LNG 运输系统 …………… 266
  LNG 工厂 ………………… 267
  LNG 管道 ………………… 267
  LNG 罐车 ………………… 267
  低温泵 …………………… 268
  LNG 接收站 ……………… 268
  LNG 气化站 ……………… 269
  浸没燃烧式气化器 ……… 270
  开架式气化器 …………… 270
  空温式气化器 …………… 271
  中间介质型气化器 ……… 272

天然气液化工艺 ……………… 272
  阶式制冷 ………………… 273
  混合冷剂制冷 …………… 274
  开式混合冷剂制冷 ……… 275

  闭式混合冷剂制冷 ……… 275
  预冷混合冷剂制冷 ……… 276
  蒸气压缩式制冷 ………… 277
  直接膨胀制冷 …………… 277
  制冷剂 …………………… 278
  膨胀机 …………………… 279
  透平膨胀机 ……………… 279
  活塞膨胀机 ……………… 279
  LNG 卸船系统 …………… 280
  LNG 卸货臂 ……………… 280
  LNG 运输船 ……………… 281
  并排卸货 ………………… 281
  串联卸货 ………………… 282
  LNG 装卸系统 …………… 282
  LNG 槽车卸液 …………… 283
  LNG 码头 ………………… 283
  卸液软管 ………………… 284
  旋转接头 ………………… 284
  内胆自增压 ……………… 285
  橇装式可移动 LNG 卫星站 ……… 285
  再冷凝器 ………………… 286
  增压器 …………………… 287
  LNG 储罐隔震垫 ………… 288
  LNG 储罐加强圈 ………… 288
  间歇泉 …………………… 289
  LNG 储罐调压系统 ……… 290
  蒸发气处理系统 ………… 290
  蒸发率 …………………… 291
  LNG 蒸气云 ……………… 292
  浮式液化天然气生产储卸装置 …… 293
  浮式储存及再气化装置 … 293

管道工程

管道线路工程 ……………… 295
 管道沿线地区等级 ……………… 295
 管道路由 ……………………… 296
 管道断裂控制 ………………… 297
 管道水工保护 ………………… 297

管道敷设 …………………… 298
 架空敷设 ……………………… 299
 直埋敷设 ……………………… 299

管道腐蚀 …………………… 300
 金属腐蚀 ……………………… 300
 化学腐蚀 ……………………… 301
 电化学腐蚀 …………………… 301
 杂散电流腐蚀 ………………… 302
 阴极保护 ……………………… 303
 管线排流保护 ………………… 303
 管线直流排流保护 …………… 304
 管线腐蚀监测 ………………… 304
 管道腐蚀检测 ………………… 306
 管线内防腐技术 ……………… 306
 集输管道内防腐技术 ………… 307
 区域性阴极保护 ……………… 307

管道附属工程 ……………… 308
 管道干线标志 ………………… 308
 警示牌 ………………………… 309
 标识带 ………………………… 309
 线路截断阀室 ………………… 309

管道自动控制 ……………… 310
 SCADA 系统 ………………… 310
 站控制系统 …………………… 311
 紧急停车系统 ………………… 311
 就地控制 ……………………… 312

管道通信系统 ………………… 312
数字化管道 …………………… 312

管道施工作业 ……………… 314
 管线钢 ………………………… 314
 管线钢管 ……………………… 315
 弯管 …………………………… 315
 弯管机 ………………………… 316
 测量放线 ……………………… 317
 弹性弯曲敷设 ………………… 317
 管道伴行道路 ………………… 317
 施工作业带 …………………… 318
 防腐管 ………………………… 318
 管沟 …………………………… 319
 挖沟机 ………………………… 320
 挖泥船 ………………………… 320
 布管 …………………………… 322
 管端坡口 ……………………… 322
 坡口机 ………………………… 323
 管口组对 ……………………… 323
 内对口器 ……………………… 324
 外对口器 ……………………… 325
 管道焊接 ……………………… 326
 焊接接头 ……………………… 326
 手工电弧焊 …………………… 327
 纤维素下向焊 ………………… 327
 低氢型焊条下向立焊 ………… 328
 自保护药芯焊丝半自动焊 …… 328
 全自动焊 ……………………… 329
 焊缝检验 ……………………… 330
 无损检测 ……………………… 330
 管道防腐 ……………………… 331

管道防腐补口 …………………… 332
管道防腐补伤 …………………… 332
管道下沟 ………………………… 333
吊管机 …………………………… 334
管道清管 ………………………… 334
管道测径 ………………………… 335
管道试压 ………………………… 335
管道干燥 ………………………… 335
管道穿越工程 …………………… 336
定向钻法穿越 …………………… 336
定向钻机 ………………………… 337
定向钻对穿工艺 ………………… 338
扩孔 ……………………………… 338
扩孔器 …………………………… 339
顶管法管道穿越 ………………… 339
螺旋钻机顶管穿越 ……………… 340
千斤顶顶管穿越 ………………… 340
平衡法顶管穿越 ………………… 341
盾构法管道穿越 ………………… 342
泥水平衡式盾构掘进机 ………… 342
土压平衡式盾构掘进机 ………… 343
混凝土管片 ……………………… 343
开挖法管道穿越 ………………… 344
不带水开挖管道穿越 …………… 344
带水开挖管道穿越 ……………… 344

矿山法隧道穿越 ………………… 345
管道跨越工程 …………………… 346
悬索式管道跨越 ………………… 346
斜拉索式管道跨越 ……………… 347
桁架式管道跨越 ………………… 347
轻型托架式管道跨越 …………… 348
梁式管道跨越 …………………… 348
单管拱管道跨越 ………………… 349
"Π"形钢架管道跨越 …………… 349
组合拱管道跨越 ………………… 350
悬缆式管道跨越 ………………… 350

储罐施工 …………………………… 351
固定顶储罐施工 ………………… 351
固定顶储罐充气倒装法施工 …… 352
固定顶储罐中心柱倒装法施工 … 352
固定顶储罐电动螺杆顶升法施工 … 353
固定顶储罐电动倒链多点提升
　倒装法施工 …………………… 354
固定顶储罐液压提升倒装法施工 … 355
固定顶储罐卷扬机提升倒装法施工 … 355
浮顶罐施工 ……………………… 356
浮顶储罐充水倒装法施工 ……… 357
浮顶储罐充水正装法施工 ……… 357
浮顶储罐内脚手架施工 ………… 358

储运安全

事故隐患 ………………………… 359
事故 ……………………………… 360
安全预警 ………………………… 361
火灾 ……………………………… 362
　燃烧 …………………………… 362
　爆炸 …………………………… 363

　稳定燃烧 ……………………… 363
　爆炸燃烧 ……………………… 363
　爆燃 …………………………… 364
　沸溢 …………………………… 364
第三方破坏 ……………………… 364
管道地质灾害 …………………… 365

地质灾害易发性 ················· 365
管道易损性 ····················· 366
管道完整性管理 ················· 366
高后果区识别 ··················· 368
效能评价 ······················· 369
完整性评价 ····················· 370
内检测 ························· 370
漏磁检测 ······················· 371
超声波内检测 ··················· 371
电磁超声检测 ··················· 372
几何检测 ······················· 372
测绘检测 ······················· 373
管道完整性直接评价方法 ········· 373
管道外腐蚀直接评价方法 ········· 374
管道压力试验 ··················· 374
基线检测 ······················· 375
高后果区 ······················· 376
风险评价 ······················· 376

失效概率 ······················· 377
失效后果 ······················· 377
潜在影响区域 ··················· 377
管体缺陷 ······················· 378
划痕 ··························· 378
凹坑 ··························· 379
褶皱 ··························· 379
裂纹 ··························· 380
金属损失 ······················· 381
涂层缺陷 ······················· 381
防腐层漏点 ····················· 381
流动安全保障 ··················· 382
管道蜡沉积 ····················· 383
沥青质沉积 ····················· 383
管道结垢 ······················· 383
水合物堵塞 ····················· 384
严重段塞流 ····················· 385

油田集输

【**油气集输** oil-gas gathering & transportation】 油井产出的油、气、水、砂等混合物,通过油气集输管网收集、油气水多相流混输、油气水分离、原油脱水、原油稳定、伴生气处理、污水处理等,处理成为合格的油气产品并计量储运的过程。从油井至油气集中处理站是油气的收集过程(见集油流程),在油气集中处理站处理成合格产品是油气处理过程,将合格的油气产品输至矿场油库储存并外输(运)至用户是油气储运过程。油气集输的站场包括井场、计量站、接转站、油气集中处理站、污水处理站、轻烃站和矿场原油库等。

推荐书目

冯叔初,郭揆常,王学敏. 油气集输[M]. 东营:石油大学出版社,1988.

(吕宇玲 何利民)

【**集油流程** oil gathering process】 油井产出的油(液)、气混合物,通过集油管线、计量站(接转站)至油气集中处理站的流程。集油流程的分类:按密闭程度分为开式集油流程与密闭集油流程;按加热方式分为不加热集油流程与加热集油流程;按集油流程管网的形态分为萨尔图集油流程、辐射状管网集油流程、树枝状管网集油流程和环状管网集油流程;按集油工艺铺设管线的根数分为单管集油流程、双管掺液集油流程和三管伴热集油流程。根据掺液的介质不同,双管掺液流程又分为掺活性水集油流程、掺稀原油集油流程和掺轻质馏分油集油流程等。

(李建民 吕宇玲)

【**开式集油流程** open oil gathering process】 油井产出的油(液)、气混合物从井口至油气集中处理站原油稳定装置的过程中,所流经设备(容器)未密闭,与大气接触的集油流程。典型的开式集油流程有以下三种情况:

（1）计量站设常压油罐。井口产出油、气、水进计量站分离器，经分离后天然气进入集气管网；含水原油进常压油罐，由外输泵输至接转站或油气集中处理站。

（2）接转站设常压油罐。计量站来油、气、水进接转站分离器，经分离后天然气进入集气管网；含水原油进常压油罐，由外输泵输至油气集中处理站。

（3）油气集中处理站设常压沉降脱水罐。计量站来油、气、水进油气分离器，经分离后天然气进气体处理装置；含水原油进入常压沉降脱水罐，通过沉降脱水后的含水原油再经脱水泵至电脱水器，脱水后净化油进常压油罐，由外输泵外输。

开式集油流程井口回压较低，适应于低产、低压、低气油比、间歇性出油的油井。开式集油流程的缺点为原油中轻质组分损耗大，大量轻质组分在"敞口"常压容器中挥发至大气，使得集中处理站原油稳定装置轻烃收率大大降低，且在"敞口"容器周围弥漫的轻质组分给安全生产带来极大隐患。同时因油气不密闭分输，不能充分利用井口能量，增加了集输过程中的能耗，综合经济效益差。

20世纪六七十年代之前开式集油流程应用较普遍。随着科学技术的发展及节能、环保观念的增强，从20世纪70年代末开始，开式集油流程的应用逐渐减少，密闭集油流程得到了广泛应用。

（李建民）

【密闭集油流程 closed oil gathering process】 油井产出的油（液）、气混合物从井口至油气集中处理站原油稳定装置的过程中，所流经设备（容器）均密闭带压，不与大气接触的集油流程。能充分利用井口能量，减少轻质组分损耗，节能降耗效果显著，是普遍采用的集油流程。油井产出物从井口经计量站到接转站或油气集中处理站为油气密闭混输。

（李建民　吕宇玲）

【不加热集油流程 non-heating oil gathering process】 用集油管线输送油（液）、气混合物或含水原油时不进行加热的集油流程。在收集油井油（液）、气产物的过程中不用加热，流程较简单，节能效果较好，投资省。通常对于新油田采用不加热集油流程的条件是：集油管线中输送介质为轻质、中质原油，井口温度及管线输送终点温

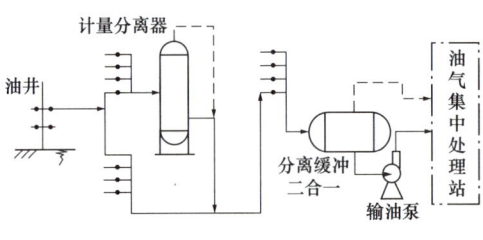

不加热集油流程示意图

度均高于原油析蜡温度；轻质、中质原油的井口温度及管线输送终点温度低于原油析蜡温度，而高于脱气原油凝点时，需有清蜡防蜡措施。沿线地温低于凝点时，还需有解堵措施。不加热集油流程如图所示。

中国大部分老油田已进入高含水或特高含水生产期，很多油井含水率在85%以上，在集油管线中输送原油的水力条件有很大改善，为在老油田调整改造中全部或部分停运已建三管、双管流程，采用单管不加热集油流程创造了很好的条件。各油田所处地理位置、自然环境、油品性质、含水情况不同，因而实现单管不加热集油流程的技术条件也不相同。

（李建民）

【加热集油流程 heating oil gathering process】 用集油管线输送油（液）、气混合物或含水原油时，为防止集油管线中原油析蜡、降低输送原油的黏度以减少输送过程中的摩擦阻力而对原油进行加热的集油流程，是常用集油流程之一。原油从油层进入井底沿井筒上升过程中，随着压力和温度的降低及原油中的伴生天然气逐渐分出，造成原油的黏度上升。当油温降低至原油析蜡温度时，原油中所含石蜡开始析出结晶并附着于管壁，减小原油流动截面积，增加流动阻力，严重时还可能堵塞集油管线，出现生产事故。采用加热方式可以较好地解决原油输送问题。加热部位根据需要可设在井口、集油干线、计量站、接转站等处。

相对于不加热集油流程，加热流程工程投资较高，能耗大，管理不便。通常适用于原油黏度高、凝固点高、析蜡温度高、流动性能差、单井产量较低油井原油的集输。流体在集油管线终点温度低于脱气原油凝点时可采用加热集油流程。对于稠油，采用加热方式的目的在于大幅度降低原油黏度以减小采油过程中的摩阻。

油田在开发初期根据需要建成的加热集油流程，并不是一成不变的。随着油田开发的进展，原油含水率逐渐升高，当油田进入高含水或特高含水生产期后，随着集油水力条件的改善，可考虑在具备条件的老油田将加热集油流程改造为不加热集油流程。

（李建民）

【蒸汽伴热集油流程 oil gathering process of steam tracing】 利用蒸汽伴热管为从井口到油气集中处理站的集油管线提供热量的集油流程。蒸汽由计量站或接转站的蒸汽锅炉产生，经管线送至井口，蒸汽管线与油井出油管线共同包扎，为出油管线伴热。蒸汽管线还可用于井口加热保温。

管道蒸汽伴热主要靠蒸汽的潜热进行伴热，蒸汽伴热介质温度取蒸汽压力下对应的饱和蒸汽温度。蒸汽伴热管道系统组成：蒸汽总管、蒸汽引入管、蒸汽分配站、蒸汽伴管、冷凝水收集站、冷凝水引出管、冷凝水总管等。伴热管的根数不宜超过4根,以小直径多根数为佳。

蒸汽伴热集油流程废蒸汽和冷凝水不回收,在计量站和井间只有两条管线,可节省部分钢材和建设投资。不回收废蒸汽和冷凝水使蒸汽锅炉用水量增大,水处理费用上升等。

（吕宇玲　何利民）

【电加（伴）热集油流程 oil gathering process of electric tracing】 采用电加（伴）热装置产生热量,为从井口到油气集中处理站的集油管道伴热的集油流程。由井口电加热器、电热保温管道、温控装置及电缆接头等构成。电加（伴）热集油工艺流程（见图）：油井（介质）→井口电加热器（有测温传感器,经调节仪控制温度）→电加热管道（经温控装置监测和控制温度）→油气集中处理站。

电加（伴）热集油流程的特点是：简化站内工艺、节省投资、降低站场的建设规模,是外围低产、低渗透油田减少投资的有效途径。外围油田部分区块规模小、油井分散、含蜡高、油气比低、产量递减速度快,采用常规的掺热水集油流程投资大,地面设施适应期短,运行成本高,为优化简化地面工艺,降低投资及运行成本,在这种油田可以采用电加（伴）热集油工艺流程。

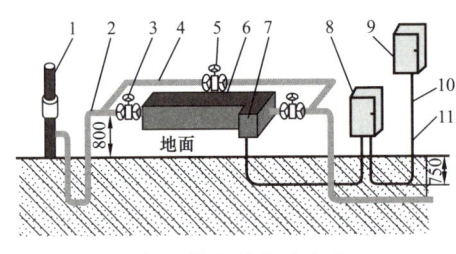

电加（伴）热集油流程
1—油井；2—出油管道；3—加热器阀门；4—旁通管；5—旁通管阀门；6—电磁加热器；7—温度调控箱；8—电源控制箱；9—抽油机配电箱；10—电缆；11—金属电缆护套

（吕宇玲　何利民）

【掺热水集油流程 oil gathering process with mixing heat·water】 在从井口到油气集中处理站的集油管线中掺入热水的集油流程。按其掺热水的方式不同分为两种流程：

（1）单管环形集油流程,供热站来的热水通过阀组间全部掺入集油管线起点。

（2）双管环形集油流程,水管线与集油管线平行,掺水在每口井处完成。

单管、双管环形集油流程的区别：单管环形集油流程是将各井需要的热水一次性地从阀组间掺入集油管线；双管环形集油流程是将热水在每口井处逐步地掺入集油管线中,其热水管线的流量沿水的流向逐渐减少,而集油管线的流量逐渐增加。

掺热水集油流程的特点与适用条件：掺热水集油流程生产安全可靠，操作管理方便，适用于油井产量小、原油黏度大、井口出油温度较低的情况。掺热水集油流程的系统动力、热力消耗与掺水量、掺水温度、输送介质黏度，以及油井产出液的流量、含水率等因素有关。掺水温度越高，热力费用越高，但是温度的升高会使混合液的黏度降低，从而降低了动力费用；反之，热力费用降低，动力费用增加。掺水量过大，使管道液量增加，动力费用增加，同时，增加需要加热的介质也增加了热力费用；掺水量过小，虽会一定程度减少摩擦损失和动力费用，但也会大大增加乳状液的黏度而导致动力费用的急剧增加。实际生产中应该综合考虑选择最优方案。

（吕宇玲　何利民）

推荐书目

冯叔初，郭揆常，等. 油气集输与矿场加工［M］. 青岛：中国石油大学出版社，2013.

【**掺热油集油流程** oil gathering process with mixing heat oil】　在从油井到油气集中处理站的集油管道中掺入热油的集油流程。油气水三相分离器分出的热油在供热站加热、增压后通过单独的管线送至计量站，经计量站阀组分配输送到各井井口，热油由井口掺入油井出油管线。

掺热油集油流程生产安全可靠，操作管理方便，适用于油井产量小、原油黏度大、井口出油温度较低的情况。掺热油集油流程，掺油温度越高，热力费用越高，但是温度的升高会使混合液的黏度降低，从而降低了动力费用；反之，热力费用降低，动力费用增加。掺油量过大，使管道液量增加，摩擦阻力增加，从而增加动力费用，同时，增加需要加热的介质也增加了热力费用；掺油量过小，虽会一定程度减少摩擦损失和动力费用，但也会大大增加乳状液的黏度而导致动力费用的急剧增加。综合来看，总费用与掺油量、掺油温度、输送介质黏度，以及油井产出液的流量、含水率等因素有关，这些因素又是相互影响和相互制约的。

（吕宇玲　何利民）

【**掺蒸汽集油流程** oil gathering process with mixing steam】　在稠油井口油嘴后面或油井的井筒内，掺入来自注汽锅炉供给的蒸汽，使稠油黏度降至管输条件的集油流程，是稠油开发常用地面集油工艺流程之一。稠油中掺入蒸汽，起到加热降黏和掺水降黏的双重作用，降黏效果好；注汽、采油合用一条管线，简化了流程，减少了一条管线，与掺液（稀油或活性水）流程相比，省掉一套掺液系统，方便生产管理；管线利用率高，除蒸汽吞吐完毕焖井的几天外，其余

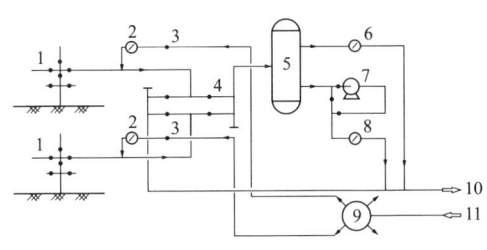

掺蒸汽集油流程示意图

1—井口；2—掺蒸汽计量表；3—节流阀；4—生产计量阀组；5—计量分离器；6—天然气计量表；7—管道泵；8—液计量表；9—球形等干度分配器；10—油气至接转站；11—注气站来高压蒸汽

时间均在运行，还可避免因管线长时间停输而造成的冻堵；整个集输系统靠注汽锅炉集中供热，热能利用率高（见图）。流程适应性不如掺液流程强，增加了高压管线、阀门、管件用量，过多地耗用了高压蒸汽。

应用条件为：黏度10000mPa·s（20℃）左右，气油比较高（10m³/t以上）的稠油集油；注汽压力不太高（10MPa左右）的区块；油田区块比较整装，并具备建固定式注汽站条件；供汽半径不大于1.5km，地面比较平坦，热力管网能地面敷设，且热损失较小。若采油工艺改用蒸汽吞吐以外的工艺技术时，本流程须进行改造。

（罗敬义　李明义）

【**掺活性水集油流程** oil gathering process with mixing active water】　在集油管线中掺入活性水的双管掺液集油流程。常用于稠油降黏集输。所掺介质为加入乳化剂的活性水。其乳化降黏的实质在于选用合适的表面活性剂，使之在稠油与水乳化过程中发生作用，降低油水界面力，形成黏度小的O/W（水包油）型乳状液，润湿边壁，降阻输送。

乳化剂的选用因稠油物性不同而异，必须通过试验筛选。乳化剂的降黏效果与乳状液的内相（油）浓度、乳化温度、乳化剂用量等有关。若选用适当，能形成O/W（水包油）型乳状液，其降黏效果十分明显；纯稠油黏度与O/W（水包油）型乳状液黏度之比，在实验室能达到3个数量级以上，生产中一般也能达到10倍以上，如某油田稠油黏度10000mPa·s（50℃）左右，可降至400mPa·s（50℃）左右。

对稠油降黏输送，筛选乳化剂的要求是：（1）生成的乳状液既要有足够的稳定性以便于管输，同时在适当条件下，又要便于破乳脱水；（2）药剂供应的稳定性及合适的价格；（3）较小的加入量及良好的低温性能。

活性水的掺入点根据需要可在井口出油管线、计量站出口干线、集油干线端点等处。活性水可由掺水计量站、接转站或油气集中处理站供给，视系统流程和布站方式不同而异。典型的掺活性水集油流程如图所示。

掺水量与产出油之比一般为（1.5～1.8）∶1，在实际运行中可能会更大一些。掺水温度一般为50～65℃，集油温度不宜低于30℃。

该流程管理方便，适应性强，对于黏度小于1000mPa·s（50℃），用常规方法开采的稠油使用效果较好。掺水流程对于低产油井、间歇出油井有很强适应性，它以调节掺水量的多少，来满足集输过程中的热力条件，使所有低产井、间歇出油井都能进入集油管网。另外，关井停产时，可用活性水替换管线中的油，不用扫线，再启

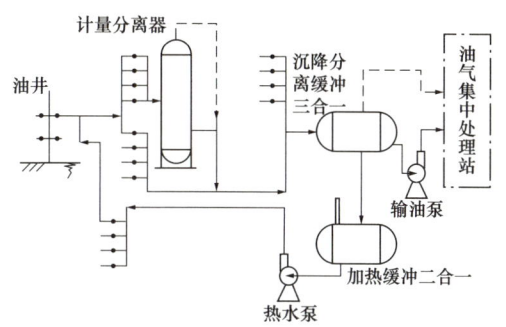

掺活性水集油流程示意图

动也比较容易。其缺点为：当原油黏度过高时，难以建立稳定的O/W型乳化状态，造成井口回压过高；油水混合有时不均匀，在输送中当流速较低时，易出现分层现象；油、水取样不准，难以准确计量；有时形成W/O型反相乳化脱水困难；掺水管线、阀门易腐蚀结垢；维修工作量较大；掺液量较大，能耗较高。

20世纪70年代末到80年代初，掺活性水集油流程在胜利油田、辽河油田、大港油田等稠油油田得到广泛应用。随着油田开发进入中、后期，含水不断上升，总液量大幅度增加，含水原油表观黏度显著下降，集油管网水力条件得到改善，掺活性水流程可逐步停掺运行，转为单管集油流程。

（李建民）

【掺稀原油集油流程 oil gathering process with mixing light crude oil】 在集油管线中掺入稀原油的双管掺液集油流程。常用于稠油降黏集输。所掺介质为低黏、轻质或中质原油。所掺稀原油从附近其他油田供给，经专用管道输至集中处理站稀油储罐，掺油泵抽出经加热、计量输至接转站或计量站，再次升温、升压、计量后分配至井口。掺入点可为井下、出油管线、计量站出口、集油干线等。稀释后的稠油采出液经计量站、接转站，进油气集中处理站脱水、加热、外输。

掺稀原油集油流程是利用稀原油与稠油可以完全互溶的特性，将稀油按一定比例掺入稠油中使其具有低的黏度和较好物性，达到稠油降黏的目的。两者的黏度差越大，降黏效果越好。掺油比一般为1：（0.5~0.7）（稠油：稀油）。掺稀原油后的混合油黏度可按下式计算：

$$\lg\lg\mu_m = X\lg\lg\mu_d + (1-X)\lg\lg\mu_h$$

式中：μ_m为混合油黏度，mPa·s（50℃）；μ_d为稀原油黏度，mPa·s（50℃）；μ_h为稠油黏度，mPa·s（50℃）；X为稀原油所占的质量百分数。

掺稀原油集油流程如图所示。

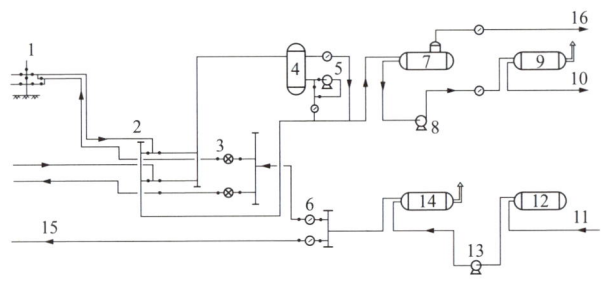

掺稀原油集油流程示意图

1—井口；2—生产计量阀组；3—掺油定量分配阀；4—计量分离器；5—抽送泵；6—稀油分配阀组；7—分离缓冲罐；8—油外输泵；9—外输加热炉；10—油至集中处理站；11—集中处理站来稀油；12—缓冲罐；13—掺油泵；14—稀油加热炉；15—稀油至其他掺油站；16—天然气外输

掺稀原油集油流程特点是：（1）适应性强。可以满足任何黏度的稠油降黏要求，尤其对低产、超稠、深井等油田非常适用。（2）灵活可靠。对油井出油温度比较高的可在井口掺，对稠油物性较差、井口出油温度低、井口回压高的可经套管掺到井下。（3）降黏效果显著且稳定。以辽河高升油田为例，稠油50℃时黏度为2000～4300mPa·s，20℃时密度为0.93～0.95g/cm³，所掺稀原油50℃时黏度为13.16mPa·s，20℃时密度为0.888g/cm³。当掺入量与产出量之比为1:0.45～1:1时，混合油密度分别为0.9228g/cm³和0.9052g/cm³；50℃时黏度分别降为325.5mPa·s和85.6mPa·s，较大幅度地减小了井筒液柱压力和管线水力摩阻，单井日产油量提高18%～89%；同时，混合油进站掺稀油后密度降低，也解决了因密度差小造成的脱水困难，分离和脱水效果大为改善，净化油含水从原来的1%～3%下降到0.5%以下，污水含油量从1000mg/L下降到10mg/L。该流程掺稀油比（平均0.6）远小于掺水比（平均1.8），使掺稀油后的混合液量比掺水时减少约40%，节省较多的集输、脱水能耗。掺稀原油集油流程适用于黏度1000～10000mPa·s的高稠油及黏度大于10000mPa·s的特稠油。

掺稀原油集油流程缺点是：稀原油往往在十几千米乃至几十千米外，除需建专用输油管线外，还需建一套升温、加压设备及管网系统，故工程投资较大，能耗较高。只有当稠油油田附近有稀原油资源时，这种流程才是经济可行的。

（李建民　罗敬义）

【**掺轻质馏分油集油流程** oil gathering process with mixing white oil】　在集油管线中掺入轻质馏分油的双管掺液集油流程。常用于稠油降黏集输。所掺介质为低黏液态碳氢化合物，如凝析油、炼油厂中间产品（石脑油或类似产品）、轻柴油等。

混合原油的黏度与掺入量有关，成指数关系。轻质馏分油与稠油的掺入比越高，降黏效果越好；掺入油黏度越低，稠油黏度越高，降黏效果越好。采用不同黏度的掺入介质，在不同掺入比的情况下降黏效果不同。掺轻质馏分油的降黏效果优于掺轻质原油。例如，用凝析油作稀释剂，掺入比为 1∶0.05～1∶0.35（体积比）时，达到相同的降黏效果，轻质原油的用量为凝析油的两倍。

掺轻质馏分油集油流程需建一套掺入系统（包括储罐、泵、管网等）及轻质馏分油的回收及重复利用装置。优点是：降黏效果明显，不仅能解决集输问题，还有利于分离和脱水；与掺活性水集油流程相比，解决了掺入系统管线的腐蚀、结垢问题。缺点是：工程建设投资较高；所掺轻质馏分油难以有充足的来源；合理的轻质馏分油回收点，必须通过稠油集输、加工等环节的整体优化确定，实施难度较大。该流程适用于周边有充足轻质馏分油来源的油田。在中国尚未推广应用，在美国、加拿大、委内瑞拉等较普遍采用。

（李建民）

【**单管集油流程** single pipe oil gathering process】 采用一条管线将油井产出物从井口输送至油气集中处理站的集油流程。特点是油气混输，单管进站。单管集油流程可分为加热与不加热两种类型。

单管集油流程适用范围一般为中、轻质原油。当原油黏度、凝固点低，流动性能好或单井产液量较大、高含水和特高含水时，可考虑采用单管不加热集油流程；反之考虑采用单管加热集油流程。通常采用单管加热流程时油井所产天然气应满足集油工艺自耗。对于气油比低，所产天然气不够加热所需气量的油井，在井场可考虑采用电加热方式。

单管集油流程与双管、三管集油流程相比，优点为工程量小，投资较低，管网维修工程量较小，方便管理，节能效果显著。在条件较好的油田，可优先考虑采用单管集油流程。

（李建民）

【**双管掺液集油流程** double pipe oil gathering process for mixed liquids】 采用集油和掺液共两条管线将油井产出物从井口输送至油气集中处理站或接转站的集油流程。按所掺入的介质不同，可分为掺活性水集油流程、掺稀原油集油流程、掺轻质馏分油集油流程。掺液的目的是降低原油黏度、润湿管壁，减小摩阻，或改善热力条件，以利集输。

双管掺液集油流程的适用范围一般为中黏稠油、高黏稠油、低产油井等。中黏稠油一般掺入活性水；高黏稠油可根据不同情况分别掺入活性水、稀原油、轻质馏分油或蒸汽；产量较小、波动较大、出油温度低的油井宜掺入热水。掺液点可为井口、集油干线、各场站入口。供液点为接转站、油气集中处理站或特定的掺液站。

流程的优点是适应范围广，方便管理。对低产油田和重质稠油、高含盐原油等特殊油品是有效的集油流程。与单管集油流程相比，工程量较大，投资较高，维护工作量大，产出物计量误差较大。随着油田进入高含水开发阶段，结合老油田调整改造，在有条件的油田，正逐步将双管掺液集油流程简化为单管集油流程，以减少能耗、降低成本。

（李建民）

【三管伴热集油流程 oil gathering process with three-pipe heat tracing】 通过集油、供热和回水三条管线换热实现对原油加热，将油井产出物从井口输送至油气集中处理站或接转站的集油流程，是油田早期普遍应用的集油流程之一。又称热水伴热流程，简称三管流程。适用于掺活性水或掺稀原油可能影响油品性质、单井计量要求比较准确、油井产物又必须加热的油田，如具有高稠、高含蜡、低产、低气油比、间歇出油等特点的油田。热水从供热站通过单独的管道，增压后送到计量站，再经阀组分配输送到井口。从井口返回的热水与集油管线保温在一起，一直伴随到计量站再到接转站，达到安全集油的目的。热水通常由接转站或计量接转站供给。热水出口温度一般为90～110℃，回水温度60℃左右，经加热后可重复循环利用；循环水量为1.2～1.6t/(km·h)，油气混合物进站温度一般不低于35℃。

流程的优点是：可操作性、安全性较好；热水不掺入井口出油管线内，油井计量比较准确；关停、启动油井、作业比较方便，不会堵塞管道。流程的缺点是：管道多、耗钢量大、耗热多、工程投资大；管线腐蚀穿孔严重，维修、更换工作量大。

尽管三管伴热集流程对生产的可操作性和安全性较好，但高能耗、高投资、大维修量，使它的应用受到限制，不推荐使用。各油田已基本不采用这种流程。

（李建民）

【萨尔图集油流程 SAERTU oil gathering process】 一条集油管线将多口油井串联，利用油井能量，将油井产出物密闭输送至转油站或油气集中处理站的集油流程。因在大庆萨尔图油田的早期建设中大量应用而得名。

（赵玉华 王瑞泉）

【辐射状管网集油流程 oil gathering process with radiating network】 油井至计量站的管线和计量站至接转站、油气集中处理站的管线形成辐射状管网的一种集油流程。通常适用于油藏面积较小，油井分布相对集中，油井产量适中，产量波动较小的油区，是常用的集油流程之一。

当采用多井集中计量，或当接转站（或油气集中处理站）位于所辖计量站（或接转站）中心及附近时，一般采用辐射状管网连接。辐射状管网集油流程如图所示。

辐射状管网集油流程对油井井网调整适应性强，生产管理方便。当油井产量低、波动大，间歇出油时，不易满足热力条件而使井口回压增高，影响正常生产；当地形起伏大或地貌较复杂时，辐射状管网的应用也受到限制。常与树枝状管网集油流程组合使用。

辐射状管网集油流程示意图

（李建民）

【树枝状管网集油流程 oil gathering process with branching network】通过树枝状管网连接两座或多座计量站至接转站、油气集中处理站的集油流程，是常用的集油流程之一。树枝状管网集油流程如图所示。

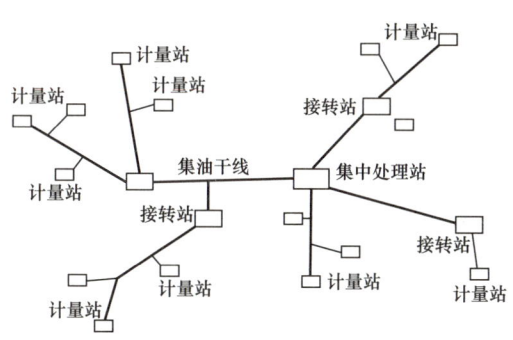

树枝状管网集油流程示意图

当油田由多区块组成，分布面积较大，或为狭长带状且井距较大，或地貌较复杂，计量站单独进接转站、集中处理站技术经济性均不合理时，通常采用树枝状管网集油流程。树枝状管网集油流程便于扩展集油井及计量站数，常与辐射状管网集油流程组合使用。

（李建民）

【闭式热水循环采油集油流程 oil producing gathering process with closed hot water circulation】油井采用同心管热水闭式循环伴热，以防止高凝油在井筒结蜡，然后将采出井口的混合物输送至油气集中处理站的集油流程，是常用高凝油集油流程之一。

闭式热水循环油井结构是在自喷井井口装置的基础上改造而成，即在油井套管上法兰与总阀门下法兰之间，安装一个由中间法兰、循环接头、油管挂等

-11-

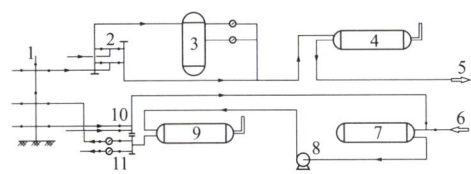

闭式热水循环采油集油流程示意图
1—井口装置；2—生产计量阀组；3—三相计量分离器；4—加热炉；5—油气混输至集中处理站；6—集中处理站来补充水；7—循环水缓冲罐；8—循环水泵；9—加热炉；10—循环水回水阀组；11—循环水分配阀组

组成的特殊循环法兰短节，利用该循环法兰短节的作用，使油井增加了一个循环通道，由计量站统一分配来的热水，经由循环法兰短节进入井下，通过套管返回地面，达到热水闭式循环防止高凝油在井筒结蜡的目的。闭式热水循环采油集油流程示意图如图所示。

优点是：井口不设加热设备，高凝油靠井口出油温度混输至计量站，减少油气的自身损耗；油井产出液不与循环热水混合，不影响油气的正常输送和处理；井口工艺简单，方便生产操作和管理；利用油气集中处理站经除油、脱氧处理后的污水，作为循环用水和补充水，使含油污水得到充分利用。缺点是：与水力活塞泵采油集油流程相比，工程一次性投资相对较大，钢材耗量多。适用于油井井身结构采用双层同心油管柱的自喷采油或抽油机采油、地面二级布站的高凝油集油。

（李明义　罗敬义）

【单管环状掺水集油流程 oil gathering process with loop single pipe and mixing water】 用一条环状集油管线将几口油井串联并掺入热水的集油流程，是常用集油流程之一。流程起点、终点均与集油阀组间的集油汇管和掺水汇管相连，串接油井的管线形成环状，每个集油阀组间管辖多个集油环，通常每个集油环串3~8口油井。集油阀组间掺水汇管的热水由接转站（转油站）供给，每个转油站管辖多个集油阀组间。

主要流程为转油站的热水经泵增压通过掺水管线输至各集油阀组间，经掺水汇管分配给各个集油环，热水由集油阀组间开始沿环的一个方向依次输至环上的每个井口，与油井产出油（液）、气混合，沿集油环的另一端回到集油阀组间的集油汇管，各个集油环来的油井产出物和热水混合后压回到转油站；在转油站内将分离出来的水，升温后再输至各集油阀组间，作为掺水用水循环使用。油井计量采用液面恢复法或功图量油法在井口定期活动计量，或者采用井口翻斗量油方式。油井采用化学清防蜡，活动热洗车定期热洗。主要设备有简易单井计量装置、活动加药及洗井装置、集油阀组和掺水阀组，转油站内设掺水加热炉、掺水泵、掺水流量计、掺水阀组、分离缓冲放水的三合一装置、输油泵和产物流量计。

流程改善了集油热力条件，大幅度地简化了集油工艺，节省基建投资和运行费用，适用于自然和地理条件较差、高凝或高含蜡原油、单井产量低的油田集输。

（赵玉华）

【蒸汽驱集油流程 oil gathering process with steam drive】 与稠油蒸汽驱采油工艺配套的地面集油流程。稠油蒸汽驱采油与注水采油相似，通过注汽井连续不断地将高温高压蒸汽注入油层，将油层加热，使原油黏度降低；注入的蒸汽按某一波及形态，将原油驱向注汽井周围的生产油井，利用地层能量或外加能量将原油举升到井口并进入地面稠油集油系统。

蒸汽驱采油的特点是井口出油温度较高且稳定，集油流程较蒸汽吞吐热采流程简单，可采用单管集油流程。在集油过程中应注意热能综合利用和热应力对策问题。

（罗敬义 李明义）

【高凝油集油流程 oil gathering process for high pour-point crude oil】 用于含蜡量高于20%、凝固点高于30℃高凝原油的集油流程。高凝油对温度非常敏感，当原油温度高于析蜡点时，蜡全部溶于原油中，与常规稀油一样，具有牛顿流体特性；当温度低于析蜡点并高于凝固点时，原油中析出大量的蜡晶并聚集成海绵状，原油黏度急剧升高而转入非牛顿流体，呈假塑性流体特性。在确定集油流程及工艺参数时，应注意到高凝油的这一特性，地面集油流程应与采油工艺统筹考虑，保证集油过程和井筒均不结蜡。另外，集油工艺中还应有针对"结蜡堵管"情况的解堵技术措施。

沈阳油田是中国也是当今世界上含蜡量最高（36%～52%）、凝固点最高（43～67℃）的高凝油油田，根据各区块的不同情况，井下和地面相结合的集油工艺流程为：水力活塞泵采油集油流程，即由地面泵站集中供动力液分配至各生产井，驱动井下水力活塞泵采油，采出液、气密闭混输经计量站至油气集中处理站；闭式热水循环采油集油流程，即由地面泵站供热水分配至各生产井，通过油管中的同心管进入井下经套管返出以防止高凝油在井筒结蜡，油井采出液、气密闭混输经计量站至油气集中处理站。

（李明义 罗敬义）

【水力活塞泵采油集油流程 oil gathering process for hydraulic piston pump production】
与水力活塞泵采油工艺配套的地面集油流程。用动力液带动井下水力活塞泵做上下往复运动，不断地将油层原油和做功后的动力液举升到地面，然后输送

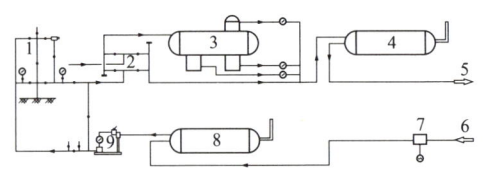

水力活塞泵采油集油流程示意图
1—井口装置；2—生产计量阀组；3—三相计量分离器；4—加热炉；5—油气混输至集中处理站；6—动力液；7—增压泵；8—加热炉；9—高压动力液分配管汇

到油气集中处理站。通常用原油作为动力液。工作后的动力液与油层产出液混合成一体被举升到地面，经井口和集油管线进计量站，进行油、气、水三相计量后混输至油气集中处理站，处理后的部分原油作为动力液。动力液供给系统的规模，应根据原油物性、生产规模，以及管辖油井数等统筹考虑。水力活塞泵采油集油流程示意图如图所示。

流程特点：依靠动力液入井时的温度与油井产出液进行直接热交换，提高了产出液温度，对高凝油可防止井筒油管结蜡；动力液与产出液在井筒进行热交换，使油井出油温度较高，井口可不设加热装置，节能降耗；井口工艺简单，方便生产操作和管理；动力液由增压站统一分配，便于集中管理，有利于提高系统的自动化水平。

流程缺点：油水产出液与注入的动力液在井下混合，给油井单井计量带来一定困难，且地面与井下系统相对复杂，故障率会增加。

主要工艺参数：动力液入井温度应根据油井井底油温、下泵深度、油井产量、原油物性等因素经计算而定。根据沈阳油田的经验，一般为60～90℃。动力液入井压力应根据井下水力活塞泵的规格及参数、动力液物性及注入量、油井管柱水力摩阻损失等因素经计算而定，沈阳油田的入井压力一般为13.0～17.0MPa。每口油井动力液注入量与井下泵的冲次、排量、液马达容积效率等参数有关，根据沈阳油田的经验，每口井动力液注入量为3～5m³/h。

应用条件：陆地或滩海地区整装区块高凝油油田；油层埋藏较深，采用常规采油方式较为困难的断块油田。

（罗敬义　李明义）

【单井罐拉油流程 oil transport process of single well tank】 单井液进入井场单井罐，然后用车辆拉油送到卸油点集中处理的流程。单井罐拉油流程使用有两种情况：一种是由于油井与计量站距离偏远，铺设流程管线费用较高，而采取单井拉油；另一种是由于采用集油管线时井口回压偏高，不能满足采油工艺要求，而采取单井拉油。

（吕宇玲　何利民）

【聚合物配制站 polymer preparation station】 采用注聚合物提高采收率的油田，

专门用于配制注入聚合物溶液的站场。配制站的主要装置有聚合物母液配液装置、分散装置、熟化罐和静态混合器等。

<u>分散装置</u>　用于将聚合物干粉与水按一定比例连续配制成浓度稳定溶液（聚合物母液）的装置，是聚合物配制站主要装置之一。一般由干粉罐、螺旋给料机、变频调速器、鼓风机、电磁流量计、润湿罐、单螺杆泵、液位计、管道、阀门、底座和计算机控制系统组成。

油田注入聚合物必须配成一定浓度的溶液。直接配制成所需注入浓度的溶液，配制规模和设备较大，导致投资较高。采取先配成较高浓度的聚合物溶液（也称为母液），然后输至注入站再稀释至注入浓度。用聚合物分散装置，既能保证聚合物母液浓度稳定，也能降低工人劳动强度。

聚合物分散装置的核心是干粉与水的比例控制以及水粉混合器。干粉与水的比例控制程度高，溶液浓度稳定。水粉混合器设计合理，水、粉混合过程中就不会产生"鱼眼"，实现充分混合的目的。

<u>熟化罐</u>　用于配制和储存聚合物母液。为了满足聚合物的熟化要求，熟化罐配有搅拌器，由搅拌器动力装置、搅拌轴和叶片等组成（见图）。熟化罐还设有人孔、透光孔、呼吸孔等附件。为了避免铁离子 Fe^{2+} 对聚合物造成的化学降解，熟化罐用玻璃钢预制，罐壁均匀布置安装4块折流板，有利于提高搅拌器混合效果，折流板的宽度和高度根据罐的直径和高度，以及搅拌器的参数确定。

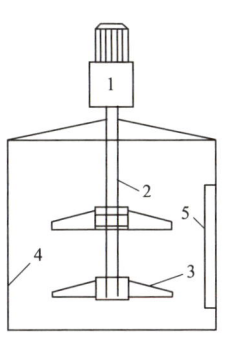

熟化罐结构简图
1—搅拌器动力装置；
2—搅拌轴；3—叶片；
4—罐壁；5—折流板

<u>静态混合器</u>　用于聚合物注入站注入泵后的聚合物母液与高压水的混合，通过静态混合器两者混合至注入浓度的聚合物溶液。其结构是在一段管道内装置有若干个长度很短交错排列的右旋或左旋的螺旋元件，由分散区和混合区组成，分散区把聚合物和水分成若干液流，并掺合在一起，经过混合区时，液流发生多向流动变化，增加了聚合物与水的接触面积和分合次数，达到混合均匀的目的。

当应用抗盐聚合物时，由于抗盐聚合物溶液黏度增高，使用普通静态混合器和利用管线流动混合的聚合物母液与水不能较好地混合，应用此种静态混合器，提高了抗盐聚合物的混合效果。在油田高压注入管线常用的剪切速率范围内，当注入管线长度不大于100m时，注入井可以取消静态混合器，以减少注入环节的黏度损失。

（王梓栋　赵玉华）

【集输站场 gathering & transportation station】 将油田各油井生产的原油和伴生气进行收集、计量、分离、加热和加压等处理和输送的场所。油气集输站场在石油工业内部是联系产、运、销的纽带，也是能源保障的重要环节。

按照功能和主要任务将油气集输站场分为计量站、接转站和油气集中处理站等。

推荐书目

冯叔初，郭揆常，等. 油气集输与矿场加工［M］. 青岛：中国石油大学出版社，2013.

（吕宇玲　何利民）

【计量站 metering station】 计量生产井油、气、水产出量的场所。需计量的生产井的油气混合物经计量分离器分成油、气两相，分别进行计量，然后油气混输进集油干线。按计量站所辖油井的多少分为单井计量站和多井计量站。按集输工艺不同可分为单管计量站、双管掺水（油）计量站和三管热水伴热计量站等。单井计量站只计量一口井的产量，通常设在生产井场。多井计量站一般建在所辖油井分布范围的适中位置，计量井数8～14口。单管计量站计量所辖单管流程生产井的油、气、水产量。双管掺水（油）计量站除计量所辖油井的油、气、水产量外，还要对由接转站或转油站经掺水（油）管线输送至计量站的水（油）量进行计量，并按需要分配到各生产井口，掺入集油管线中降低原油黏度，以减少油气输送阻力。三管热水伴热计量站除计量所辖油井的油、气、水产量外，还要对由接转站或转油站经伴热管线输送至计量站的热水进行控制，并按需要分配到各生产井场对出油管线进行伴热，提高原油温度降低原油黏度，以减少油气输送阻力。

计量站的主要工艺设备有计量分离器及其配套的计量仪表、加热炉、阀组等。每座计量站只设置一座计量分离器，常用的有玻璃管计量分离器、双容积计量分离器和翻斗计量分离器。配套的计量原油的流量计有刮板流量计、转子流量计、质量流量计等，计量天然气的流量计有涡轮流量计、孔板流量计等，根据需要选用。一台计量分离器在同一时间只能计量一口生产井的数据，为了在计量某井产量时其他生产井的油气能连续地输往接转站或集中处理站，在计量站设置阀门组，通过切换流程实现对所辖井的计量。组成阀组的阀门类型有闸阀、三通球阀、多通阀等，根据不同情况选用。

在高含水、特高含水老油田和单井产量较低、气油比较低的新油田采用示功图法或动液面恢复法进行油井计量，一般计量误差约正负百分之十。这种计量方法适应生产要求，可节省投资和能耗。

（陈泽芳）

【单井计量站 single-well metering station】 为计量一口井生产油（液）、气产量建立的计量站。通常建在生产井场上。常用于单井产量较高、气油比较高、井距较大的偏远油气井计量，有时在站上设有单井汽车拉油装置。当采用掺水（油）集油工艺流程时，还应完成所在油气井需要的活性水（油）供给任务。

计量工艺原理：井口采出的油气水混合物，经出油管线至两相计量分离器，分出的气体由流量计计量，液体（油、水）由仪表或玻璃管、翻斗、双容积分离器计量，取样化验含水或在线含水分析仪测含水，气液汇合后输至接转站或油气集中处理站。当采用掺水、热洗流程时，站外来液经计量至掺活性水、热洗阀门到井口。当油井产出物不能进集油系统时，气放空，油水进高架罐，汽车拉至油气集中处理站。

工艺设备：主要有计量分离器、各类计量仪表、阀门等。为满足计量要求，计量站还经常设置加热设备，如水套加热炉。根据需要还可设置高架油罐、汽车装油鹤管等。

当油井单井产量较高、气油比较高、井距较大且处于边远区块时，可考虑建单井计量站。但因建站数量增多，工程投资相应增大，且管理不便，生产运营费用高，已很少采用。对抽油机井多采用简便易行、成本低廉的油井动液面恢复法或示功图法进行单井计量。

（陈泽芳）

【多井计量站 multi-well metering station】 直辖多口生产井计量油（液）、气产量的计量站。采用掺水（油）集油工艺流程的计量站，还承担向所辖油井分配、计量和输送活性水（油）的任务。

计量工艺原理：计量站采用的油井计量流程分为两相计量和三相计量两种。

（1）采用两相计量流程时，所辖油井进计量站选井阀组，需计量的井进油气两相计量分离器。经分离，天然气由容积式流量计或速度式流量计计量，总液量（油、水）由玻璃管、翻斗或双容积计量，人工取样化验油中含水率和密度，然后计算油井的产油量。计量后的油气再混合，与本站其他油井产物一道混输至接转站或油气集中处理站。流量计量油是传统的玻璃管液位计量油技术的发展，计量准确度和自动化程度相对较高。系统组成是以玻璃管两相分离计量装置为基础，在分离器的排液出口设置一台容积式液体流量计和浮子液位调节阀，以提高油井产量计量的准确度。油井产量两相分离计量装置系统组成简单、经济适用、操作和维护方便。

（2）采用三相计量流程时，所辖油井进计量站选井阀组，需计量的井进油气水三相分离器，进行气、液（乳化油）和游离水的分离，然后分别用仪表测出气、液和游离水的量，以及乳化油的含水率。再利用所测得的这些量计算出油井每天的产油、产气和产水量。计量后的油气再混合，与本站其他油井产物一道混输至接转站或油气集中处理站。

工艺设备：主要工艺设备有计量分离器、进站计量阀组、掺液分配阀组、各类计量仪表、阀门等。为满足计量要求，计量站还经常设置加热设备，如水套加热炉等。

多井计量站适用于面积布井井网、丛式井布井方式，对开发井网的调整适应性强。可应用于单管、双管、三管集输流程。多井计量站与所辖井口集油管线采用辐射状形式连接，与接转站或油气集中处理站采用辐射状或树枝状形式连接。当油井处于边远区块、单井产量小、间隙出油、气油比较低时，不宜建多井计量站，而应采用油井动液面恢复法或示功图法进行油井计量。

（陈泽芳）

【多相流量计 multiphase metering】 同时计量油气水多相流量的计量方法。分为完全分离、部分分离和不分离三种计量方式。

油水两相流一般采用总流流量计和含水分析仪表进行计量，油气水三相流一般采用分离计量方式。不分离在线多相流量计量：速度或总流量测量和相分率测量。速度或流量测量通常采用压差计量或一个特殊信号的互相关计量，测量三相混合物的物性得到相分率，据此推算出三相各自的流量。部分分离流量计量：部分分离流量计量采用紧凑型分离器实施部分分离，在主液流上安装一个标准在线液体流量计，在气流上安装一个标准气体流量计，例如涡轮流量计或科里奥利流量计，分别计量流体的流量。完全分离流量计量：油气水三相完全分离，分别计量各相流量。不分离计量装置体积小、重量轻，但流型影响大；部分分离和完全分离式计量装置基本不受流型限制，成本低、技术成熟，但体积和重量略大（见分离式多相流量计）。

（吕宇玲　何利民）

【油气计量分离器 oil & gas metering separator】 计量油气时对油、气进行分离的分离器。多用立式分离器，常用的分离器直径有600mm、800mm、1200mm，如果单井油气产量很大，则采用直径较大的卧式分离器。常用的有玻璃管计量分离器。

玻璃管计量分离器侧壁安装一高压玻璃管，其上下两端分别与顶部和底部相连接，构成连通器（见图）。根据连通管平衡原理，分离器内压力与玻璃管内水柱压力相平衡。量油时关闭分离器出油阀，打开出气阀，油气混合物进入分离器后首先进行分离，分离出的气体从顶部排出并测量，分离出的油（油水混合物）沉降到分离器下部，油面上升，同时玻璃管内水面也上升。由于油、水的密度差别，故上升高度也不同。知道了水柱上升的高度，就可换算出分离器内油柱上升高度，进而算出油产量。

（罗敬义　李明义）

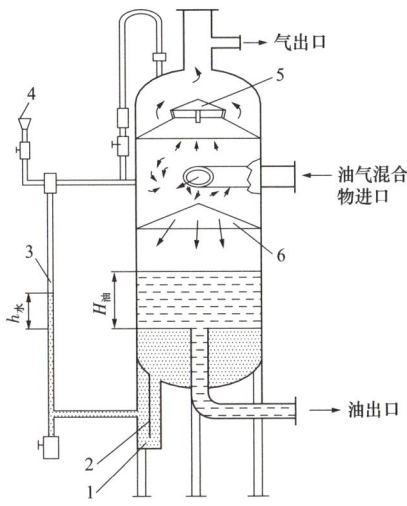

玻璃管计量分离器结构示意图
1—小水包；2—隔板；3—高压玻璃管；
4—加水漏斗；5—分离伞；6—散油帽

【接转站 booster station】 将计量站来的油（液）气混合物进行增压并输送至油气集中处理站的站场，是油田油气集输系统中常设站场之一。按被增压介质不同可分为油气混输接转站和油气分输接转站两种类型。油气分输接转站为计量站来的油（液）气混合物进行分离、计量或脱除游离水，含水原油进泵增压输至油气集中处理站，油田气靠自压输至气体处理厂。油气混输接转站利用油气混输泵为进站油（液）气混合物加压，输至油气集中处理站（联合站）。接转站一般还承担向计量站供掺水、保温、热洗清蜡用的热水，投加防垢剂、破乳剂等任务。

主要工艺设备有分离、缓冲、游离水脱除合一设备，气体除油器，加热、缓冲二合一设备，以及输油泵（或混输泵）、阀门及仪表等。接转站用于三级布站集油工艺。当油田区块面积较大时，若采用二级布站方式，井口产出物经计量站油气混输直接进油气集中处理站，会导致井口回压过高或进站油温过低，不能满足相关规范要求的水力、热力条件，影响油井正常生产。

推荐书目

冯叔初，郭揆常，王学敏. 油气集输［M］. 东营：石油大学出版社，1988.

（陈泽芳）

【油气混输接转站 booster station for mixed oil & gas】 计量站来的油（液）、气经混输泵增压后进一根管线混合输送的接转站。主要功能是为油井采出物（包括油、水、气）增压。计量站来的油（液）气混合物进分离缓冲装置，可分出部分天然气为本站自用，然后用油气混输泵将含气原油泵输至油气集中处理站。混输接转站通常不承担向计量站供掺水、保温、热洗清蜡用的热水等任务，流程较简单，以增压为主。有时又称为增压站或增压点。

站内主要流程为：

（1）接收和输送流程：油（液）、气混合物进分离、缓冲罐，分出部分天然气，经除油、计量供本站自用，其余油（液）、气进混输泵经计量、加热至油气集中处理站。

（2）事故处理及其他辅助流程：包括越站流程、投产试运及停产吹扫流程等。

工艺设备有分离装置、缓冲罐、气体除油器、加热炉、混输泵、阀门及仪表等。油气混输接转站用于三级布站集油工艺。通常当油井产量较小、气油比较低，而油田区块又远离油气集中处理站时，可在适当位置建油气混输接转站，将油井产出物（油、气、水）同时增压后输至油气集中处理站。

（陈泽芳）

【**油气分输接转站** booster station for oil & gas dispatching】 计量站来的油（液）、气经分离后进行油（液）、气单独输送的接转站。主要功能是为液体增压，完成油（液）、气分输。在油气分输接转站，先将计量站来的油（液）、气混合物进行分离、计量或脱除游离水，然后将含水原油用泵增压输至油气集中处理站，油田气靠自压输至气体处理厂。油气分输接转站一般还承担向计量站供掺水、保温、热洗清蜡用的热水，投加防垢剂、破乳剂等任务。

油气分输接转站工艺流程见图，站内主要流程为：

（1）接收和输送流程：计量站来的油（液）、气混合物进油气分离、缓冲、游离水脱除合一装置，将油（液）、气分开。油田气经除油、计量后供本站自用或输至集气站、气体处理厂。油（液）进外输泵经计量、加热输至油气集中处理站。

（2）供热水流程：分离、缓冲、游离水脱除器脱除的水进二合一设备（加热、缓冲），经掺水泵（或热洗泵）输至计量站。

（3）事故处理及其他辅助流程。

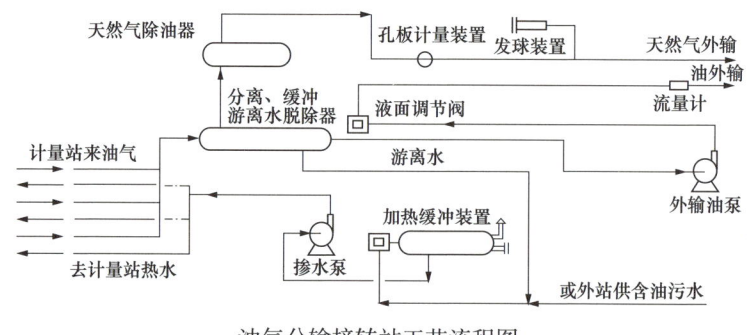

油气分输接转站工艺流程图

主要工艺设备有分离—缓冲—游离水脱除三合一装置、气体除油器、加热—缓冲二合一设备、泵、阀门及仪表等。油气分输接转站按集输流程不同还可分为单管、双管掺水（油）、三管伴热等类型。

油气分输接转站用于三级布站集油工艺。当油井产量大、气油比高而区块面积又较大时，宜采用油气分输接转站。

（陈泽芳）

【油气集中处理站 central processing station for oil & gas】将油田生产井产出的原油（液）、伴生气收集并进行集中处理的场所。又称联合站。为缩短流程、节省占地、节省投资和运行费用、方便生产管理，常将采出水处理、注水、变电等站场与油气集中处理站总体布局、联合建设。主要功能为：接收油井、计量站、接转站或转油站输送来的油（液）和伴生气，并对其进行分离、处理；对含水原油进行加热、脱水（脱盐）、稳定；对油田伴生气处理，回收其中的轻烃；将处理后符合标准要求的原油、天然气、轻烃，经计量后分别输送到矿场油库和用户；原油中脱出的含油污水输至污水处理装置，处理合格后回注油层。油气集中处理站内一般包括油气分离、油气计量、原油脱水、原油稳定、原油储存、天然气处理、油气外输、通信、自动控制、热工、采暖通风、阴极保护、化验、维修等生产单元。

油气集中处理站的主要设备有油气水三相分离器、游离水脱除器、电脱水器或密闭沉降脱水器、缓冲罐、加热炉、多功能处理装置（具有分离、沉降、加热、脱水功能）、储油罐、原油稳定塔、各类机泵、流量计、阀门及仪表等。油气集中处理站工艺流程见图。

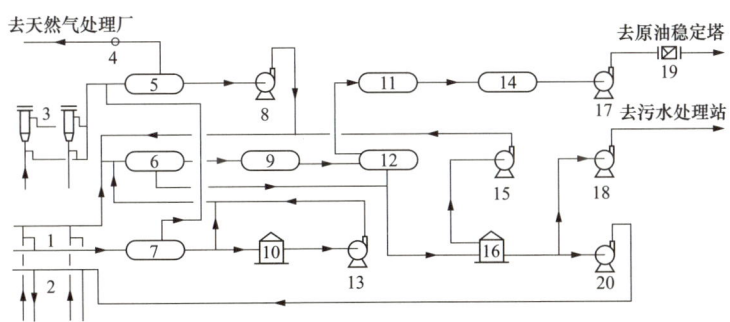

油气集中处理站工艺流程图

1—采油阀组；2—供水阀组；3—油田气收集装置；4—油田气计量孔板；5—油田气除油器；6—游离水脱除器；7—油气分离器；8—排污泵；9—加热炉；10—事故罐；11—外输加热炉；12—交直流复合电脱水器；13—脱水事故泵；14—净化油缓冲罐；15—收油泵；16—污水沉降罐；17—外输油泵；18—供水泵；19—外输油流量计；20—注水泵

某个油田是否需设油气集中处理站,主要是依据油田产能建设的规模确定:一般情况下,一个油田的产能建设规模超过 50×10^4 t/a,可考虑建油气集中处理站;有的油田产能建设规模虽然不足 50×10^4 t/a,但远离已建油气集中处理站或周围还有一些小油田,从油区总体布局考虑也可以在合适位置建油气集中处理站。

(陈泽芳)

【一级布站 first stage station distribution】 计量站建在油气集中处理站内,油井产出混合物从井口直接送到油气集中处理站的布站流程。油井产出油(液)、气混合物直接进入油气集中处理站计量阀组分别计量天然气及含水原油总液量后,气液混合,再与其他油井产出的油(液)、气混输至生产分离器,经分离后,天然气去气体处理装置,含水原油进密闭沉降罐至电脱水器脱水(或经热化学沉降脱水)后,进原油稳定装置,稳定后的净化油进储油罐储存外输。

(吕宇玲 何利民)

【一级半布站 first half stage station distribution】 由"井口—计量站—油气集中处理站"的二级布站简化而来,在各个计量站的位置只设选井阀组的布站流程(包括几十口井或一个油区)(见图)。

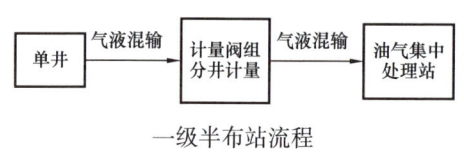

一级半布站流程

一级半布站流程是在油气集中处理站之外,布置若干选井点,选井点仅设分井计量用的选井阀组,不设计量分离器和计量仪表。选井点有两条管线通往油气集中处理站:一条为油井计量用的管线,与设在油气集中处理站的计量分离器相连;另一条为其他不计量油井油气流合物的集油管线。油气混合液从单井流出后经过选井阀组直接进入油气集中处理站进行油气计量、油气分离、原油脱水和原油稳定、天然气凝液回收和污水处理过程。一级半布站流程将计量站简化为选井阀组,可使集输管工程量大幅度减少,工程投资显著降低,便于实现油田自动控制和油田管理。

(吕宇玲 何利民)

【二级布站 second stage station distribution】 由"井口—计量站—油气集中处理站"构成的布站流程。可分为二级布站油气分输流程和油气混输流程。

二级布站油气分输流程:油井产物经过出油管线到分井计量站,经气液分离后,分别对单井油、气和水的产量值进行测量,在油气水分离器出口之后的油气分别输送至油气集中处理站(见图1)。其特点是单井进站,分井集中周期性计量；简化了井场设备，对于不同的油气分别处理；出油、集油、集气管线采用不同的输送工艺。适用于油气比较大、井口压力不高的油田，可以减低井口回压、提高计量站到联合站的输送能力。

二级布站油气混输流程：油井产物在分井计量站分别计量油、气、水产量后，气液再混合经集油管线进入油气集中处理站（见图2）。混输流程的特点是可以充分利用地层能量，从井口至油气集中处理站不再设泵接转，简化了集输系统，便于管理、节省大量投资。

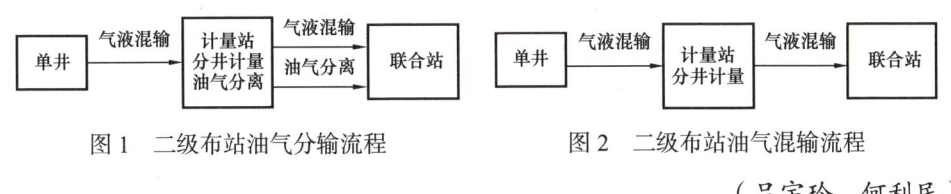

图1 二级布站油气分输流程　　　图2 二级布站油气混输流程

（吕宇玲　何利民）

【三级布站 third stage station distribution】 由"井口—计量站—接转站—油气集中处理站"构成的布站流程（见图）。油井产物混合输送至计量站，在计量站分别计量油、气、水；然后气液混合输送至接转站，接转站可实现油气分离、原油预分水、污水处理和注水，以及为井流液相增压；原油和天然气输送至油气集中处理站进行原油脱水、原油稳定、天然气脱水、天然气凝液回收等处理工艺，得到合格的油气产品。

三级布站流程是在二级布站流程的基础上发展而来的，随着油田区块的向外延伸，集输半径越来越大，采出水量也越来越多，采出水一般采用回掺或经污水处理后回注。三级布站流程可以把采出水从接转站进行处理和回注，减少了因大量的采出水在油气集中处理站处理后反输回注而增加的动能、热能费用和投资。当地层压力不足以将油井产物输送到油气集中处理站时，可以在接转站加压，保证油井产物输送到油气集中处理站进行集中处理。

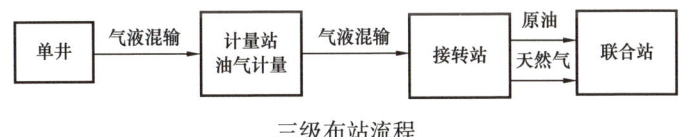

三级布站流程

（吕宇玲　何利民）

【油气混输 oil and gas mixing transportation】 通过一条管道输送油气井生产的气液混合物的输送方式。常用于输送一口井或多口井产出得原油及其伴生气，管路中以油、气、水为主，含少量固体杂质。

油（液）气等不同物质在同一条管路流动时，其流动状态复杂，不同物质的边界存在分界面，除了流动的气体、液体与管道之间有着相互的作用力以外，不同的相之间也有相互作用力。油气混输的特点是流型变化多，包括气泡流、气团流、分层流、波浪流、冲击流、不完全环状流、环状流和弥散流等；存在相间能量交换和能量损失；存在传质现象；流动不稳定，当油（液）气输量发生变化时，各相所占管路体积的比例也将发生变化，会引起管路系统流动不稳定。采用油气混输可以简化集输流程，缩短集输工程设计与施工时间，减少油、气分离设备，降低工程投资，提高油田开发的经济效益。广泛用于沙漠油田、陆地上的边际油田、滩海油田及海上油田的油气集输。

推荐书目

戴静君，田野，郭士军，等.油气集输［M］.北京：石油工业出版社，2021.

（吕宇玲　何利民）

【**含气率** gas holdup】 气液两相中气相所占混合物的份额。进行管路计算时常用质量含气率、体积含气率和截面含气率。

质量含气率：流过管路流通截面上的气相质量流量 G_g 与混合物质量流量 G 之比。

$$x = G_g / G$$

体积含气率：管路流通截面上气相体积流量 Q_g 与气液混合物体积流量 Q 之比。

$$\beta = Q_g / Q$$

截面含气率：气相流通面积 A_g 与管路总流通面积 A 之比，有时也指某一管段内气体所占流道体积的份额。

$$\varphi = A_g / A$$

（吕宇玲　何利民）

【**含液率** liquid holdup】 气液两相中液相所占混合物的份额。进行管路计算时常用质量含液率、体积含液率和截面含液率。

质量含液率：流过管路流通截面上的液相质量流量 G_L 与混合物质量流量 G 之比。

$$质量含液率 = 1 - 质量含气率 = G_L / G$$

体积含液率：管路流通截面上液相体积流量 Q_L 与气液混合物体积流量 Q 之比。

$$R_L = 1 - 体积含气率 = Q_L/Q$$

截面含液率：液相通面积 A_L 与管路总流通面积 A 之比，有时也指某一管段内液体所占流道体积的份额。

$$H_L = 1 - 截面含气率 = A_L/A$$

（吕宇玲　何利民）

【气泡流 dispersed-bubble flow】 油气混输管线中，当含气率比较低时，气相以分离的气泡的形式散布在连续的液相内，气泡与液体在管道中以同等速流动的流型。由于浮力作用，水平管中的气泡大都集中在管道上部区域，在速度较高的流动系统中，气泡以泡沫状均匀分布在液相中（见图）。

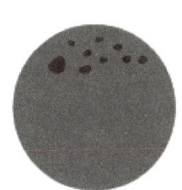 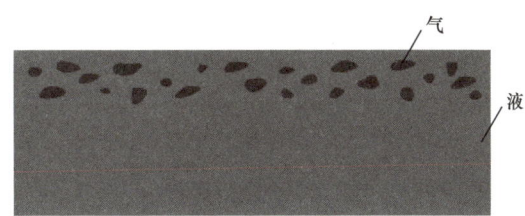

气泡流流型示意图

（吕宇玲　何利民）

【气团流 air mass flow】 油气混输管线中，在气泡流基础上，随着气量增大，小气泡合并成气团的流型（见图）。管路上部气团同液体交替流动，液相连续，含有沿管顶流动的弹头型气泡，气相为分散相。在流动过程中，气泡的尾部会剪切变形，持续有小气泡脱离，向后滑入之后的气泡。

 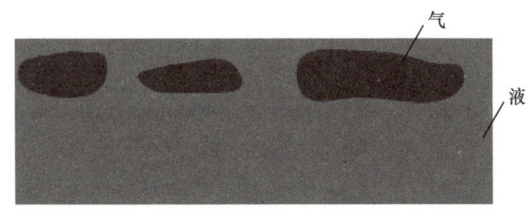

气团流流型示意图

（吕宇玲　何利民）

【分层流 stratified flow】 油气混输管线中,气液两相流体在重力作用下,密度较大的液相在下层流动,密度较小的气相在上层流动,形成气液相界面光滑的流型(见图)。气液两相分层流是石油天然气工程中最常见的两相流流型之一,分层流的特点是流场除受到气壁和液壁的剪切作用外,还受到气液界面相互作用的影响。

分层流流型示意图

(吕宇玲 何利民)

【波浪流 wave flow】 油气混输管线中,在分层流基础上,随着气量的不断增大,气相和液相分别沿管道的顶部和底部流动,但界面剪切应力增加,气体在液体表面吹出小的波浪,使原本光滑的两相界面呈现出明显的波状特征的流型(见图)。波状流的特点是气液两相的波状界面受液体表面张力和气液两相滑移速度影响,改变气液流速可以使管道中的气液相波状界面存在差别。

 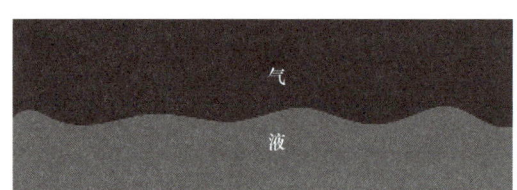

波浪流流型示意图

(吕宇玲 何利民)

【冲击流 slug flow】 油气混输管线中,在波浪流基础上,随气体流速增大,气液界面波动加剧,波峰接触管顶,堵塞管道,形成液塞,阻碍高速气体的通过,液塞被流速较快的气流加速,从流速较慢的液层铲起一部分液体,进入液塞形成的流型(见图)。又称段塞流。段塞单元包括液塞体、长气泡和长气泡下部的液层。长气泡和液塞在管道中交替出现,沿着管线向下游流动,会引起管线中的含液率与压力的剧烈波动,管线承受其脉冲应力冲击。同时,离开管线末端的液塞会引起下游油气处理设备液位的剧烈波动,影响正常生产。尤其是在海洋油气田集输过程中，在其上升管组成系统中会出现严重段塞流这一有害流型，给设计和生产带来了许多问题。

冲击流流型示意图

（吕宇玲　何利民）

【**不完全环状流 partial annular flow**】　油气混输管线中，在冲击流的基础上，气量继续提高，要求管路有更大的面积供气体通过，气体将流体的断面压缩成新月形，管路顶部的液层很薄而底部的液层较厚，形成不同心的环状流。

（吕宇玲　何利民）

【**环状流 annular flow**】　油气混输管线中，在冲击流的基础上，气量和流速继续提高，要求更大的断面积供其通过，起初，形成不完全环状流，随着气体流速的继续增大，液体断面进一步变薄，沿管壁形成环状截面，气体携带着液滴以较高的速度在环状液流的中央通过而形成的流型（见图）。分为波状环流和雾状环流。在环状流中，气体在管道中心流动形成气柱，液体则形成液膜在管壁上连续平稳运动。通常情况下，流动成偏心圆环状。由于重力作用，在较大的水平管中，液膜沿管壁周向分布不均匀，液体偏集中于管路下部，管道的下半部分的液膜要厚于上半部分。随气量进一步增加，环状两相界面波动加剧，液膜剪切破碎形成液滴，进入中心气柱，波状环流转化成雾状环流。

环状流流型示意图

（吕宇玲　何利民）

【**弥散流 diffuse flow**】　油气混输管线中，在环状流的基础上，当气体流速增大时，环状液层被气体吹散，大量的小液滴夹带在气相中以液雾的形式随高速气流向前流动形成的流型（见图）。

弥散流流型示意图

（吕宇玲　何利民）

【流型图 flow pattern diagram】　表示气液两相管路内气液两相流动参数与流型之间关系的图，根据流型图可以判断管路内流体处于何种流型。流型图坐标为流动参数或组合参数，通常采用以液体流量（质量流量或体积流量）和气体流量为坐标的流型图。当流动参数发生变化时，管内流体流型可能发生转换，由一种流型转变成其他流型，流型不同，气液两相沿管路流动时能量损失机理不同，管路压降计算方法也不同。

针对水平圆管、垂直上升管、垂直上升管到垂直下降管之间的各种倾斜管和小尺度水平矩形管，国外不少学者根据实验和生产数据提出了多种流型图，如图所示为Mandhane通过大量实验获得1000多组数据做出的水平管道流型图。

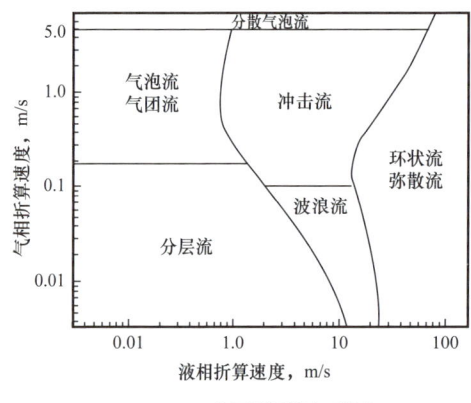

Mandhane 水平管道流型图

（吕宇玲　何利民）

【两相水力摩阻系数 two phase hydraulic friction coefficient】　两相流动中用于计算沿程水力损失，与管壁粗糙度、流型、流态等有关的系数，是计算流体流动压降损失的重要参数之一。单相管流水力摩阻系数的确定仅需考虑流体与管壁之间的相互作用，而两相管流水力摩阻系数的确定相比单相流体复杂得多，不仅要考虑气体或液体与管壁间的相互作用，还要考虑气液界面之间的相互作用。流型不同，两相水力摩阻系数的计算方法就不同，在计算两相水力摩阻系数之前需确定两相管流的流型。分散气泡流流型仅需考虑气体或液体与管壁之间的相互作用；而分层流、环状流、冲击流还需考虑气液界面间的相互作用。大多数学者认为，在两相管流中，气体或液体与管壁间的沿程水力摩阻系数的计算可以采用单相管流沿程水力摩阻系数计算方法，而气液界面之间的沿程水力摩阻系数的计算通常只能采用多相管流中的经验或半经验关系式。

（吕宇玲　何利民）

【**分相流模型** separated flow model】　气液两相流动中把气液两相分别按照单相流处理，并考虑相间作用，将各相的方程合并处理两相流的计算模型。又称双流体模型。

分相流模型将两相流动看成气液两相各自分开的流动，每相介质有其平均流速和独立的物性参数。该模型的控制方程由各相的连续性方程、动量方程和混合能量方程组成。设两相分层流动，两相间发生质量、能量（蒸发或冷凝）和动量传递，每一相都与流道壁面相接触。这种模型假设条件是两相介质分别有各自所占截面计算的平均流速；任意截面上压力均匀分布；尽管两相之间可能有质量转移，但两相之间处于热力学平衡状态；在动量方程中分别考虑气、液相间的相互作用。

分相流模型考虑了实际流动体系中两相间有滑移，具有不同的物性和速度，适用于质量流速较低的分层流、波浪流、环状流等流型的计算。

（吕宇玲　何利民）

【**均相流模型** homogenous flow model】　气液两相流动中假定气液间混合充分，没有相间的滑移现象，将两相混合物看作一种等效流体的计算模型。借鉴单相流经验关系式进行两相流摩擦压降等参数的计算。

均相流模型将气液两相混合物看作均匀介质，物性参数取两相的平均值，认为各相流体具有相同的流动速度。均相流模型的假设条件为：气液相速度相等；气液两相介质已经达到热力学平衡状态；气液相间无相互作用，界面切应力为零。质量守恒、动量守恒和能量守恒定律，既适合单相流体流动，也适合气液两相流动。因而均相流可按单相流管路处理，并可得出相应的连续性方程、动量方程和能量方程。

均相流模型适用于气泡流、弥散流等分散流型的计算。

（吕宇玲　何利民）

【**多相泵** multi-phase pump】　一种用于输送多相流体的泵。又称混输泵。多相流输送过程中，多相泵的工作条件十分恶劣，输送的介质是原油、水、天然气的混合流体，其中还可能含有固体的砂，所以多相泵是一种"气、液、固"三相流泵。常用于工业生产的多相流泵型有两种：一种是属于回转动力式泵的<u>螺旋轴向泵</u>；另一种是属于容积式泵的<u>双螺杆多相泵</u>。

在现场运行中，多相泵可能在一段时间中会几次遇到持续较长时间100%的气相，在干转下运行，这时泵内部动静零件之间会因干摩擦引起高温而咬合破坏，造成停机；多相泵进出口机械密封时刻直接经受不均质油气多相流的温差变化，导致密封端面暂时泄漏甚至密封故障失效。这些技术难题一直限制着多相泵的发展。

（吕宇玲　何利民）

【螺旋轴向泵 screw axial pump】 油气水多相流体沿轴向螺旋流动的<u>多相泵</u>。工作原理是利用剖面呈机翼状的螺旋形叶片对油气混合流产生升力而进行增压，旋转的螺旋形叶片激起的旋转流动，经过静止固定导叶整流，强迫输送油气混合介质沿轴向流动。螺旋轴向泵是一种多级（多段）泵，由吸入段、若干级数的压缩段、压出段组成，它们拴紧在一起，组装在一个圆形管段内（见图）。压缩段是多相泵的核心部分，每个压缩段主要由叶轮、导叶组成。螺旋形的叶轮和导叶保证了气液两相介质在流道内的均匀混合流动，防止在流道内出现相态分离。根据多相泵需要达到的排出总压差来决定每一级压缩段应分摊的增压头。泵的转速一般在4000r/min以上。

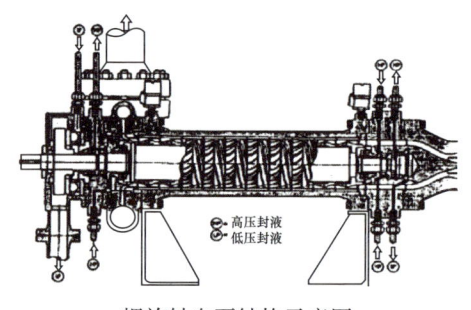

螺旋轴向泵结构示意图

（吕宇玲　何利民）

【双螺杆多相泵 double-screw pump】 用外啮合的双螺杆输送多相流体的多相泵。主要由一根主动螺杆和一根从动螺杆以及包含这两根螺杆的衬套组成（见图）。通过相互啮合的主从螺杆来抽送流体，该泵的主动螺杆由原动机驱动，而从动螺杆则通过同步齿轮由主动螺杆带动。每根螺杆轴上有两个可以左右旋转的螺旋套，这样就形成了双吸泵的基本结构。流体由中央流入泵体后均分成两路流向轴两端，当螺杆旋转时，通过螺杆间的啮合，以及螺杆和泵体孔的配合，在泵体中形成一个个密封腔，并吸入流体。随着螺杆的继续旋转，吸入的流体沿轴线从两端向

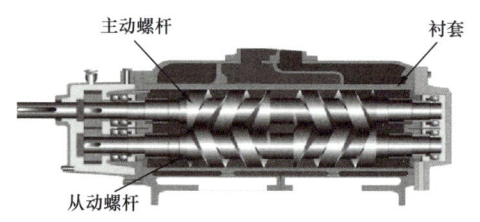

双螺杆多相泵结构示意图

泵的中央汇集，通过泵的出口排出。其特点：工作型面间互相不接触，避免金属之间的摩擦；可以自吸而且具备很强的吸入能力；双螺杆泵还可以干转，由于运动部件在工作时互不接触，因此短时间的干转不会破坏泵元件。这些特点提高了双螺杆多相泵运行可靠性。

（吕宇玲　何利民）

【油气产量计量装置 metering facilities for oil wells】 计量油井油（液）、气产量的装置。主要有单井自动量液两相计量装置、机械式油井两相计量装置、两相手动计量装置、车载式计量装置、翻斗计量装置和功图法计量装置。

单井自动量液两相计量装置：以小型 PLC 可编程控制器为中心（JY01 型）。计量分离器分离出的气体，采用智能旋进气体流量计实现标准状态下的瞬时、累计计量。通过人工取样化验分析油井含水率。装置特点：自动连续量油，控制仪体积小，操作简单，可靠性高。

机械式油井两相计量装置：采用机械自力方法控制分离器液位、压力。主要有两种方法：一是采用自力式差压调节阀配合浮子液位控制器，调节分离器压力和液面，液体流量计量液；二是采用浮子液位油气三通调节阀，同时控制压力和液位，液体流量计量液。两种装置的共同点是都采用浮子液位调节器作为排液阀的执行机构，它的动力是分离器缓冲室内液体对浮子的浮力。装置特点：自动连续量油，不需外供电源或气源；成本低廉、操作方便；无故障运行周期长。

两相手动计量装置：采用自力式差压调节阀控制分离器与集油汇管之间的压差，手动控制液面，采用玻璃管法计量油井产液量。用人工取样化验分析，测量油井含水率。装置特点：组成简单，投资少，成本低，操作比较简单，维修方便，经久耐用。由于油井产液量普遍呈现脉动现象，用短时间歇量油方式来折算全天产量，难以反映真实产量。

车载式计量装置：将两相计量装置简化安装在机动车上，用于低产少气井的单井计量。装置特点：对低产少气井，计量稳定性好，准确度高；能满足野外油井计量的气候条件、道路条件；井口连接简便安全。

翻斗计量装置：一种质量法量油装置，主要由量油器、计数器等组成。一个斗装满时翻倒排油，另一个斗装油，这样反复循环来累计油量。

功图法计量装置：分析示功图数据，利用软件方法进行分析计算，从而获得单井产液量。装置特点：结构简单，具有一定计量准确度。

油井计量技术的未来发展趋势是不分离（或部分分离）计量，如多相流量计和以小型分离器为中心的自动计量技术。出于成本管理方面的考虑，分离计量装置将向小型化、橇装化和可移动发展。

（马福军　阮增荣）

【**功图法计量装置** measurement instrument with dynamometer】　通过分析示功图数据，利用软件方法进行分析计算，从而获得单井产液量的一种油气产量计量装置。抽油机的示功图反映了抽油机做功状况，同时也反映了泵内液量充满的程度。抽油机工作时，液体进入抽油泵后被举升至地面。而抽油泵本体可看作是一个定容积的容器，也就是说可以把抽油泵泵体作为计量器具，在一定时间内根据抽吸过程中每次进入泵内液体的量，将其结果累加，便得到这一时间内的产液量计量结果。装置主要由三部分组成：一次信号检测及变送、数据采集处理和数据管理及打印。

一次信号检测及变送：将负荷、位移传感器安装在悬绳器上检测光杆承受的力和每一时刻光杆的位移信号。由位移信号和负荷信号的数据合成了地面示功图。

数据采集处理：应用单片机进行数据采集，将测得的负载、位移变化信号进行合成，形成示功图数据。通过对示功图数据进行分析及计算，得出测试结果。

数据管理及打印：数据采集处理部分即下位机将储存的抽油机井的数据通过串行口上传至上位 PC 机，通过上位机的管理软件可将测试结果和示功图按生产需要打印输出报表，也可做磁盘保存，同时可进入网络形成计算机网络管理系统。

功图法计量装置以单片机技术为核心，具有实用、体积小、易于携带、操作简单、显示直观等优点，具有功图测试和产液量计量双重功能。对工况正常、气油比小于 $100m^3/m^3$、产量稳定的非间抽的抽油机井实际计量效果较好。与计量标定车配合使用，可确定油井的适用范围及提高计量精度。

（吕宇玲　何利民）

【**称重式计量装置** weighing metering device】　利用称重法实现油井产量计量功能的装置。其硬件主要由罐体、多路选井阀、计量翻斗、传感设备、可编程控制器以及微机等组成（见图）。通过多路选井阀将被测油井的原油经分离器进入称重系统，利用产量算法即可得到累计流量，再换算成产量。电气系统采用称重传感器、位置传感器、液位计、温度传感器等。称重式计量装置的特点是：计量精度高，不受原油黏度、密度、油气比等因素影响，可精确计量液体重量；自动计量，可实现自动切换计量，可以手动设置量油时间；适应能力强，可以适用于一般的油田野外环境，使用温度范围为 $-45 \sim 55$℃，整套计量装置成一体，连接工艺简单，占地面积小，方便现场使用；传输方便，显示终端可以根据现场的实际情况，使用计算机、PLC，或无线传输。

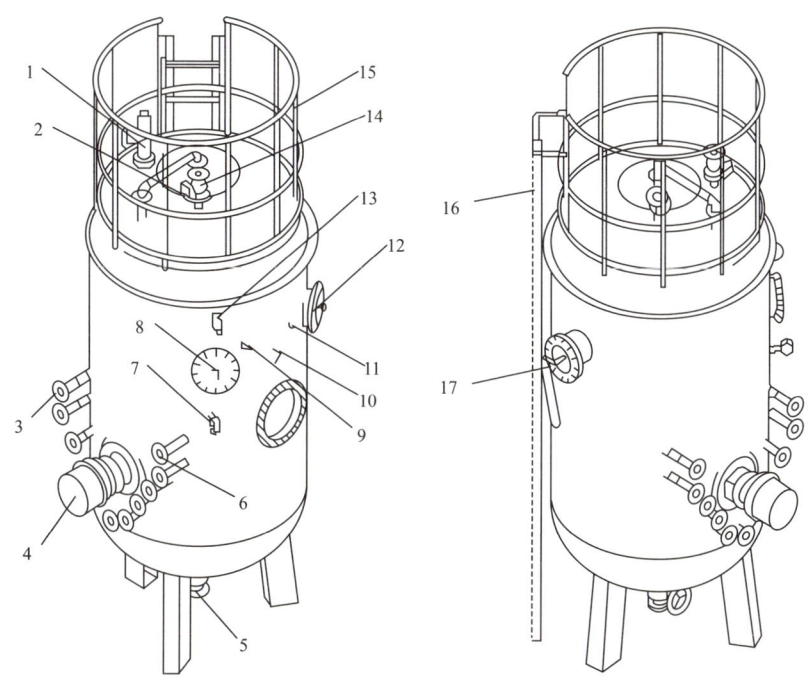

称重式计量装置结构示意图
1—安全阀；2—计量管线；3、6—通道；4—多通阀电动头；5—排污阀；7—温度表；8、12—称重传感器；9—左位置传感器；10—凸轮机构；11—右位置传感器；13—压力表；14—调试阀；15—护栏；16—直梯；17—缓冲机构

（吕宇玲　何利民）

【**分离式多相流量计** separate multi-phase flowmeter】 将多相流体分离为气相与液相从而测量多相介质流量的流量计。使用一台单相气体流量计测量气体流量，使用一台单相液体流量计测量液体流量，液相的含水率可用一台在线水组分测量仪完成。分为全部分离式与部分分离式。主要应用于生产平台与测试分离器相结合进行油、气、水三相的分离与计量。

分离式多相流量计还可分为分离总流量式多相流量计（见图1），以及在线取样分离式多相流量计（见图2），二者的区别在于前者分离的位置在运输总管线上，后者在旁通管线上。在进行油、气、水三相的质量、体积流量计量时，通常需要进行三方面的测试：气液比（GLR）测量、多相流量计量、液中含水率测量。

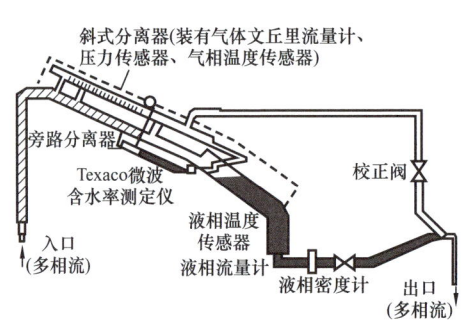

图1 分离总流量式多相流量计

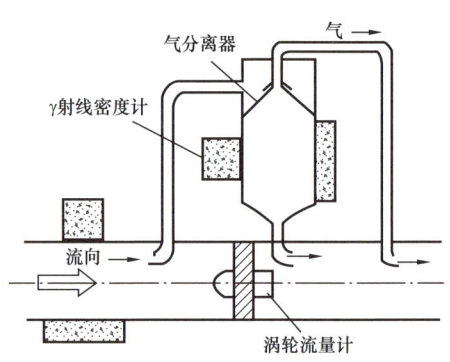

图2 在线取样分离式多相流量计

（吕宇玲 何利民）

【均相化多相流量计 homogenized multi-phase flowmeter】 将多相流体混合成均相直接测量多相介质流量的流量计。不用相分离，工艺简单，结构紧凑，占地小，测量为实时连续测量，基本上可无人值守，不用人员干预，仪表具有良好的可靠性。采用均相化多相流流量计直接计量油井各相流量可以取消计量用分离器、计量管线及计量汇管。均相化测量系统是将流体事先混合成均相，以确保测量时流体是在均相条件下进行，避免流型对测量的影响。

均相化多相流量计采用混合箱使流体在轴向、径向均能均匀混合，均相流体然后通过用来测量混合物流速的文丘里管及γ射线衰减计量仪，此γ射线衰减计量仪采用双能级能源以确定油、气及水三相的相分率。

（吕宇玲 何利民）

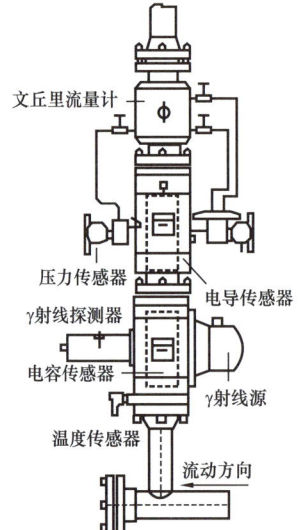

非均相化多相流量计结构示意图

【非均相化多相流量计 heterogeneous multi-phase flowmeter】 不用相分离，流量计采用单能源射线衰减仪结合电容传感器（用于油相为连续相流体）/电导传感器（用于水相为连续相流体）来测量流体的相分率，使用相关法和文丘里流量计来测量组分的速率，从而直接测量多相介质流量的流量计（见图）。只适用于测量气泡流、冲击流及环状流等流型流量。当流体中含气率在30%～60%范围内，以及80%～100%范围内流量计的误差不超过±10%，当含气率为60%～80%时，流量计的误差不超过±15%，其中流速的误差不超过

±10%，含水率的误差不超过 ±7%。

（吕宇玲　何利民）

【**容积式流量计** volumetric flowmeter】 用于测量管路中流体体积流量（单位时间内通过的流体）的流量计。能指示和记录某瞬时流体的流量值和累计某段时间间隔内流体的总量值。包括腰轮流量计、刮板流量计、双转子流量计和椭圆齿轮流量计等，主要由壳体、转子和计数输出装置等组成，其原理是利用转子将流体连续不断地分割成单个已知的体积单元——测量室，根据计量时间内被测流体通过测量室充满排出的次数进行测量。这类流量计测量准确度高，一般可达 0.5～0.2 级，无需前后直管段，但体积庞大笨重，需要油品润滑，主要用于原油和黏度较高的成品油计量。

（阮增荣　马福军　吕宇玲）

【**速度式流量计** velocity flowmeter】 通过测管路中流体速度能指示和记录管路中某瞬时流体的流量值和累计某段时间间隔内流体总量值流量计。包括涡轮流量计和涡街流量计等，主要由壳体、多叶片转子、信号检出装置和显示仪等组成，其原理是当被测流体以某一流速沿管道流动，并作用在多叶片转子上时，转子旋转并输出一个与平均流速成正比的电信号，通过积算器即可计算出管道流量。这类流量计体积小，有的流量计压力损失甚至可以忽略，其惯性小，反应快，适合于流量变化较大的场合。在一定条件下可以取得很高的测量准确度（0.1～0.2 级），但需要前后直管段或整流器，主要用于水、气体和黏度较低的成品油计量。

（阮增荣　马福军　吕宇玲）

【**差压式流量计** differential pressure flowmeter】 利用流体流经管路节流装置时产生的压力差来实现流量测量的流量计。是工业应用最广的一种流量计，由一次装置（节流）和二次装置（差压测量和流量计算）组成，其中一次装置还可分为孔板、喷嘴和文丘里管三类。结构简单，成本低，是天然气的主要测量仪表，但它需要较长的前后直管段，压力损失较大。

（阮增荣　马福军　吕宇玲）

【**电磁流量计** electromagnetic flowmeter】 应用电磁感应原理，根据导电流体通过外加磁场时感生的电动势来测量导电流体流量的流量计（见图）。其结构主要由磁路系统、测量导管、电极、外壳、衬里和转换器等部分组成。按照外加磁场

电磁流量计

类型的不同，电磁流量计主要有直流式和感应式两种。对于不导电液体加入易电离物质才能用电磁流量计测量。在其测量管内无阻碍流动部件、无压损，测量精度不受流体密度、黏度、温度、压力和电导率变化的影响，传感器感应电压信号与平均流速呈线性关系，测量精度高，测量范围宽，主要用于油田清水、污水计量。

（吕宇玲　何利民）

【**超声波流量计 ultrasonic flowmeter**】 通过检测流体流动对超声束（或超声脉冲）的作用来测量流量的流量计（见图1）。根据信号检测的原理，超声波流量计测量方法可分为传播速度差法（直接时差法、时差法、相位差法和频差法）、波束偏移法、多普勒法、互相关法、空间滤法及噪声法等。

超声波流量计采用时差法测量原理：一个探头发射信号穿过管壁、介质、另一侧管壁后，被另一个探头接收到，同时，第二个探头同样发射信号被第一个探头接收到（见图2）。由于受到介质流速的影响，二者存在时间差 Δt，根据推算可以得出流速 v 和时间差 Δt 之间的换算关系 $v = (c^2/2L) \times \Delta t$，进而可以得到流量值 Q（其中，c 为声速，L 为探头水平间距）。

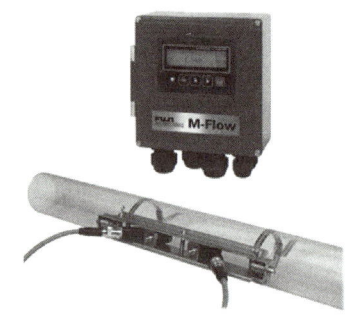

图1　超声波流量计

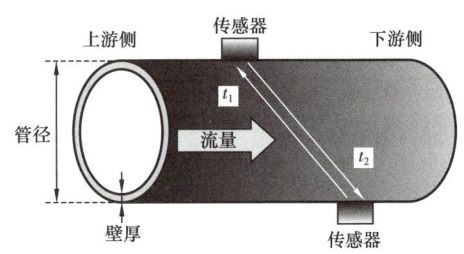

图2　超声波流量计原理图

超声波流量计无机械传动部件不容易损坏，免维护，寿命长；电路更优化、集成度高、功耗低、可靠性好、测量精度高。

（吕宇玲　何利民）

【**质量流量计 mass flowmeter**】 用于测量通过管路介质的质量流量的流量计（见图1）。质量流量计可分为两类：一类是直接式，即直接输出质量流量；另一类为间接式或推导式，如应用超声波流量计和密度计组合，对它们的输出再进行乘法运算以得出质量流量。间接式质量流量计又分为速度式流量计与密度计的组合、节流式（或靶式）流量计与容积式流量计的组合、节流式（或靶式）流量计与密度计组合。

根据计量原理不同,分为科里奥利质量流量计和热式质量流量计。科里奥利质量流量计多用于液体质量流量计量,热式质量流量计多用于气体质量流量计量。科里奥利质量流量计(简称科氏力流量计)是一种利用流体在振动管中流动而产生与质量流量成正比的科里奥利力的原理来直接测量质量流量的仪表(见图2)。热式质量流量计是利用外部热源对管道内的被测流体加热,热能随流体一起流动,通过测量因流体流动而造成的热量(温度)变化来反映出流体的质量流量的仪表。热式测量不会因为气体温度、压力的变化从而影响到测量的结果,不需要流体特性参数(如温度、压力等)的修正,可直接测量出流体的质量流量和密度,适用于多种介质、测量准确度高、安装直管段要求低、可靠性好、维修率低等。

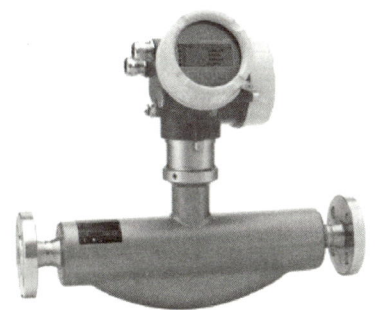

图1 质量流量计

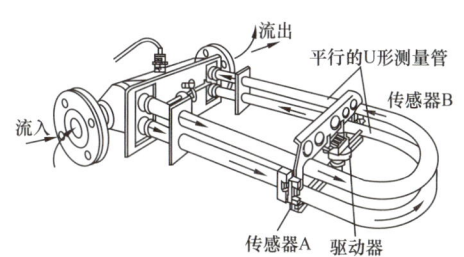

图2 科里奥利质量流量计结构原理图

(吕宇玲 何利民)

【**体积管 pipe prover**】 用于检定液体流量计的标准装置。又称管子流量标定装置。通常用于在线检定带有脉冲输出的流量计,广泛应用于石油、石化、航天等领域中。通常由基准段、检测开关、标定球或活塞等几部分组成。基准段:两个检测开关之间的管段。检测开关:体积管的发信号机构,安装在基准段的进、出口端。标定球或活塞:弹性的橡胶球或塑料球,起置换、发信号、密封和清管的作用。在活塞式体积管中用不锈钢制成的活塞代替球。工作原理是:把流量计和体积管串联在一起,在流量计至体积管间的管道中全部被液体充满,中间没有旁通或泄漏,在这个压力体系中液体不可能发生聚集和空隙,任何截面通过的流量是相等的。让经过流量计计量的液体全部通过体积管,推动置换器(标定球)在体积管内沿液流方向向前运动,依次触发两个检测开关,第一个检测开关被触发时发出信号启动脉冲计数器采集流量计发出的脉冲,第二个检测开关被触发时发出信号使脉冲计数器停止采集脉冲数,得到流量计在这一期间发出的脉冲数。这样就可以通过体积管两个检测开关之间经过标定确定的标准容积(基准段容积)与流量计在这一过程中所发出的脉冲数(脉冲数与流过的流体体积之间存在一定的比例关系）进行比较得到流量计的流量系数或测量误差，从而完成流量计的检定。

体积管按置换器（球或活塞）移动方向可以分为单向型和双向型两大类，从安装方式来分又可以分为固定式和活动式两种。单向型体积管又可以分为有阀式和无阀式两类，比较常见的是三球无阀式及一球一阀式。双向型体积管可以分为阀组式和四通阀式，比较常见的是四通阀式。

体积管从 20 世纪 50 年代开始发展经过了单向型、双向型、活塞式等几个发展阶段，到 21 世纪已经发展成为应用广泛，使用可靠的流量计量标准装置。中国从 1973 年开始研制体积管，1976 年的第一台体积管填补了国家空白。伴随着能源工业的发展，体积管的应用将更加广泛。

伴随着机械加工、电子工业的发展，体积管的性能、准确度、可靠性也得到提升，现在制造的体积管基准段最大口径可以达到 750mm，可以检定最大流量 2800m^3/h 的流量计，体积管壁厚可达到 30mm，适用于 10MPa 高压计量场合。活塞式体积管凭借其紧凑的布局、更大的量程比（1∶1000）、可靠性高等特点，在海洋石油平台、活动式流量标准装置中得到广泛的应用。体积管将向更高的准确度，更大的量程比，更好的适用性，更加广泛的使用范围等方向发展。

（安树民　孙　策）

【**油气水分离** oil-gas-water seperation】 将油井产出的原油、伴生气和采出水进行分离的工艺技术。为了处理、储存和输送油井产出油、气、水混合物，需要将其按液体和气体分开，并将水从原油中脱除。前者称油气分离，后者为原油脱水。

油气分离 包括平衡分离和机械分离两个方面的内容。组成一定的油气混合物在某一压力和温度下，只要油气充分接触，就会形成一定组分的气相和液相，这种现象称为平衡分离。把形成的液相和气相用机械的方法分开，称为机械分离。将油气混合物分离为单一相态的原油和天然气的过程通常是在油气分离器中进行。无论采用什么型式的分离器，都应使溶解于原油中的气体及气体中的重组分在分离器控制的压力和温度下尽量析出和凝析，使气液两相接近平衡。为达到这一目的，又要考虑经济合理，通常对分离器分出的气体质量的要求是从气体中带出的液体不超过 50mg/m^3，并且不将直径大于 10μm 油滴带出。

合理的分离压力应按原油组成和集输压力条件，经相平衡计算后优化确定。油气分离的方式有一次分离、连续分离和多级分离三种。从理论上讲，分离级数越多，储罐中原油收率越高，但过多增加分离级数，储罐中原油收率的增加量将愈来愈少，投资上升，经济效益下降。生产实践证明，气油比较高的高压油田，采用三级或四级分离，能得到较高的经济效益；但对于气油比较低的低压油田（进分离器压力低于 0.7MPa）采用二级分离经济效益较好。

一次分离　油气混合物的气液两相在一直接触的条件下逐渐降低压力，最后流入常压罐，在常压罐中气液两相一次分开。这种分离方式有大量气体从储罐中排出，如果不回收这部分气体，将造成轻质组分的大量损耗。另外，油气进入储罐后，对储罐冲击力很大，增加了生产的不安全因素，实际生产中不宜采用。

连续分离　油气混合物在管路中压力逐渐降低，不断将逸出的平衡气排出，直至压力降为常压，平衡气也排除干净，剩下的液相进入储罐。这种方式在实际生产中很难实现。

多级分离　油气两相在保持接触的条件下，压力降至某一数值时，将逸出的气体排出，脱除气体的原油继续沿管路流动，降至另一较低压力，将该段压降过程中逸出的气体排出。直至压力系统降为常压，产品进入储罐为止。油田经常在油罐前设置负压闪蒸或微正压加热闪蒸等原油稳定装置。目的是避免大量气体进入油罐，以增加轻质组分收率。通常将储罐作为多级分离的最后一级来对待。

原油脱水　从油井中生产出的油气混合物中常含有大量的水和泥砂等机械杂质，特别是在油田的后期生产中，油井采出的水量可达其产液量的 90% 以上。另外，在集油过程中，当采用掺活性水集油流程或掺蒸汽集油流程时，也会使油中含水增加。原油脱水主要方法有原油热化学沉降脱水、原油电脱水、先沉降后电脱两段脱水等三种。一般对于含水大于 30% 的原油，在脱水前先进行预沉降处理，分出游离水后再进脱水装置。合理的原油脱水工艺应根据原油性质、含水率及乳化程度、破乳剂性能等，通过试验和经济对比优化确定。

（陈泽芳）

【**油气水三相分离器** oil-gas-water separator】　将油井生产的油（液）气混合物分离成油、气、水三相，且分离后的产物进入各自系统的分离器。多用在油气集中处理站中。油气水三相分离器由入口预分离构件、中间沉降段（上层气相，中间油相和下层水相）、气相出口、油相出口和水相出口等组成（见图1）。气相空间还有聚结组件、气相出口捕雾器，用于分离气相中的油滴和水滴；两相之间有堰板，槽和堰的设计要求水堰板应放置于低于油堰板一定距离；液相管线上有联动的界面控制装置，控制油水和气液界面。气相出口管线上有压力控制装置控制气相空间的压力。

油气水三相分离器的工作原理为气液混合物高速进入入口分流装置，靠旋流分离或重力等作用脱出原油伴生气，预脱气后的油水混合物进入重力沉降段，在重力沉降段靠油气水的密度不同进行沉降分离，也有的分离器在沉降分离段加入稳流装置和聚结装置等提高分离效果。沉降分离后，气相经过气体出口的除雾器后进入气体管线；脱气原油翻过隔板进入油室，并经流量计计量，控制后流出分离器；水相靠压力平衡经导管进入水室，从排水口排出，达到油气水三相分离的目的。

油气水三相分离器用于油田联合站，井排来油直接进入油气水三相分离器，把油气水三相分开，经过油气水三相分离器后油中含水通常小于30%。根据其处理量的情况，可以采用并联的形式，一般并联台数不超过5台（见图2）。

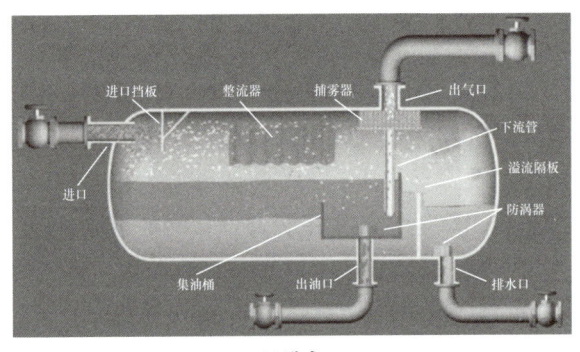

(a) 卧式　　　　　　(b) 立式

图1　油气水三相分离器结构示意图

图2　油气水三相分离器并联（卧式）

（吕宇玲　何利民）

【捕雾器 mist catcher】 气液分离器内专门除去气相携带的液滴的装置。主要包括折板式捕雾器、丝网式捕雾器、填料式捕雾器和离心式捕雾器等。

折板式捕雾器　其原理是碰撞、聚结分离，携带液滴的气体进入一组间距很小、流道曲折的板组，气体被迫绕流（见图1）。由于气流方向的改变和液滴的惯性，使液滴碰到经常润湿的板组结构表面上，与表面上的液膜聚结成较大液滴，靠重力沉降至集液部分。板组内气体流通面积不断改变，在面积小的流道中，液滴随气流提高了流速，获得产生惯性力的能量。气流在折板捕雾器中不断改变方向，反复改变速度，增加液滴与结构表面的碰撞、聚结的机会，从而使液滴从气流中分离出来。

可水平或垂直安装，由捕雾器分出的液体汇集后通过降液管进入分离器的集液部分。板组的厚度通常为150~300mm，板间距为7~37mm，由碳钢、不锈钢、聚氯乙烯或聚丙烯制成，折板有无槽、单槽和双槽式几种。优点是价格低廉，不易被蜡、固体杂质堵塞，适用于处理较脏的液体，但是当折板表面的液膜过厚且气体流速过大时，折板捕雾器内会出现液滴的二次夹带。应定期用蒸汽清洗捕雾器的流道，保持捕雾器的分离性能。

图1 折板式捕雾器

丝网式捕雾器 石油伴生气和天然气通过丝网层时，靠油液惯性碰撞、丝网直接拦截和液雾的布朗运动捕集气流中一定粒径范围内的液滴，以减少分离气体中的液体携带量（见图2）。

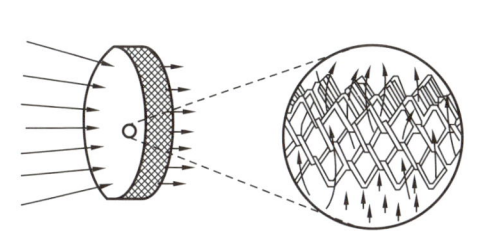 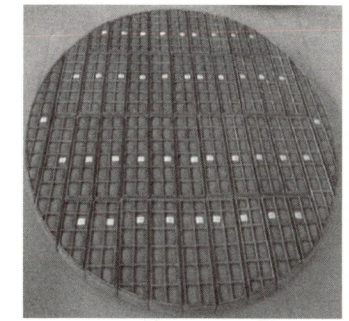

图2 丝网式捕雾器

填料式捕雾器 用随机堆放的填料（鲍尔环、拉西环等）作为捕雾器，捕集气流中的油滴，减少气体中夹带的油滴量。气体在正常流道内碰到障碍物，其夹带的液滴就会碰撞附着在障碍物上，被分离出来，然后再与其他颗粒聚结从连续相中分离出来，这个过程是碰撞和聚结分离的过程。金属网填料为圆柱形，由不锈钢丝编织物编织而成，液滴撞击金属网并聚结。金属网填料的除雾效率很大程度上取决于气体流速，如果速度太高，分离出的液体将再次被高速气流带走；如果速度太低，气体会在无撞击和聚结的情况下流出分离器。填料式捕雾器的分离效率跟填料的选择有较大的关系（见图3）。填料式捕雾器比常用的丝网式捕雾器具有更高的捕液能力,但填料易堵、易带液,阻力较大,很少单独使用填料进行气液分离,使用不太广泛。

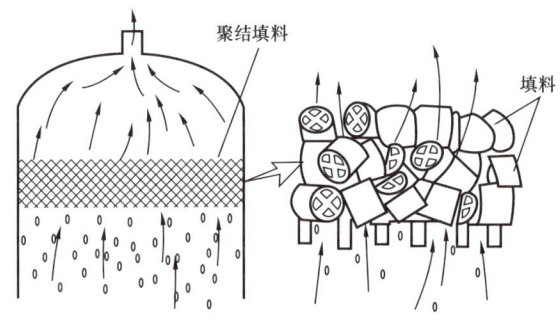

(a) 填料式捕雾器结构示意图

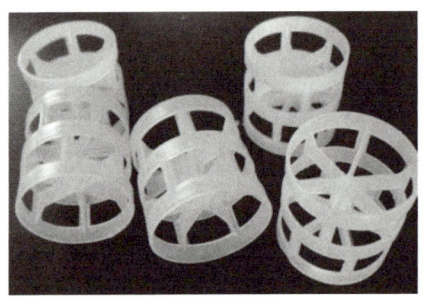

(b) 鲍尔环填料

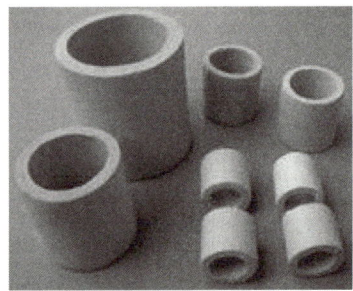

(c) 拉西环填料

图3　填料式捕雾器

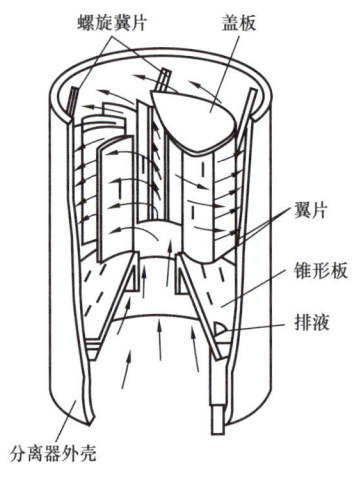

图4　离心式捕雾器

离心式捕雾器　采用离心分离原理减少气体中夹带的油滴量(见图4)。主要分离直径在0.05~0.4μm范围内的极微细的液滴,适用于带固体杂质的气体捕雾。含雾的气体以约20m/s的速度进入螺旋管道,流向分离器的中心。当气体流向中心时,气体的螺旋速度逐渐增大,离心力也逐渐加强。在离心力的作用下,液滴从气流中分离并被带出,从而实现气液分离。

离心式捕雾器结构防堵性能较好,对堵塞的敏感性小,不易堵塞;可依靠离心力分离液滴,其分离效果优于以碰撞分离为机理的丝网式捕雾器,除雾效率高于丝网和板式捕雾器。

但其分离效果、除雾效率对气体流量的变化十分敏感；需较大压降产生离心力，故气体流经捕雾器的压降较大。

（吕宇玲　何利民）

【**气液旋流分离器** gas-liquid cylindrical cyclone】 利用气液混合物沿圆柱形内表面旋转产生的离心力，将气体和液体分离的分离器。带有一个或两个向下倾斜的切向入口、一个向上的气体出口和一个向下的液体出口。倾斜入口管把气液间歇流型转变成分离流型，保障分离器平稳工作。设置第二切向入口进行气液预分离，可以降低分离器高度。气液混合物由切向入口进入气液旋流分离器，形成的旋流产生了比重力高出许多倍的离心力，由于气液相密度不同，所受离心力差别很大，重力、离心力和浮力联合作用将气体和液体分离（见图）。液体沿径向被

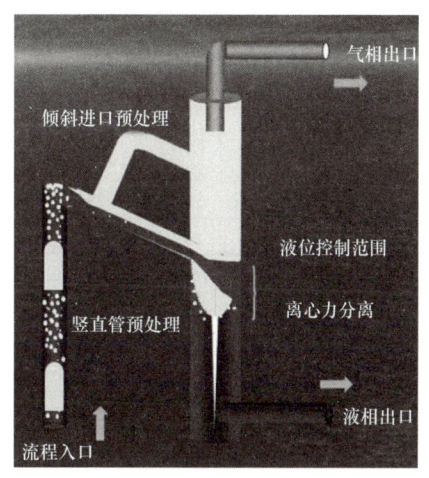

气液旋流分离器原理图

推向外侧，向下由液体出口排出；气体则运动到中心，向上由气体出口排出。

（吕宇玲　何利民）

【**段塞流捕集器** slug catcher】 油气混输管路中专门用于消除段塞流的气液分离设备。主要是通过降低含液天然气的流动速度，使天然气与液体在入口段达到分层流动，然后利用气体和液体之间的质量差异，在重力作用下使微小液滴沉降并进行分离（见图1）。其功能：（1）有效地进行气液分离并捕集气体内夹带的液体；（2）混输管道内最大液塞达到段塞流捕集器时，段塞流捕集器能作为液体的临时储存器起

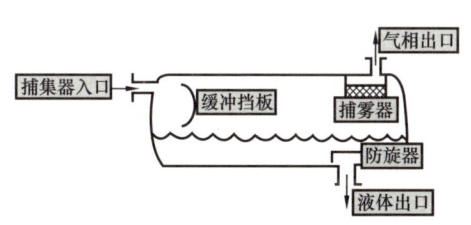

图1　卧式段塞流捕集器

缓冲作用，使段塞流捕集器向下游气液处理装置提供稳定的气液流量。分为容器式和多管式（或称指式）两种。

　　容器式段塞流捕集器　结构形式类似于一般的分离器，通常型式有：卧式和立式。容器式段塞流捕集器中卧式更为常见，由单罐或多罐、缓冲板、捕雾器和防涡器组成（见图2）。结构与油气分离器类同，只是有较大的缓冲容积，以满足气液瞬时流量的剧烈变化。捕集器设有高高液位、高液位、低液位、低

低液位，正常工作时捕集器内液位应在高、低液位间，液位达到高（低）液位时报警，达到高高（或低低）液位时自动切断捕集器进口（或排液）管道。容器式段塞流捕集器适用于液塞体积小（如 100m³）、安装场地小的场合，其气液分离效率较高，在处理陆上气液混输管线产生的小段塞量情况下，优先选用容器式段塞流捕集器。

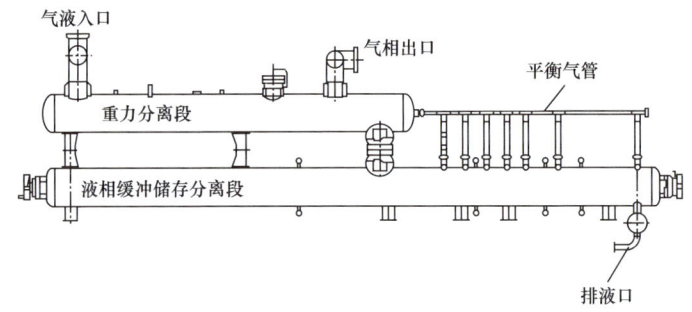

图 2　容器式段塞流捕集器结构示意图

多管式段塞流捕集器　由多根平行管子构成，平行管数量愈多，各管气液负荷分配愈不均匀；管子愈少，则在一定气液处理量下管子所需直径愈大、管子愈长。一般由分流器、段塞分离段、段塞收集段和段塞储液段、立管和沉液管，以及平衡管束等组成（见图3）。气液两相进入分流器，使平行管内的介质流量均匀，降低气液流速，使之变为分层流型，便于气液分离，储存段应容纳各工况产生的最大液量。多管式段塞流捕集器的各个管段在坡度和长度上有所不同，在特定情况下还会设置没有坡度的积液管段，用于液液分层和储液。

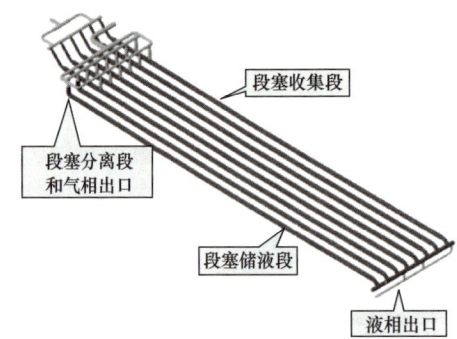

图 3　多管式段塞流捕集器结构图

（吕宇玲　何利民）

【**天然气除油器 gas scrubber**】　除掉悬浮于天然气中的油滴、水滴等杂质的设备。天然气集输站场多采用重力沉降分离器（即通常的油气分离器），分为立式、卧式两种。

立式除油器　立式除油器的空间大，有足够的垂直高度，但气体所携带的液滴流动方向与液滴所受重力方向相反，不利于液滴沉降。主要用于气流速度相对较大，携带液量相对较少，且允许储液时间较短的场合。

卧式除油器　在卧式除油器中，气体所携带的液滴运动方向与液滴所受重力方向垂直，有利于液滴沉降分离，并且液面波动小，液面稳定性好。主要用于气体中带液相对较多，并要求储液时间较长的场合。

（罗敬义　李明义）

【分离器控制系统 separator control system】　油气水三相分离器内控制天然气压力、油水界面高度和油室内油面高度等参数的系统。包括被控制量、测量单元、调节系统和执行机构等，由分离器液位控制、气体压力控制等子系统组成，包括传感器、变送器、控制器、气体压力控制阀、液体排放控制阀、控制油水界面的比例阀等元件。传统的控制方法分为两种：自力型控制和集散型控制。

自力型控制无需外加电源，运用被控对象自身的能量带动被控对象。各个被控制阀均采用自力式调节阀，根据分离器内的压力及液位的变化自动调节阀的开度。多采用机械结构实现，在控制过程中经常出现反应迟钝、灵敏度不足等现象。

集散型控制一般多采用标准化、模块化、系列化的设计，具有分散控制、集中管理的计算机网络系统，便于实现生产过程全局优化。执行机构包括气薄膜调节阀门和电动阀门。系统中的仪表选型分为气动和电动两种。控制压力一般用压力控制器，压力控制器的作用是感应腔内气体压力，通过控制出口阀门的开闭来稳定系统内部天然气的压力。控制液位多采用液位控制器和液体排放阀，液位检测采用红外检测，把浮子和置换器作为液位控制器。

（吕宇玲　何利民）

【传感器 sensor】　一种能感受被测量的信息，并按一定规律变换成电信号或其他形式的信号并输出的检测装置。通常由敏感元件和转换元件组成。种类繁多，分类如下：按工作原理可分为电阻式传感器、电容式传感器、电感式传感器、压电式传感器、热电式传感器；按用途可分为压力传感器、温度传感器、pH值传感器、流量传感器、液位传感器、超声波传感器、浸水传感器、照度传感器、差压变送器、加速度传感器、位移传感器、称重传感器和测距传感器；按技术可分为超声波传感器、温度传感器、湿度传感器、气体传感器、气体报警器、压力传感器、加速度传感器、紫外线传感器、磁敏传感器、磁阻传感器、图像传感器、电量

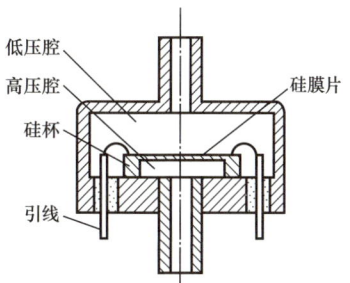

液位传感器结构示意图

传感器和位移传感器。

三相分离器控制系统的传感器包括气体压力传感器、力传感器、液位传感器和温度传感器，分别对三相分离器内控制对象进行实时监测，并把检测结果传递给单片机，单片机通过总线把采集信号上传至工业 PC 机。对油水界面高度和原油液位高度的测量分别用力传感器和液位传感器（见图）。介质传感器是小型分离器控制系统的核心部件，用于井场分离器控制系统中检测原油含水率。

（吕宇玲　何利民）

【控制阀 control valve】 一种在工业自动化过程控制领域中，接受调节控制单元输出的控制信号，借助动力操作改变介质流量、压力、温度、液位等工艺参数的最终控制元件（见图）。由阀体组合件和执行机构组合件构成。控制阀适用于空气、水、蒸汽、油品等介质。在生产过程自动化调节系统中，调节阀是一个必不可少的，是自动控制系统的终端控制元件之一。

控制阀有各种不同类型，按行程特点，控制阀可分为直行程和角行程；按其所配执行机构使用的动力，可分为气动控制阀、电动控制阀、液动控制阀；按其功能和特性分为线性特性控制阀、等百分比特性控制阀及抛物线特性控制阀。应根据工艺生产过程的要求合理选择控制阀类型。

控制阀

（吕宇玲　何利民）

【原油除砂 crude oil desanding】 将油井生产原油中所含的泥砂等杂质除掉的工艺技术。多数油田的产出原油存在不同程度的含砂，稠油含砂更为严重。尽管在井下实施防砂措施，但仍有大量的砂随油流采到地面上来，主要沉积在各种工艺设备（分离缓冲罐、脱水器等）的底部，影响正常生产。

油田出砂是由井底结构遭到破坏和开采方法不当等多种因素引起的，是长期以来一个困扰油田开发的老问题。虽然采用了多种井下防砂工艺，但还没有一种工艺能够把泥砂全部截留在地下，造成了井流物到达地面以后仍然有相当一部分的砂粒带入地面集输系统，有的区块油井正常生产时，原油含砂量达到0.01%～0.09%，有些严重的出砂油井，原油含砂高达1%～2%（体积含量）。

砂对集输系统的影响范围广。当含砂的油井产出物在管内流速低时，它会在管内沉积，造成管线堵塞；当流速高时，它会磨损管线。进入机泵时它会磨损机泵，造成机泵的使用寿命大大缩短。进入容器，它会沉积在容器底部，降低容器的有效容积。常用的除砂方法有：离心分离法、过滤法、虹吸法或抽汲法。油井产出物都是通过管道连续性集输，为了使砂能够在不停产的情况下从油井产出物中分离出来，一般用离心法或过滤法。对于卧式容器一般采用虹吸法将砂排出。对于大罐一般采用抽汲的方法将砂排出。

离心分离法：离心分离法的基本原理类似于家用洗衣机的甩干机，是把含砂混合物置于离心场中，利用砂子和混合物中的其他组分的密度差，在离心力的作用下将砂子脱出。

过滤法：利用某种多孔介质来截留混合物中的砂子。在外力作用下，多相混合物中的流体通过多孔介质的孔道，大于孔径的固体颗粒被截留下来，从而实现固液分离。过滤除砂较适于混合物中颗粒粒径很小且含量甚微（固相体积含量在1%以下）的情况。

虹吸法或抽汲法：这种方法适用于储油容器底部积砂。操作方法是先用高压流体将容器中的沉砂冲起，再利用虹吸原理或用泵抽汲的办法将容器中冲起的砂液混合物排到容器外面。为了减少砂液中原油的含量，一般先向容器内加入一定的水，将油水界面提高，然后再进行冲砂抽汲。

一般情况下，从容器或管道中脱出的砂中还含有一定量的油，这部分油随着砂掩埋或堆放，会污染环境。还必须把砂中的污油清除回收，这就是洗砂。洗砂方法主要有沉降水洗和旋流洗砂方法。沉降水洗就是把清出的含油砂用水反复冲洗，砂子沉下，然后回收含油污水。沉降水洗方法占地面积大，能耗较高。旋流洗砂与离心除砂方法原理相同，就是把油砂和水重新混合，然后用泵抽汲到特制的旋流器中，在离心力的作用下，实现砂液分离，达到洗砂的目的。根据含油情况，可增加洗砂的级数，一般一至两级，最多三级。特别难洗的油砂可加入一定的表面活性剂进行浸泡，然后再进行旋流清洗。

（罗敬义　李明义）

【原油脱水　crude oil dehydration】 脱除油井生产原油中所含水（盐及泥砂等杂

质），使其达到净化原油含水要求的工艺技术。大部分油田是利用注水开采，因而从油井中生产出的油气混合物中常含有大量的水和泥砂等机械杂质，特别是在油田的后期生产中，油井采出的水量可达其产液量的 90% 以上。少数不注水开采油田，当存在底水或边水时，也可能造成原油含水。另外，在集油过程中，当采用掺活性水或掺蒸汽集油流程时，也会使油中含水增加。世界各国所产的原油 70%～80% 需进行脱水处理。

油井产出水中还常溶解一定量的盐，同时夹带少量泥砂，对原油的集输和处理造成不利影响，例如增大了液体体积流量，降低了设备和管道的有效利用率；增加了输送过程中的动力消耗；增加了升温过程中的燃料消耗；引起金属管路和设备的结垢与腐蚀；影响原油处理过程的正常进行。为此，必须及时地对含水、含盐、含机械杂质的原油进行净化处理，使之成为合格的商品原油外输。原油中所含盐类和机械杂质大部分溶解或悬浮于水中，原油的脱水过程实际上也是降低含盐量和机械杂质的过程。

原油中所含的水分，有的在常温下用简单的沉降法短时间就能从油中分离出来，这类水称为游离水；有的则很难用沉降法从油中分离出来，这类水称为乳化水，它与原油的混合物称油水乳状液，也称原油乳状液。原油和水形成的乳状液主要有两种类型："油包水"型或"水包油"型，分别用符号"W/O"和"O/W"表示。无论何种类型的乳状液都有一定稳定性，必须破除这种稳定性才能使油水分离，达到脱水目的。这一过程称为破乳。所加化学破乳剂能迅速占据油水界面，降低油水界面薄膜的表面张力，从而破坏乳状液稳定性，使油水分离。

原油脱水通常分原油热化学沉降脱水、原油电脱水、先沉降后电脱两段脱水等三种方法，后者常用于稠油脱水。一般对于含水大于 30% 的原油，在脱水前先进行预沉降处理，分出游离水后再进脱水装置。热化学沉降脱水根据处理过程的是否密闭，又分为原油开式罐沉降脱水和原油压力罐沉降脱水。合理的原油脱水工艺应根据原油性质、含水率及乳化程度、破乳剂性能等，通过试验和经济对比优化确定。

（陈泽芳）

【**油水乳状液** oil-water emulsion】 原油中所含的水分为乳化水的油水混合物。又称原油乳状液。原油中所含游离水在常温下用静止沉降法短时间内就能从油中分离出来；乳化水则很难用沉降法从油中分离出来。原油和水构成的乳状液主要有两种类型，分别是油包水型乳状液（W/O）和水包油型乳状液（O/W），另外还有复合乳状液，即油包水包油型（O/W/O）、水包油包水型（W/O/W）等，聚合物驱采油常产生 O/W/O 型复合乳状液。

乳状液形成条件：（1）系统中必须存在两种以上互不相溶（或微量相溶）的液体；（2）有强烈的搅动，使一种液体破碎成微小的液滴分散于另一种液体中；（3）要有乳化剂存在，使分散的微小液滴能稳定地存在于另一种液体中。

原油乳状液的稳定性和运动黏度、弹性模量、损耗模量、相角及复合黏度有关系。

（吕宇玲　何利民）

【复合乳状液 composite emulsion】 一种乳状液的分散相液滴中又包含了其外相形成的更小液滴乳状液。又称多重乳状液。可分为油包水包油型（O/W/O）、水包油包水型（W/O/W）复合液状液。

复合乳状液体系是多相体系，以 W/O/W 型为例，具有内水相、油相、外水相三相，并在相界面处有内油水界面膜和外油水界面膜，即具有所谓的"两膜三相"结构，这样可以将一些性质不同的物质分别溶解在不同的相中，起到隔离、保护、缓释、控释、靶向释放等效果，故复合乳状液在药剂学、食品、化妆品、膜分离、乳胶漆等许多领域有广阔的应用前景。

（吕宇玲　何利民）

【破乳 demulsification】 乳状液完全破坏，成为不相混溶的两相。又称反乳化作用。破乳实质上就是消除乳状液稳定化条件、使分散的液滴聚集、分层的过程。在许多生产过程中，往往需要将稳定的乳状液破坏，即破乳，如原油脱水。

破乳方法可分为物理机械法和物理化学法。物理机械法有电沉降、过滤、超声等；物理化学法主要是改变乳液的界面性质而破乳，如加入破乳剂。对 O/W 型乳状液可以用化学、电解和物理等方法进行破乳。破乳一般经过两个过程：聚结是破坏表面活性剂对乳状液的影响，或者是中和带电的油滴；絮凝是使中性的油滴凝聚成较大的油滴。对 W/O 型乳状液的破乳方法有化学方法和物理方法，例如有加热、离心和真空过滤法等。离心法是利用离心力把水相和油相进行分层；过滤法是用粗砂过滤器或硅藻土过滤器对乳状液进行过滤。化学方法就是让溶解在油里的水滴不稳定，或者是破坏乳化剂。

（吕宇玲　何利民）

【絮凝 flocculation】 使液体中悬浮微粒集聚变大，或形成絮团，从而加快粒子的聚沉，达到分离目的的方法。通常絮凝的实施靠添加适当的絮凝剂，其作用是吸附微粒，在微粒间"架桥"，从而促进集聚。絮凝剂通常为铵盐类电解质或有吸附作用的胶质化学品。

絮凝效果依赖于颗粒的特性和流体混合条件。向含有小颗粒的水中投加混凝剂会引起颗粒脱稳开始絮凝，其机理包括：

微观絮凝：微小颗粒的絮凝速率与颗粒间的扩散速率有关。对于小颗粒（粒径小于0.1μm）聚集的主要机理是布朗运动或微观絮凝。微观絮凝也被称为异向絮凝。小颗粒进行聚集时，形成更大的颗粒。很短时间（数秒）之后，就形成了1～100μm的微絮体。

宏观絮凝：对于粒径大于1μm的颗粒絮凝主要机制是水的慢速混合，常采用机械搅拌器。搅拌产生的速度梯度导致悬浮颗粒间的碰撞。然而，在宏观絮凝的混合过程中，絮体颗粒会受到剪切力的作用，从而导致一些絮体聚集体的瓦解、破损或絮体的破碎。混合一段时间之后，形成稳定尺寸分布的絮体。絮体颗粒的形成和破碎几乎平衡。可以通过控制溶液的水力条件及化学絮凝剂的使用来保证悬浮颗粒形成稳定分布的絮体。

差异沉降：颗粒以不同的速率沉降会造成絮体的聚集和增长。当水中形成较大颗粒时，较大颗粒会由于重力作用开始下沉。在水中密度相似颗粒的沉降速度与其尺寸的平方成正比。当水中颗粒的沉降速度不同时，导致不同尺寸和/或密度的颗粒碰撞和絮凝。在沉淀过程中，在非均相悬浮液（不同粒径）中形成的不同沉降颗粒会额外促进絮凝。对于包含粒径范围大的悬浮液来说，差异沉降是其重要的絮凝机理，差异沉降造成的絮凝对直接过滤、溶气气浮及高速沉淀过程（如斜板）均不会产生影响。

（吕宇玲　何利民）

【破乳剂 demulsifier】 一种用于破坏乳状液稳定性的表面活性剂，是一种表面活性物质，它能使乳化状的液体结构破坏，以达到乳化液中各相分离开来的目的。破乳剂主要通过部分取代稳定膜的作用使乳状液破坏，破乳机理主要有表面活性作用、反相乳化作用、"润湿"和"渗透"作用、反离子作用。

原油破乳是指利用破乳剂的化学作用将乳化状的油水混合液中油和水分离开来，使之达到原油脱水的目的，以保证原油外输含水标准。对水包油型乳状液的破乳通常用带有H^+、Al^{3+}、Fe^{3+}等阳离子的无机物作破乳剂，如无机酸、硫酸铁等；而对油包水型乳状液的破乳，一般用阴离子型和非离子型表面活性剂或两者的混合物作为破乳剂。

推荐书目

黄志宇，张太亮，鲁红长. 表面及胶体化学. 2版[M]. 北京：石油工业出版社，2012.

（吕宇玲　何利民）

【消泡剂 defoaming agent】 一种用于降低液体表面张力，抑制泡沫产生或消除已产生泡沫的添加剂。又称消沫剂。

消泡剂多为液体复配产品，主要分为矿物油类、有机硅类和聚醚类三类。消泡剂消泡原理如图所示。矿物油类消泡剂通常由载体、活性剂等组成。载体是低表面张力的物质，其作用是承载和稀释，常用载体为水、脂肪醇等；活性剂的作用是抑制和消除泡沫，常用的有蜡、脂肪族酰胺、脂肪等。有机硅类消泡剂一般包括聚二甲基硅氧烷等，有机硅类消泡剂溶解性较差，在常温下具有消泡速度很快、抑泡较好，但在高温下发生分层、消泡速度较慢、抑泡较差等特点。聚醚类消泡剂包括聚氧丙烯氧化乙烯甘油醚等，聚醚类消泡剂具有抑泡时间长、效果好、消泡速度快、热稳定性好等特点。

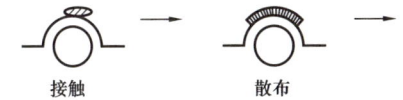

消泡剂消泡原理示意图

（吕宇玲　何利民）

【**原油热化学沉降脱水** crude oil dehydration by heating and chemical settlement】
利用加热和化学破乳剂作用，使原油中的水分离、沉降并脱除的工艺技术。脱水工艺的原理是热化学破乳和重力沉降，破乳过程通过加破乳剂实现，重力沉降在沉降罐中进行。分为原油开式罐沉降脱水和原油压力罐沉降脱水。

破乳后需要把原油和游离水（固体杂质）分开。当气油比较大时，这一过程在油气水三相分离器中进行。当气油比很低，或基本不含气时，常在开式沉降罐中实施。

为改善破乳条件，加药点可在井口、集油干线端点或进站总机关，实现管道破乳，以利进站后油水分离沉降。当油井出油温度较低、原油黏度较高、含水率低、乳化程度高时，还需在流程的适当环节加热升温，以利破乳和油水分离。

油田使用的沉降罐按其外形分为立式和卧式两种。立式沉降罐一般不耐压，常用于开式流程，卧式沉降罐则常用于密闭流程。

热化学沉降脱水的技术关键是破乳剂的筛选及加入点、运行参数的优化及沉降设备合理的内部结构。运行参数包括：加药量、脱水温度、沉降时间等。

一般通过两级沉降，其净化油含水即可达标，可以不用原油电脱水。热化学沉降脱水工艺简单、成本低廉、效果显著，在油田得到广泛应用。

（陈泽芳）

【原油电脱水 crude oil electrical dehydration】 利用电场破乳作用，使原油中的水分离、沉降并脱除的工艺技术。将原油乳状液置于高压直流或交流电场中，由于电场对水滴的作用，削弱了水滴界面膜的强度，促进水滴的碰撞，使水滴聚结成粒径较大的水滴，在原油中分离沉降出来。水滴在电场中聚结主要有电泳聚结、偶极聚结和振荡聚结三种方式。

（1）电泳聚结。根据异性电荷相吸引的原理，在直流电场中，水滴移向与其本身电荷电性相反的电极，此现象称为电泳。电泳过程中水滴的碰撞聚结称为电泳聚结。由原油乳状液的性质可知，原油中各种粒径水滴的界面上都带有同性电荷，在带直流电的平行电极中，乳状液的全部水滴将以相同的方向运动。在电泳过程中，水滴受原油阻力产生拉长变形，并使界面膜机械强度削弱。同时，因水滴大小不等，所带电量不同，运动时所受阻力各异，各水滴在电场中运动速度不同。水滴发生碰撞，使削弱的界面膜破裂，水滴合并、增大，从原油中分离沉降出来。（2）偶极聚结。在高压直流电场或交流电场中，原油乳状液中的水滴受电场的极化和静电感应，使水滴两端带上不同极性的电荷，即形成诱导偶极。原油乳状液中许多两端带电的水滴像电偶极子一样，在外加电场中以电力线方向呈直线排列形成"水链"，相邻水滴的正负极相互吸引。电场的吸引力使水滴互相碰撞，合并成大水滴，从原油中分离沉降出来。这种聚结方式称为偶极聚结。（3）振荡聚结。水滴中常带有酸、碱、盐的各种离子。在交流电场中，电场方向每秒改变50次，水滴内各种正负离子不断作周期性往复运动，使水滴两端的电荷极性发生相应变化。离子的往复运动使水滴界面膜不断受到冲击，使其机械强度不断降低，甚至破裂，水滴聚结沉降。这一过程称为振荡聚结。

根据电脱水器中电极间电场性质不同，原油电脱水可分为交流电场脱水、直流电场脱水和双电场脱水。在交流电场中，原油乳状液的脱水以偶极聚结和振荡聚结为主，适宜处理含水率较高的原油乳状液。不需整流设备，脱出水清澈，水中含油少，但油中含水较多，且脱水效率低，操作不易平稳。直流电场脱水的优缺点恰好与交流电场相反。双电场脱水将两者结合，取长补短，在原油含水率高的脱水器中、下部建立交流电场，在原油含水率低的中、上部建立直流电场。双电场脱水能提高净化原油质量，并使处理每吨原油的能耗降为直流电脱水的1/2以下。

电脱水工艺的主要设备为电脱水器（分立式和卧式两种，以卧式应用最普遍）、脱水泵、加热炉、加药装置等。

20世纪90年代中期以前，当其他脱水方法尚不能使原油含水达到相关规定时，电脱水工艺常被作为原油乳状液脱水工艺的最后环节，广泛用于各油田。但电脱水工艺流程较复杂、投资较高、能耗较大、操作不便，影响了使用，有逐渐被热化学沉降脱水替代的趋势。

（陈泽芳）

【原油开式罐沉降脱水 crude oil settlement dehydration with open tank】 在开式罐中，利用加热和化学破乳剂作用，使原油中所含水分离、沉降并脱除的工艺技术。用于开式流程。油水乳状液经破乳后，在沉降罐内，油水依靠所受的重力不同得以分离。水滴在油中的下沉速度，与水滴直径的5次方、油水密度差、水滴数成正比，与原油黏度和乳状液体积成反比。

沉降罐内部结构是否合理是脱水效果好坏的关键。一般来说，沉降罐结构应满足下列要求：

（1）充分利用罐的沉降面积。进罐后配液管为辐射状，使流出的油水混合物沿罐截面成平面均匀分布。（2）利用罐内水层对油水混合液进行水洗。进罐配液管置于水层中，当油水混合液通过水层时，由于水的表面张力较大，使原油中的游离水、破乳后粒径较大的水滴、盐类和亲水固体杂质等并入水层中。（3）有利于水滴沉降，含水原油经过水洗后，由于部分水从原油中分出，原油从油水界面处沿罐截面向上流动的速度减慢，为原油中较小粒径的水滴沉降创造了有利条件。（4）收集经分离沉降的原油。由罐上部的中心集油槽或沿罐壁的环形集油槽，经原油排出管流出沉降罐。（5）排出分离污水。原油中分离出的污水经虹吸管由排水管排出。（6）有利于清理罐内积存的污泥和砂。配液管离罐底高度不低于0.8m。（7）方便调节油水界面。对水洗效果较明显的含水原油，操作时应在罐中保持较高水层。反之，则应减少水层高度，增加油层高度。油层和水层高度或罐内油水界面的位置，由装在虹吸管顶端的压力阀调节。

原油开式罐沉降脱水运行工艺参数包括沉降时间、脱水温度、破乳剂类型及加药量、油水界面控制高度等，均应通过试验或计算优化确定。开式罐沉降脱水适应性较强，但油气损耗较大，应辅以大罐抽气装置回收轻质组分。

（陈泽芳）

【原油压力罐沉降脱水 crude oil settlement dehydration with tight tank】 在压力沉降罐中，利用加热和化学破乳剂作用，使原油中的水分离、沉降并脱除的工艺技术。用于密闭流程。随着油气处理技术的进步，油气水三相分离脱水技术已基本取代了斜板、陶粒、瓷环等聚结床式压力沉降罐沉降脱水技术。分离脱水后的原油含水指标可达到1%~0.5%，污水含油≤1000mg/L。

三相分离脱水工艺与大罐沉降脱水工艺相比，脱水流程密闭，避免了油气损耗；体积小、热损失小，同时大大减少了占地面积。缺点是适应能力较原油开式罐沉降脱水差，对仪表自动控制要求较高。当原油黏度过高，或气液比过低时，不宜使用压力罐沉降脱水。

（陈泽芳）

【蒸发脱水 evaporating dehydration】 将原油乳状液加热至水沸点以上使水汽化，达到油水分离目的的原油脱水方法。对于密度等于或接近1的原油，可采用蒸发脱水处理。

蒸发脱水系统由乳状液预热炉、蒸发脱水器等组成。重质油乳状液先在换热器中预热，沸腾进入接近常压的蒸发脱水器，在脱水器中乳状液被均匀地分布在有轻微斜度的分离盘上，该分离盘由乙二醇或硅油加热。第一层分离盘上的起泡原油混合液被迫通过除泡段，除去全部泡沫，然后乳状液沿热分离盘向下流，因为流体层较薄，分离盘又有足够的面积，所以水蒸气能从混合液中逸出。原油通过末端分离盘进入沉降槽，在沉降槽中沉淀出固体杂质并排出装置外。净化油从脱水器的底槽中泵走。水蒸气和一些原油轻馏分蒸气通过脱水器顶部出口进入蒸气冷凝器，在冷凝器中回收轻馏分，除去污水。温度监测数据显示系统安装在分离盘上和脱水器的其他有关部位，以便严密地检测蒸发过程，使其热效率最高。油样收集器安装在每个分离盘的末端，以便随时检验水的汽化程度。

（吕宇玲 何利民）

【游离水脱除器 free water knockout（FWKO）】 脱除油井采出液中游离水的设备。用于原油两段脱水工艺流程的一段脱水，脱除游离水后的低含水油进入原油电脱水器等设备进行二段脱水，使原油含水达净化油指标。脱出的污水进入污水系统进行处理。游离水脱除器中油水两相分离的主要机理是重力沉降。根据司托克斯公式，液滴在重力作用下的沉降速度与油水密度差成正比，与液滴半径的平方成正比，与外相的黏度成反比。通过设计合理游离水脱除器结构，使小液滴变成大液滴，大的油滴上浮到油层，大的水滴下落到水区。

随着油田进入高含水期和采用聚合物驱采油，要求提高油水分离效率和脱水质量，在游离水脱除器内部主要在沉降段可设置强制聚结元件，脱除大部分游离水，减少后续电脱水加热炉的负荷，节约能源。强制聚结元件应用了浅池原理：波纹板填料有利于油膜的运动及增加油滴间的碰撞聚结机会，同时波纹板填料有更大的比表面积，内件刚度增加，大大缩短了油滴浮升的距离，加快油水分离和聚结的过程。通过采用强制聚结元件,出油含水率为15%～20%,水驱污水含油≤1000mg/L,聚合物驱污水含油≤3000mg/L。

同时当含水较高时,采用较小的油室(缓冲时间足够),设置高位置油室堰板,使油水界面可控制在较高的位置上,节省处理空间、增大水相沉降面积,进而提高设备的处理能力。

游离水脱除器主要应用在油田输油站(放水站)及脱水站中。

(赵玉华 王 萍)

【**原油电脱水器** crude oil electric dehydrator】依靠电场力的作用对"油包水"型原油乳状液进行破乳脱水的设备。电脱水器的形式多种多样:从外形上分为立式和卧式电脱水器;从内部结构分为多层极板式、鼠笼式、多室式、垂直平衡组合式、极盘鼠笼组成式电脱水器等;从脱水方式分直流电脱水器、交流电脱水器和交直流电脱水器;从电场频率分工频电脱器、高频脉冲电脱水器和超高频脉冲电脱水器。

中国普遍使用的是多层电极盘式的卧式电脱水器(见图),其工作原理:原油从进油管进入预降室,沉降泥沙及部分游离水,在预降室左右两侧进入进油槽,然后从进油槽上的布油孔进入油水界面下部的水相空间,进行水洗脱出残余游离水,利用水的浮力使水洗后的油流方向垂直于电极面,并且自下而上地经过油水界面的上部电场空间。在高压电场的作用下,水颗粒发生碰撞聚结并,水靠油水密度差分离沉降到脱水器底部,流入集水室,经排水管放出。脱出净化油汇于脱水器顶部集油管,经油管排出。卧式电脱水器在电场空间有若干层水平的电极极盘,极板间距自上而下逐渐缩小。因而电场强度自上而下逐渐增强。原油电脱水器的内部极板结构主要包括水平极板、交直流垂直悬挂极板和鼠笼极板。也有脱水器采用上层极板为直流电,下层极板用交流电等形式,都有很好的脱水效果。

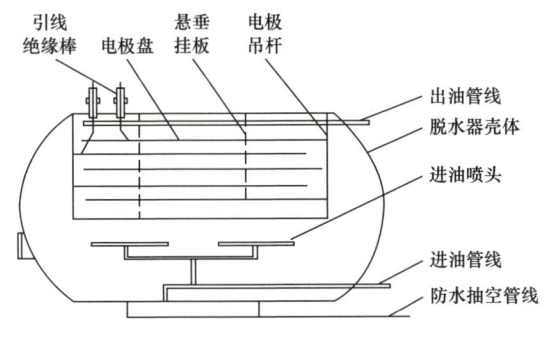 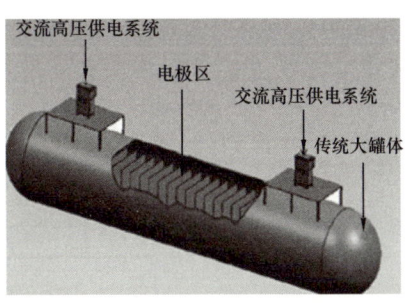

原油电脱水器结构示意图

(吕宇玲 何利民)

【原油加热 crude oil heating】 通过加热炉、锅炉或换热器等设备来提高原油温度的方法。其主要作用有：降低原油在管道内输送的水力摩阻；促进原油破乳；维持储油罐温度等。常用加热方法有蒸气间接加热、热水间接加热、热油循环加热、电加热法等。常用热源有水蒸气、热水、热空气和电能等。

利用加热炉加热原油按油流是否通过加热炉管，分为直接加热与间接加热两种方式。前者在加热炉中直接加热油流，后者使热媒通过加热炉提高温度后，进入换热器中加热原油。间接加热系统由热媒加热炉、换热器、热媒罐、热媒泵、检测及控制仪表组成。

蒸汽管伴随加热法分为内伴随和外伴随加热。内伴随加热是将适当数量的蒸汽伴随管安装在输油管线内部；外伴随加热是将一根或数根蒸汽管与输油管线用保温材料包扎在一起，或者把蒸汽管和输油管布置在同一管沟内，通过蒸汽管路与油管及原油之间的换热而使原油升温。

（吕宇玲　何利民）

【油田加热炉 oil field furnace】 油气集输与处理工艺中原油、天然气、水等介质加热升温的设置。按传热方式分为：直接加热炉，例如火筒式加热炉；间接加热炉，例如水套式加热炉。按结构形式分为：管式加热炉，有立式圆筒形管式加热炉和卧式圆筒管形加热炉；火筒式加热炉，有火筒式直接加热炉和火筒式间接加热炉。按使用燃料分为燃油式加热炉、燃气式加热炉、燃煤式加热炉以及油气两用式加热炉、气煤两用式加热炉。按燃烧方式分为负压燃烧加热炉（见真空加热炉）及微正压燃烧加热炉。

油田加热炉单台加热炉热负荷小，最小的110kW（相当于10×10^4kcal/h），最大的2500kW（相当于200×10^4kcal/h）；被加热介质温升不大，一般为20～30℃；被加热介质不发生相变；热负荷波动较大。

（罗敬义　李明义）

【火筒式加热炉 fire tube type furnace】 利用火筒、烟管作为传热面对炉内通过介质进行升温的装置。火筒式加热炉结构示意图如图所示。

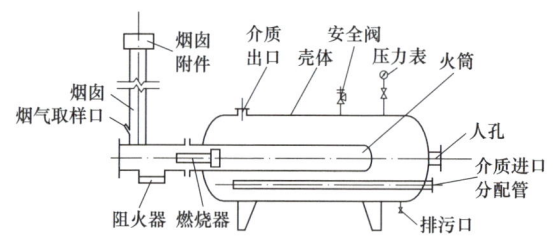

火筒式加热炉结构示意图

燃料在炉体内下部的火筒、烟管燃烧，热量通过火筒、烟管壁面传给中间传热介质"水"，水再加热在盘管内流动的被加热介质。火筒式加热炉特点为：结构简单，钢材耗量少；被加热介质压降小；可与其他设备组合成带加热部分的合一设备。应用条件为：被加热的油品物性较好；操作压力最高为0.4MPa。

（李明义　罗敬义）

【**管式加热炉** tube heating furnace】 介质在炉管内连续流过被加热的装置。在炉内设置一定数量的炉管，燃烧器将燃料喷入燃烧室（辐射室）内燃烧，形成高温火焰和烟气，以辐射传热方式将热量传给辐射炉管，炉管内介质吸收热量后温度升高，烟气温度下降，然后烟气经辐射室烟道进入对流室，以较高的流速通过对流炉管（管束），将热量以对流传热方式传给炉管内的介质，最后烟气经烟囱排入大气。管式加热炉种类很多，在油田广泛应用的是卧式圆筒形管式加热炉。卧式圆筒形管式加热炉由辐射室、对流室、辐射室烟道、炉管组成（见图）。辐射室亦称燃烧室，由钢制卧式圆筒、内衬轻质耐火材料制成，沿内壁圆周方向敷设炉管。燃料在辐射室燃烧形成的高温火焰，以波长0.4~40μm的热射线（包括可见光和红外线短波）向四周辐射，炉管吸收辐射热后通过管壁将热能传给管内流动的介质。辐射室是加热炉温度最高的地方，也是加热炉主要的热交换区域。对流室为一矩形钢结构，内衬轻质耐火材料，其内设置一定数量的管束。对流室是以从辐射室来的高温烟气与炉管进行对流传热的区域。辐射室烟道将烟气由辐射室导入对流室而设置的通道，一般为半圆形。炉管是加热炉的受热面，一般用裂化钢管焊制。设置在辐射室内以吸收辐射热为主的炉管叫辐射炉管。设置在对流室内以对流传热为主的管束叫对流炉管。加热炉还包括燃烧器、烟囱等。

管式加热炉采用轻型快装结构，工厂预制，整体或分段运输，现场施工量小。单台热负荷较大，升温速度快，加热温度高，不需要中间传热介质。热效率高，一般为85%~89%，最高90%以上。适用于需要热负荷较大的集中处理站中的原油脱水、原油外输等，以及适用于原油长

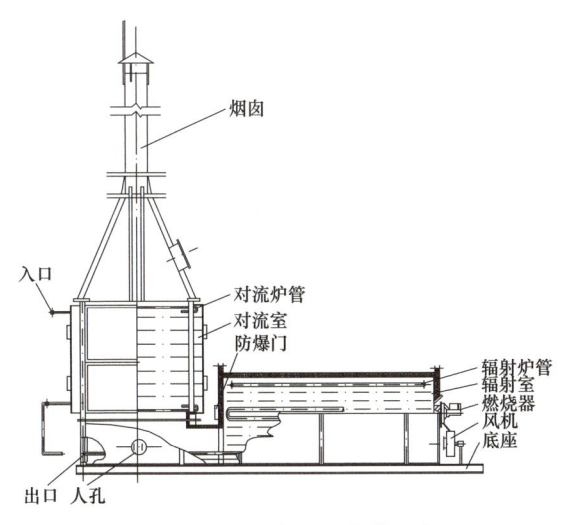

卧式圆筒形管式加热炉结构示意图

输管道中各种站内的原油加热。

（罗敬义　李明义）

【水套加热炉 jacket heater】 一种用燃料加热水套中的水，热水或蒸汽再将热量传递给原油（液）的加热装置。

水套加热炉的筒体中，装设了火筒、烟管、油盘管等部件，占据了筒体的一部分空间，其余的空间装的是水，但是水不能装满，占筒体体积的1/3左右（见图）。燃料在火筒中燃烧后，产生的热能以辐射、对流等形式将热量传给水套中的水，使水的温度升高，并部分汽化，水及其蒸汽再将热量传递给油盘管中的原油（液），使油（液）获得热量，温度升高。采用这种间接加热的方法，被加热介质受热充分且均匀，防止原油结焦，是理

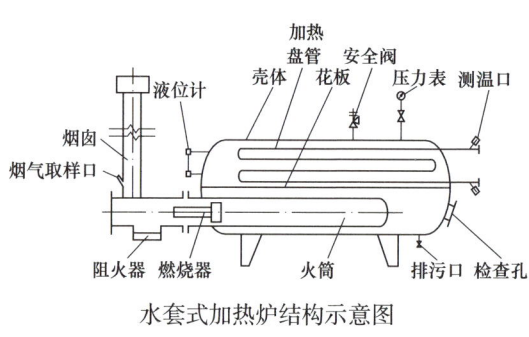

水套式加热炉结构示意图

想的油田供热设备。水套炉的加热盘管一般采用蛇形管，为了在有限的空间内，增加盘管换热表面积，其直径不宜大于100mm。根据工艺要求，水套炉设计可采用单组或多组加热盘管，各组盘管应依据各自设计参数进行设计。加热盘管可采用单管程或多管程，在多管程盘管设计中，应尽可能使各管程的压力降相等。

（吕宇玲　何利民）

【真空加热炉 vacuum furnace】 采用真空相变换热技术的装置。由加热炉主体和控制部分组成，在炉体下面有燃烧器，其特征在于炉体内装有金属盘管和汽化工质腔，腔室内充满工质纯净水，腔室壁上面有外蒸发管和蒸汽通道，盘管与稀、稠油进油管相连通。炉体工作时，只需用点火装置点燃燃烧器，在燃烧室底部的真空系统壁及翅片管产生辐射和对流热使工质汽化，汽化的工质与管表面换热后冷却回落，又将热量传递给管内介质出口输出，完成换热循环。适应于油、气集输工艺中原油、天然气等的加热，以及高海拔地区油气田集输工艺中各种介质加热。

真空加热炉特点为：

（1）采用真空相变换热技术，壳体内压力低于大气压，因此无爆炸危险。（2）炉内液位处于烟管和盘管之间，其循环是在密封状态下进行，无结垢（焦）现象。除盘管受使用条件影响外，其他各部件不会发生裂纹、鼓泡、点腐蚀、过烧爆管等问题。（3）热效率可达91%。（4）轻体积较小，重量较轻，

运输、安装较为方便。（5）控温方式为全自动强电控制加数字化智能仪表，确保运行平稳可靠。（6）适用性强，可代替油田使用的水套式加热炉等各种加热炉。

（罗敬义　李明义）

【换热器　heat exchanger】　将热流体的部分热量传递给冷流体的设备。又称热交换器。换热器种类很多，分类方法也比较多。根据冷热流体热量交换的原理和方式可分间壁式换热器、混合式换热器和蓄热式换热器三大类；根据传热面的形状和结构可分为板式换热器、管式换热器和板翅式换热器等。

换热器中冷热流体的相对流向主要有顺流、逆流、错流和折流等，一般采用顺流和逆流比较多。冷热流体的相对流向为顺流时，入口处两流体的温差最大，并沿传热表面逐渐减小，至出口处温差为最小；冷热流体的相对流向为逆流时，沿传热表面两流体的温差分布较均匀。若传热量相同，采用逆流可使平均温差增大，换热器的传热面积减小；若传热面积一样，采用逆流时可使加热或冷却流体的消耗量降低。在设计或生产使用中应尽量采用逆流换热。此外，在传热过程中，增加流体的流速和扰动性，可降低换热器中的热阻，以提高传热效率。

（李明义　罗敬义　方代煊）

【板式换热器　plate heat exchanger】　具有一定形状的金属片叠装而成的换热器（见图）。根据结构可分为可拆卸板式换热器（又称带密封垫片板式换热器）、焊接板式换热器、螺旋板式换热器、板卷式换热器（又称蜂窝式换热器）。

板式换热器中，各种板片之间形成薄的矩形通道，通过板片进行热量交换。螺旋板式换热器由两张平行的钢板卷制而成且具有两个螺旋通道的螺旋体，其两端装有端盖和接管，适应于处理含固体颗粒或纤维的悬浮液，以及其他高黏性介质。波纹板式换热器由一组长方形的传热板片、密封垫片和压紧装置组成（见图），流道的当量直径小，板形波纹使截面变化复杂，以及流体的扰动作用，具有较高的传热系数。板式换热器是液—液、液—汽进行热交换的理想设备，具有换热效率高、热损失小、结构紧凑轻巧、占地面积小、应用广泛、使用寿命长等特

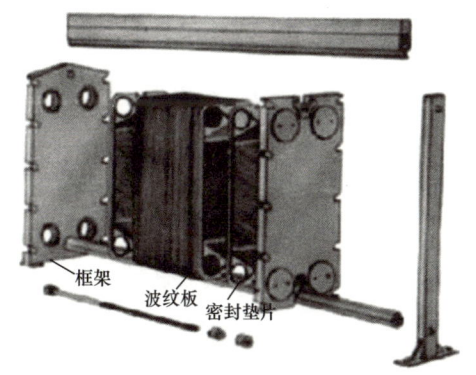

板式换热器结构示意图

点。在相同压力损失情况下，其传热系数比管式换热器高3～5倍，占地面积为管式换热器的1/3，热回收率可高达90%以上。

板式换热器的主要控制参数为加热器的单板换热面积、总换热面积、热水产量、换热量、传热系数、设计压力、工作压力、热媒参数等。使用环境中会受到介质腐蚀，在使用阶段可能会出现管板腐蚀渗漏，管板减薄严重甚至穿孔，严重影响到了换热效率和企业正常的生产。

（吕宇玲　何利民）

【**管式换热器** tube heat exchanger】　一种以封闭在壳体中管束的壁面作为传热面的换热器。分为浮头式、U形管式和固定管板式三种。由壳体、传热管束、管板、折流板（挡板）和管箱等部件组成（见图）。壳体多为圆筒形，内部装有管束，管束两端固定在管板上。进行换热的冷热两种流体，一种在管内流动，称为管程流体；另一种在管外流动，称为壳程流体。为提高管外流体的传热分系数，通常在壳体内安装若干挡板。挡板可提高壳程流体速度，迫使流体按规定路程多次横向通过管束，增强流体湍流程度。换热管在管板上可按等边三角形或正方形排列。等边三角形排列较紧凑，管外流体湍动程度高，传热分系数大；正方形排列则管外清洗方便，适用于易结垢的流体。管式换热器的主要控制参数为加热面积、热水流量、换热量、热媒参数等。

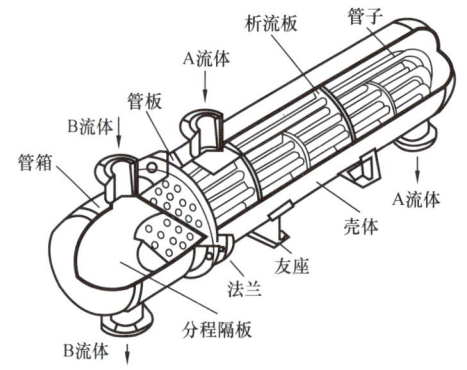 

管式换热器

这种换热器结构简单、造价低、流通截面较宽、易于清洗水垢；但传热系数低、占地面积大。可用各种结构材料（主要是金属材料）制造，能在高温、高压下使用。管式换热器的材料一般以碳钢、不锈钢和铜为主，在换热器设计使用过程中需要考虑到防腐保护。

（吕宇玲　何利民）

【板翅式换热器 plate-fin heat exchanger】 一种由隔板、翅片、封条、导流片组成的换热器（见图）。

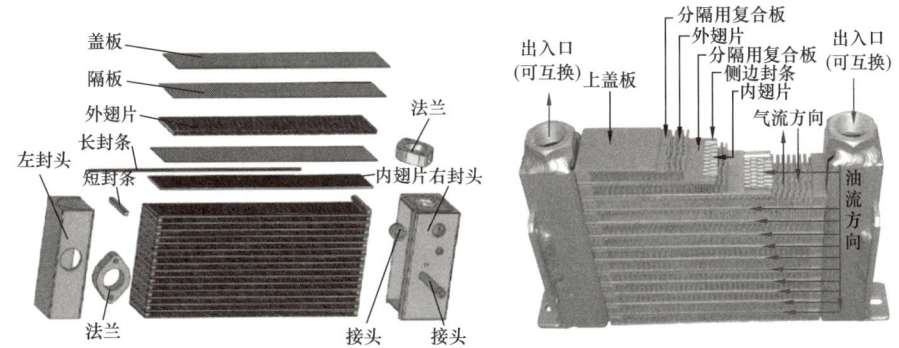

板翅式换热器结构示意图

在板翅式换热器相邻两隔板间放置翅片、导流片和封条组成的夹层，称为通道。将这样的夹层根据流体的不同方式叠置起来，钎焊成一整体便组成板束。板束是板翅式换热器的核心。通过流道的布置和组合能够适应逆流、错流、多股流、多程流等不同的换热工况。通过单元间串联、并联、串并联的组合可以满足大型设备的换热需要。工业上可以定型、批量生产以降低成本，通过积木式组合扩大互换性。

板翅式换热器可适用于气—气、气—液、液—液之间的换热以及相变换热，具有体积小、重量轻、可处理两种以上介质等优点，在石油工业中广泛应用。板翅式换热器制造工艺要求严格，工艺过程复杂，容易堵塞，不耐腐蚀，清洗检修很困难，用于换热介质干净、无腐蚀、不易结垢、不易沉积、不易堵塞的场合。

（吕宇玲　何利民）

【原油稳定 crude oil stabilization】 从原油中比较完全地脱除在大气条件下可能挥发的轻烃组分（$C_1 \sim C_4$），降低原油蒸气压，减少在储运过程中蒸发损耗的工艺技术。脱除的轻烃组分应加以收集和利用。有关技术规定中确定，稳定原油在最高储存温度下饱和蒸气压的设计值不宜超过当地大气压的 0.7 倍。

为了适应油气集输过程中各种工艺要求，需要采用加热、降压、储存等设施，客观上为原油中轻烃的挥发提供了条件。对于开式集输流程，原油在敞口储罐中的蒸发损耗很大。根据各油田油气损耗调查测定情况，这部分损耗约占总损失的 40% 左右。轻烃从原油中挥发出来时会带走大量戊烷、己烷等组分，造成原油的大量损失。

原油稳定方法通常分为闪蒸法和分馏法两类，都是利用原油中轻重组分挥发度不同来实现从原油中分离出轻烃组分，从而达到降低原油蒸气压的目的。闪蒸法通过提高原油温度，或者降低原油压力，破坏原来的气液平衡状态，使原油中轻组分挥发出来进入气相，重组分留在液相中，达到从原油中分离并回收轻组分，实现原油稳定目的。分馏法是通过把原油加热到一定温度，利用原油中轻、重组分挥发度不同的特点，采用蒸馏原理，使气液两相经过多次平衡分离，使其中易挥发的轻组分尽可能转移到气相，而难挥发的重组分保留在原油中来实现原油稳定。

由于原油组分、稳定程度要求和工艺系统的不同，这两类方法的工艺参数、设备选型、流程安排又都各有不同，出现了多种稳定方法。常用的闪蒸稳定方法有原油负压闪蒸稳定、原油微正压闪蒸稳定和原油加热闪蒸稳定等三种。常用的分馏稳定方法有原油全塔分馏稳定、原油提馏稳定和原油精馏稳定等三种。

世界上原油稳定最早始于1926年，初期的原油稳定装置大多比较简单，以后为了有效地利用能源，世界各国发展了一些比较完善的稳定方法，以提高收率，获得较高的经济效益。20世纪70年代以后，中国各油田相继建设了一批原油稳定装置，以确保经过脱盐、脱水后的原油进罐储存时达到稳定的要求。

（李建民）

【**原油负压闪蒸稳定** crude oil stabilization with vacuum flashing】 脱盐脱水后的原油进入原油负压稳定塔，在负压条件下闪蒸脱除其易挥发的轻烃，实现原油稳定的工艺技术。通常在原油脱水温度下进行稳定。

主要工艺流程为：脱盐脱水后的原油先进入负压稳定塔上部，在稳定塔内进行闪蒸，闪蒸温度为50～80℃内；稳定塔顶部用真空压缩机抽空，真空度一般在20～70kPa，压缩机出口压力一般在0.2～0.3MPa范围。抽出的闪蒸气经冷凝器降温至40℃左右，进入分离器进行油、气、水分离，分离出的轻油进泵升压输至储罐然后外运；不凝气进入低压管网；污水进入含油污水系统进行处理。塔底部的稳定原油根据工艺需要，可以利用位差直接进入稳定原油储罐，也可用泵外输。原油负压闪蒸稳定工艺原理流程如图所示。

负压闪蒸稳定适用原油中轻组分C_1～C_4含量在2%（质量分数）以下，只限制稳定深度，不要求轻组分收率，原油脱水温度略高于原油储存温度的情况。

原油负压闪蒸稳定法主要设备：真空压缩机、原油稳定塔、冷凝器、三相分离器和稳定原油泵。关键设备是真空压缩机和原油稳定塔。

负压闪蒸稳定法流程简单，需要设备种类和数量少，操作简单，对负荷波动的适应性强，能耗和投资均较低。原油稳定效果比分馏法差，在稳定原油中尚存少量 $C_1 \sim C_4$ 组分，在拔出轻烃中尚有少量较重组分。

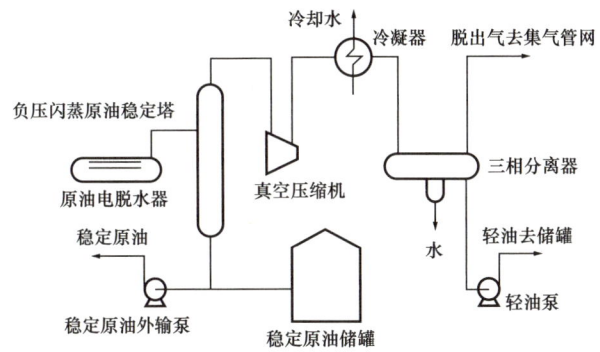

原油负压闪蒸稳定工艺原理流程图

（李建民）

【**原油微正压闪蒸稳定** crude oil stabilization with micro-pressure flashing】 脱盐脱水后的原油进入原油稳定塔，在微正压条件下进行一次闪蒸，脱除易挥发轻烃，实现原油稳定的工艺技术。通常在原油脱水温度或原油外输温度下进行稳定。微正压闪蒸稳定工艺与原油负压闪蒸稳定工艺基本相同，区别仅在于原油稳定的温度升高后，闪蒸压力也相应的高一点，成为微正压。两种稳定方法的适用条件大致相同，适用于原油中轻组分 $C_1 \sim C_4$ 含量在 2%（质量分数）以下，只限制稳定深度，不要求轻组分收率。对于需要较高温度才能进行集输和处理的稠油，采用微正压闪蒸稳定工艺，能较充分利用其热能，相对而言较为合理。一般微正压闪蒸原油稳定的操作温度至少要高于已稳定原油最高储存温度 20℃。

主要工艺流程为：脱盐脱水后的原油先进入原油稳定塔上部，在稳定塔内进行闪蒸，闪蒸压力一般 0~20kPa，温度一般为 60~90℃，稳定塔顶部用压缩机把闪蒸气抽出并增压至 0.2~0.3MPa（表），然后经冷凝器降温至 40℃左右，进入分离器进行油、气、水三相分离，分离出的轻油进泵升压输至储罐然后外运；不凝气进入低压管网；污水进入含油污水系统进行处理。塔底部的稳定原油根据工艺需要，可以利用位差直接进入稳定原油储罐，也可用泵外输。

原油微正压闪蒸稳定法主要设备：压缩机、原油稳定塔、冷凝器、三相分离器和稳定原油泵。关键设备是压缩机和原油稳定塔。

微正压闪蒸稳定法流程简单，需要设备种类和数量少，操作简单，对负荷波动的适应性强，能耗和投资均较低。原油稳定效果比负压闪蒸稳定法差。原油微正压闪蒸稳定工艺原理流程如图所示。

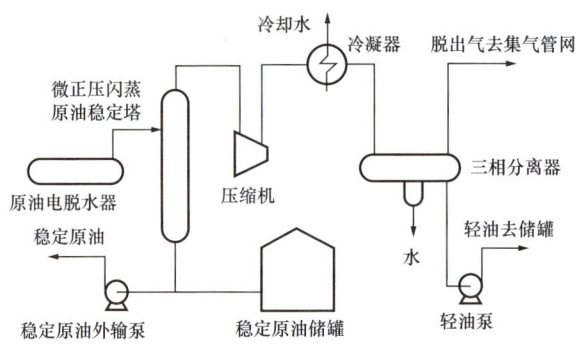

原油微正压闪蒸稳定工艺原理流程图

（李建民）

【**原油加热闪蒸稳定** crude oil stabilization with heating flashing】 脱盐脱水后的原油，经加热后进入<u>原油稳定塔</u>，在正压条件下进行一次闪蒸，脱除易挥发轻烃，实现原油稳定的工艺技术。通常在高于原油脱水温度和原油外输温度及0.2MPa（表）下进行稳定。

主要工艺流程为：脱盐脱水后的原油首先与稳定后的原油换热，然后经加热炉加热至稳定温度再进入原油稳定塔上部，在稳定塔内进行闪蒸，闪蒸压力一般为0.1~0.3MPa（表），温度根据进塔原油组成和操作压力而定，一般为80~130℃。稳定塔顶部的闪蒸气经<u>冷凝器</u>降温至40℃左右，进入分离器进行油、气、水三相分离。分离出的轻油进泵升压输至储罐然后外运；不凝气进入低压管网；污水进入含油污水系统进行处理。塔底部的稳定原油用泵抽出与未稳定原油换热后外输。原油加热闪蒸稳定工艺原理流程如图所示。

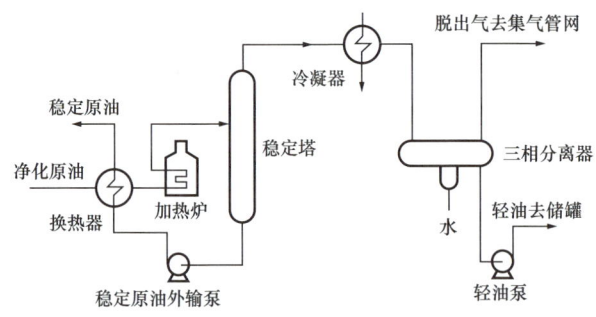

原油加热闪蒸稳定工艺原理流程图

加热闪蒸稳定通常适用于原油中轻组分 C_1~C_4 含量大于2%（质量分数）的原油。当有余热可供利用时，即使原油中轻组分 C_1~C_4 含量低于2%（质量分数），也可考虑加热闪蒸工艺。

原油加热闪蒸稳定法主要设备：原油稳定塔、加热炉、换热器、冷凝器、三相分离器和稳定原油泵。关键设备是原油稳定塔和加热炉。加热闪蒸稳定法在流程中取消了压缩机，流程简化，操作简单，施工周期较短，对负荷波动的适应能力较强。能耗较高，稳定效果与负压闪蒸法相当。

（李建民）

【原油全塔分馏稳定 crude oil stabilization with distillation】 采用精馏原理和提馏原理将原油中轻组分脱除出去，实现原油稳定的工艺技术。脱盐脱水后的原油，经换热器加热后进入原油稳定塔（既有提馏段，又有精馏段），利用原油中轻、重组分挥发度不同的特点，进行原油稳定。适用范围：原油中轻组分 $C_1 \sim C_4$ 含量大于 2%（质量分数）的原油；当有余热可供利用，并要求从原油稳定中提供较多数量的轻烃原料时，即使原油中轻组分 $C_1 \sim C_4$ 含量低于 2%（质量分数），也可考虑采用分馏稳定工艺。

主要工艺流程为：脱盐脱水后的原油首先与稳定后的原油换热至 90～150℃，然后进入稳定塔的进料段，稳定塔上部为精馏段，下部为提馏段，塔的操作压力通常为 0.15～0.3MPa。塔底原油一部分用泵抽出经重沸加热炉加热到 120～200℃回到塔底液面上部，给塔提供热源，保证塔底温度；另一部分成为稳定原油用泵抽出与未稳定原油换热后进罐储存或直接外输。稳定塔顶部的气体温度一般为 50～90℃，经冷凝器降温后进入回流罐，再进入分离器进行油、气、水三相分离，分离出的轻油一部分作为塔顶回流，另一部分用泵升压输至轻油储罐然后外运。回流罐的不凝气进入低压管网；污水进入含油污水系统进行处理。

原油全塔分馏稳定主要设备：原油分馏塔、重沸加热炉、换热器、冷凝器、回流罐、三相分离器和稳定原油泵、重沸泵、轻烃泵。关键设备是分馏塔和重沸加热炉。

原油全塔分馏稳定可以按要求把原油中的轻、重组分很好地分离开，以保证稳定原油和塔顶产品的质量。但是这种稳定工艺技术是各种原油稳定工艺技术中最复杂的，工程投资和能耗都较高。为克服其缺点，在对稳定效果要求不是很严格的情况下，可以采用只设提馏段而不设精馏段的提馏稳定工艺技术，或者采用只设精馏段而不设提馏段的精馏稳定工艺技术。

（李建民）

【原油提馏稳定 crude oil stabilization with stripping】 在一定的温度、压力条件下，提取原油中蒸馏出来的轻质成分，实现原油稳定的工艺技术。脱盐脱水后的原油，经换热器加热后进入原油提馏塔，利用原油中轻、重组分挥发度不同的特点，采用精馏原理将原油中轻组分脱除出去，实现原油稳定。适用范围：原油中轻组分 C_1~C_4 含量大于 2.5%（质量分数）的原油；当有余热可供利用，并要求从原油稳定中提供较多数量的轻烃原料时，即使原油中轻组分 C_1~C_4 含量低于 2%（质量分数），也可考虑采用提馏稳定工艺。

主要工艺流程为：脱盐脱水后的原油首先与稳定后的原油换热至 90~150℃，然后进入提馏稳定塔，塔的操作压力通常为 0.2MPa（表）左右。塔底原油一部分用泵抽出经重沸加热炉加热到 120~200℃回到塔底液面上部，给塔提供热源，保证塔底温度；另一部分成为稳定原油用泵抽出与未稳定原油换热后进罐储存多或直接外输。稳定塔顶部的气体温度一般 50~90℃，经冷凝器降温后进入回流罐，再进入分离器进行油、气、水三相分离，分离出的轻油一部分作为塔顶回流，另一部分用泵升压输至轻油储罐然后外运。回流罐的不凝气进入低压管网；污水进入含油污水系统进行处理。原油提馏稳定工艺原理流程如图所示。

原油提馏稳定主要设备：原油提馏塔、重沸加热炉、换热器、冷凝器、回流罐、三相分离器和稳定原油泵、重沸泵、轻烃泵。关键设备是提馏塔和重沸加热炉。

提馏稳定的操作条件不如原油全塔分馏稳定严格，稳定效果也不如全塔分馏稳定，但比负压闪蒸稳定好，塔底稳定原油组分控制较好。这种稳定工艺技术因只设提馏段而不设精馏段，所需工艺设备比原油全塔分馏稳定少，但与原油加热闪蒸稳定相比，流程较复杂，工程投资和能耗也较高。

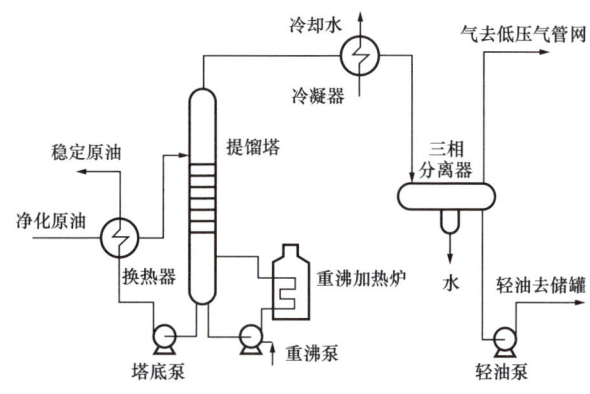

原油提馏稳定工艺原理流程图

（李建民）

【**原油精馏稳定** crude oil stabilization with rectification】 采用精馏原理将原油中

轻组分脱除出去，实现原油稳定的工艺技术。脱盐脱水后的原油，经换热器加热后进入原油精馏塔，利用原油中轻、重组分挥发度不同的特点，采用精馏原理将原油中轻组分脱除出去实现原油稳定。适用范围：原油中轻组分 $C_1 \sim C_4$ 含量大于2%（质量分数）的原油，当有余热可供利用，并要求从原油稳定中提供较多数量的轻烃原料时，即使原油中轻组分 $C_1 \sim C_4$ 含量低于2%（质量分数），也可考虑采用原油精馏稳定工艺。

主要工艺流程为：脱盐脱水后的原油首先与稳定后的原油换热，再经加热炉升温至150～220℃后进入精馏塔，塔的操作压力通常为0.15～0.3MPa。塔底原油用泵抽出与未稳定原油换热后进罐储存或直接外输。稳定塔顶部的气体温度一般为70～110℃，经冷凝器降温后进入回流罐，再进入分离器进行油、气、水三相分离，分离出的轻油一部分作为塔顶回流，另一部分用泵升压输至轻油储罐然后外运。回流罐的不凝气进入低压管网；污水进入含油污水系统进行处理。原油精馏稳定工艺原理流程如图所示。

原油精馏稳定主要设备：原油精馏塔、加热炉、换热器、冷凝器、回流罐、三相分离器和稳定原油泵、轻油泵。关键设备是精馏塔和加热炉。

精馏稳定工艺技术的操作条件不如原油全塔分馏稳定严格，稳定效果也不如原油全塔分馏稳定，但比原油闪蒸稳定法好，塔顶拔出轻烃组分控制较好。这种稳定工艺技术因只设精馏段而不设提馏段，所需工艺设备比原油全塔分馏稳定少，但与负压闪蒸稳定法相比，流程较复杂，工程投资和能耗也较高。

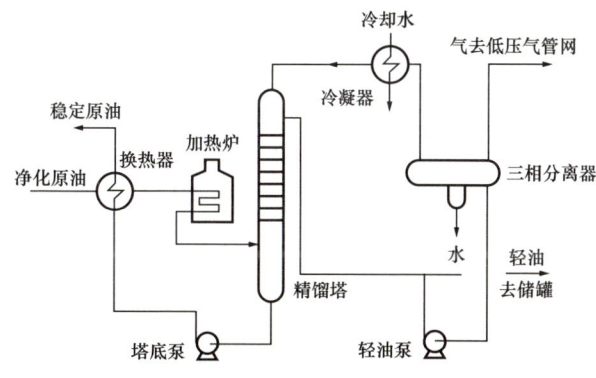

原油精馏稳定工艺原理流程图

（李建民）

【**多级分离稳定** multi-level separation and stability】 利用若干次减压闪蒸使原油稳定的工艺。油气两相保持接触的条件下，压力降到某一数值时，把压降过程中析出的气体排出，脱除气体的原油继续沿管路流动，降压到另一较低压力时，

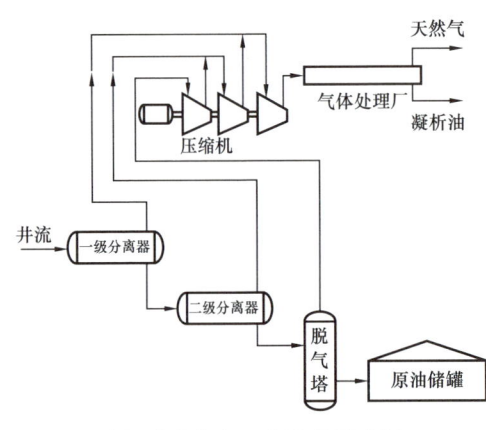

多级分离稳定工艺流程示意图

把该降压过程中从原油中析出的气体再排出，如此反复，直至系统的压力降为常压，产品进入储罐为止（见图）。常用于油气藏能量高的原油稳定过程。

影响多级分离稳定的主要操作参数有分离级数、各级分离温度和分离压力。分离级数越多，分离后原油的流量越大，原油收率越高，分离后原油的密度越小；硫化氢含量随分离级数的增多而增多，分离温度不同，二者之间关系也不同；饱和蒸汽压随着分离级数的增加而减少，有利于饱和蒸汽压的控制。连续分离所得的液体量最多，一次平衡分离所得的液量最少，多级分离居中，级数越多，液体的收率越大，液体的密度越小。分离温度越高，分离后所得原油的收率越低，原油中 H_2S 的含量也越少，原油的蒸汽压越低，原油的密度越大。

（吕宇玲　何利民）

【原油稳定塔 crude oil stabilizer】 用于脱除原油中挥发性强的组分（$C_1 \sim C_4$）、溶解的 H_2S 和有机硫等有毒物质，降低原油蒸气压，减少原油在储运过程中蒸发损耗的设备。原油稳定塔的塔型选择，应根据原油物性、工艺流程来确定。负压闪蒸法原油稳定多采用筛板塔。

分馏法原油稳定选择原则为：
（1）当所需传质单元数或理论塔板数较多因而塔较高时，用板式塔较好；
（2）当有侧回流或侧重沸器时，用板式塔；
（3）液气比较小时宜用板式塔；
（4）塔压力降有限制时宜用填料塔；
（5）易发泡的原油稳定宜用填料塔。

（刘显英　罗敬义）

【脱甲烷塔 demethanizer】 在深冷分离轻烃回收工艺中，用于脱除甲烷，回收天然气中乙烷及乙烷以上组分并且乙烷收率不低于8%时设置的分馏塔。在塔内天然气分为气、液两相，以甲烷为主体的气体从塔顶流出，乙烷及乙烷以上组分从塔底流出。多选用浮阀塔。是天然气处理工艺中的一种重要塔设备。

脱甲烷塔特点为：脱甲烷塔不仅仅是分馏塔，还有制冷作用，其冷源来自膨胀机出口的流体；塔底液相产品中 C_1/C_2 的分子比 $\leqslant 0.03$。

（罗敬义　刘显英）

【脱乙烷塔 deethanizer】用于从烃类混合物中分离出乙烷及更轻组分，回收天然气中丙烷及丙烷以上组分的分馏塔。在塔内天然气分为气、液两相，以甲烷、乙烷为主体的气体从塔顶流出，丙烷及丙烷以上组分从塔底流出。多采用浮阀塔。在浅冷轻烃回收工艺中，受工艺条件限制，乙烷不能作为产品回收，主要是回收丙烷或丙烷、丁烷混合物（即液化气），设置脱乙烷塔以控制乙烷在其中的含量以保证液化气质量。

当乙烷作为产品回收时，一是要求纯度高，二是要求收率高（不低于80%）。在深冷轻烃回收工艺中，经脱甲烷塔将甲烷脱除，在脱乙烷塔中，乙烷呈气相在满足纯度和收率的条件下，从塔顶分离出来，回流冷凝器冷源一般采用丙烷或从低温分离器中取出的一部分低温凝液（见图1）。

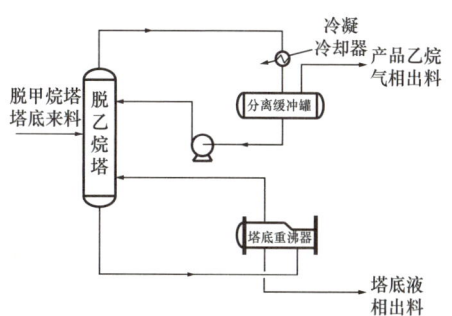

图1　脱乙烷塔工艺流程示意图

脱乙烷塔塔顶是回收物与脱除物分离的地方，脱出物中带走的丙烷不可能再回收，回收物中残留的乙烷也难以再脱除。这里的分离决定了整个工艺的丙烷收率，也决定了丙烷或液化气的产品质量（控制乙烷含量）。根据装置规模、产品种类及其收率要求等不同条件，脱乙烷塔顶有多种形式的工艺流程（见图2）。

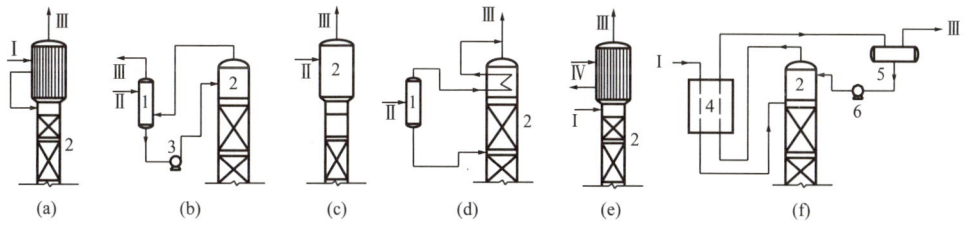

图2　脱乙烷的几种塔顶形式示意图

1—最后一级凝液分离器；2—脱乙烷塔；3—凝液泵；4—板式换热器；5—分离缓冲罐；6—塔顶回流泵；
Ⅰ—最后一级凝液分离器分离出的凝液；Ⅱ—膨胀机出口低温气液混合物；Ⅲ—塔顶脱出气；
Ⅳ—循环制冷冷剂

图2中：(a)(c)形式结构比较简单，在小规模的浅冷装置中应用较多，缺点是塔顶难控制；(e)形式利用外加冷源控制塔顶温度，塔顶温度稳定，可提高丙烷收率和降低脱乙烷塔操作压力；(b)(d)(f)流程虽然复杂一些，但有利于提高塔顶、塔底产品收率，推荐选用。

（刘显英　罗敬义）

【脱丁烷塔 debutanizer】 在浅冷轻烃回收工艺中，用于回收天然气中丁烷及丁烷以上组分的分馏塔。轻烃回收装置的最后一级塔。通过该塔，生产出符合标准要求的液化气（LPG）和稳定轻烃（即天然汽油）。多采用浮阀塔。

脱丁烷塔工艺流程如图所示。

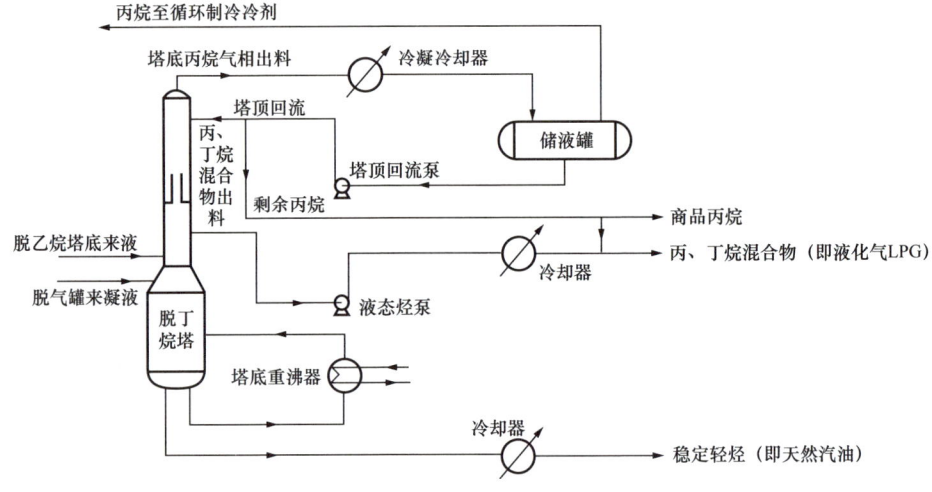

脱丁烷塔工艺流程示意图

流程适应性强，产品收率高，塔顶产出高纯度丙烷，液态丙烷除作回流打回塔顶外，一部分作装置丙烷循环制冷冷剂，剩余部分既可打入液化气中，又可作为商品丙烷。

（罗敬义　刘显英）

【吸收塔 absorption column】 天然气处理中为气、液两相提供最大的接触面积，并使液体吸收剂能充分地吸收气体混合物中需要吸收组分的塔。按气液相接触形态分为三类。第一类是气体以气泡形态分散在液相中的板式塔、鼓泡吸收塔、搅拌鼓泡吸收塔；第二类是液体以液滴状分散在气相中的喷射器、文氏管、喷雾塔；第三类为液体以膜状运动与气相进行接触的填料吸收塔和降膜吸收塔。塔内气液两相的流动方式可以逆流也可并流。通常采用逆流操作，吸收剂以塔顶加入自上而下流动，与从下向上流动的气体接触，吸收了吸收质的液体从塔底排出,净化后的气体从塔顶排出。

工业吸收塔应具备以下基本要求:塔内气体与液体应有足够的接触面积和接触时间;气液两相应具有强烈扰动,减少传质阻力,提高吸收效率;操作范围宽,运行稳定;设备阻力小,能耗低;具有足够的机械强度和耐腐蚀能力;结构简单、便于制造和检修。

(刘显英 罗敬义)

【再生塔 regeneration column】 将吸收剂中的溶质(被吸收的组分)分离出去,使吸收剂恢复到原来状态并循环使用的装置。天然气脱硫、脱水工艺常用装置之一。多选用填料塔。天然气脱水常用的吸收剂有二甘醇、三甘醇等,其特点是沸点高,热力学性质稳定,容易再生。油田应用最多的再生方法是气体汽提法,工艺流程如图所示。吸收水分后的甘醇稀溶液(也称富液),在汽提段与热汽提气充分接触,降低甘醇稀溶液的水蒸气分压,有利于甘醇溶液提浓,提浓后的甘醇(也称贫液)浓度可达到99.995%,吸收剂为三甘醇。甘醇再生方法还有共沸再生、减压再生等。

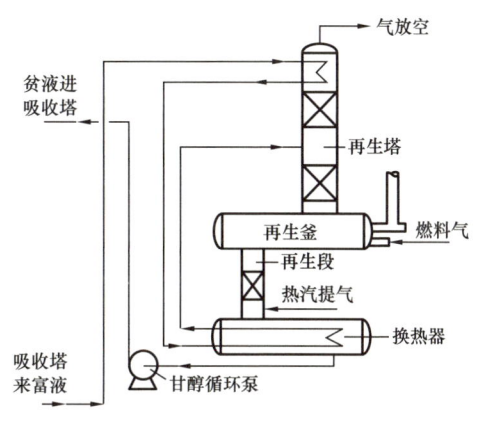

甘醇汽提再生工艺流程示意图

参见三甘醇脱水工艺和分子筛脱水工艺。

(罗敬义 刘显英)

【闪蒸容器 flash evaporator】 提供流体迅速汽化和气液分离的容器。原料以某种方式被加热和/或减压至部分汽化,进入闪蒸容器内,在一定压力、温度下,气液两相迅速分离,得到气液相产物,称之为闪蒸。按闪蒸容器的形状,立式闪蒸容器称闪蒸塔,卧式闪蒸容器称闪蒸罐。

净化原油从分离头进入,经分离伞形成直径不同的油膜柱淋降至闪蒸罐内设置的筛板上。分出的气体靠分离伞折流捕雾,达到油气闪蒸分离目的。闪蒸罐内装一至两层大面积的筛板,原油从筛孔向下淋降,由于油气接触面积大,有利于溶解气的析出和液面积聚气泡的消泡(见图)。

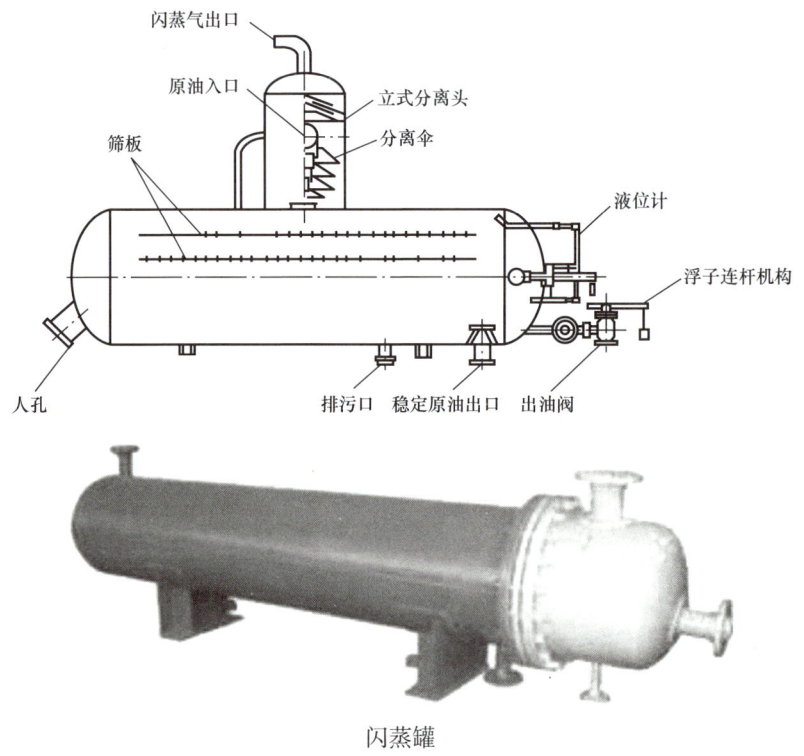

闪蒸罐

（吕宇玲　何利民）

【塔底再沸器 bottom reboiler】 安装于塔底部使液体气化蒸发的装置。多采用管式换热器，个别情况采用加热炉。再沸器工艺安装有4种型式（见图）。

强制循环式：可调节循环速度，设备多，动力消耗大。适应范围：处理量较大的场合；黏性液体及悬浊液；长的显热段和低蒸发比的低压系统。

卧式热虹吸式：根据工艺要求，蒸发侧可选用壳程，也可选在管程。一般蒸发量小、流体易结垢等可选在管程，反之在壳程。当选在壳程时，进、出口视情况可以增加。与立式热虹吸式比较具有较大的循环推动力（即静压差），循环量可以选择大些。对塔的液面及压降要求不高，适用于真空操作。占地面积大。

立式热虹吸式：依靠塔内液体静压头和再沸器内两相流的密度差产生的推动力形成立式热虹吸式的运动。传热系数大、结构紧凑、配管容易。对黏度较大和带有固体状物的流体不适用。

凯特尔（Kettle）式：适应性较强，再沸器相当于1块理论塔板。加热后滞留时间相对较长。壳体容积大，设备费用高。维护清理方便。这种再沸器在石油行业应用较多。

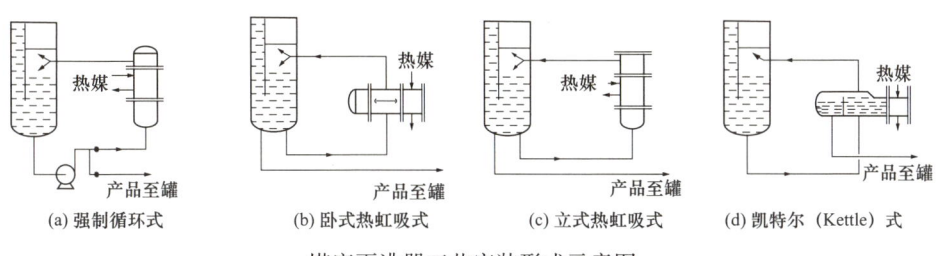

塔底再沸器工艺安装形式示意图

（罗敬义　刘显英）

【回流罐 reflux tank】 在原油稳定流程中塔顶气相产品逸出分馏塔后，经冷凝、冷却流入的储罐。又称塔顶产品储罐。内设气、液分离挡板，在罐内进行气、液和油、水分离，部分液相产品作为塔顶回流返回塔内，其余即为塔顶产品（见图）。

用于油田伴生气凝液分馏。由冷凝器来的塔顶产物进入回流罐，在罐内气和冷凝水分离。气经捕雾器除去夹带液滴后送往回收装置或放空灼烧，冷凝水作为回流液返回再生塔。水摩尔数与酸气摩尔数之比称为回流比，回流比大小可根据再生塔塔顶压力、温度查图确定。通常蒸馏塔回流罐尺寸由气相中液滴的分离、足够的液相停留时间和少量的水的沉降三个因素决定。

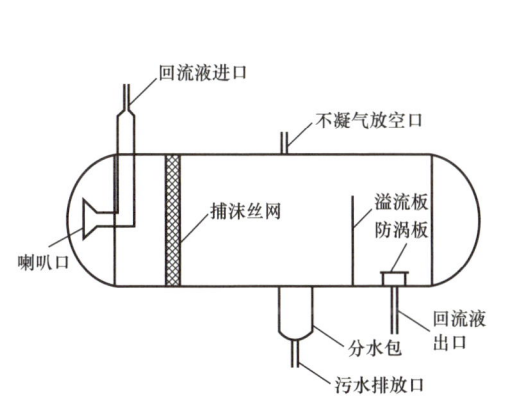

回流罐

（吕宇玲　何利民）

【回流冷凝器 reflux condenser】 在原油稳定和天然气处理流程中使高温气体冷凝，冷凝液作为液相返回再生塔的装置（见图）。按照气相馏出物的冷凝状况分为完全冷凝器（全凝器）和部分冷凝器（分凝器）。

回流冷凝器

原油稳定及天然气处理过程中，多用于塔顶蒸汽的冷凝。一般选用管式换热器、螺旋板式换热器、板翅式换热器作为回流冷凝器，其中管式换热器应用较多。

塔顶冷凝器工艺回流形式有重力回流卧式、重力回流立式和泵送回流式三种。

当重力回流卧式冷凝器内被冷凝物料走壳程，冷凝器起过冷作用时，采用阻液形折流板；若冷凝物料中含有不凝气时，折流板间距可随物料的冷凝而减少。其优点是传热系数大，运转费用低，但要求高位安装。适用于小处理量的场合。

重力回流立式冷凝器可作为过冷器用，结构紧凑，配管容易，适用于小处理量的场合。

泵送回流式冷凝器属强制回流，回流量容易控制，保证塔顶温度稳定，安装容易，设备较前两种多，运转费用高。适用于大处理量及有特殊要求的场合，应用比较广泛。

（吕宇玲　何利民）

【油田采出水处理 oily wastewater process】 通过物理、化学方法将油田采出水中油及其他杂质从水中分离出来，使污水得到净化达到符合注水水质标准、回用标准或排放标准要求的工艺技术。在石油开采过程中，钻井、采油、洗井等生产过程产生的污水称为油田采出水。在油田习惯将油田采出水称为含油污水。处理目的有三个方面：第一回收、利用水资源；第二环境保护；第三回收污水中的石油。

对于陆地油田，含油污水经处理后，污水水质达到注水标准作为注水水源；对于海洋油田，含油污水处理后，水质达到标准回注或排放。油田含油污水处理根据处理后注水水质要求的不同，通常分为常规含油污水处理和深度含油污水处理。根据油田开采方式的不同，又分为水驱含油污水处理和三次采油含油污水处理两种。

含油污水处理流程：主要包括加药、沉降分离、过滤、污水回收、污油回收等内容。加药：在含油污水处理过程中，主要投加混凝剂和杀菌剂。投加混凝剂的作用是使污水中细小的杂质通过絮凝，形成较大的矾花，有利于处理设备的去除。投加杀菌剂的作用是杀灭含油污水中有害细菌，保证处理设备运转正常。沉降分离：主要原理是利用油、水、悬浮固体的密度差而实现油、水、悬浮固体分离。过滤：通过吸附、絮凝、沉淀、截留等作用机理去除未被沉降分离去除的部分，使处理后的污水达到相应的注水及排放指标。污水回收：在滤料进行反冲洗时，滤料截留的原油、悬浮物等杂质，随着反冲洗排水一起排出，为了减少再次污染，并回收其中的原油，必须回收反冲洗排出水，并送至含油污水处理工艺流程中进行处理。污油回收：在油水分离过程中，被分离出来的污油经收油管道流入收油罐。污油在收油罐内进行初步的沉降分离后，被送至原油脱水站进行再处理利用。

在油田采出水处理工程中，主要工艺流程（一般不含辅助流程）有多种划分方式，如按污水动力形式划分有：含油污水处理重力流程和含油污水处理压力流程；按污水处理主要设施的数量划分有：含油污水两段处理流程、三段处理流程、四段处理流程等；按污水处理主要设备类型划分有：含油污水处理合一装置组合流程、含油污水处理水力旋流器流程和含油污水两次过滤深度处理流程等。

含油污水处理技术：主要包括采出水净化技术、缓蚀技术、防垢技术和杀菌技术等。伴随着油田开发的不同时期，油田采出水处理技术得以相应的发展。针对不同的注水要求，具有相应的不同处理技术，可分为高、中、低渗透油层含油污水处理工艺，以及三次采油采出水处理工艺。同时随着油田开发的不断深入，采出水量会越来越大，加之聚合物驱油、三元复合驱油等技术的深入应用，采出水的成分会越来越复杂，处理难度也会越来越大。采用高效节能、低投入、低成本的处理技术将是发展趋势。

（陈忠喜　徐洪君）

【含油污水处理重力流程 gravity flow for oily wastewater process】 利用含油污水液位高低不同所产生水位差将含油污水中油及其他杂质分离出来的工艺流程。利用原油脱水站污水外输泵的余压（0.15~0.3MPa）作为动力源，利用流程中各设备间从前至后逐步降低的水位差保持位能实现含油污水的逐级处理。主要设备有自然沉降罐、混凝沉降罐和过滤罐（见图）。沉降罐通过重力沉降除油；重力过滤罐的水面与大气相通，依靠滤层上的水深，以重力方式进行过滤。

含油污水处理重力流程是含油污水处理工艺中最典型、常用的工艺流程，在含油污水不含聚合物、含油污水量较大及其处理后水质要求不高的情况下，普遍采用此污水处理流程。由于重力流程工艺简单、操作方便，20世纪90年代初期及以前中国各油田基本都采用这种流程。在流程中采用沉降和过滤设备的类型和数量不同，存在着多种处理工艺流程，其主要类型有：原水经混凝沉降罐、单阀滤罐、缓冲罐、提升泵至注水站；原水经自然沉降罐、混凝沉降罐、单阀滤罐、缓冲罐、提升泵至注水站；原水经粗粒化罐、混凝沉降罐、单阀滤罐、缓冲罐、提升泵至注水站；原水经涡流反应器、斜板沉降罐、无阀滤罐、缓冲罐、提升泵至注水站；原水经混凝斜板除油罐、单阀滤罐、缓冲罐、提升泵至注水站。

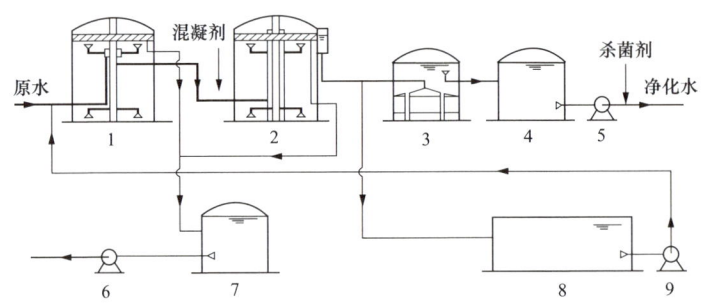

含油污水处理重力流程示意图
1—自然除油罐；2—混凝除油罐；3—单阀滤罐；4—缓冲水罐；5—外输泵；6—油泵；
7—油罐；8—回收水池；9—回收水泵

（陈忠喜　徐洪君）

【**含油污水处理压力流程** pressure flow for oily wastewater process】　在含油污水处理中含油污水依靠原油脱水站污水外输泵所提供的压力作为动力源，或者靠污水处理站自设缓冲罐和提升泵作为动力源实现含油污水的逐级处理的工艺流程。高效的压力除油设备种类很多，如横向流除油器是在斜板除油技术的基础上发展起来的，其原理符合"浅池理论"。压力过滤器是密闭式圆柱形钢制容器，内部装有滤料及进水和排水系统，在压力下进行工作，含油污水自上而下进入压力过滤器中，经过滤罐内填装的滤料，进行吸附、截留过滤，达到注水要求的滤后水，经出水管道流出滤罐进入外输水罐，由外输泵提升外输注水。含油污水处理压力流程应用最多、最广泛，一般用于聚合物驱、三元复合驱等三次采油工艺产出的含油污水处理，也可用于水驱含油污水处理。含油污水处理压力流程为密闭处理过程，没有油气损耗，不对环境造成污染，是含油污水处理发展的方向。通常分为完全压力流程和部分压力流程两种类型。

完全压力流程：含油污水依靠原油脱水站污水外输泵所提供的压力（≥0.3MPa）作为动力源，进行压力沉降及压力过滤，实现含油污水逐级处理（见图1）。

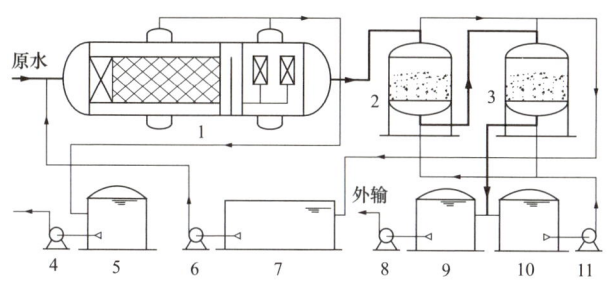

图 1　含油污水处理完全压力流程示意图

1—横向流除油器；2——次压力滤罐；3—二次压力滤罐；4—油泵；5—油罐；6—回收水泵；7—回收水池；8—外输泵；9—缓冲水罐；10—反冲洗罐；11—反冲洗泵

部分压力流程：含油污水依靠原油脱水站污水外输泵所提供的压力（一般小于 0.3MPa），进入重力除油罐中进行除油，出水进入过滤缓冲罐，靠过滤提升泵进行压力过滤实现含油污水逐级处理（见图 2）。

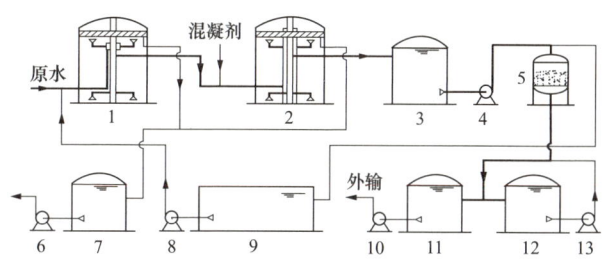

图 2　含油污水处理部分压力流程示意图

1—自然除油罐；2—混凝除油罐；3—缓冲水罐；4—提升泵；5—压力滤罐；6—油泵；7—油罐；8—回收水泵；9—回收水池；10—外输泵；11—外输水罐；12—反冲洗罐；13—反冲洗泵

主要类型：在流程中除油设备采用开口常压的沉降罐或密闭压力除油设备，过滤设备采用压力式过滤设备。根据采用沉降和过滤设备的类型和数量，现场常用的处理工艺流程主要有：原水经横向流除油器、一级压力过滤器（或二级压力过滤器）至注水站；原水经组合式沉降分离器、一级压力过滤器（或二级压力过滤器）至注水站；原水经压力斜板沉降罐、一级压力过滤器（或二级压力过滤器）至注水站；原水经水力旋流器、一级压力过滤器（或二级压力过滤器）至注水站；原水经重力斜板沉降罐、缓冲罐、提升泵、一级压力过滤器（或二级压力过滤器）至注水站；原水经除油器、气浮选机、缓冲罐、提升泵、一级压力过滤器（或二级压力过滤器）至注水站。

（陈忠喜　徐洪君）

【含油污水处理技术 oily water treatment technology】 应用物理、化学方法去除含油污水中油、杂质和微生物，使其达到规定水质指标要求的工艺技术。将油田采出水处理后回注于地层，可以回收水中的原油、减少环境污染，提供较充足的注水水源、实现水的循环利用、节约大量的淡水资源。主要包括油田采出水净化技术、缓蚀技术、防垢技术、微生物及其杀菌技术等。

油田采出水净化技术　通过相应的设备将油及杂质从水中分离出来，使污水得到净化。主要分为沉降分离、过滤、滤料再生、污水及污油回收等沉降分离技术。沉降分离主要是利用油、水、悬浮物的密度差而实现分离；过滤技术就是通过吸附、絮凝、沉淀、截留等作用机理去除未被油水分离去除的部分，使处理后的污水达到相应的注水及排放指标要求；滤料再生技术就是恢复滤料的过滤能力；污水及污油回收就是为了减少再次污染，并回收其中少量的原油。

油田采出水缓蚀技术　在油田采出水中加入缓蚀剂防止和减缓其腐蚀性。缓蚀剂又名腐蚀抑制剂或阻蚀剂。

油田采出水防垢技术　在油田含油污水处理及注水系统中，压力、温度的变化，水中的部分离子将以晶体析出，逐步沉淀形成垢。结垢会给生产带来严重危害，必须进行防垢。油田防垢方法分为物理法和化学法。物理法防垢是应用物理仪器产生的磁力、电子等功能抑制垢的形成；化学法防垢是加入化学防垢剂，通过络合增溶、分散、晶体畸变等作用阻止垢物形成或沉积。

油田采出水微生物及其杀菌技术　在油田生产中，普遍存在着各种微生物。给油田生产带来危害的主要有硫酸盐还原菌、腐生菌、铁细菌，这些细菌可引起金属腐蚀、地层堵塞和化学剂变质，必须设法消除其危害。

伴随着油田开发的不同时期，油田采出水处理技术得以相应的发展。针对不同的注水要求，具有相应的不同处理技术。同时随着油田开发的不断深入，采出水量会越来越大，加之聚合物驱油、三元复合驱油等技术的深入应用，采出水的成分会越来越复杂，处理难度也会越来越大。采用高效节能、低投入、低成本的含油污水处理技术将是发展趋势。

（陈忠喜　古文革）

【低温含油污水处理技术 sewage treatment technology in low temperature】　对采用不加热集输工艺产出的含油污水，不经加热进行处理的工艺技术。是实现不加热油气集输处理的配套关键技术，包括低温油水沉降分离技术、低温过滤及低温过滤滤料再生技术。工艺特点是水温低，接近原油凝固点，从井口、转油站到联合站的整个系统中，未经过升温过程。在实施不加热集输的前提下，联合站系统实施低温含油污水处理，在污水站沉降罐和深度处理站滤前投加高效低温絮凝剂，在过滤设备滤料反冲洗水中投加助洗剂。

中国含油污水处理温度大多在 40~50℃ 之间。大庆油田于 20 世纪 80 年代中期开展低温含油污水处理研究，尽管处理温度降低 3~5℃，但并没有在实质上解决低温状态下滤料的再生问题。1999 年大庆油田首先开展了以井口投加原油分散减阻剂为基本措施的不加热原油集输处理试验，同时配套的低温含油污水处理技术研究在杏十五 –1 联合站也开展了大量的试验工作，开发出相应的高效低温滤料反冲洗剂（助洗剂）和高效低温絮凝剂，现场取得了较好的应用效果，使最终出水水质达到了注水水质标准要求，处理温度由试验前的 40~42℃降到 32℃，实现了在原油凝固点进行含油污水低温处理的技术要求。

（陈忠喜　古文革）

【**稠油污水处理技术** sewage treatment technology】利用物理、化学方法有针对性地去除稠油采出水中油、悬浮物、二氧化硅、COD（化学需氧量，显示水中有机污染物含量的指标）等有害物质及水质软化，并使其达到规定水质指标，用于注水、回用于热采锅炉、达标排放的工艺技术。稠油污水具有水温高、黏度大、水中油乳化严重、水质成分复杂且杂质量大等特点。回用热采锅炉要求水质指标主要有水中含油、悬浮物、硬度、二氧化硅等；注水要求水质指标主要有水中含油、悬浮物、悬浮物粒径等；污水排放要求水质指标主要有水中含油、悬浮物、COD 等。

常用处理技术包括除油、浮选、过滤、软化等。其中各种处理技术根据设备和方法的不同也有不同的称谓，如混凝沉降、斜板除油、平流隔油、水力旋流除油、溶气浮选、诱导（引气）浮选、射流浮选、石英砂过滤、纤维球过滤、核桃壳过滤、多介质过滤、药剂软化、树脂软化等。除油技术主要机理是利用化学药剂破乳，并使水中油珠互相碰撞由小变大，利用油水密度差不同使油浮出水面得以去除；浮选技术主要机理是向水中引入气体，在释放微小气泡上升同时，将油珠携带至水面得以去除；过滤技术主要机理是粒状介质利用物理作用、电化学作用和吸附作用将水中杂质（悬浮物）截流去除；软化技术主要机理是根据污水用途采用化学药剂和树脂交换将水中钙镁等离子去除。

稠油污水处理工艺流程分有重力式流程和压力式流程。典型的处理工艺流程（用于热采锅炉）为：油区来污水自流进入调节罐，由泵提升至混凝沉降罐（池）进行初步油水分离，然后自流至溶气浮选池（机）进一步除油，再自流至除硅沉淀池加药除硅，除硅后经泵提升进入双滤料过滤器和多介质过滤器，进行二级去除悬浮物的过滤，然后利用余压进入弱酸树脂软化交换器进行去除硬度处理，之后进入储水罐（池）完成全部处理。最终外输至用水点——注汽站的热采锅炉。

（董　林　刘显英）

【含油污水旋流除油技术 hydrocyclone technology of oily water treatment】 利用水力旋流器高速旋流产生的离心力对油田含油污水进行油水分离并将油去除的技术。既能用于含油污水除油，也能用于含水原油脱水。组合式水力旋流器结构如图所示。

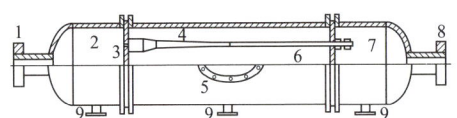

组合式水力旋流器结构示意图
1—出油口；2—溢流腔；3—隔板；4—旋流管；5—入口法兰；6—入液腔；7—底流腔；8—出水口；9—排污口

水力旋流器是一个圆锥体，由4个部分组成。内旋部分：它是一个短圆筒形腔室，用以形成水的旋流。加速部分：是一个短圆锥体腔室，利用它的锥截面紧缩，使流体获得极大的加速度，形成高速旋流。继续加速部分：是一个锥度稍小的圆锥体腔室，水在此段的旋流进一步加速。平缓部分：是一个圆柱体腔室，水在此段作恒流旋流，并借此对前面的水体造成一定回压，以利于油水的充分分离。

水力旋流器利用流体在旋流过程中产生很大的离心力来加速油水分离。含油污水沿内旋部分的正切方向流入后，由于流向变化，使流体形成旋流。旋流体进入两级加速部分后，由于锥截面紧缩，流体急剧加大形成高速旋流，由此产生很大的离心力。由于油水密度差的原因，密度小的油滴获得的离心力相对小，故向低压的锥心部分聚结形成油芯，延至前部的收油孔排出；密度大的水在离心力的作用下趋向周边，沿腔壁高压区以螺旋线形继续向前流动，最后从出水口排出。

水力旋流器特别适用于原油密度低、油水密度差大的含油污水处理。油水密度差越大，油水分离效果越好；油水密度差越小，分离效果越差。海洋石油平台空间有限，含油污水处理多采用水力旋流器。

（陈忠喜　程继顺）

【含油污水双向过滤技术 dual-flow filtering technology of oily water treatment】 应用双向过滤器对油田含油污水进行过滤处理，并使其达到规定水质指标，用于注水的工艺技术。油田含油污水从双向过滤器上、下两个方向同时进水，中间出水。

把正向过滤、多层滤料过滤、反向过滤、反粒度过滤等几种过滤原理结合为一体，过滤器上半部相当双层滤料正向过滤器，具有纳污能力强的优点；过滤器下半部相当反向过滤器，由于其上部有滤料层和水流压着，不致出现因滤速加大而出现的流化现象，因而可充分发挥反向过滤的优点。两部分合起来优点更加突出，滤速可以大幅度提高。

（陈忠喜　程继顺）

【含油污水双层滤料过滤技术 double layer filter media filtration technology】 当石英砂滤床经反冲后，水力分层作用使滤料处于滤床上层，粗滤料处于滤床下层，过滤式滤料粒径沿水流方向逐渐增大的含油污水过滤技术。当水质不能满足要求或滤层阻力增大到一定程度而需要反冲时，大部分污泥因表层和上部滤料较细而被截留在滤床表层及上部，而下层滤料则未充分发挥作用，单层滤床的平均滤料层的截污率较低，从而反冲周期较短。为了克服上述缺点，常采用双层滤料结构的滤床。就是在滤床上层采用大粒径、密度小的滤料，下层采用小粒径、密度大的滤料。二者的密度差别，在一定反冲强度下，经水力分层，轻质的大颗粒分布于上层，重质小颗粒分布于下层，构成界限分明的双层滤料滤床。

含油污水双层滤料过滤工艺常包含如下几个部分：过滤、虹吸、反冲、反冲终止与恢复过滤。

（吕宇玲　何利民）

【油田污水改性纤维球过滤技术 filtration technique of modified fiber ball in oilfield wastewater】 将化学纤维球的表面特性改为亲水、疏油，用于过滤油田含油污水的工艺技术。由改性纤维制成的纤维球滤料呈柔性、孔隙可变、丝径细，比表面积大，运行时滤层孔隙沿水流方向逐渐变小，形成比较理想的上大下小孔隙分布状态，使其具有拦截作用强、过滤效果好、对悬浮物吸附能力强、滤料反洗再生能力强的特点。

改性纤维球过滤罐具有过滤速度高（滤速可达 25～30m/h）、出水水质好、自耗水量少的特点，可应用于水驱污水站、含聚污水站以及污水深度处理站。根据现场应用效果，在油田采出水处理两级过滤深度处理流程中，作第二级过滤较为适宜。

自 20 世纪 70 年代以来，国际上就有将纤维长丝制成纤维束用于过滤器，80 年代初日本首先研制成了纤维球过滤器。中国对纤维球过滤技术的研究开始于 20 世纪 80 年代。在油田含油污水处理方面，亲油纤维过滤介质的再生问题一直阻碍纤维滤料在油田采出水处理领域的应用。随着技术的发展，适合含油污水过滤要求的亲水疏油型纤维材质已进入大规模生产阶段，使得改性纤维球过滤技术在油田采出水处理中得到成功应用。

（陈忠喜　古文革）

【污水连续砂滤技术 continuous sand filtration technology for wastewater treatment】 一种通过天然石英砂（通常还有锰砂和无烟煤）作为滤料、边过滤边反冲洗的水过滤处理工艺技术。分为过滤过程和洗砂过程（见图）。

过滤过程：原水从过滤器下部，经布水板进入滤床内，水流自下而上透过

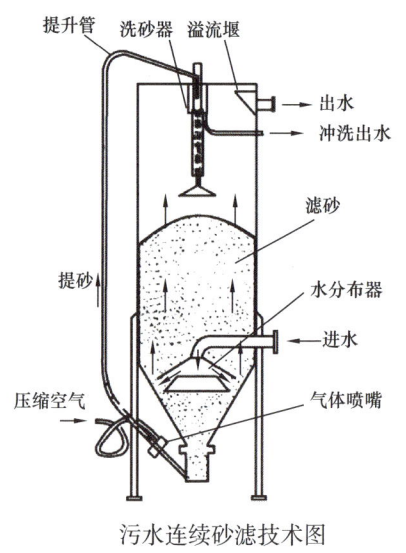

污水连续砂滤技术图

滤床，在此过程中水中的油及悬浮物被滤砂滤掉，过滤后清水经滤罐上部的出水管排出。

洗砂过程：压缩空气由伸入提砂管口的压缩进气管管嘴喷出，带动过滤器底部的脏砂及部分水上升至提砂管上端口，落入过滤器顶部的洗砂器内，在洗砂器内首先将提砂泵带入的空气分离出去，通过上部的排气管排到罐体外部，砂水混合物在洗砂器内由于自重作用，自上而下的落下，清洗水则自下而上的反冲洗，将带有悬浮物的砂子清洗干净，清洗后的砂子重新回到滤床内，对污水进行过滤；反冲洗水则通过排污管重新回到原水收集池内。

通过上述两个过程实现污水不断被过滤，滤砂不断地循环被清洗，整个过滤过程不间断。

（吕宇玲　何利民）

【膜过滤 membrane filtration】 利用具有选择透过能力的薄膜作分离物质，原液在一定压力下通过膜，小分子溶质透过膜，而较大分子溶质被膜截留，从而达到分离目的的过滤技术。此过程与膜孔径大小相关，在一定的压力下，当原液流过膜表面时，膜表面密布的许多细小的微孔只允许水及小分子物质通过而成为透过液，而原液中体积大于膜表面微孔径的物质则被截留在膜的进液侧，成为浓缩液，从而实现对原液的分离。膜过滤技术在实际的运用中分为以下几类：

超滤：指在一定的压力下，含有小分子的溶液经过被支撑的膜表面时，其中的溶剂和小分子溶质会透过膜，而大分子的则被拦截，作为浓缩液被回收。

反渗透：反渗透也可以称之为高滤，是渗透的一种逆过程，通过在待过滤的液体一侧加上比渗透压更高的压力，使得原溶液中的溶剂压缩到半透膜的另一边。

纳滤：纳滤是一种在反渗透基础上发展起来的膜分离技术，纳滤膜的拦截粒径一般为 0.1~1nm，操作的压力为 0.5~1MPa，拦截的分子量为 200~1000，对水中的分子量为数百的有机小分子具有很好的分离性能。

微滤：微滤是一种以静压差作为推动力，利用膜的筛分作用进行过滤分离的膜技术之一，微滤膜的特点是整齐、均匀的多孔结构设计，在静压差的作用之下小于膜孔的粒子将会通过滤膜，比膜孔大的粒子则被拦截在滤膜的表面，从而实现有效分离。

（吕宇玲　何利民）

【**过滤滤料** filter medium】　用于过滤生活污水、工业污水、纯水、饮用水的材料。过滤滤料主要分为两大类：一类是用于水处理设备中进水过滤的粒状材料，通常指石英砂、砾石、无烟煤、鹅卵石、果壳滤料、泡沫滤珠、瓷砂滤料、陶粒、石榴石滤料、纤维球滤料等；另一类是物理分离的过滤介质，主要包括过滤布、过滤网、滤芯、滤纸以及滤膜等（见图）。

滤料的种类和性能对过滤操作过程起至关重要的作用。当水中的悬浮颗粒运动到滤料表面附近时，将受到范德华引力和静电场斥力，以及某些特殊的化学吸附力的作用。在这些力的共同作用下，悬浮颗粒将粘附在滤料表面上或者粘附在以前粘附在滤料表面上的颗粒上，从而将悬浮颗粒去除。粘附作用是一种物理化学作用，它主要取决于滤料和水中悬浮颗粒的表面物理化学性质，过滤效果主要取决于颗粒表面的性质而不是颗粒尺寸的大小。

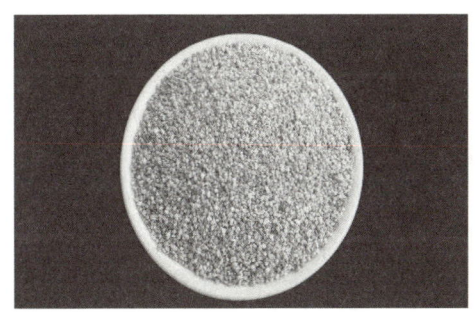 

过滤滤料

（吕宇玲　何利民）

【**纤维球滤料** fiber-ball filter medium】　由涤纶、丙纶或者腈纶等纤维丝扎结而成的球形滤料（见图）。与传统的刚性滤料相比，空隙率高、比表面积大、吸附性强，更易将不易沉淀去除的微小悬浮物截留。在过滤过程中，滤层空隙沿水流方向逐渐变小，比较符合理想滤料上大下小的孔隙率分布，滤速快、截污容量大、过滤效果好、可再生反复使用、易于自动化管理。

纤维球主要分为普通纤维球和改性纤维球。改性纤维球适用于油田含油污水的精细过滤，也适用于其他工业废水的精细过滤。改性纤维球去除油及有机物的机理为直接拦截、惯性拦截和电化学吸附。改性纤维球与普通纤维球最大的区别在于用改性纤维丝束精细制作而成，亲水疏油，在对含油污水处理中具有效果佳、精度高、易冲洗、使用周期长等优点。

纤维球滤料的运行与更换多采用一次性更换作业，即纤维球滤料失效以后统一更换。纤维球滤料的使用寿命与运行环境有关，包括水的温度、酸碱性以及每天的处理水量。由于纤维球系纤维丝扎接而成，固体吸附能力很强，在平时储运过程中应采用双层带塑料内膜的包装，以起到防潮防水的作用；纤维球为易燃品，在储存过程中应选用阴凉、远离火源处，以防止发生火灾。

纤维球滤料

（吕宇玲　何利民）

【**核桃壳滤料** walnut shell filter medium】 采用优质的山核桃壳作原料经过破碎、抛光、蒸洗、药物处理，两次筛选加工而成的水处理滤料。

滤料外观光泽、呈褐色（见图），主要应用于油田注水过滤器、含油污水过滤器等，是油田、炼油厂、石化工程及其他环保工程油水分离必备的净水材料。核桃壳滤料硬度高、耐磨损、抗压性好、化学性能稳定、不在酸碱中溶解、吸附截污能力强、亲水性好、抗油浸和易反洗再生。

核桃壳滤料一方面具有普通滤料的截污能力，可以直接截留废水中的悬浮颗粒；另一方面，它能够依靠其特有的表面物理化学性能，通过粘附作用将采油废水中乳化油粒吸附于滤料表面或滤料表面的凝聚物上加以去除。

核桃壳滤料的截污过程以及截留污垢的性质主要包括四个方面：重力作用下悬浮颗粒沉积在滤料表面形成的沉降污垢；滤料表面物理吸附或粘附作用下附着在滤料表面的污垢；静电引力作用下附着在滤料表面的污垢；扩散作用下渗入滤料内部孔道的污垢。

采用较小核桃壳滤料粒径对保证

核桃壳滤料

滤后水质有利，但可能导致水流剪力、水头损失增长过快，产生滤层的含污量低、过滤周期短、滤速低、产水量小等问题，一般对过滤不利；在保证过滤水质的条件下，宜选择较大粒径的核桃壳滤料；滤层的厚度随核桃壳滤料粒径的增大而增大；核桃壳滤料的平均粒径越小，不均匀系数越大，平均粒径越大，不均匀系数越小。

（吕宇玲　何利民）

【**油田污水稳定生物塘处理技术** oily water treatment technology by bacteria pools】利用生物塘内（自然）生长的微生物对外排污水去除水中有机物的处理技术。生物塘分为好氧塘、兼性塘、厌氧塘和曝气塘，大部分生物塘均指好氧塘。稳定生物塘有专门修建的，大部分是利用自然形成的泽地、苇塘等洼地，塘中的微生物主要有细菌、藻类、原生动物等。细菌降解有机物，藻类利用光合作用给塘内提供足够的氧气，芦苇等大型水生植物对污水中的污染物起着过滤和吸附的作用，同时也起着向水中充氧的作用。油田污水温度较高，不利于生物塘的菌类繁殖，正常菌类生长温度在30℃左右，而油田污水的温度大多在50℃左右，通常在进入稳定生物塘处理前需进行降温处理。稳定生物塘优点是运行管理简单、耗能小，在有可利用自然条件时投资少。缺点是受气候影响较大，如寒冷地区的冬季运行。

典型处理流程是污水站处理后水经过降温设备（池）和沉淀池后，自流进入湿地稳定塘进行生物处理，去除COD（化学需氧量，显示水中有机污染物含量的指标），最终集中排放至指定水体。稳定生物塘还可以根据水质、自然条件等因素采用各种塘连用的方式，如厌氧塘、兼性塘、好氧塘连用或厌氧塘、好氧塘连用。

（董　林　刘显英）

【**含油污水气浮选技术** air-flotation technology for oily water treatment】一种应用气浮装置对含油污水进行处理的技术。气浮是利用了密度小于水的空气气泡，将水中的污染物携带至水面加以去除，从而起到了污水处理的作用。气浮设备繁多，但根据气泡生成机理，大致可分为溶气气浮、散气气浮和电解气浮三类。

溶气气浮是将空气在一定温度和压力下溶解于水，然后经释放器或压力控制阀使溶气水突然消能减压，从而在水中产生大量微细气泡。气泡的直径为20~60μm或者更小，且稠密均匀。此类气浮处理深度大，对乳化油具有较好的处理效果。缺点是能耗大，设备结构复杂，占地面积多，操作严格。

散气气浮（包括叶轮气浮、空穴气浮和喷嘴气浮）产生气泡的机理是用机械、水力或采用二者相结合的方式，将吸入的空气（或天然气、甲烷、其他溶气气浮是将空气在一定温度和压力下溶解于水,然后经释放器或压力控制阀使溶气水突然消能减压,从而在水中产生大量微细气泡。此类气浮的气水比较高,可以吸入大量气体,用来处理较高含油浓度和较高悬浮物浓度的污水,且停留时间小,设备体积也较小。能耗低,结构简单,易于维护,管理方便。但此类气浮气泡尺寸为 10~100μm,且大部分气泡尺寸大于溶气气浮所产生的气泡尺寸,故处理深度较弱。

电解气浮是通过电解作用,分别在阴极和阳极产生氢气、氧气的微小气泡,对废水中的污染物起化学氧化还原作用,并能使絮凝物或油附着在气泡上,并上浮至液面而去除。

(吕宇玲　何利民)

气田集输

【**气田集输** gathering & transportation technology in gas field】 对气田各分散气井所生产出的天然气及其他产品被集中起来，经过必要的分离、净化、加工处理，使之成为合格的天然气，并送往长距离输气管线首站进行外输的过程。

主要工作内容包括：

（1）气井计量：测出每口井产物内天然气、采出水、凝析油的产量。

（2）集气：将计量后的气井产物集中，通过管线运输到有关站场进行处理。

（3）分离：将井流分离成天然气、采出水、凝析油和固体杂质。

（4）天然气净化：脱出天然气中的水和酸性气体（H_2S 和 CO_2）。满足商品天然气对水露点和酸性气含量的要求（见天然气处理）。

（5）天然气凝液回收：回收天然气中重烃组分凝析液。

（6）凝液储存：将轻烃产品储存在压力储罐中，以调节生产和销售的不平衡。

（7）采出水处理：将分离后的油田采出水进行除油、除机械杂质、除氧、杀菌等处理，使处理后的水质符合回注地下或外排水质标准。

按建设和使用场景可分为低渗透气田地面集输、高压气藏地面集输、凝析气藏地面集输、煤层气地面集输和页岩气地面集输等。

推荐书目

苏建华，许可方.天然气矿物集输与处理[M].北京：石油工业出版社，2006.

（吕宇玲　何利民）

【**天然气集输** gas gathering & transportation】 收集、输送和处理天然气的工艺。气井生产的天然气，通过管道连续地进入各种设备和装置，按规定的工艺条件进行处理，获得符合标准的天然气产品，并将这些产品经过计量输送到指定地点。通常将气田地面工程分为气田内部集输工程、天然气处理厂工程、天然气外输工程等三部分。从天然气井场经集气站至天然气处理厂为气田内部集输，并对天然气进行脱水和除机械杂质等的预处理；天然气处理厂完成脱酸性气体（H_2S 和 CO_2）、脱水和凝液回收等净化、处理内容；天然气处理厂通过管道将净化天然气送至用户为天然气外输。天然气集输工艺流程分为集输系统工艺流程和站场工艺流程两类。天然气集输管网包括采气管线、集气管线（集气支线、集气干线）、输气管线等。天然气集输站场包括各种类型的天然气井场、集气站、矿场脱水站、增压站等站场设施及配套的自控、仪表、通信、供电、供水、供热、暖通、维修等工程设施。矿场脱水站是脱除气井或集气站天然气中的水分，或采取抑制水合物生成和控制腐蚀的其他措施，使天然气集输生产正常进行。矿场脱水站常与集气站合并设置。

（李建民）

【低渗透气田地面集输 surface gathering & transportation technology of low permeability gas field】 对低渗透气田生产的天然气进行收集、处理和运输的方法和过程。低渗透气田是指气田所在储层渗透性能低下，在我国其储层渗透率一般低于50mD。低渗透气藏具有储量丰度低，多呈分散连片存在，低产、低压、低温，连通性差的特点，在选择集输流程时，必须选择适应低渗透气田开发特点和规模的集输工艺。工艺设计时应考虑以下因素：（1）增压输送。压气站的功率，增设数量，均应从气田的实际情况出发，由管道长短、岩层压力损耗程度而定。（2）橇装和组装技术。由于储量丰度低，可供开采年限有限，因而适宜采用橇装、组装施工技术，以发挥其投资少、轻便、可移动及可回收等优点，从而提高低渗透气田经济效益。

低渗透气藏储层复杂，不同气田采用不同的地面集输工艺。苏里格气田集输工艺流程采用井间与区块相结合的方式，其集输工艺包括：井下节流、井丛集中注醇的天然气水合物抑制工艺；管道不保温；中压集气；井口带液连续计量；常温分离；两次增压；气液分输；集中处理。形成"中压集气、井口双截断保护、气井移动计量测试、气液分输、湿气交替计量"等工艺技术。四川气田则采用单井中压集气工艺，长庆靖边气田采用多井高压集气工艺。

采集气管网要求：采气管线定期排水；采用枝状采气管网；采气管线采用聚乙烯管和柔性复合管，集气管采用高频电阻焊接钢管。

（吕宇玲　何利民）

【煤层气地面集输 coal bed methane（CBM）gathering & transportation technology】对煤层气田生产的天然气进行收集、处理和运输的方法和过程。煤层气是一种以吸附状态存储于煤层及其周围岩石中的气体，其成分与常规天然气接近，集输工艺总流程多采用二级布站方式，将各个单井来气用采气管线串接、集中到采气干线中，输送至阀组或直接输送至集气增压站，在集气站进行气液分离、增压、计量后通过集气管线输送至天然气处理厂或压缩天然气站。

集气工艺包括：低压采集气、湿气输送工艺；井间串接工艺；单井计量工艺；先增压后脱水的集中处理工艺。井场采用套管采气、油管采水的工艺。井口由抽油机将地层水采出，经水表计量后排至井场渗水池中。煤层气从煤层中解吸后由套管采出，通过井场旋进流量计计量后，经采气管线输送至集气站。井场设置放空火炬及排采放空接口，在排采及事故时将煤层气放空焚烧。

采集气管网要求：采气管线定期排水；采用井间串接的采气管网；采气管线采用聚乙烯管和柔性复合管，集气管采用高频电阻焊接钢管。

（吕宇玲　何利民）

【页岩气地面集输 shale gas gathering & transportation technology】 对页岩气田生产的天然气进行收集、处理和运输的方法和过程。页岩气是指赋存于富有机质泥页岩及其夹层中，以吸附和游离状态为主要存在方式的非常规天然气，成分以甲烷为主。

页岩气藏具有压力和产能衰减速率快、开采寿命长、进入增压开采周期短、气井初期产出水量大等特点，在选择集输流程时，必须选择适应气田开发特点和规模的集输工艺。工艺设计时要考虑到如何充分利用页岩气新井较高的初期压力，又要应对老井长期低压生产的问题，页岩气田在生产初期便需要考虑增压开采的问题。页岩气地面工程设计规划的难点在于：地面工程建设需同地下资源条件相匹配；地面集输系统设计规模不易确定；地面集输管网与站场布置较难确定；地面集输工程在设计初期需要考虑增压开采问题；地面工艺需标准化、模块化设计；地面工程设计需要考虑水处理系统的影响等。

页岩气田的组成单元一般包括：单井（井组）—井场—集气站（增压站）—中心处理站—水处理中心。开采出来的页岩气经井口节流降压后通过采气管道汇聚到相应井场，在井场进行除砂、气液分离等简易处理后，通过集气支线进入相应集气增压站进行二次气液分离、增压；从集气增压站出来的页岩气通过集输干线进入中心处理站，经过增压、脱水等处理过程后，大部分页岩气经过计量后外输，还有一部分页岩气用作气举气返输至井场。井场、集气增压站、中心处理站产出水和污水均进入水处理中心进行处理。

（吕宇玲　何利民）

【天然气集气流程 gas gathering process】 气井生产的天然气经集气站汇集后输

送到天然气处理厂的工艺流程。按集气管网形态分为辐射状管网集气流程、树枝状管网集气流程、环状管网集气流程、辐射与枝状组合式管网集气流程、辐射与环状组合式管网集气流程。按集输站场工艺分为天然气井场加热防冻流程、天然气井场注抑制剂防冻流程、常温分离单井集气流程、常温分离多井集气流程、常温多级分离流程和低温分离集气流程。

（李建民）

【辐射状管网集气流程 gas gathering process with radiation network】 从各气井至多井集气站的采气管线和各集气站单独至天然气净化厂的集气管线形成辐射状管网进行天然气集气的流程（见图）。

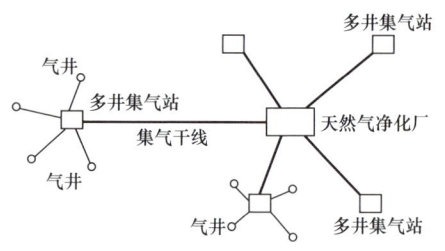

辐射状管网集气流程示意图

通常在气田面积较小且长、短轴尺寸相近，以及气井分布相对集中时采用。

（李建民）

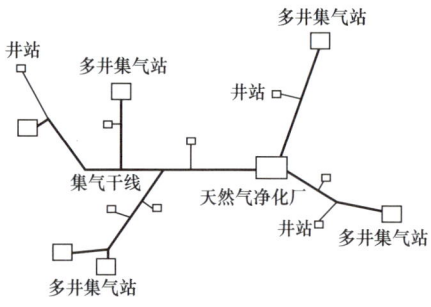

树枝状管网集气流程示意图

【树枝状管网集气流程 gas gathering process with arborization network】 通过连接两座或多座集气站至天然气净化厂的树枝状管网进行天然气集气的流程（见图）。

树枝状管网集气流程灵活，便于扩展集气井数，常与辐射状管网集气流程组合使用。单纯树枝状管网集气流程适用于气藏面积狭长且井网距离较大的气田。

（李建民）

【环状管网集气流程 gas gathering process with annular network】 通过连接各单井、集气站至天然气处理厂的环状管网进行集气的流程。单纯的环状管网集气流程应用较少，常与辐射状管网形成组合式管网集气流程在气田应用。该流程特点是集气干线在气区内呈环状，单井集气站可以最短距离与之连接，各进气点压力较一致，而且各集气站天然气可在环管内作正、反方向流动。

环状管网集气流程对于地形复杂情况，不宜采用。

（李建民）

【辐射与枝状组合式管网集气流程 gas gathering process with radiation and arborization loop network】 通过集气站与集气管线所形成辐射和树枝状相组合的管网进行

天然气集气的流程。对于大、中型气田，很少单独采用辐射状、树枝状或环状管网，通常采用组合式管网集气流程。辐射与枝状组合式管网集气流程如图所示。

辐射与枝状组合式管网集气流程适用范围广，大量应用于建两座及两座以上多井集气站的气田。当气田面积较大且接近椭圆形时，宜采用两三条辐射与枝状组合式管网集气流程。

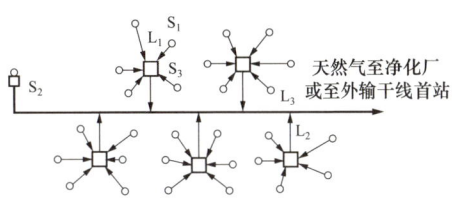

辐射与枝状组合式管网集气流程示意图
S_1—井场装置；S_2—单井集气站；S_3—多井集气站；L_1—采气管线；L_2—集气支线；L_3—集气干线

（李建民）

【辐射与环状组合式管网集气流程 gas gathering process with radiation and annular loop network】 通过集气站与集气管线所形成辐射和环状相组合的管网进行的天然气集气流程。对于大、中型气田，很少单独采用辐射状、树枝状、环状管网，通常采用组合式管网集气流程。集气干线在气区内呈环状，集气站可以最短距离与之连接，各进气点压力较一致，而且各集气站天然气可在环管内作正、反方向流动。辐射与环状组合式管网集气流程如图所示。

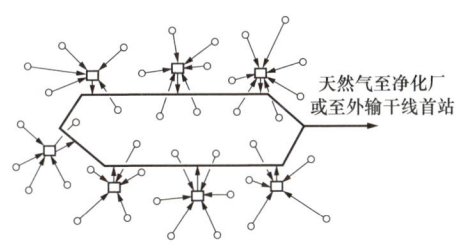

辐射与环状组合式管网集气流程示意图

辐射与环状组合式管网集气流程较适用于面积较大、地势较平缓、以近似长方形或椭圆形分布的气田。对于气田面积大，但地形复杂，或存在大山沟谷情况，不宜采用。

（李建民）

【常温分离集气流程 gas gathering process with atmospheric temperature separation】
在集气站采用常温分离装置对天然气进行预处理和调压计量的流程。包括常温分离单井集气流程、常温分离多井集气流程和常温多级分离集气流程等三种流程。

常温分离单井集气流程一般用于分散、边远且考虑纳入集气站预处理时在技术、经济方面均不甚合理的气井。该流程平均每口气井所需设备多、投资较高、操作人员多且分散，不便管理。条件许可时应尽可能采用多井集气流程。

常温分离多井集气流程比较简单，与单井井场集气流程相比，总体上具有设备较少、投资较低、操作人员少且集中，方便生产和生活管理等优点，在气田得到了广泛应用。

天然气多级分离的目的是利用分级降压以减少储罐的闪蒸损失。常温多级分离流程常用于天然气含乙烷以上烃组分少的贫气气田，可以更好地回收液烃以提高其采收率。

（李建民）

【常温分离单井集气流程 single well gas gathering process with atmospheric temperature separation】 在单独的天然气井场建集气站，采用常温分离装置对天然气进行预处理和调压计量的集气流程。气井生产的天然气经节流降压后进加热炉，经升温后进三相分离器进行气、液烃和水的分离，分离后的天然气经计量去集气管线。分出的液烃和水经计量后分别去储油罐和储水罐，然后根据量的多少，采用车运或管输方式，送至液烃加工厂或气田水处理厂进行统一处理。

常温分离单井集气流程的主要设备有：天然气加热炉、油气水三相分离器、压力调控阀、液位控制阀、天然气孔板计量装置、液烃流量计、水流量计、油和水储罐等。

常温分离单井集气流程一般用于分散、边远且考虑纳入附近集气站预处理时在技术、经济方面均不甚合理的气井。该流程平均每口气井所需设备多、投资较高、操作人员多且分散，不便管理。条件许可时应尽可能采用多井集气流程。

（李建民）

【常温分离多井集气流程 multi-well gas gathering process with atmospheric temperature separation】 在多井集气站，采用常温分离装置集中对天然气进行预处理和调压计量的集气流程。通常分A、B两种类型。A型流程对气、液的分离采用卧式三相分离器，可实施对油、气、水分离，适用于天然气中含油、水均较多的气田。B型流程对气、液的分离采用立式气、液两相分离器，适合于天然气中只有较多水或只有较多轻烃的气田。多井集气站一般管辖6～10口井。在多井集气站内，根据气体中含固体杂质和游离水的情况，细分为两种预处理流程：

（1）对于气体中基本上不含固体杂质和游离水（或者是在井场已对气体进行初步处理）的情况，采用二级节流、一级加热、一级分离流程。各气井的天然气首先经过一级节流降压，再经过换热器加热后进行二级节流，将压力调到规定值，再经分离器将天然气中所含的固体颗粒、水滴和少量的凝析油脱除，天然气经孔板流量计计量后，通过汇管送入输气管线。分离器下部的液体（水和凝析油）进入计量罐，对水和凝析油计量后，分别送至水罐和油罐。

（2）对于气体中含有固体杂质和游离水较多的情况，则采用二级节流、一级加热、二级分离流程。从气井来的天然气经一级节流降压后进入一级分离器，除去所含的游离水和固体杂质，经换热器升温后再进行二级节流，降到规定的压力值后进入二级分离器，将天然气中含有的凝析液及机械杂质脱除，天然气经孔板流量计计量后，通过汇管送入输气管线。分离器下部的液体（水和凝析油）进入计量罐，对水和凝析油计量后，分别送至水罐和油罐。

常温分离多井集气流程的主要设备为：天然气加热器、油气水三相分离器、压力调控阀、液位控制阀、天然气孔板计量装置、液烃流量计、水流量计和油、水储罐等。

常温分离多井集气流程比较简单，工艺技术可行，与单井井场集气流程相比，具有设备较少、投资较低、操作人员少且集中，方便生产和生活管理等优点，在气田得到了广泛应用。

（李建民）

【常温多级分离集气流程 multi-stage gas gathering process with atmospheric temperature separation】 在集气站内对天然气采用常温多级分离装置进行预处理和调压计量的集气流程。分离级数的选择系根据天然气组成、天然气产量、集输管线对压力的要求等因素，通过相态平衡计算和技术经济对比优选确定。通常采用三级分离。

从气井来的天然气经节流降压加热后进入一级分离器，其操作压力应满足正常集输管线的压力要求。第一级分离器顶部出来的气体被送入正常的集输管线系统。经第一级分离器除去游离水和固体杂质后的天然气进入二级，分离器顶部出来的低压天然气压力较正常集气管线压力低，可采取气田压气站增压后送入正常集输管线系统，也可输送到当地用户作为燃料。第二级分离器下部出来的天然气进入三级分离器，在较低的操作压力下（通常压力小于 1MPa）再进行分离，顶部出来的低压天然气，一般作为集气站及矿区的燃料用气和职工生活用气，底部出来的液烃进罐储存。常温多级分离集气流程见图。

常温多级分离集气流程主要设备有：天然气加热器、气液分离器、压力调控阀、液位控制阀、天然气孔板计量装置、液烃流量计、水流量计和油水储罐等。

在天然气含乙烷以上烃组分量少的贫气气田，采用多级分离工艺流程可以更好地回收液烃以提高其采收率。

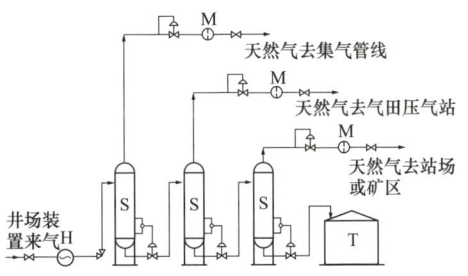

常温多级分离集气流程
T—液烃储罐；M—流量计装置；H—天然气加热器；S—分离器

（李建民）

【低温分离集气流程 gas gathering process with low-temperature separation】 在集气站内对天然气采用低温分离装置进行预处理和调压计量的集气流程。对于压力高、凝析油含量高的天然气，采用低温分离即分离器的操作温度通常为 $-4\sim-20{}^\circ\!C$，可以较好地分离和回收其中的凝析油，使管输天然气的烃露点达到管输标准要求，防止烃凝液析出影响管输能力。含硫天然气脱除凝析油还能避免天然气净化过程中的溶液污染。为了取得分离器的低温操作条件，同时又要防止在大差压节流降压过程中天然气生成水合物，应采用注抑制剂防冻法以防止生成水合物。

低温分离集气流程分 A、B 两种类型，A 型流程中液烃和甘醇富液在集气站内经分离后分别输至液烃稳定装置和甘醇再生装置处理，而 B 型流程中液烃和甘醇富液在集气站内不进行分离，以混合液的方式直接输至液烃稳定装置处理。气井来的高压天然气进站经一级节流调压后，在高于形成水合物的温度下进入一级分离器脱除水、凝析油和机械杂质，经计量后进入混合室与浓度为 80% 的乙二醇水溶液充分混合，再进入换冷器预冷到低于形成水合物温度，然后在节流阀处节流膨胀降压，其温度则急剧降低到零下若干度，进入第二级分离器（低温分离器）内，经脱除凝析油和乙二醇稀释液（富液）后，冷天然气从分离器顶部引出，作为冷源在换热器中预冷气井来的高压天然气后，在常温下经计量输往净化厂脱除硫化氢和二氧化碳。而从低温分离器底部出来的未稳定的凝析油和富液，进入集液罐，经过滤后去缓冲罐闪蒸，除去部分溶解气后，凝析油和乙二醇水溶液一起去凝析油稳定装置，稳定后的液烃产品进三相分离器进一步分离成凝析油和乙二醇富液。乙二醇富液去提浓装置提浓后重复使用。稳定后的凝析油输至炼油厂作原料。上述两种低温分离集气流程均适用于富气气田，也适用于产量较高的贫气气田。

低温分离集气流程主要设备有：天然气加热器、气液分离器、三相分离器、低温分离器、闪蒸分离器、乙二醇注入器、压力调控阀、液位控制阀、天然气孔板计量装置、液烃流量计、水流量计和油水储罐等。

（李建民）

【集输气管网 gas gathering & transportation network】 连接气井井口、集气站、增压站、气体处理厂和外输管线首站等天然气集输场站的管线网络。集输气管网为收集和处理气田生产的天然气提供输送通道，是天然气矿场集输的主要生产设施之一。按管网形式通常分为辐射式管网、枝状式管网、环状管网和组合式管网等 4 种形式。管网管线按具体用途通常分为采气管线、集气管线和输气管线等 3 种类型。

在实际工作中，要做好管网和场站布局、输送工艺（干气或湿气输送、增压或不增压输送、加热或不加热输送）、设备和管道材质选型等方面综合优化工作，以提高天然气集输和处理工程技术水平，控制投资，降低操作成本。

（李建民）

【天然气井场 gas well site】 在天然气井周围清理出的一块场地，以便气井生产天然气的场所。主要功能为：控制和调节从气层采出的天然气数量；提供完成气井井下作业条件；满足正常生产及气田开发对测取气井参数的要求。

气井井口压力一般在 10MPa 以上，为和集输系统管网压力相适应，需在井场节流降压后送至集气站。天然气节流降压时会急剧降温至零度以下，使气中所含有水蒸气出现冰冻而形成天然气水合物，严重时堵塞阀门、管线，影响气井生产，为此需在井场采用相应的防天然气水合物生成工艺措施。针对井场装置采用防止天然气水合物生成方法的不同，天然气井场流程通常分为加热防冻流程和注抑制剂防冻流程。

加热防冻流程：采用加热方式防止因气体节流降压膨胀导致急剧温降形成水合物的工艺流程。通常采用两次加热防冻，第一次在气井采气树针形阀后，第二次在气井流量调控阀后。一般适用气井井口压力在 30MPa 以下，产量小于 $10\times10^4 m^3/d$ 的高压井场装置。

注抑制剂防冻流程：采用注抑制剂方式防止因气体节流降压膨胀导致急剧温降形成水合物的工艺流程。通常在气井采气树针形阀后注入抑制剂，与天然气一起通过集气支线送至集气站。常用的抑制剂为甲醇或乙二醇。一般适用气井井口压力在 30MPa 以下，产量大于 $10\times10^4 m^3/d$ 的高压井场装置，并与集气站流程配套选用。

（李建民）

【采气管线 gas flow line】 气井与集气站之间的将气井产出的天然气汇集到集气站的管线。采气管线特点是工作压力高、管径较小、输送距离较短，输送介质是从井口采气树产出未经处理的天然气，一般含有液相水、重烃凝液、固体颗粒物等杂质，还可能含有 H_2S、CO_2、氯离子等腐蚀性物质，腐蚀性较强，要特别加强内防腐。采气管线的长度一般不超过 5km，采气管线的流速一般 4～6m/s，最小不低于 2m/s，当集输含硫天然气时，管线内流速宜为 6～8m/s。采气管线的直径一般在 50～200mm 范围。

采气管线和集气管线属输送单一气体管线，通过气体流量可按下式计算：

$$q_v = 5033.11 d^{8/3} \sqrt{\frac{p_1^2 - p_2^2}{\gamma Z T L}}$$

式中：q_v 为气体流量，m³/d（p=101.325kPa，t=20℃；对未经净化处理的湿气应为设计输气量的 1.2～1.4 倍，对净化处理后的干气为设计输气量的 1.1～1.2 倍）；p_1 为管线起点绝对压力，MPa；p_2 为管线终点绝对压力，MPa；d 为管子内径，cm；γ 为气体相对密度（对空气）；Z 为气体输送平均条件下压缩因子；T 为气体输送平均温度，℃；L 为管线计算长度（考虑局部摩阻影响，计算长度一般取测量实长的 1.05～1.1 倍），km。

集气管线热力计算为：

$$\ln \frac{t_1 - t_0}{t_2 - t_0} = aL$$

式中：t_1 为管线起点温度，℃；t_2 为管线终点温度，℃；t_0 为管线外部环境温度（埋地管线取管中心深度处一年内最低月平均地温；架空管线取管线高度处一年内最低月平均气温），℃；L 为管线长度，km；a 为计算常数。

$$a = \frac{225.256 \times 10^6 kD}{q_v \gamma C_p} L$$

式中：k 为总传热系数，W/（m²·℃）；D 为管线外径，m；q_v 为气体流量（p=101.325kPa，t=20℃），m³/d；γ 为气体的相对密度；C_p 为气体的比定压热容，J/（kg·℃）。

（李建民）

【**集气管线** gas gathering line】集气站与天然气净化厂之间的管道。包括集气支线和集气干线。集气支线指集气站至集气干线之间的管线或直接至天然气净化厂的管线，其作用是将在集气站（或井站）经过矿场预处理的天然气直接或通过集气干线汇集到天然气净化厂。集气支线特点是工作压力比采气管线低、管径通常比采气管线大、输送距离多且比采气管线输送距离长，输送的是经集气站预处理后的天然气，气质条件比采气管线好。集气干线指两根集气支线连接处至天然气净化厂之间的管线，其作用是将各集气支线的来气汇集到天然气净化厂进行处理。集气干线的工作压力、输送天然气气质条件与集气支管线基本一致，管径比集气支线大，可以是等直径的，也可以变直径的，随进入管线流量的增加而加大其直径。

集气管线的流速一般为 15～20m/s，管线直径一般在 200～500mm 范围。集气管线一般设有清管装置。

（李建民）

【输气管线 gas pipeline】 天然气净化厂至天然气外输管线首站之间的管线。输送的介质是经预处理的天然气或符合民用二级质量标准要求的商品天然气。矿场输气管线特点是工作压力较高、管径较大、输送天然气气质较好。

矿场输气管线长度通常比天然气长输管道要短许多，相应的线路工程和站场工程也较简单。其工程主要内容包括确定合理的线路走向，计算管线长度、管径、壁厚，筛选管材，管线防腐及设置截断阀室、阴极保护或牺牲阳极保护站等。

矿场输气管线工艺计算包括水力计算、热力计算和强度计算等内容。水力计算的目的是通过计算管道所需管径、起点压力和通过流量；热力计算的目的是通过计算管线起点温度和沿线任一点的温度，判断天然气在管输过程中是否形成水合物及有多少饱和水量被凝结为游离水，以便采取有效预防措施；强度计算的目的是确定管道壁厚、管道材质、允许的最大跨度、管道附件强度。矿场输气管线普遍采用根据计算公式编制的软件进行工艺计算。

矿场输气管线距居民区、公共设施等建筑物和构筑物的距离要符合有关标准和规范的要求。

(李建民)

【集气站 gas gathering station】 收集气井所生产天然气的站场。在集气站内对天然气进行节流降压、加热、加防冻剂、调压计量、预处理和管线防腐等。气井井口压力高，为使其与要求的管网压力相适应，常采用节流阀降低压力；从井场来的天然气中含有凝析油、水、泥砂等杂质，为了不影响天然气的输送和生产需要对天然气在集气站进行预处理；进集气站各口气井的压力均有差异，同时各井场来气压力与集气站外输压力也不相同，在集气站中需要调压；为掌握天然气的生产动态在集气站需要设置计量仪表；天然气中含有一定数量的水，在一定条件下会形成水合物，堵塞管路、设备、影响集输生产的正常进行，在集气站中需加热或注入防冻剂防止水合物生成；集气站对天然气进行预处理分离出的水中含有较多的盐（$CaCl_2$、$MgCl_2$、$NaCl$等）和凝析油，不能随意排放，需要进行处理；天然气中所含的水和H_2S、CO_2等腐蚀物对集气管线和设备等具有很强的腐蚀性，在集气站中需要对管线和设备进行防腐。

根据分离温度不同，通常将集气站分为常温集气站和低温集气站两种类型。在集气站中如果需要控制天然气中的水露点和烃露点，以及天然气有足够的压差可利用时，集气站一般采用低温集气站的形式，反之采用常温集气站，相应地集气站流程分为常温分离集气流程和低温分离集气流程。集气站按站辖井数的多少又分为单井集气站和多井集气站。只处理一口井天然气的站称之为单井集气站，处理多口气井来气称为多井集气站。常用的集气站流程有<u>常温分离单井集气流程</u>、<u>常温分离多井集气流程</u>、<u>常温多级分离集气流程</u>和<u>低温分离集气流程</u>。

📖 推荐书目

张良鹤.天然气集输工程［M］.北京：石油工业出版社，2001.

（李建民）

【**增压站** boosting station】 气田或输气管道上用压缩机对天然气进行增压的站场。对低压气井（例如采气井口压力 1～3MPa）或当气田进入开发后期气井井口压力下降到（通常 1～3MPa）不能满足集输所要求的压力时，或天然气处理厂不能提供足够高的外输压力时，常需设置增压站对天然气增压，确保输送到要求地点。通常分为集气增压站和输气增压站两种类型。在低压气田集气干线上设置的增压站为集气增压站。在输气管线上设置的增压站为输气增压站。增压站设置在输气管线起点称为首站，其主要任务是将处理厂来的天然气，经除尘、计量、增压后输送到下一站；若设置在输气干线中间叫中间增压站，其主要任务是将来气增压后输往下一站，中间增压站可以是一个或几个，根据具体情况确定。

天然气增压站流程：一般由分离、天然气净化、压缩、燃料气四个单元构成。原料天然气进站经调压后，进入分离器分离出其中的游离水、抑制剂（甲醇）及其他杂质后经计量进入天然气净化单元，该单元采用外部氨制冷装置及分离设备，以保证进入压缩机的天然气无凝液、增压后进入集输管网的天然气烃露点及水露点达到管输要求。天然气经氨制冷降温至 $-20℃$ 左右，再依次经低温分离器、聚结器分出其中的轻烃凝液、水及少量甲醇后，用压缩机增压至需要压力后进入集输管网。对不含或含微量 H_2S 的天然气，在压缩机进口管线上引出天然气经调压至 1.0MPa 即可作为燃气发动机的燃料。天然气增压站流程如图所示。

主要设备：增压站的关键设备是压缩机和原动机。在天然气增压输送工艺中，广泛应用往复式压缩机和离心式压缩机。驱动气体压缩机的原动机主要有交流电动机、活塞式发动机（包括柴油机、燃气发动机）、旋转式发动机（包括燃气轮机、蒸汽轮机）等三种类型。通常气田内部增压站规模较小，宜先考虑往复式压缩机，而长距离的天然气外输管道，通常输送气量大，宜优先考虑采用离心式压缩机。在距离电源比较近、电源可靠、电费低廉的地区，采用电动机是合理的。对于电力紧张地区，则宜就地取天然气作燃料而选用燃气发动机。对于某个天然气田增压站选用何种压缩机和原动机，需根据具体情况，进行方案比选后择优确定。（见<u>注气压缩机</u>）

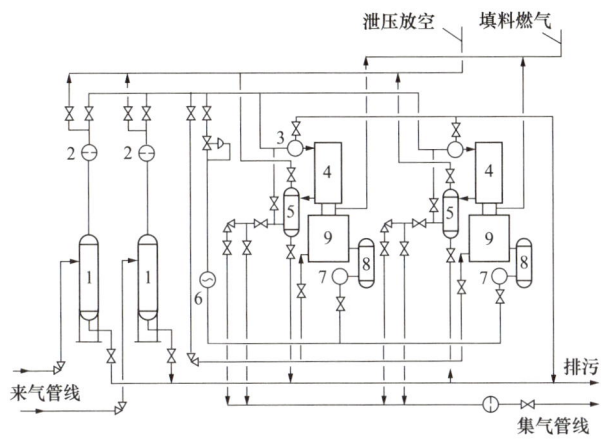

天然气增压站流程图

1—气—液分离器；2—孔板计量装置；3—过滤分离器；4—活塞往复式压缩机；5—天然气冷却器；6—燃料气流量计；7—燃料气过滤器；8—燃料气储罐；9—燃气发动机

（李建民）

【**天然气处理** natural gas processing】 脱除天然气中饱和水蒸气、硫化氢及二氧化碳等酸性气体并回收液化石油气和轻油组分，使天然气达到商品气质标准要求的工艺技术。气层气和油田伴生气，一般都含有饱和量的水蒸气，有的还含有相当数量的硫化氢和二氧化碳等酸性气体。在一定的温度和压力条件下，可能引起水蒸气从天然气中析出，形成液态水、冰或天然气的固体水合物，从而增加管路压降，严重时还会堵塞管道，影响正常生产。当天然气中含有酸性气体（H_2S、CO_2）时，遇水会生成酸性液体，腐蚀管线、设备，必须对气层气和油田伴生气进行脱水和脱酸性气体的净化处理，在使天然气达到商品气质要求的同时，脱出硫化氢、凝液组分并分别被加工成硫黄、液化气、轻油等有用产品。天然气处理常用的方法有吸收法和低温法。

吸收法 按吸收过程性质，吸收法可分为物理吸收和化学吸收。在吸收过程中，如不伴随有明显的化学反应，可以当作单纯的物理吸收过程，称为物理吸收，例如用液态烃吸收气态烃，用水吸收 CO_2 等。在吸收过程中，若伴随有明显的化学反应，则称为化学吸收，例如用碱液吸收 CO_2 等。在天然气净化中，用甘醇脱水或用多乙二醇二甲醚脱硫等都是物理吸收过程，而以弱碱性溶液为吸收剂的乙醇胺法或热钾碱法脱硫等均属于化学吸收过程。为了提高脱除效果，有时可兼用这两种方法，如砜胺法脱硫就兼有化学吸收和物理吸收的作用，这一方法在脱除酸性气体方面取得了满意的效果，成为重要的天然气净化工艺之一。

按照吸收剂的物理形态，吸收法又分为液体吸收法和固体吸收法。液体吸收法是利用适当的液体吸收剂处理气体混合物以除去其中的一种或多种组分的工艺。对吸收水蒸气、硫化氢和二氧化碳等气体后的吸收剂溶液进行脱吸，可使溶剂再生并循环使用。液体吸收法一般用于要求气体的水露点降低20～50℃的地方。液体吸收法的吸收剂有二甘醇、三甘醇和乙二醇等，三甘醇使用较普遍，乙二醇通常作为防冻剂使用。天然气液体吸收脱水工艺主要有乙二醇脱水工艺、三甘醇脱水工艺，常用天然气液体脱硫工艺有醇胺脱硫工艺、砜胺脱硫工艺、新砜胺脱硫工艺等。固体吸收法是利用气体在固体表面上积聚的特性，使某些组分吸附在固体吸附剂表面，进行脱除。气体组分不同，在固体吸附剂上的吸附能力存在差异，因而可用吸附方法对气体混合物进行净化。吸附是在固体表面力作用下产生的，分为物理吸附和化学吸附两种。气体低温处理时常用这种方法脱水。固体吸附水分用的吸收剂有分子筛（气体的水露点可降到 –100℃）、硅胶（气体的水露点可降到 –60℃）、活性氧化铝（气体的水露点可降到 –73℃）。含酸性气体的天然气，不宜用活性氧化铝脱水。天然气固体吸附脱水工艺主要有分子筛脱水工艺和硅胶脱水工艺，常用天然气固体脱硫工艺有氧化铁脱硫工艺和分子筛脱硫工艺。

低温法　也称冷分离法。多组分混合气体中各组分的冷凝温度不同，在冷凝过程中高沸点组分先凝结出来，使组分得到一定的分离。冷却温度越低，分离程度就越高。利用降低气体的温度可使气体中饱和的水蒸气变成液体从气体中分离出来，或使天然气中凝液分离出来，以实现天然气脱水和天然气凝液回收。为防止天然气在低温下形成水合物，在降温过程中需加防止水合物形成的抑制剂甲醇或甘醇。脱水后的天然气，其水露点应低于最低操作温度5℃。天然气低温分离脱水工艺主要有空冷脱水工艺、冷剂制冷脱水工艺和节流阀制冷脱水工艺等。

天然气凝液回收普遍采用低温法。例如气田高压天然气节流膨胀制冷后低温分离脱除一部分水分的方法及油田伴生气采用膨胀机制冷脱水方法都属于低温法。低温法流程简单，成本低廉，特别适用于高压气体。对于要求深度脱水的气体，此法也可作为辅助脱水方法，将天然气中大部分水先行脱除，然后用分子筛法深度脱水。

天然气凝液回收通常分为天然气凝液浅冷回收工艺和天然气凝液深冷回收工艺。前者包括氨压缩制冷回收工艺、氨吸收制冷回收工艺、热分离机制冷回收工艺、气波制冷回收工艺、丙烷压缩制冷回收工艺等；后者包括膨胀制冷回收工艺、丙烷乙烷复叠式制冷回收工艺、膨胀与冷剂相结合制冷回收工艺等。

📖 推荐书目

苏建华，许可方，等. 天然气工程丛书·天然气矿场集输与处理[M]. 北京：石油工业出版社，2004.

（李建民）

【**天然气脱酸性气工艺** acid gas removal process of natural gas】 脱出并收集天然气中的 H_2S、CO_2 和有机硫化合物的工艺方法。H_2S 与水可生成硫酸，CO_2 和水能生成碳酸，因而 H_2S 和 CO_2 被称为酸气。含有 H_2S 和硫化物的天然气称酸性天然气，不含 H_2S 的天然气或仅含 CO_2 的气体都称为"甜气"，有时称脱硫气或净化气。脱酸性气工艺方法可分为：

化学吸收法：在一个塔器内以弱碱性溶液作为吸收剂与酸气反应，生成某种化合物。在另一塔器内，改变工艺条件（加热、降压、汽提等）使化学反应逆向进行，碱性溶液得到再生，恢复对酸气的吸收能力，使天然气脱酸气过程循环连续进行。比如醇胺法、热钾碱法等。

物理吸收法：以有机化合物作为溶剂，在高压、较低温度下使酸气组分和水溶解于溶剂内，使天然气"甜化"和干燥。吸收酸气的溶剂在降压闪蒸或加热闪蒸的过程中释放酸气，使溶剂恢复对酸气的吸收能力，使脱酸过程循环持续进行。物理溶剂再生时所需的加热量较少，适用于天然气内酸气负荷高，要求同时进行天然气脱水的场合。如 Selexol 法、Rectisol 法和 Fluor 法等。

混合溶剂吸收法：以物理溶剂和化学溶剂配制的混合溶剂作为吸收剂，兼有物理吸收和化学吸收剂性质。如砜胺法。

直接氧化法：对 H_2S 直接氧化使其转化成元素硫，如 Claus（克劳斯）法和 LOCAT 法等。在天然气工业中常用于天然气脱出酸气的处理，适合于处理流量小、酸气浓度很高的原料气。

膜分离法：利用天然气中各组分通过薄膜渗透性能的区别，将某种组分从气流中分离和提浓，从而达到天然气脱酸性气体的目的。适用于从天然气中分出大量 CO_2 的场合。

（吕宇玲　何利民）

【**天然气固体脱硫工艺** desulfuration process with solid adsorption process】 用适当的固体吸附剂脱除天然气中所含 H_2S 和 CO_2 的工艺方法。利用气体组分不同在吸附剂上的吸附能力存在差异的特点，对含 H_2S 天然气进行净化。在固体吸收脱硫法中，常用的脱硫剂为氧化铁、活性炭、泡沸石和分子筛等。固体脱硫剂硫容量低，再生和更换脱硫剂费用较高。固体脱硫工艺一般适用于含硫量很低的天然气处理，其应用远没有液体脱硫工艺广泛。对吸收水蒸气、H_2S 和 CO_2

等气体后的吸附剂进行脱吸，可使固体吸附剂再生并循环使用。常用固体脱硫工艺有氧化铁脱硫工艺和分子筛脱硫工艺。

20世纪80年代以来迅速兴起的气体薄膜分离，也归类为固体吸收法，它用气体对薄膜渗透能力的差异进行物理分离，其优点是能耗低、无化学污染，可实现无人操作，但存在低压渗透气的处理等问题。主要用于从天然气或伴生气中脱除CO_2。

（李建民）

【氧化铁脱硫工艺 desulfuration process with ferric oxide adsorption process】 利用氧化铁（海绵铁）与天然气中的硫化氢反应将硫脱除的工艺方法。氧化铁有多种类型，但只有α型和γ型水合氧化铁可用于气体脱硫，它们生成的硫化铁易于重新被氧化为活性态的氧化铁。氧化铁脱硫的基本化学反应式为：

$$2Fe_2O_3 + 6H_2S \longrightarrow 2Fe_2S_3 + 6H_2O \quad （脱硫过程）$$

$$2Fe_2S_3 + 3O_2 \longrightarrow 2Fe_2O_3 + 6S \quad （再生过程）$$

在常温和碱性条件下上述反应进行得最理想。温度高于50℃或在中性或酸性条件下，都会使硫化铁失去结晶水而变得难以再生。CT8-4、CTS-4B、CT8-6、CT8-6B等固体脱硫剂以氧化铁为主要活性组分，并添加有多种助剂，广泛应用于边远分散气井、车用压缩天然气加气站的脱硫装置上。

工艺流程：含硫天然气从装填好氧化铁的脱硫塔上部入塔，由上向下均匀流经填料层，其上的硫化氢与氧化铁反应生成硫化铁而被脱除，净化天然气从塔底接出至集输气管网或用户。再生用空气经空压机升压后从脱硫塔下部吹入塔内，自下而上流经硫化铁使其氧化再生为氧化铁而重复使用。通常为双塔流程。

在脱硫过程中需有气相水存在，必要时应在流程上设置原料气的水饱和器。在操作过程中固体脱硫剂会有粉化现象发生，应注意净化气的过滤与分离。固体脱硫剂与空气直接接触会剧烈升温，并可能导致自燃，在更换脱硫剂卸料前整个床层应先淋湿，要特别注意安全。对更换出的脱硫剂也要妥善处理，保护环境。

应用范围：氧化铁脱硫法具有装置投资较低、工艺简单、能耗小、操作弹性大等优点，适合硫化氢含量低、碳硫比高、产量不大而压力较高的边远分散气井所产天然气的脱硫处理。

（李建民）

【分子筛脱硫工艺 desulfuration process with molecular sieve adsorption process】 利用分子筛吸附特性脱除天然气中H_2S的工艺方法。分子筛是一种人工合成的硅铝酸盐晶体，有均一的微孔，能选择性地吸附直径小于其孔径的其他分子，可用于脱除天然气中的 H_2S 和 CO_2、硫醇和其他重质含硫化合物。为避免再生气对大气的污染，可采用封闭循环的再生气处理过程。

工艺流程：含硫原料气自上而下流过分子筛吸附塔后成为净化天然气，取其部分作为再生气自下而上流过刚再生的塔对其冷却，气体则被加热，然后经加热器加热到要求温度后自下而上流过欲再生的吸附塔，对其中的分子筛进行再生，由塔顶部出来的气体经换热、冷却进分离器分出液相后进入吸收塔，在吸收塔内用溶剂吸收法脱除气体中 90% 含硫化合物，此气体再返回到进装置的原料气中。

主要设备：分子筛（吸附、冷却、再生）、分离器、过滤器、压缩机、吸收器、加热器、换热器、冷却器、闪蒸罐和泵等。

应用范围：在处理低含硫、高含 CO_2 的天然气时，采用分子筛脱硫方法比先用甲胺法脱硫、再接着三甘醇脱水的工艺投资省，可同时达到脱硫和脱水目的。但分子筛价格较贵，且存在硫容量低、再生和更换费用较高等缺点，其应用远没有液体脱硫工艺广泛，通常不单纯用于天然气脱硫处理。

（李建民）

【**天然气液体脱硫工艺** desulfuration process with liquid absorption process】用适当的液体吸收剂脱除天然气中所含 H_2S 和 CO_2 的工艺方法。对吸收水蒸气、H_2S 和 CO_2 气体后的吸收剂溶液进行脱吸，可使溶剂再生并循环使用。按溶液吸收和再生方式的不同可分为氧化还原法、物理吸收法和化学吸收法、物理和化学混合吸收法 4 类。常用液体脱硫工艺有醇胺脱硫工艺、砜胺脱硫工艺和新砜胺脱硫工艺。

氧化还原法：又称直接氧化法。H_2S 由碱性溶液吸收后，直接以空气氧化再生，生成元素硫。技术特点为：可直接生成元素硫，基本无二次污染；多数方法可以选择性脱除 H_2S，而基本上不脱除 CO_2；净化度高；操作压力高低均可采用。因其硫容量小，一般在 0.3g/L 以下，且硫黄质量差，通常适用于天然气压力较低，硫含量不高的场合。此类方法种类很多，在工业上应用最具代表性的是蒽醌（A.D.A）法。

物理吸收法：基于有机溶剂对天然气中酸性组分的物理吸收而将硫脱除。溶剂的酸性气负荷正比于气相中酸性组分的分压，当富液压力降低时，随即放出所吸收的酸组分。适于处理酸性气分压高的天然气，具有溶剂不易变质、比热容低、腐蚀性小、能脱除有机硫化物等优点，其净化度不能与化学吸收法相比。在工业上应用的有机溶剂主要有弗卢尔（Flour）法使用的硫酸丙烯酯、普里索尔（Pouisol）法使用的 N—甲基吡咯烷酮（NMP）、埃斯塔索文（Estasolven）法使用的磷酸三丁酯（TBP），以及塞勒克梭（Selexol）法使用的聚乙二醇二甲醚等 4 种。该类方法能同时脱除 H_2S 和 CO_2，且流程简单，主要设备为<u>吸收塔</u>、闪蒸罐和循环泵。溶剂的再生通常靠多级闪蒸进行，不需加热，能耗较少。只有在净化度要求高时采用真空解吸、惰性气体吹脱或加热溶剂等方法，以提高再生溶液的质量。

化学吸收法：以可逆反应为基础，以弱碱性溶剂为吸收剂脱硫。溶剂与原料气中的 H_2S 和 CO_2 反应生成化合物，当其温度升高、压力降低时，就分解放出酸气。这类方法中最具代表性的是碱性盐溶液法和醇胺法，前者在工业上常用的有本菲尔德（Benfield）法、卡塔卡勃（Cata-carb）法和氨基酸盐（Alkazid）法等，主要用于脱除 CO_2，后者是天然气脱硫工业中最主要的一种方法。用醇胺法处理含硫天然气，以克劳斯硫回收装置从再生出的酸性气中回收元素硫，是天然气净化工艺最基本的技术路线。

物理和化学混合吸收法：兼具物理吸收法与化学吸收法两者的优点，其操作条件和脱硫效果大致与醇胺法相似。

（李建民）

【醇胺脱硫工艺 desulfuration process with hydramine】 利用醇胺溶剂脱除天然气中 H_2S 的工艺方法。用醇胺法处理含硫天然气，以克劳斯硫回收装置从再生出的酸性气中回收元素硫，是天然气净化工艺最基本的技术路线。按分子结构不同，醇胺分为伯醇胺［例如 MEA（单乙醇胺）］、仲醇胺［例如 DEA（二乙醇胺）］和叔醇胺［例如 MDEA（甲基二乙醇胺）］三类。它们与 H_2S 反应生成硫化胺盐和酸式硫化胺盐，与 CO_2 反应生成氨基甲酸盐，从而将其脱除。上述反应均为可逆反应，天然气净化过程中，醇胺溶液在<u>吸收塔</u>内的低温高压下吸收 H_2S 和 CO_2 气体，生成相应的胺盐并放出热量；在<u>再生塔</u>内溶液被加热到一定温度，在低压高温下反应向相反方向进行，即溶液中的胺盐分解，重新放出酸气，同时使溶液得到再生。几种常用醇胺的物理和化学性质见表。

工艺流程：醇胺法净化天然气工艺所选择的吸收剂有所不同，但其工艺流程基本上是类同的。原料气由吸收塔下部进塔自下向上流动，同由上向下的醇胺溶液逆流接触，经醇胺溶液吸收酸气后的净化天然气由塔顶流出。吸收酸气后的富醇胺液由吸收塔底流出，经过闪蒸罐放出吸收的烃类气体，再经过换热器，溶液温度升至 82～94℃后进入再生塔上部，沿再生塔向下与蒸气逆流接触，大部分酸气被解吸，半贫液进入重沸器，在重沸器中被加热到 107～127℃，酸气进一步解吸，溶液得到较完全再生。再生塔顶馏出的酸性气体经过<u>冷凝器</u>和回流罐分出液态水后，酸气送至硫黄回收装置制硫或送至火炬中燃烧。分出的液态水作为回流液由泵送回再生塔。醇胺法脱硫装置的典型工艺流程图如图所示。

几种常用醇胺的物理和化学性质表

参数		MEA	DEA	DIPA（二异丙醇胺）	MDEA
相对摩尔质量		61.09	105.14	133.19	119.17
相对密度		1.0179（20/20℃）	1.0919（30/20℃）	0.9890（45/20℃）	1.0418（20/20℃）
沸点 ℃	101.3kPa	170.4	268.4	248.7	230.6
	6.67kPa	100.0	187.2	167.0	164.0
	1.33kPa	68.9	150.0	133.0	128.0
蒸气压（20℃），Pa		28	<1.33	<1.33	<1.33
凝固点，℃		10.2	28.0	42.0	−14.6
闪点（开杯），℃		93.3	137.8		126.7
水中溶解度（20℃）		完全互溶	96.4%	87.0%	完全互溶
黏度，mPa·s		24.1（20℃）	380.0（30℃）	198.0（45℃）	101.0（20℃）
反应热 kJ/kg	H_2S	1905	1190	1140	1050
	CO_2	1920	1510	2180	1420

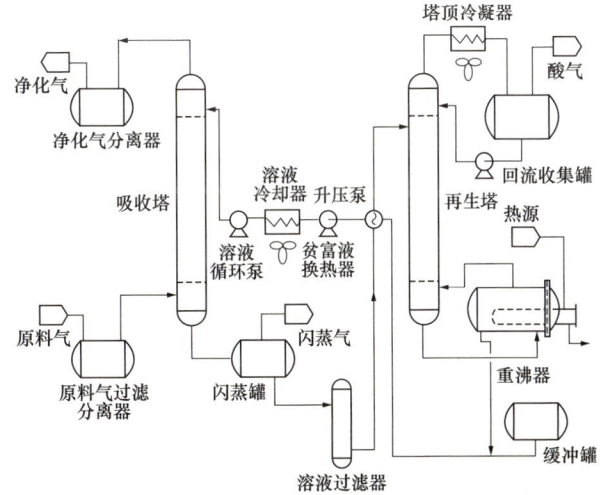

醇胺法脱硫装置的典型工艺流程图

主要设备有：吸收塔、再生塔、过滤器、闪蒸罐、换热器、冷却器、平衡罐、冷凝器、重沸器、复活釜、回流液储罐、回流泵、胺液升压泵和胺液循环泵等。

（李建民）

【**砜胺脱硫工艺** desulfuration process with sulfinol】 利用环丁砜与二异丙醇胺（DIPA）组成砜胺法（Sulfinol-D）溶剂脱除天然气中 H_2S 的工艺方法。属于液体吸收法中的物理、化学组合吸收方法，并兼有二者优点。环丁砜（二氧化四氢噻吩）是天然气脱硫应用最广泛的物理溶剂，通常与二异丙醇胺（DIPA）组成砜胺法（Sulfinol-D）溶剂，与甲基二乙醇胺（MDEA）组成新砜胺法（Sulfinol-M）溶剂等。此类方法兼具物理吸收法与化学吸收法两者的优点，其操作条件和脱硫效果大致与醇胺法相似。在砜胺法溶剂中，由于有物理溶剂环丁砜的存在，不仅使混合溶剂具有脱除有机硫化物的良好效果，而且使它的酸性气负荷大为提高，是处理高酸性气分压、含有机硫的天然气的最主要的工业方法。它与其他物理吸收法一样易吸收重烃，砜胺法亦不宜用于处理重烃含量高的天然气。

工艺流程：工艺流程与醇胺脱硫工艺相同。二者的差别仅仅是使用的吸收溶液不同。砜胺法采用的吸收溶液包含有物理吸收溶剂和化学吸收溶剂。物理吸收溶剂是环丁砜，化学吸收溶剂可以用任何一种醇胺化合物，最常用的是二异丙醇胺。醇胺脱硫工艺的酸气负荷正比于气相中酸气分压，在处理高酸气分压的气体时，醇胺脱硫工艺比化学吸收法溶液有较高的酸气负荷。砜胺法吸收溶液由环丁砜、醇胺和水组成。二异丙醇胺的腐蚀性最小，不易变质和发泡，因而在砜胺熔液中，多用二异丙醇胺配制。这两者的配比应按总酸气分压决定，工业上应用的溶液组成见表。

砜胺法溶液组成表

编号	溶液组成，%（质量分数）		
	环丁砜	二异丙醇胺	水
1	45	40	15
2	40	45	15
3	50	35	15
4	35	45	20
5	35	55	10

主要设备有：吸收塔、再生塔、过滤器、闪蒸罐、换热器、冷却器、平衡罐、冷凝器、重沸器、复活釜、回流液储罐、回流泵、胺液升压泵和胺液循环泵等。

主要优点：

（1）酸气负荷高。砜胺溶液的酸气负荷比醇胺溶液高。砜胺溶液兼有化学吸收和物理吸收两种作用，当酸气分压低时，化学吸收起主导作用，随着酸气分压的升高，物理吸收作用增大，溶液的酸气负荷随酸气分压的升高而成倍增加。

（2）水、电和蒸汽耗量较低。

（3）净化度可以达到常用的管输标准，即 H_2S 含量低于 $6mg/m^3$。

（4）在脱除 H_2S 的同时，还能脱除相当数量的有机硫化合物。

（5）环丁砜化学性质稳定，不易受热分解，蒸气压低，溶剂损失量小。

主要缺点：

（1）烃类气体在砜胺溶液中有更大的溶解度，必须合适地选择富液闪蒸的操作条件，以保证酸气中烃类含量不会影响后面的克劳斯硫黄回收装置的操作。

（2）因环丁砜是良好的溶剂，会溶解管阀、设备的密封材料，对装置各部位的密封应作妥善处理。

（3）砜胺溶液的价格较贵，而且溶液变质产物复活困难，操作成本较高。

（李建民）

【新砜胺脱硫工艺 desulfurization process with new sulfinol】 利用环丁砜与甲基二乙醇胺（MDEA）组成新砜胺法（Sulfinol-M）溶剂脱除天然气中 H_2S 的工艺方法。兼有物理吸收法与化学吸收法两者的优点，其操作条件和脱硫效果大致与醇胺脱硫工艺相似。在砜胺法溶剂中，有物理溶剂环丁砜的存在，不仅使混合溶剂具有脱除有机硫化物的良好效果，而且使它的酸性气负荷大为提高，是处理高酸性气分压、含有机硫的天然气的最主要的工业方法。与其物理吸收法一样易吸收重烃，新砜胺法不宜用于处理重烃含量高的天然气。

工艺流程、主要设备和砜胺脱硫工艺相同。

（李建民）

【冷甲醇法脱硫工艺 desulfurization process by rectisol】 以甲醇为物理溶剂脱除天然气中 H_2S 的一种工艺方法。由于甲醇的蒸气压较高，该法常在低温（$-34\sim-73℃$）下处理气体。在低温条件下，甲醇对于 CO_2 和 H_2S 等酸性气体具有较好的吸收性能，并能保持洗涤剂损失量最少，可以同时脱除气体中的 CO_2、H_2S、COS 等杂质。

低温甲醇法是根据甲醇对 CO_2、H_2S 等酸性气体具有较高的溶解度，对 H_2、CH_4、CO 等有效气体溶解度小，且对各种杂质气体选择性较好的原理，以甲醇为吸收溶剂，在低温高压条件下完成吸收过程，在高温低压条件下完成气体的解吸，脱除原料气中 CO_2、H_2S 以及其他杂质的过程。低温甲醇法净化工艺主要由气体吸收和溶剂再生两部分组成，溶剂再生采用降压闪蒸、惰性气汽提、加热或其组合。操作单元包括吸收塔、中压闪蒸罐、CO_2 解吸塔、H_2S 富集器、热再生塔、甲醇—水精馏塔、CO_2 压缩机及一系列换热器。工艺流程示意图如图所示。

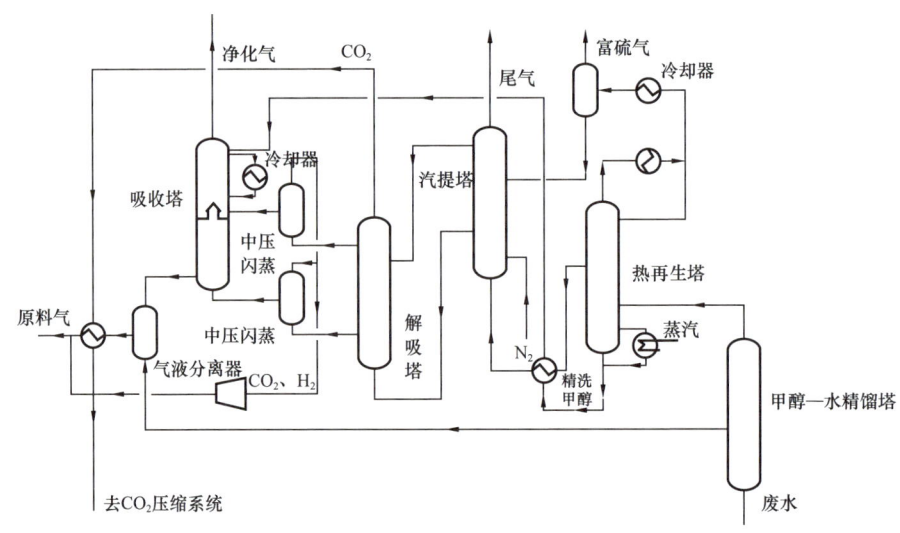

冷甲醇法脱硫工艺流程示意图

特点：（1）对 CO_2、H_2S 和 COS 溶解度高。这使溶剂循环量保持较低，装置运行经济。（2）H_2S 和 COS 比 CO_2 选择性高，对 CO_2、H_2S 可选择性的吸收，即使在原料气中 H_2S/CO_2 的浓度比率较低，也能得到富 H_2S 的废气，这种选择性能得到无硫的气体，并且利于硫黄的回收。（3）对 H_2、CH_4、CO 的溶解度低，控制气体的损失在很低的限度内。（4）采用的各种工艺条件下蒸气压力低，在低温下溶剂损失小，价格便宜。（5）溶剂无腐蚀性。（6）溶剂吸收能力大，循环量小，动力消耗小。

（吕宇玲　何利民）

【Fluor 法脱硫工艺　desulfurization process by Fluor】　使用碳酸丙烯为物理吸收剂脱除天然气中 CO_2、H_2S 的工艺方法。又称碳酸丙烯酯法。是一种物理吸收法天然气脱酸性气工艺。

原料气进吸收塔，脱除酸气后由塔顶流出，吸收酸气后的富溶剂由塔底流出，经多级分离分出酸气后由泵循环进入吸收塔（见图）。如果原料气中除含有大量 CO_2 以外，H_2S 等含硫气体的含量也较高时，为满足一定的脱除要求，可采用二次吸收流程。第一次吸收主要脱除 H_2S 及含硫气体组分，第二次吸收主要脱除 CO_2 组分。由于吸收塔庞大、溶剂循环量过高，经济性很差，并不实用，如果要达到 ppm 级精脱则需经另一化学吸收系统处理。天然气 CO_2 质量分数小于 3% 时不使用 Fluor 法，仅适用于天然气内 CO_2 含量很高的场合。

特点：（1）对 CO_2 和其他组分气体的溶解度高，溶解热较低；（2）对天然气主要轻组分 C_1、C_2 的溶解度低，蒸气压低、黏度小；（3）与气体所有组分不发生化学反应，无腐蚀性。

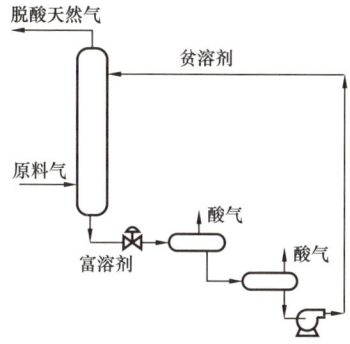

Fluor 法脱硫工艺流程示意图

（吕宇玲　何利民）

【**膜分离脱酸工艺** membrane separation deacidification process】用聚合物薄膜分离气体中的某些组分的分离技术。

高压原料气在膜的一侧吸附，通过薄膜向低压侧扩散解吸（低压侧压力约为高压侧 10%~20%），由于气体内各组分渗透的速度不同，使气体组分得到一定程度的分离。在高压侧经薄膜进入低压侧的气体称为渗透气，而仍留在高压侧的气体称为渗余气。

膜由两层组成：（1）孔性底层，厚约 0.2mm；（2）致密无孔活性层，由聚合物制成的覆盖薄膜，厚约 1000Å（见图）。

用于气体分离的膜可分为多孔膜、均质膜、非对称膜及复合膜 4 类。

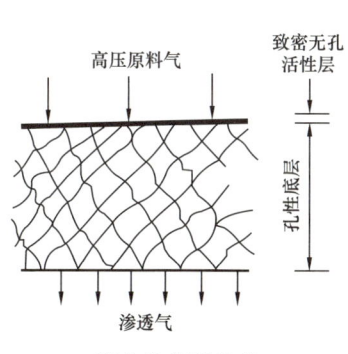

聚合物薄膜组成

多孔膜利用不同组分分子运动的平均速度不同，而当膜的微孔孔径远低于气体运动平均自由行程时，通过微孔的分子数与分子的平均速度成正比，从而实现气体的分离，其特点是渗透能力高但选择性差。多孔膜可用氧化铝、氧化硅系的陶瓷材料、聚乙烯、聚砜等高分子材料，以及镍、铝等金属多空体制作。

均质膜即非多孔膜是使用高分子材料或有机物制成的，大多具有抗热、抗压及抗化学侵蚀的能力；其分离原理是利用不同气体在膜表面溶解及扩散性能的差别而实现气体的分离，特点是选择性高而渗透能力差。

非对称膜是制膜工艺上的重大突破，其目的是在不损害膜的选择性前提下降低膜的厚度以增加渗透量，最早制得的非对称性醋酸纤维膜，是将极薄

0.1~1mm 的致密皮层支撑在一张高密多孔的基材上。进一步开发的复合膜，既可在选择性层上涂复渗透性强的薄层，也可在渗透性层上涂复选择性强的薄层。

（吕宇玲　何利民）

【超音速分离工艺 supersonic separation process】 利用拉瓦尔喷管的等熵降温作用，使天然气在自身压力作用下加速到超音速，这时天然气的温度和压力会急剧下降，使天然气中的水蒸气和重烃组分冷凝成小液滴，然后在超音速下产生强烈的气流旋转将小液滴分离出来，并对干气进行再压缩。

天然气首先进入旋流器旋转，产生加速度旋流，该旋转气流在超音速喷管入口表面的切线方向产生一个或多个气体射流，并在拉瓦尔喷管内降压、降温和增速。由于天然气温度降低，其中的水蒸气和天然气液烃（NGL）组分凝结成液滴，在旋转产生的切向速度和离心力的作用下，液滴被"甩"到管壁上从而实现气液分离（见图）。然后，液体通过专门设计的工作段出口流出，气体则进入扩散器，减速、增压、升温后流出。在超音速喷管中不会生成水合物。

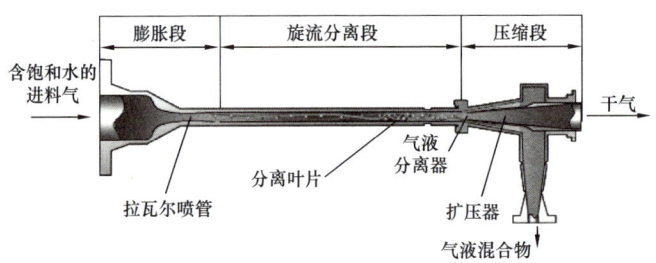

超音速分离器示意图

（吕宇玲　何利民）

【变压吸附脱硫工艺 pressure swing adsorption desulfurization process】 以吸附剂（多孔固体物质）内部表面对气体分子的物理吸附为基础，对被吸附组分的吸附容量随其分压的增加而增加的原理进行气体分离与净化的工艺方法。

任何一种吸附对于同一被吸附气体（吸附质）来说，在吸附平衡情况下，温度越低，压力越高，吸附量越大。反之，温度越高，压力越低，则吸附量越小。气体的吸附分离方法，通常采用变温吸附和变压吸附两种循环过程。变压吸附是温度不变，在加压的情况下吸附，用减压（抽真空）或常压解吸的方法，通过压力改变来吸附和解吸。工业上常用的吸附剂有硅胶、活性氧化铝、活性炭和分子筛等。

当原料气在高压下通过吸附剂床层时，二氧化碳、水和硫化物等高沸点组分被选择性吸附，低沸点组分如氢、氮气等不易吸附而通过吸附剂床层，实现氢、氮气和二氧化碳、水、硫化物的分离。然后，减压下解吸（脱附）被吸附的二氧化碳、水和硫化物，吸附剂获得再生，于下一循环再次进行吸附分离。在变压吸附过程中，附床内吸附剂解吸依靠降低吸附组分分压实现。

（吕宇玲　何利民）

【**硫黄回收工艺** sulfur recovery process】 将天然气脱硫装置脱出的酸性气体转化为硫黄加以回收的工艺。同时要求对转化剩余尾气进行处理，是天然气脱硫的配套工艺方法。天然气脱硫装置所产生的酸性气体主要成分为 H_2S、CO_2、H_2O 和少量烃类等。为适应环境保护要求及充分利用硫黄资源，采用硫黄回收及尾气处理工艺方法，尽可能回收其中的硫。广泛使用的硫回收方法是克劳斯硫黄回收法。（见克劳斯硫黄回收工艺）

国际上对 SO_2 排放限制日趋严格，从 20 世纪 60 年代起环境法规要求处理能力较大的克劳斯装置回收率达到 98%、99%，甚至超过 99.5%，为此开发多种硫黄回收及尾气处理方法。可归纳为两类：第一类是提高克劳斯法硫黄回收率并开发新的尾气处理工艺，两种工艺配套使用提高总硫收率。新的尾气处理方法主要有低温克劳斯法、还原—吸收法、氧化—吸收法等三种。第二类是将硫黄回收装置和尾气处理装置结合成一体，硫回收率可达 99%～99.5%。这类方法有 MCRC 法和超级克劳斯法。

参见尾气处理工艺。

推荐书目

苏建华，许可方，等. 天然气工程丛书·天然气矿场集输与处理 [M]. 北京：石油工业出版社，2004.

（李建民）

【**克劳斯硫黄回收工艺** Claus sulfur recovery process】 利用克劳斯装置热反应和催化反应将脱硫装置脱出的酸性气体转化为硫黄加以回收的工艺方法。1883 年英国化学家克劳斯（Claus）提出原始的克劳斯法。克劳斯工艺是使 H_2S 与 SO_2 在一定温度下反应生成元素硫进行硫回收，其反应分两步进行：

$$2H_2S+3O_2 \longrightarrow 2H_2O+2SO_2 + 热量$$

$$2H_2S+SO_2 \longleftrightarrow 2H_2O+3S + 热量$$

通常将酸气全部进入主燃烧炉的克劳斯法称为直流法，部分酸气进入主燃烧炉的克劳斯法称为分流法。直流法可利用主燃烧炉进行高温反应，有利提高硫回收率和最大限度地回收高能位热量。通常当原料气 H_2S 含量在 50% 以上时采用直流法；当酸气 H_2S 含量为 15%～40%，全部酸气进炉已无法保证稳定燃烧时，采用分流法。在保证炉温 1100℃ 左右的条件下尽可能加大酸气进炉量，且进主燃烧炉的酸气不能少于全部酸气的 1/3。当酸气中含有戊烷或更重的烃类，不能采用分流法，以避免重烃进入转化器，影响催化剂活性。

工艺过程 主要工艺过程是高温热反应和低温催化反应。在 900K 以上为热反应区，在主燃烧炉内进行。900K 以下为催化反应区，在催化转化器内进行。在热反应区内温度升高转化率增大，压力升高转化率降低；在催化反应区则相反，温度降低转化率增大，压力升高转化率亦增大。主燃烧炉后和每级转化器后冷凝分出生成的元素硫，有利于转化率提高。为了获得较高总硫回收率，克劳斯装置通定常设有二级或三级催化转化器。硫回收率与催化转化器级数的关系见表。

原料气硫化氢含量、转化器级数与硫回收率的关系表

原料气中 H_2S 含量，%（干基）	计算的硫回收率，%		
	两级转化	三级转化	四级转化
20	92.7	93.8	95.0
30	93.1	94.4	95.7
40	93.5	94.8	96.1
50	93.9	95.3	96.5
60	94.4	95.7	96.7
70	94.7	96.1	96.8
80	95.0	96.4	97.0
90	95.3	96.6	97.1

对于 H_2S 含量高的富酸气，设有二级克劳斯转化器的装置的理论硫回收率可达 96%。但受到各种条件限制，硫回收率实际只能达到 94% 左右。造成硫回收率低的原因，除了催化剂失活外，由于克劳斯反应受到热力学的限制，硫的转化反应不可能完全，因而过程气体中仍然存有少量的 H_2S 与 SO_2。同时伴随着 H_2S 转化成为元素硫，还将产生一定比例的水。过程气中水气含量的增加，阻碍了硫的生成，从而限制了总硫回收率提高。

主要设备 分离器、酸气再热炉、燃烧炉、余热锅炉、转换器、冷凝器、液硫储罐、液流泵、捕集器、尾气焚烧炉和烟囱。

（李建民）

【尾气处理工艺 tail gas clean up process】 将克劳斯法回收硫黄后含硫尾气进行处理以提高总硫收率的工艺方法。克劳斯装置因受热力学因素和平衡反应的限制，即使使用活性好的催化剂，常规二级或三级转化硫回收率只能达到95%或97%，尚有一定量的硫存在于克劳斯装置尾气中，经焚烧后排放仍存在SO_2污染问题，为此必须对尾气进行处理尽可能多地回收硫。尾气处理工艺主要有低温克劳斯法、还原—吸收法及氧化—吸收法三类。还有同时兼硫黄回收和尾气处理于一体的MCRC法及超级克劳斯法（superclaus）。

低温克劳斯法：在硫露点以下继续进行克劳斯反应，可达到的总硫回收率一般为98.5%~99%，尾气焚烧后SO_2浓度在2000mL/m³上下。其中使用固体催化剂的有冷床吸附法（CBA）及萨弗林法（Sulfreen）。CBA法与克劳斯装置形成组合装置，而Sulfreen法则是独立的尾气处理装置。使用液相催化的有克劳斯泼尔1500法（Clauspol 1500，IFP公司）等方法。Sulfreen法与Clauspol 1500法所回收的硫黄不能抵偿操作费用。

还原—吸收法：将克劳斯尾气中各种形态的硫及硫化物还原成H_2S，然后进行吸收。总硫回收率可达99.8%，焚烧尾气中SO_2为300mL/m³或更低。其中应用最广的为斯科特法（SCOT）和BSRP法。这类装置流程复杂、操作费用高，所回收的硫远不能抵偿操作费用。

氧化—吸收法：首先将克劳斯尾气中所有的硫氧化为SO_2，然后用溶液吸收。与前两类方法比较，这类方法应用较少。

MCRC法：采用活性高、有机硫水解率高、能在硫露点下操作的催化剂，该催化剂的孔体积大、硫容量高、床层阻力小。采用MCRC法吸附态转化器在过程气硫露点下操作，有利于H_2S与SO_2反应的化学平衡、提高硫转化率。三级转化MCRC装置硫回收率可达99%。

超级克劳斯法：用选择性氧化工艺将克劳斯尾气中残余的H_2S直接转化为元素硫。超级克劳斯工艺有两种型式，即超级克劳斯-99和超级克劳斯-99.5，总硫回收率可分别达到99.3%和99.4%或更高。

MCRC法和超级克劳斯法是20世纪80年代以来常规克劳斯工艺的新发展。前者利用低温克劳斯技术，末级转化器在硫露点下操作；后者用选择性氧化工艺，克服了常规克劳斯工艺的局限性。两者兼有硫黄回收和尾气处理双重功能，均可由已有常规克劳斯装置改造而成。

（李建民）

【低温克劳斯工艺 low temperature Claus process】 在硫露点以下继续进行克劳斯反应，可达到的总硫回收率一般为98.5%~99%，尾气焚烧后SO_2浓度在

2000mL/m³ 上下。其中使用固体催化剂的有冷床吸附法（CBA）及萨荆林法（Sulfreen）。包括在液相中进行的低温克劳斯反应和在固体催化剂上进行的低温克劳斯反应。

在液相中进行的低温克劳斯反应：以法国石油研究院开发的克劳斯泼尔1500法（Clauspol 1500）为代表。其原理是在加有特殊催化剂的有机溶剂中，于略高于硫熔点的温度下，使尾气中 H_2S 和 SO_2 继续在液相中进行克劳斯反应，从而达到提高硫回收率的目的。常用的有机溶剂为聚乙二醇-400，催化剂为苯甲酸钠、苯甲酸钾或水杨酸钠，用氢氧化钠调节 pH 值至碱性。COS 和 CS_2 在此过程中不发生克劳斯反应，必须通过改善上游克劳斯装置的操作，尽可能降低这些机硫化合物在尾气中的含量。此外，H_2S 在溶剂中的溶解度略低于 SO_2，因而应保持尾气中 H_2S/SO_2 比稍高于 2。

在固体催化剂上进行的低温克劳斯反应：主要有冷床吸附法（CBA）和萨荆林法（Sulfreen），均已在工业上广泛应用。两者的主要区别在再生系统，CBA 法与克劳斯装置形成组合装置，利用克劳斯装置一级转化器出口气流作为再生气；Sulfreen 法一般设置单独的再生系统。

CBA 法工艺流程为：克劳斯装置的尾气在约 130℃下进入反应塔底部与塔内溶剂逆流接触而继续进行克劳斯反应。硫在溶剂中的溶解度很小，且塔内温度高于硫熔点，故产品液硫连续从塔底排出。克劳斯反应是放热的，塔内温度需借助在循环溶剂中注入蒸汽冷凝液来调节，流程中的换热器仅在开工和停工时使用。装置开工时，尾气入塔前应先使塔内的溶剂加热至反应温度。

Sulfreen 法工艺流程为：3 个反应器分别处于吸附（反应）、再生和冷却三个不同的阶段，由控制仪表按设置的周期自动切换（也可以采用 2 个反应器的流程，视尾气量和尾气中含硫化合物的量而定），尾气于约 130℃下进入吸附反应器，在催化剂作用下 H_2S 与 SO_2 反应而生成元素硫，后者吸附在催化剂表面。处理后的尾气温度约 150℃，经灼烧后放空。

再生过程分为加热和冷却两个阶段。加热阶段用一股经处理的尾气，由风机加压，并在加热炉中升温至约 350℃后进入反应器，使后者升温至约 325℃，使催化剂上吸附的液硫脱附。再生气流经冷凝分离硫黄，并回收热量后循环使用。为防止催化剂硫酸盐化，再生过程完成后应立即吹入未经处理的尾气（约 130℃）使床层冷却，经过 0.5～1h 后再改用以处理后的尾气冷却。床层温度降至 170℃后停止冷却，转入下一个吸附循环。

（李建民）

【还原—吸收工艺 reduction–absorption process】通过还原—吸收反应对克劳斯

含硫尾气进行处理的工艺方法。将克劳斯尾气中各种形态的硫及硫化物还原成 H_2S，然后进行吸收。总硫回收率可达 99.8%，焚烧尾气中 SO_2 为 300mL/m³ 或更低。应用范围较广的是斯科特（SCOT）法。

SCOT 法的还原部分是使尾气中的 SO_2 和元素硫在钴—钼催化剂上加氢还原而生成 H_2S，然后在吸收部分采用选吸效率高的甲基二乙醇脱硫，脱除下来的酸气返回上游克劳斯装置。通常加氢还原后尾气中除 H_2S 以外的含硫化合物含量不超过 20×10^{-6}（摩尔分数）。

克劳斯装置尾气（120～130℃）与在线燃烧炉制取的高温还原气体混合后，在约 300℃ 下进入加氢还原反应器。加氢还原系放热反应。出反应器的气体先经废热锅炉回收热量，使气体降温至 160℃ 后进冷却塔，在塔中直接喷水冷却。冷却后的气体中含 H_2S 1%～3%，CO_2 不超过 40%。此气体进入脱硫部分的吸收塔进行脱硫。

（李建民）

【硫黄成型工艺 sulfur molding process】 将天然气净化回收的液态硫固化成型的工艺方法。硫黄成型后有利于运输和销售。主要有块状成型工艺、结片成型工艺、空气造粒工艺、钢带造粒工艺、湿法（水）造粒工艺和滚筒造粒工艺等。国际上在大规模硫黄成型装置上使用的工艺主要为滚筒造粒工艺、钢带造粒工艺和湿法（水）造粒工艺等。

块状成型工艺：使用可拆式固化模具，根据模子大小采用一次或多次灌入成型固化，每块质量一般在 50kg 以下。这种方法设施简单、方法原始、劳动强度大、生产环境差、生产效率低。并且大块成型过程中有可能混入大量杂质，难以保证其产品硫黄质量达到要求。另外，大块成型工艺方法占地大，是其他成型工艺占地的数十倍甚至更多。

结片成型工艺：产出的硫黄不规则，很脆，易发生粉尘污染问题。结片工艺设备的可靠性也差，易发生腐蚀，维护工作量较大；结片工艺设备的单列处理量较小，当大批量生产时此工艺需要多列设备，占地面积较大。该工艺已很少使用。

空气造粒工艺：一次性设备投资太大，能耗高，该工艺已很少使用。

钢带造粒工艺：设备单列处理能力约 6t/h，生产的半球形固体硫黄粒度好、机械强度高，完全能达到优等品的要求，同时具有减少粉尘，改善环境、连续作业、提高生产效率、颗粒规整、商品附加值得到提升等技术优点。

滚筒造粒工艺：有 GXM1 和 GXM2 两种类型。GXM1 滚筒造粒工艺设备的处理能力为每台 1100t/d，GXM2 滚筒造粒工艺设备的处理能力为每台 550t/d。

中国还没有滚筒造粒工艺处理液体硫黄的装置。

湿法（水）造粒工艺：在中国使用较少。

（李建民）

【**天然气脱水** gas dehydration】 脱除天然气中所含饱和水蒸气并使其成为干气的工艺方法。天然气一般都含有饱和量的水蒸气，有的还含有相当数量的硫化氢和二氧化碳等酸性气体。在一定的温度和压力条件下，可能引起水蒸气从天然气中析出，形成液态水、冰或天然气的固体水合物，从而增加管路压降，严重时还会堵塞管道，影响正常生产。当天然气中含有酸性气体（H_2S、CO_2）时，遇水会生成酸性液体，腐蚀管线和设备。天然气脱水常用的工艺方法有液体吸收法、固体吸收法和低温法三种。

液体吸收法：用适当的液体吸收剂处理气体混合物以除去其中的一种或多种组分。对吸收水蒸气、硫化氢和二氧化碳等气体后的吸收剂溶液进行脱吸，可使溶剂再生并循环使用。液体吸收法常用的吸收剂有二甘醇、三甘醇和乙二醇等，三甘醇使用较普遍，乙二醇通常作为防冻剂使用。液体吸收法一般用于要求气体的水露点降低 20~50℃ 的地方。天然气液体吸收脱水工艺主要有乙二醇脱水工艺和三甘醇脱水工艺等。

固体吸收法：利用气体在固体表面上积聚的特性，使某些组分吸附在固体吸附剂表面进行脱除。固体吸附法常用的吸收剂有分子筛（气体的水露点可降到 –100℃）、硅胶（气体的水露点可降到 –60℃）、活性氧化铝（气体的水露点可降到 –73℃）。含酸性气体的油田气，不宜用活性氧化铝脱水。气体低温处理时常用这种方法脱水。天然气固体吸附脱水工艺主要有分子筛脱水工艺和硅胶脱水工艺等。

低温法：利用降低气体的温度使气体中饱和的水蒸气变成液体从气体中分离并脱除。为防止油田气在低温下形成水合物，在降温过程中需加防水合物形成的抑制剂甲醇或甘醇。脱水后的油田气，其露点要低于最低操作温度 5℃。低温分离脱水工艺主要有空冷脱水工艺、氨制冷脱水工艺、丙烷制冷脱水工艺和节流阀制冷脱水工艺等。

其中三甘醇吸收法脱水工艺、分子筛吸附法脱水工艺和天然气节流阀制冷脱水工艺应用较多。

推荐书目

苏建华，许可方，等．天然气工程丛书·天然气矿场集输与处理［M］．北京：石油工业出版社，2004．

（李建民）

【天然气液体吸收脱水工艺 gas dehydration process with liquid absorption】 用合适的液体吸收剂除去天然气中水蒸气的工艺方法。在要求气体的水露点降低20~50℃的地方，一般采用液体吸收脱水工艺，该工艺主要包括两部分内容：一是液体吸收剂吸收天然气中水蒸气使其成为干气；二是将吸收天然气中水分后的液体吸收剂经加热将水变成蒸汽排出，使其再生循环使用。主要分为三甘醇脱水工艺和乙二醇脱水工艺。主要用甘醇溶液作吸收剂，常用的有二甘醇、三甘醇和乙二醇等，三甘醇使用较普遍。

甘醇是醇类化合物，包括乙二醇、二甘醇、三甘醇和四甘醇等。从化合物的分子结构看，每个分子都有两个羟基（—OH）；另外，醇中的羟基和水分子一样，可以形成氢键，产生缔合现象。醇类化合物与水分子结构的这种相似性，使醇具有很强的吸水性，能与水完全互溶，成为天然气脱水的好吸收剂。浓甘醇（称为贫液）与含水天然气接触，吸收天然气中的水，变成甘醇稀溶液（称之为富液）。甘醇的沸点高于水，进行加热并将加热温度控制在高于水的沸点、低于甘醇的分解温度，可将甘醇稀溶液中的水变成蒸汽排出使其成为浓甘醇重复使用。甘醇具有上述两方面的特性，使它成为天然气脱水广泛采用的吸收剂。常用甘醇的物理性质见表。

甘醇脱水的应用条件为：（1）在油田气的露点要求不低于-50℃，可以选用甘醇脱水，不同的露点要求选用不同的甘醇。（2）在气量较大、输量稳定的情况下，宜采用甘醇脱水。气量一般在 $10^5 m^3/d$ 以上。（3）常用于油田输气管道、油田气凝液回收系统的防冻。（4）甘醇可采用汽提法、负压法和共沸法再生，以便得到高浓度的甘醇。甘醇的再生温度比较低，如乙二醇再生温度仅120℃，用蒸汽或烟道气的余热就可再生。

甘醇脱水参数的选择为：（1）进吸收塔的天然气温度应维持在15~48℃。如果高于48℃应在进口分离器之前设冷却装置。（2）进入吸收塔顶层塔板的贫液温度宜控制在高于气流温度10~30℃，且贫甘醇进塔温度宜低于60℃。（3）甘醇流率必须考虑吸收塔进口处甘醇的浓度、塔盘数（或填料高度）和要求的露点降。每吸收1kg水所需甘醇量：三甘醇为0.02~0.03m^3；二甘醇为0.04~0.1m^3。（4）吸收塔的操作压力宜不小于2.5MPa，但不宜超过10.0MPa。（5）甘醇闪蒸分离器操作压力在0.17~0.52MPa之间，宜先换热后闪蒸，或在闪蒸分离器内设加热盘管。（6）常压再生时，重沸器内三甘醇溶液温度不应超过204℃，二甘醇溶液温度不应超过162℃。（7）正常操作期间，每1m^3天然气的三甘醇损耗量宜小于15mg，二甘醇损耗量宜小于22mg。

常用甘醇物理性质

名称	一甘醇（乙二醇）	二甘醇	三甘醇	四甘醇
分子式	$CH_2 \cdot CH_2(OH)_2$	$O(CH_2 \cdot CH_2 \cdot OH)_2$	$HO(C_2HO)_2 \cdot C_2H_4OH$	$HO(C_2H_4O) \cdot C_2H_4OH$
相对分子质量	62	106.1	150.2	194.2
冰点，℃	-11.5	-8.3	-7.2	-5.6
沸点（760mmHg），℃	197.3	245	287.4	327.3
相对密度	1.1088	1.1184	1.1254	1.1282
与水的溶解度（20℃）	完全互溶	完全互溶	完全互溶	完全互溶
理论热分解温度，℃	165	164.4	206.7	237.8
实际使用再生温度，℃	125	148.9～162.3	176.7～196.1	204.4～223.9

（李建民）

【**三甘醇脱水工艺** gas dehydration process with triethylene glycol】利用三甘醇溶液脱除天然气中水蒸气的工艺方法。它是天然气液体吸收脱水最主要的工艺方法，应用范围广。包括两部分内容：一是三甘醇溶液吸收天然气中水蒸气使其成为干气；二是将吸收天然气中水分后的甘醇稀溶液经加热将水变成蒸汽排出，再生成为浓甘醇，供重复使用。

三甘醇物性特点，三甘醇与二甘醇比较有以下优点：(1) 三甘醇的沸点为287.4℃，比二甘醇高42℃，可以在较高温度下取得浓度较大的贫液（98%～99.5%的浓度）。脱水后的天然气露点一般可降低40～50℃。而二甘醇再生贫液浓度为95%左右，露点降只能达25～34℃。(2) 三甘醇理论分解温度高达207℃，而二甘醇为164℃，前者损失小。(3) 三甘醇蒸汽压较低，在27℃时仅为二甘醇的20%，因而在吸收塔采用捕雾器后，损失更微。(4) 三甘醇操作费用比二甘醇低。

工艺流程：湿气从吸收塔底进入，干气从塔顶排出（见图）。含水量少的贫甘醇溶液从塔顶进入，含水量多的富甘

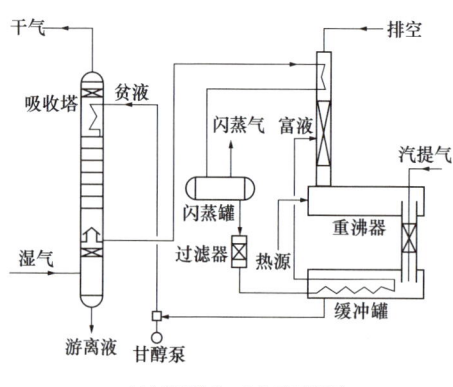

三甘醇脱水工艺流程图

醇溶液从塔底排出。湿气和甘醇溶液在塔内接触，湿气中的水分被贫甘醇溶液吸收，湿气因脱掉水分而露点降低变成干气，甘醇溶液因吸收水分而浓度降低。从吸收塔底排出的富液进水分馏塔顶进行换热，使塔顶气温度降低，提高分离效果。然后通过闪蒸和过滤进入贫富甘醇换热器，利用贫甘醇的余热。富甘醇从水分馏塔的中部进入，分馏出来的水分以水蒸气的形式从塔顶排出。浓甘醇进入塔下的重沸器，再经贫富甘醇换热器换热，温度降低，用泵输到吸收塔顶，完成再生循环。

主要工艺参数：进吸收塔的天然气温度应维持在 15～48℃，如果高于 48℃ 应在进口分离器之前设冷却装置。进入吸收塔顶层塔板的贫液温度宜控制在高于气流温度 10℃，且贫甘醇进塔温度宜低于 60℃。三甘醇流率必须考虑吸收塔进口处甘醇的浓度、塔盘数（或填料高度）和要求的露点降。每吸收 1kg 水所需三甘醇量为 $0.02～0.03m^3$（二甘醇量为 $0.04～0.1m^3$）。吸收塔的操作压力宜不小于 2.5MPa，但不宜超过 10.0 MPa。甘醇闪蒸分离器操作压力在 0.17～0.52MPa 之间，宜先换热后闪蒸，或在闪蒸分离器内设加热盘管。常压再生时，重沸器内三甘醇溶液温度不应超过 204℃，二甘醇溶液温度不应超过 162℃。正常操作期间，每 $1m^3$ 天然气的三甘醇损耗量宜小于 15mg（二甘醇损耗量宜小于 22mg）。

脱水工艺优缺点：（1）优点。装置处理量灵活；在正常操作温度下，存在少量酸性气体（H_2S、CO_2）和氧时，溶液性质稳定；蒸汽压低，气相携带损失比乙醇胺、一甘醇法和二甘醇法都小；露点降比其他液体吸收法高。（2）缺点。干气露点降比分子筛吸附法低；当系统中存在轻油时，甘醇溶液易起泡；温度过高时，甘醇溶液易被氧化，生成腐蚀性的酸性物质。应注意甘醇的保护。

（李建民）

【乙二醇脱水工艺 gas dehydration process with ethylene glycol】 利用乙二醇溶液脱除天然气中水蒸气的工艺方法。应用范围比三甘醇脱水工艺小，较多应用于防冻。

参见三甘醇脱水工艺。

（李建民）

【天然气固体吸附脱水工艺 gas dehydration process with solid adsorption】 利用固体吸附剂吸收并脱除天然气中水蒸气的工艺方法。常用分子筛脱水工艺和硅胶脱水工艺。固体吸收法的吸收剂（也称固体干燥剂）主要有分子筛、硅胶、活性氧化铝等。硅胶脱水可使气体的水露点降到 -60℃，活性氧化铝脱水后可使气体的水露点可降到 -73℃。含酸性气体的天然气，不宜用活性氧化铝脱水。分子筛脱水可使气体的水露点降到 -100℃，分子筛脱水工艺是最常用天然气脱水工艺之一。常用吸收剂的主要物理特性见表。

常用吸收剂主要物理性质表

类型	活性铝土矿	硅胶				活性氧化铝		分子筛
		青岛细孔	0.3型	R型	H型	H-151型	F-1型	4A/5A
表面积, m^2/g	100~200	700	750~830	550~650	740~770	350	210	700~900
孔体积, cm^3/g	—	—	0.4~0.45	0.31~0.34	0.5~0.54	—	—	0.27
孔直径, mm	—	2~3	2.1~3.3	2.1~2.3	2.7~2.8	—	—	0.42
平均孔隙率, %	35	—	50~65	—	—	65	51	55~60
真实密度, g/L	3400	—	2100~2200	—	—	3100~3300	3900	—
堆积密度, kg/m^3	800~830	>760	720	780	720	830~880	800~880	660~690
比热容, $J/(g \cdot K)$	1.00	—	0.92	1.05	1.05	—	1.00	0.84~1.05
导热系数, $W/(m \cdot K)$	0.157 (132℃, 4~8筛目)	—	0.144	—	0.144 (38℃) 0.209 (94℃)	—	—	0.59 (已脱水)
再生温度, ℃	180	—	120~230	150~230	—	180~450	180~310	150~310
水含量(再生后), %	4~6	—	4.5~7	—	—	6.0	6.5	变化
静态吸附容量(相对湿度60%)	10	—	35	33.3	—	22~25	14~16	22
颗粒形状	粒状	粒状	粒状	球状	球状	球状	粒状	圆柱状

用于天然气的吸附脱水装置多为固定床吸附塔。为保证装置连续操作，经常采用双塔或三塔流程。在双塔流程中，一个塔进行脱水操作，另一个塔进行吸附剂的再生和冷却，然后切换操作。在三塔流程中，一般是一塔脱水，一塔再生，另一塔冷却。固体吸附法脱水工艺主要由吸附操作和再生操作组成，其操作参数应按照原料气组成、气体露点要求、吸附工艺特点等综合比较确定。

吸附操作：为了使吸附剂能保持高湿容量，除分子筛外，其他各种吸附剂操作温度不宜超过38℃，最高不能超过50℃，否则应考虑使用分子筛作吸附剂。但是原料气温度也不能低于其水合物形成温度。吸附操作压力可由轻烃回收工艺系统压力决定，但在操作过程中应注意压力平稳，避免波动。若吸附塔放空过急，床层截面局部气速过高，会引起床层移动和摩擦，甚至吸附剂颗粒会被气流夹带出塔。吸附剂使用寿命决定于原料气性质和吸附操作情况，一般为1～3年。

再生操作：操作周期时间主要决定于吸附剂的填装量和湿容量。确定吸附脱水操作周期应考虑保证吸附塔有足够的再生和冷却时间；吸附法脱水装置的操作周期一般分为长周期和短周期两种。长周期操作时间一般为8h，也有采用16h或24h。当要求干气露点较低时，对同一吸附塔可采用较短的操作周期。在一般的吸附法天然气脱水装置中，吸附塔的切换是按规定的时间由程序控制器自动控制的。

与甘醇吸收法比较，固体吸附法具有以下优点：脱水后的干气中水含量可低于 $1mL/m^3$，水露点可低于 $-50℃$；对于进料气体温度、压力和流量的变化不敏感；装置设计和操作简单，占地面积小；无严重的腐蚀和溶剂发泡方面的问题；一般情况下，对于小流量气体的脱水成本较低。固体吸附法的缺点是：对于大装置，其设备投资和操作费用较高；气体压降大；吸附剂易中毒和破碎；吸附剂再生时耗热量较高，在低处理量操作时尤为显著。

固体吸附法一般适用于小流量气体的脱水，以及水露点降要求大，需要深度脱水的场合。

（李建民）

【分子筛脱水工艺 gas dehydration process with molecular sieve】 利用分子筛脱除天然气中水蒸气的工艺方法。天然气固体吸收脱水的重要工艺方法之一，应用范围广。包括两部分内容：一是分子筛吸收天然气中水蒸气使其成为干气；二是将吸收天然气中水分后的分子筛经加热将水变成蒸汽排出，再生，供重复使用。

分子筛是人为加工或自然生成的硅酸铝，吸收水分能力较强，吸收天然气组分的能力因晶体结构的不同而不同，具有一定的选择性。分子筛表面具有较强的局部电荷，对极性分子和不饱和分子有很高的亲和力，水是强极性分子，分子直径比通常使用的分子筛孔径小。常用分子筛分 X 和 A 两种类型，常用 3A、4A、5A、10X、13X 等型号。各类分子筛的 pH 值大约为 10，在 pH 值为 5～12 范围内是稳定的，在处理酸性天然气时，如吸附液 pH 值小于 5，就应采用抗酸分子筛。X 型分子筛能吸附所有能被 A 形分子筛吸附的分子，并且具有稍高的容量，13X 型分子筛还可吸附像芳香烃这样的大分子，见表。

各种型号分子筛性能

型号	孔直径	湿容量（在175mmHg，25℃），%（质量分数）	SiO_2/Al_2O_3比值	吸附质分子	排除的分子	应用范围
3A	3A	20	2	直径<3Å 的分子，如 H_2O、NH_3 等	乙烷等直径>3Å 分子	不饱和烃脱水，甲醇、乙醇脱水
4A	4A	22	2	直径<4Å 的分子，包括以上各分子及乙醇、H_2S、CO_2、SO_2、C_2H_4、C_2H_6、C_3H_6	直径>4Å 的分子，如丙烷等	饱和烃脱水，冷冻系统干燥剂
5A	5A	21.5	2	直径<5Å 的分子，包括以上各分子及 nC_4H_9OH、nC_4H_{10}、C_3H_8 至 $C_{22}H_{46}$	直径>5Å 的分子，如异构化合物及4碳环化合物	从支链烃及环烷烃中分离正构烃
10X	8A	28	2.5	直径<8Å 的分子，包括以上各分子及异构烷烃、烯烃及苯	二正丁基胺及更大分子	芳烃分离
13X	10A	28.5	2.5	直径<10Å 的分子，包括以上各分子及二正丙基胺	$(C_4H_9)_3N$ 及更大分子	同时脱水、CO_2、H_2S 等，天然气脱硫及硫醇

在脱水过程中，分子筛和硅胶、活性氧化铝及活性铝土矿比较，具有选择吸附性和高吸附性这两个显著的特点。通过选用适当型号的分子筛，分子筛可以达到选择性地吸附水，减少甚至消除其他气体成分的共吸附作用。一般用分子筛干燥后的气体，含水量可达 0.1～10mL/m³，露点可低于 –73℃。在水蒸气分压低、温度高（被干燥的气体温度高于 50℃）、气体线速度高等较苛刻的条件下保持较高的湿容量；可以在高 CO_2 含量天然气中选择性地脱除水和硫化物；

在脱水同时脱除 H_2S 和硫醇等；分子筛不会被液态水破坏，可用于气流中夹带有液态水的情况。

工艺流程：分子筛脱水通常采用双塔流程，也可以采用三塔流程，只要能满足吸附、再生、冷却三个过程的需要即可。分子筛脱水的双塔原理流程见图。

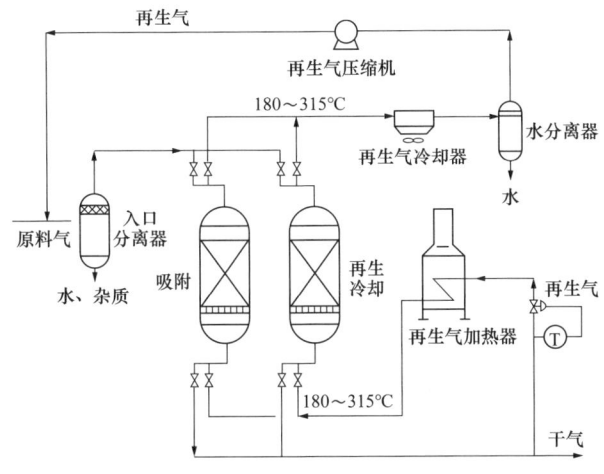

分子筛脱水双塔原理流程图

双塔的操作方法是一个塔吸附，另一个塔再生，两塔切换使用，一般 8～12h 切换一次。吸附过程是原料气先进入分离器，分离掉游离水和固体杂质，然后进吸附塔脱水，出吸附塔的干气大部分输出，分出小部分回流进再生、冷却系统。

再生、冷却过程是回流的再生干气经流量控制阀进入再生加热炉，加热到需要的再生温度后进入再生冷却塔，进行分子筛再生。出塔的湿气温度还有 180～315℃，用再生空冷器冷到比大气温度高 5～10℃，进入水分离器去掉游离水，通过再生气压缩机送入分离器；冷却过程和再生过程一样，只是不加热。

三塔流程的基本特点是吸附、再生、冷却都是分塔同时进行，加热炉连续操作，三个塔定时切换。

主要设备：分离器、吸附塔、再生塔、冷却塔、加热器、冷凝器和压缩机等。

适用范围：分子筛吸附法脱水深度高，操作灵活、适应性好，但成本较高，再生温度较高，适用于气体处理量比较小、干气露点降比较高的场合。例如油田伴生气轻烃回收装置采用膨胀机深冷工艺时，制冷温度往往在 –60℃以下，干气露点降高，多用分子筛吸附法脱水。此外，在天然气液化时也常用分子筛脱水。

📝 **推荐书目**

《石油地面工程设计手册》编写组.石油地面工程设计手册[M].东营：石油大学出版社，1995.

冯叔初，郭揆常，王学敏.油气集输[M].东营：石油大学出版社，1988.

张良鹤.天然气集输工程[M].北京：石油工业出版社，2001.

苏建华，许可方等.天然气工程丛书·天然气矿场集输与处理[M].北京：石油工业出版社，2004.

（李建民）

【**硅胶脱水工艺** gas dehydration process with silica gel】 利用硅胶吸附水的性质脱除天然气所含水蒸气的工艺方法。工业上使用硅胶呈粉状或颗粒状，具有较大的孔隙率。按孔隙率大小分成细孔和粗孔两种。硅胶吸附水蒸气的性能特别好，且具有较高的化学稳定性的热稳定性。但硅胶与液态水接触很易炸裂，产生粉尘，降低有效湿容量并增加压降。在天然气脱水中使用范围较窄，较多用于低压仪表风的干燥等场合。

参见分子筛脱水工艺。

（李建民）

【**低温分离脱水工艺** gas dehydration process with low-temperature separation】 降低温度使气体中饱和的水蒸气变成液体从气体中分离并加以脱除的工艺方法。天然气的饱和含水气量，不仅随压力升高而减少，同时也随温度降低而减少。在操作压力一定的情况下，采用适当的低温工艺，可使天然气中的水蒸气和部分较重的烃分离出，达到同时控制水露点和烃露点的目的。多组分混合气体中各组分的冷凝温度不同，在冷凝过程中高沸点组分先凝结出来，使组分得到一定的分离。冷却温度越低，分离程度就越高。为防止天然气在低温下形成水合物，在降温过程中需加防水合物形成的抑制剂甲醇或甘醇。脱水后的天然气，其露点要低于最低操作温度5℃。常用的低温脱水方法有空冷法、冷剂制冷法和膨胀法等。

空冷法脱水：利用低的气温对天然气脱水，工艺流程较简单、设备少、投资省、方便管理，但受气温条件的限制，通常只能脱出天然气中部分水蒸气。该脱水方法用于低温时应使用混合器在形成水合物以前注入抑制剂。对采用空冷法脱水的天然气集输管线宜设置通球及注抑制剂设施。（见空冷脱水工艺）

冷剂制冷脱水：采用各种制冷剂对天然气脱水，常用的制冷剂有氨、丙烷及混合冷剂。适用于无压差可利用的场合。冷剂制冷脱水装置宜与联合站建在

一起，共用辅助系统。（见冷剂制冷脱水工艺）

　　膨胀法脱水：利用气源高的压力节流膨胀降温对天然气脱水，只限于气源有多余压力可利用，膨胀后不需为之再增压的场合。在高压气井采用节流阀制冷脱水时，节流阀前后可注水合物抑制剂防冻。这一方法流程简单，成本较低，特别适用于高压气体。对于要求深度脱水的气体，此法也可作为辅助脱水方法，先将天然气中大部分水先行脱除，然后用分子筛法深度脱水。（见节流阀制冷脱水工艺）

（李建民）

【空冷脱水工艺 gas dehydration process with cooling air】 利用温度较低的空气冷却天然气使其脱水的工艺方法。饱和水蒸气的天然气进入空冷器，被空冷器外面的冷空气冷却降温，天然气中水蒸气被冷凝成水滴汇集到空冷器底部，随气流进入分离器进行气液分离，脱水后的天然气从分离器顶部流出，进入天然气管网，分离器底部排出的油、水冷凝液经回收后进行集中处理。

　　主要设备有空冷器、气液分离器和注抑制剂混合器。常用的空冷器有高翅片空冷器、光管空冷器、低翅片空冷器等三种类型，应根据天然气的处理规模、配电情况、集输、维修及管理是否方便作综合经济比较后选用。当空冷器管内侧膜传热系数大于 $1163.0W/(m^2 \cdot K)$ 时，宜选用高翅片空冷器；当管内侧膜传热系数小于 $116.3W/(m^2 \cdot K)$ 时，宜选用光管空冷器；当管内侧膜传热系数为 $116.3 \sim 1163.0W/(m^2 \cdot K)$ 范围时，宜选用低翅片空冷器。

　　天然气空冷法脱水工艺流程较简单、设备少、投资省、方便管理，但受气温条件的限制，通常只能脱出天然气中部分水蒸气，对于温度较高的油田低压伴生气，可先冷却至高于形成水合物温度 $5 \sim 7℃$，分出凝液后再进行处理。当冬季气温比埋地管线在较长时间内低 $10℃$ 以上时，可使用空冷法直接对含饱和水蒸气的天然气进行部分冷凝脱水。该脱水方法用于低温时应使用混合器在形成水合物以前注入抑制剂。对采用空冷法脱水的天然气集输管线宜设置通球及注抑制剂设施。

（李建民）

【冷凝器 condenser】 使一部分高温气体降温后，形成液体的装置。在油气田地面工程中冷凝器多在原油稳定及天然气处理工艺中应用，并多用于塔顶蒸汽的冷凝，一般选用管式换热器、空冷器、螺旋板式换热器、板翅式换热器作为冷凝器，其中管式换热器应用较多。塔顶冷凝器工艺安装形式有重力回流卧式、重力回流立式和泵送回流式三种（见图）。

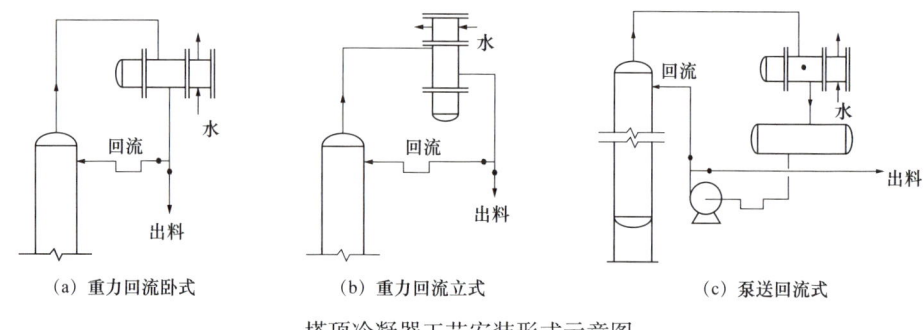

(a) 重力回流卧式　　　(b) 重力回流立式　　　(c) 泵送回流式

塔顶冷凝器工艺安装形式示意图

重力回流卧式冷凝器：一般多以被冷凝物料走壳程，壳程设置竖缺形折流板，冷凝器若起过冷作用时，采用阻液形折流板为好，当冷凝物料中含有不凝气时，折流板间距可随物料的冷凝而减少。其优点是传热系数大，运转费用少，但要求高位安装，增加不少困难。适用于处理量不太大的场合。

重力回流立式冷凝器：可作为过冷器用，结构紧凑，配管容易，亦可将其安装在塔顶上（在塔高允许的情况下）。适用于处理量不太大的场合。

泵送回流式冷凝器：属强制回流，回流量容易控制，保证塔顶温度稳定，安装容易，设备较前两种多，运转费用大。适用于大处理量及有特殊要求的场合，应用比较广泛。

（罗敬义　李明义）

【水冷式冷凝器 water cooled condenser】 一种以水为工作介质的冷凝器。水冷式冷凝器由外部壳体、内部冷却器体两大部分组成（见图）。外部壳体包括筒体、分水盖和回水盖。其上设有进、出油管和进、出水管，并附设排油、排水、排气螺塞、锌棒安装孔和温度计接口等。

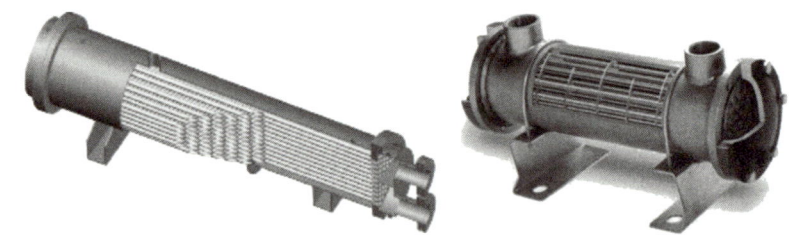

水冷式冷凝器

水冷式冷凝器的热介质由筒体上的接管进口，经各折流通道，曲折地流至接管出口。冷凝器介质由进水口经分水盖进入一半冷凝器管之后，再从回水盖流入另一半冷凝器管进入另一侧分水盖及出水管。冷介质在双管程流过程中，吸收热介质放出的余热由出水口排出，使工作介质保持额定的工作温度。

冷却水大多数含有钙、镁离子和酸式碳酸盐。冷却水流经金属表面时，有碳酸盐的生成。另外，溶解在冷却水中的氧还会造成金属腐蚀，形成铁锈。由于锈垢的产生，换热效果下降。严重时不得不在壳体外喷淋冷却水，结垢严重时会堵塞管子。由此对冷凝器工作效率带来巨大影响。

（吕宇玲　何利民）

【空冷式冷凝器 air cooled condenser】 一种以环境空气作为冷却介质，使管内高温工艺流体得到冷却或冷凝的冷凝器（见图）。分为自然对流空气冷却式冷凝器和强制对流空气冷却式冷凝器。由于空气的对流传热系数很低，空冷式冷凝器的传热效率不如水冷式，冷凝温度与冷凝压力均较高。另外，在换热负荷一定的情况下，空冷式冷凝器所需传热面积比水冷式冷凝器大，故而设备体积和质量均庞大，占地大。空冷式冷凝器可冷热两用，初投资低，系统维护管理相对简单。空冷式冷凝器在工程实际中的应用十分广泛，既可用于制冷系统，也广泛应用于空调系统。其最大的优点是不需冷却水，因此特别适用于缺水地区或者供水困难的场合，在小型制冷空调领域应用尤为广泛。

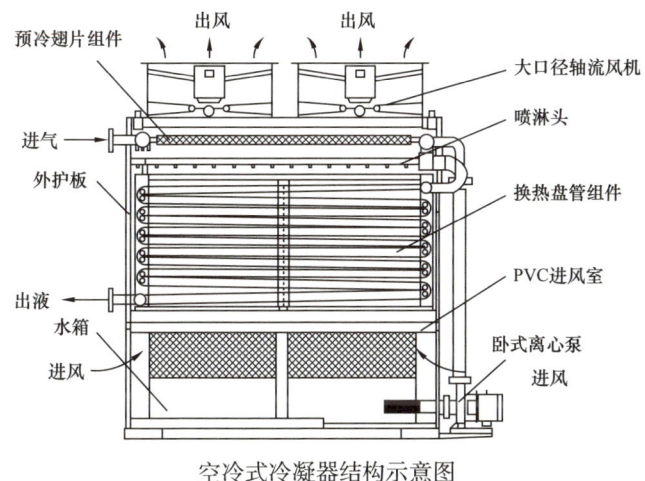

空冷式冷凝器结构示意图

（吕宇玲　何利民）

【蒸发式冷凝器 evaporative condenser】 利用盘管外的喷淋水部分蒸发时吸收盘管内高温气态制冷剂的热量而使管内的制冷剂逐渐由气态被冷却为液态的冷凝器。由专用轴流风机、喷淋嘴、电子水除垢仪、集气囊、PVC换热片、高效脱水器、冷却管组、填料集水槽、水泵、集水器、箱体等部件组成（见图）。

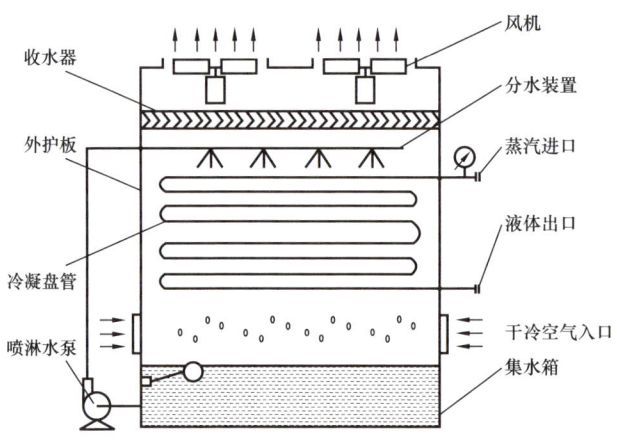

蒸发式冷凝器结构示意图

制冷系统中压缩机排出的过热高压制冷剂气体经过蒸发式冷凝器中的冷凝排管，使高温气态的制冷剂与排管外的喷淋水和空气进行热交换，气态制冷剂由上口进入排管后自上而下逐渐被冷凝为液态制冷剂。温度升高的喷淋水由部分变为气态，利用水的汽化潜热由风势带走大量的热量，热气中的水滴被高效脱水器截住，与其余吸收了热量的水，散落到PVC淋水片热交换层中，被流过的空气冷却，温度降低，进入水箱，再经循环水泵继续循环。蒸发到空气中的水分由水位调节器自动补充。

蒸发式冷凝器把冷却塔、冷凝器、循环水池、循环水泵和水管综合为一体，这样减少了冷却塔、循环水泵和水管等设备，也减少了冷却塔/冷凝器系统中处理与安装单个元件的费用。由于蒸发式冷凝器高效率地利用蒸发式冷却换热方式，所以能有效地减少换热面积、风扇的数量和风机电动机功耗。

（吕宇玲　何利民）

【冷箱 cold box】 一组高效、绝热保冷的低温换热设备。由结构紧凑、高效的<u>板式换热器</u>和气液分离器所组成。因为低温极易散冷，故要求极其严格的绝热保冷，通常用绝热材料把换热器和气液分离器包装在一个矩形的箱子内，通常称为冷箱。

冷箱是天然气深冷分离工艺中的关键设备之一，工艺过程中的冷量交换，均在此设备中完成，进料富气只有吸收冷量后，才能将液烃分离。

（刘显英　罗敬义）

【冷剂制冷脱水工艺 gas dehydration process with cryogen refrigeration】 利用制冷剂降低天然气温度使其所含饱和水蒸气变成液体从天然气中分离出来的工艺方法。适用于无压差可利用的场合。根据制冷剂不同主要有<u>氨制冷脱水工艺</u>、丙烷制冷脱水工艺及混合冷剂制冷脱水工艺等。

为防止油田气在低温下形成水合物，在降温过程中需加防水合物形成的抑制剂甲醇或甘醇。脱水后的天然气，其露点要低于最低操作温度5℃。主要设备有进气分离器、贫富气换热器、蒸发器、低温分离器、制冷、凝液稳定设备等。冷剂制冷脱水装置宜与联合站建在一起，水、电、仪表用风、污水处理等辅助系统可共用。贫富气换热器宜采用板翅式换热器，热端设计温差一般取3~5℃。蒸发器可采用具有蒸发空间的管式换热器。如采用烃类作冷剂可采用板翅式换热器（另加蒸发容器）。

（李建民）

【丙烷制冷脱水工艺 gas dehydration process with propane refrigeration】 利用丙烷由液相变为汽相吸热的性质降低天然气的温度，使天然气所含水蒸气冷凝成液体从天然气中脱出的工艺方法。与氨双级压缩制冷工艺过程基本相似，只是制冷温度不同，丙烷制冷温度 –35~–20℃，氨双级压缩制冷温度 –25~–10℃。

参见氨压缩制冷回收工艺。

（李建民）

【节流阀制冷脱水工艺 gas dehydration process with throttle refrigeration】 利用高压天然气通过节流阀膨胀降温对天然气脱水的工艺方法。一般在天然气井口压力很高时采用节流阀降压膨胀降温制冷脱水。节流膨胀大致每降低0.1MPa可使气温下降0.5~1℃，且在较低温度下降压可取得较好效果。节流阀前后可注水合物抑制剂防冻。如不注水合物抑制剂，节流阀应紧靠分离器进口法兰使水合物直接喷入分离器内，分离器底部需设加热盘管。

节流阀制冷脱水装置一般包括进气分离器、换热器、节流阀、低温分离器。如采用甘醇水合物抑制剂，还应设有甘醇再生设备及甘醇泵。脱水后的冷气体应与原料气换热。低温分离器宜选用重力式分离器，不需注水合物抑制剂，底部设盘管。如果进口天然气温度较高，足以融化水合物，可作加热用。

节流阀制冷脱水只限于气源有多余压力可利用，膨胀后不需为之再增压的场合。对于气源压力会逐渐降低的场合，应预留冷剂制冷的接口。

（李建民）

【闪蒸分离器 flash separator】 一种在低压下，流体流动时，用升温或降压方法使溶解气从液相中分离出来的油气分离器（见图）。为卧式或立式三相分离器。其作用是从甘醇富液内分出烃蒸气和凝析油。分离压力大多为0.24~0.34MPa，温度为75~93℃，甘醇停留时间为15~30min。

在天然气脱水工艺中，甘醇在吸收塔内吸收天然气所含水分的同时也吸收

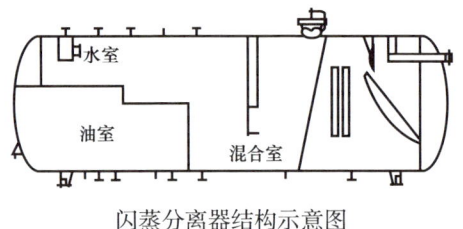

闪蒸分离器结构示意图

少量天然气,在 6.9MPa、38℃下,每升甘醇约吸收 0.0075m³ 天然气,其中芳香烃和重烃在甘醇内的溶解度较高。含烃甘醇直接进入低压再生塔内将闪蒸出大量烃蒸气,增大再生过程的甘醇损失,甚至破坏陶瓷填料。故甘醇富液再生前应先经闪蒸分离器分出甘醇富液溶解的天然气后,液体进再生塔再生。

(吕宇玲 何利民)

【氨制冷脱水工艺 gas dehydration process with ammonia refrigeration】 利用氨溶液汽化由液相变为气相吸热的性质降低天然气的温度,使所含水蒸气冷凝成液体从天然气中脱出的工艺方法。氨制冷脱水是对天然气露点进行控制,使其正常集输,不需要很低温度,一般制冷温度 10℃左右,且露点一般低于最低操作温度 5℃即可。

参见氨压缩制冷回收工艺。

(李建民)

【吸附平衡 adsorption balance】 气体与固体吸附剂接触时,固体吸附剂吸附气体的速度和气体从固体吸附剂脱附速度相等的现象。吸附平衡表示方法包括吸附等温线、吸附等压线和吸附等温方程。

吸附等温线 恒温下单位质量吸附剂的吸附容量与流体相中吸附质的分压(或平衡浓度)间的关系绘出的曲线。吸附等温线可归纳为六种基本类型,如图所示。吸附等温线的形状直接与孔的大小、多少有关。

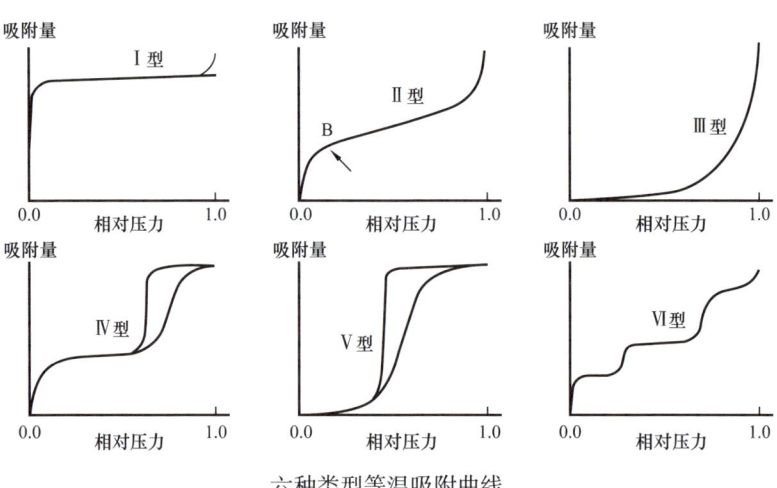

六种类型等温吸附曲线

Ⅰ型等温线：Langmuir 等温线，低压下组分吸附量随组分压力的增加迅速增加。当组分压力增加到一定值后，吸附量随压力变化很小。

Ⅱ型等温线：S 型等温线，表示非多孔介质固体表面发生多分子层吸附，它代表在多相基质上不受限制的多层吸附。

Ⅲ型等温线：吸附剂与吸附质相互作用较弱，固体和吸附质之间的相互作用小于吸附质之间的相互作用时的情况。

Ⅳ型等温线：具有明显的滞后回线，一般是因为吸附中的毛细管现象，使凝聚气体分子不易蒸发所致。

Ⅴ型等温线：特征是向相对压力轴凸起。与Ⅲ型等温线不同，在更高相对压力下存在一个拐点。Ⅴ型等温线来源于微孔和介孔固体上的弱气—固相互作用，微孔材料的水蒸气吸附常见此类线型。

Ⅵ型等温线：又叫阶梯型等温线，非极性的吸附质在物理、化学性质均匀的非多孔固体上吸附时较为常见。

吸附等压线　恒压下的平衡吸附量与温度之间的关系曲线。

吸附等温方程　表示吸附等温线的公式。

（吕宇玲　何利民）

【吸附速率 adsorption rate】　单位质量的吸附剂单位时间内所吸附的量，是衡量吸附处理过程中吸附效果的主要指标之一。吸附速度愈快，则达到吸附平衡的时间愈短，吸附设备愈小。吸附剂颗粒愈小，吸附速度愈快。在天然气处理中，吸附过程不是瞬时完成，而以某个较慢速度进行，这是吸附床存在传质区的原因。气流中的吸附质先扩散至气固界面（外部扩散），然后沿多孔性固体内部的毛细孔扩散至吸附表面（内部扩散）而被吸附。吸附速率取决于外部扩散速率、内部扩散速率及吸附本身的速率。

吸附过程中传质区的长度取决于流体的线速度、传质阻力和平衡关系等。流体线速度和传质阻力越大、吸附剂吸附量越小时，传质区越长，反之则越短。吸附速率的影响因素众多，在实际工程应用时，一般依据经验或通过实验方法取得数据。

（吕宇玲　何利民）

【吸附热 adsorption heat】　气体分子被吸附到吸附剂表面时所放出的热量。物理吸附是一种表面凝聚现象，在范德华吸引力的作用下，降低了吸附质分子的自由度，物理吸附总是放热过程。不含吸附质的新鲜吸附剂从开始吸附到吸附一定量吸附质时放出的全部热量称为积分吸附热。

实际吸附过程常在绝热条件下进行，随吸附过程的进行，吸附热使吸附质和气流温度升高，从而降低了吸附剂的吸附性能。在设计吸附塔时，特别当吸附质浓度大，吸附量多时，必须把吸附热的影响考虑在内。只有微量杂质的吸附过程，才允许把它作为等温吸附来处理。

（吕宇玲　何利民）

【**吸附剂再生 adsorbent regeneration**】 吸附剂脱吸，恢复吸附剂吸附能力的过程。天然气工业中常用的吸附剂有硅胶、活性氧化铝、活性铝土矿和分子筛等。

当吸附剂的吸附量达到平衡吸附量后，吸附剂已丧失吸附能力或活性，应进行再生，使吸附剂脱吸，恢复吸附剂吸附能力，以便循环使用。再生是吸附的逆过程（见图），因而需在高温或降压下进行。降压脱吸虽然具有能耗低、再生时间短、操作方便等优点，但脱吸时需排放吸附塔内的气体，还需用气体冲洗床层，损失部分天然气，因而工业上常用加热方法再生吸附剂。吸附剂的吸附量随温度上升而降低，常用高温解吸气通过床层，使吸附剂脱吸、再生，并用冷气体将脱吸物质带出床层、冷却床层。

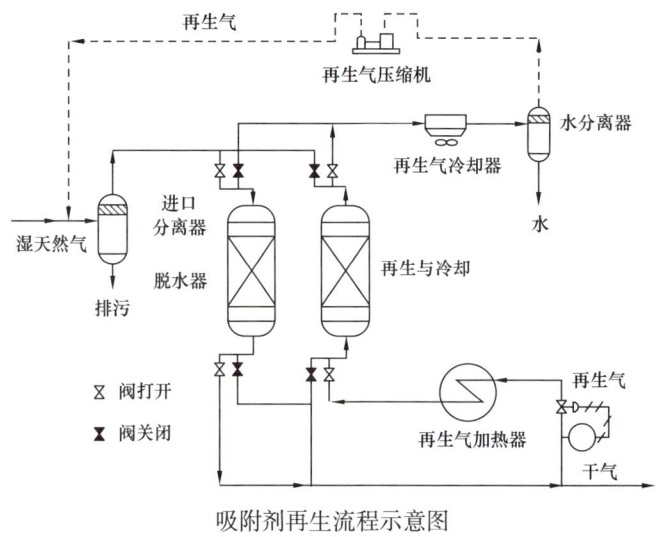

吸附剂再生流程示意图

（吕宇玲　何利民）

【**吸附剂平衡湿容量 adsorbent wet equilibrium capacity**】 在吸附平衡条件下，单位质量吸附剂吸附物质的量，其大小与温度和压力有关。又称平衡吸附量或简称吸附量。在气体脱水工业中，常把平衡吸附量也称为平衡湿容量或湿容量，以每100g吸附剂吸附水蒸气的克数即质量分数表示。

平衡湿容量又可分为静态平衡湿容量和动态平衡湿容量两种。在静态条件

（即气体不流动）下测定的平衡湿容量称为静态平衡湿容量，在动态条件下测定的平衡湿容量称为动态平衡湿容量，通常是指气体以一定流速连续流过吸附剂床层时测定的平衡湿容量。动态平衡湿容量一般为静态平衡湿容量的40%~60%。

（吕宇玲　何利民）

【吸附剂设计湿容量 adsorbent design wet capacity】 吸附剂脱水设计的湿容量。又称吸附剂有效容量。吸附剂湿容量随使用时间延长而降低，开始时湿容量降低很快，之后降低缓慢，最终降低至某一很低的水平上，失去经济脱水能力而更换。因而吸附剂脱水设计中不可能以动态平衡湿容量确定所需的吸附剂用量，而是根据经验和经济等因素，以及整个吸附剂床层不可能完全利用而确定吸附剂设计湿容量。一般约取70%的吸附剂动态平衡湿容量为吸附剂设计湿容量。

（吕宇玲　何利民）

【干气露点 dry gas dew point】 在天然气处理工艺中，水汽含量和气压都不变的条件下，冷却到饱和时的温度。经过脱水处理后的天然气称为干气，干气露点越低，含水量越少。

（吕宇玲　何利民）

【天然气凝液回收 recovery of natural gas liquids】 脱除并回收天然气中所含重组分，并使其成为合格产品的工艺方法。利用各组分冷凝温度不同的物性，采用冷却方法使天然气中的重组分变成冷凝液，通过气、液分离将凝液回收并通过一定的精馏方法，将凝液稳定、切割成所要求的产品。天然气凝液回收通常又称作轻烃回收。回收天然气中轻烃将更好利用资源和收到很好经济效益。

按冷却温度不同，通常分为天然气凝液浅冷回收工艺（−25~−15℃）和天然气凝液深冷回收工艺（达−70℃以下）两类；按提供冷量方式的不同，又可分为外加冷源法、自制冷法和混合制冷等方法。

工艺原理：天然气凝液回收工艺方法各有特点，但工艺原理基本相同，一般由7个单元组成。（1）原料气预处理。除去管道来气中夹带的油、游离水和泥砂等杂物。（2）原料气增压。冷凝分离法是利用天然气中各组分沸点不同的特点，在一定压力下，将气体逐渐降温，其中沸点高的重组分先冷凝出来。对某一组分压力增高其沸点相应也增高，对于同样组分，为了达到较好的冷凝分离效果，应在一定的压力下进行。当进装置的天然原料气压力偏低时，为满足工艺要求，需设置压缩机增压。（3）净化。原料气净化的主要目的是脱除气态水分和CO_2等，防止在冷凝操作时，由于温度过低而在管道或设备中出现冰堵。（4）冷凝分离。净化后的原料气在换热设备中降温至所要求的温度，其中的重组分冷凝出来。按气液平衡原理可知，在重组分冷凝的同时，会夹带一部分轻组分，为使回收的轻烃能作为产品，必须进行分离，将其分成甲烷为主的干气和轻烃凝液。（5）制冷。冷凝分离轻烃回收工艺的重要条件是应提供冷量。对于完全采用外加冷源的回收装置是由单独的制冷系统提供冷量；对于采用膨胀机自制冷的回收装置，制冷系统与冷凝分离流程相结合。（6）凝液稳定、切割。脱除甲烷和乙烷后凝液中还含有丙烷、丁烷，因其沸点较低，它们的存在会使轻油不稳定，对储存和使用都不利。为此，需将轻油进一步稳定，脱除其丙烷和丁烷。稳定操作一般在精馏塔内进行，塔顶产品即是液化气（丙烷和丁烷），塔底为稳定轻油。（7）产品储配。轻烃回收装置的产品一般有干气、液化气和轻油三种。干气可直接外输，液化气和轻油应设置相应的储存和分配设施以供销售。

应用范围：各种回收工艺在实际应用中需从原料气组成、装置建设目的、产品方案、工程投资、运行成本、生产管理等方面进行综合比较后确定。当原料气组成较富，处理气量小，装置建设目的是为了回收丙烷、丁烷和轻油等烃类，且产品收率要求不高时，宜用浅冷工艺。但当伴生气处理量较大，气体组成又比较贫，或装置建设的目的是为了生产乙烷产品时，应采用深冷工艺。

推荐书目

张祉佑，等. 制冷及低温技术[M]. 北京：机械工业出版社，1983.

苏建华，许可方，等. 天然气工程丛书·天然气矿场集输与处理[M]. 北京：石油工业出版社，2004.

（李建民）

【油吸收 oil adsorb method】 根据气体混合物中各组分在吸收剂（油）中溶解度不同而进行分离的方法。分子量和沸点愈接近的两种烃类互溶性愈大，分离愈难；压力愈高、温度愈低，溶解度愈大。利用烃类的互溶特性，在高压、低温下用吸收油吸收天然气内的各种组分，特别是天然气凝液（NGL）组分。吸收了各种组分的富吸收油在低压、高温下与吸收质蒸馏分离，使吸收油得到再生，循环使用。

吸收油为直链烷烃的混合物，类似于汽油或煤油，但馏程较窄，分子量在100～200之间。吸收温度较低（如–34℃）时，可选分子量为120～140的吸收油；常温吸收时，应选分子量大的吸收油，如180～200。分子量小的吸收油，单位质量吸收油的分子数较多，可减少吸收油的循环量，但蒸发损失大，被气体带出吸收塔的损失多。吸收油的沸点应高于从气体中所吸收的最重组分的沸点，便于在蒸馏塔内吸收油的解吸再生，在塔顶分离出吸收质。

用油吸收法回收气体内的较重烃类时，其简要流程图如图所示。优点：气体压降小；缺点：回收工艺复杂，设备多，能耗大，乙烷回收率很低或基本不回收乙烷。

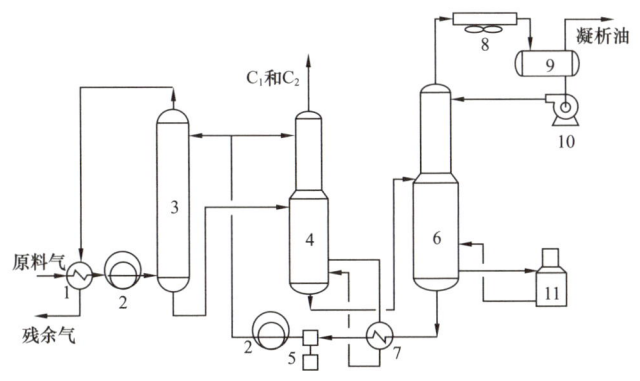

油吸收流程示意图

1—气/气换热器；2—冷剂蒸发换热器；3—吸收塔；4—富油脱乙烷塔；5—贫油泵；6—分馏塔；7—贫/富液换热器；8—空冷器；9—回流罐；10—回流泵；11—重沸器

（吕宇玲　何利民）

【**固定床吸附 fixed-bed adsorption**】当气体自下而上通过均匀固体颗粒床层时，利用硅土、分子筛、活性炭等固体吸附剂对各类烃类的吸附容量不同，回收气体内的烃类的方法。固定床吸附具有设备及工艺流程简单、投资少的优点，但它不能连续操作且运行成本高。固定床吸附多用于重烃含量不高的天然气和伴生气的加工过程，一般只限于小气量的天然气，其流程如图所示。利用硅土、分子筛、活性炭等固体吸收剂对各类烃类的吸附容量不同，回收气体内的轻烃。

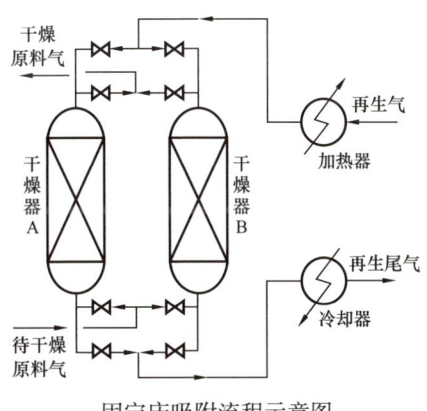

固定床吸附流程示意图

（吕宇玲　何利民）

【天然气回收冷凝法 recovery of natural gas with condensation method】 利用原料气中各烃类组分冷凝温度的不同，通过将原料气冷却至一定温度从而将沸点高的烃类冷凝分离并经过凝液精馏分离成合格产品的方法。冷凝法需要提供较低温位的冷量使原料气降低温度，该方法具有工艺流程简单、运行成本低、轻烃回收率高等优点（见图）。常用制冷剂制冷、节流膨胀制冷和膨胀机制冷三种制冷方法。

制冷剂制冷：利用制冷剂汽化时吸收汽化潜热的性质，使之与天然气换热，使天然气获得低温，氨、氟利昂和丙烷是天然气轻烃回收中常用的制冷剂。

节流膨胀制冷：原料气与低温分离器来的销售气换热、降温后，由节流阀节流降压，气体获得低温，在分离器内凝析的天然气凝液（NGL）与气体分离。与冷剂制冷相比，节流膨胀制冷依靠气体自身压力制冷，属气体"自制冷过程"。节流膨胀前后，气体的焓值相等，温降大小主要取决于气体初、终态的压力和温度。节流制冷设备简单、投资少，适用于原料气压力较高的场合；缺点是能耗高、效率低、天然气凝液的收率低。

膨胀机制冷：用膨胀机代替节流阀，利用天然气本身具有的压能使天然气降温制冷。膨胀机在为天然气制冷的同时，对外界输出机械能或热能，根据输出能量形式的不同，膨胀机分为两大类，即输出外功型和输出外热型。在天然气制冷中，常用输出外功型的透平膨胀机和输出外热型的热分离机。

若要求更低的温度，用单一的制冷方法很难达到，可采用两种或两种以上的制冷方式进行轻烃回收，即为复合制冷法，如冷冻循环的多级化和混合冷剂制冷，以及膨胀机加外冷的方式来实现。其目的是最大限度地从天然气中回收轻烃。

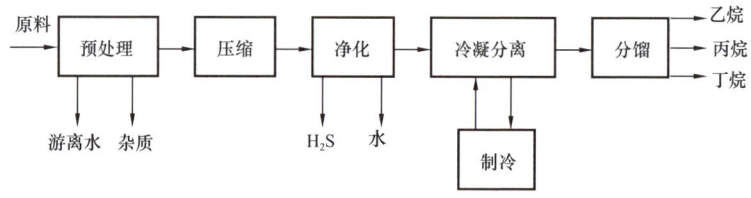

天然气回收冷凝法原理示意图

（吕宇玲　何利民）

【天然气凝液浅冷回收工艺 recovery of natural gas liquids with fleet cold process】 在 $-25\sim-15$℃冷却温度范围内脱除并回收天然气中所含重组分（通常回收60%左右的 C_3 组分），并使其成为合格产品的工艺方法的统称。通常浅冷分离装置的规模较小，分离压力较低。为了取得比较好的经济效益，常用于天然气组分较富的场合。装置的冷量一般由外加冷源提供，大多数外加冷源是以氨或丙烷作制冷剂的蒸汽压缩式制冷循环装置，也有一些采用氨吸收式制冷。常用工艺方法为氨压缩制冷回收工艺、丙烷压缩制冷回收工艺和氨吸收制冷回收工艺等。

氨或丙烷压缩制冷回收工艺的优点是属外部冷冻，中国有成套设备，性能可靠，型号规格齐全，制冷温度 –30～–20℃；缺点是能耗高，制冷系数低，氨对人体健康有损害。氨吸收制冷回收工艺的优点是属外部冷冻，可以直接用热能作为补偿，0.5～0.7MPa 低压蒸汽或 100℃热水即可供氨制冷所需热量，耗电少，运行噪声小；缺点是制冷系统设备复杂，制冷剂的分离需精馏，制冷系数低，冷却水量大，能耗高。

（李建民）

【氨压缩制冷回收工艺 recovery of natural gas liquids with ammonia compression refrigeration process】 用氨作为制冷剂压缩制冷、脱除并回收天然气中所含重组分，并使其成为合格产品的工艺方法。氨溶液由液相变为气相时吸热降低天然气温度，使所含轻烃冷凝成液体从天然气中脱出。该工艺方法实现制冷剂氨相变循环的外部动力是压缩机。

工艺流程　氨压缩制冷回收凝液的工艺主要包括 6 个部分：

（1）增压冷却系统。原料气经入口洗涤器脱除凝析水和油滴后进入增压压缩机第一级，压缩后的气体经空冷器降温，进入一级分离器分离出冷凝液。再经压缩机第二级压缩后的一部分气体，被用来作冷凝液与稳定塔再沸器的热介质进行换热，然后与未冷却的气体混合，进入水冷器冷却，并分离出水和凝液，凝液送入储罐。

（2）冷冻分离系统。离开二级分离器的气体，在贫富气换热器中与贫气换热后，再在蒸发器中进一步冷却。为避免气体冻结和水合物的生成，在换热之前流程内注入浓度为 80% 的乙二醇溶液。从蒸发器出来的天然气、烃凝液和甘醇溶液进三相分离器，气体从液体中分离出来，去贫富气换热器与富气换热；从分离器底部的接收器回收富乙二醇溶液并送到再生系统再生；轻烃由低温冷凝液泵打入稳定塔进行稳定。自塔顶部出来的天然气同脱水后的干气一起送至输气管网供用户使用。

（3）稳定系统。来自低温凝液泵的凝析烃液，在稳定塔中进行稳定，采用压缩机出口热气体作为再沸器热源。由稳定塔底出来的凝液在水冷器中冷却后送至凝液储罐。

（4）凝液储存系统。储罐储存的凝液经计量送至用户。凝液储罐如果温度变化，压力超过正常压力，烃蒸汽通过控制阀排放到干气管道中或火炬中。

（5）乙二醇再生系统。三相分离器中分出的质量浓度为70%的高含水乙二醇溶液，经分馏塔顶冷凝器预热，再经贫富乙二醇换热器加热后送到闪蒸罐中，将携带的液态烃闪蒸出来。由闪蒸罐出来的乙二醇，经过过滤器后进入水分馏塔分离水和乙二醇。通过控制加热炉温度，以保证贫乙二醇的浓度为80%。再生后的乙二醇，由泵送到乙二醇喷雾器。

（6）制冷系统。蒸发器出来的低温气态氨（制冷剂），经制冷压缩机压缩，通过滑阀控制处理能力在10%~100%之间变化，以控制天然气出口温度维持在-25℃。压缩后的氨气在油气分离器中分出注入的润滑油后进入空气冷凝器。由液氨罐出来的液氨分为两部分：一部分经节流阀节流后进入过冷器内蒸发，产生的冷量用于使流经过冷器去蒸发器的另一部分液氨过冷，使其温度降至规定的温度。所生成的氨蒸气则进入压缩机的中压段，以降低压缩气体的温度。经过过冷的液氨，由液位控制器进入蒸发器中，在蒸发器内吸收来自天然气的热量，实现制冷的目的。氨压缩制冷回收凝液的工艺流程如图所示。

主要设备 分离器、原料气压缩机、制冷压缩机、氨蒸发器、冷冻装置、冷凝液稳定塔、水分馏塔、冷却器、冷凝器、换热器、重沸器、甘醇循环泵和轻油泵等。

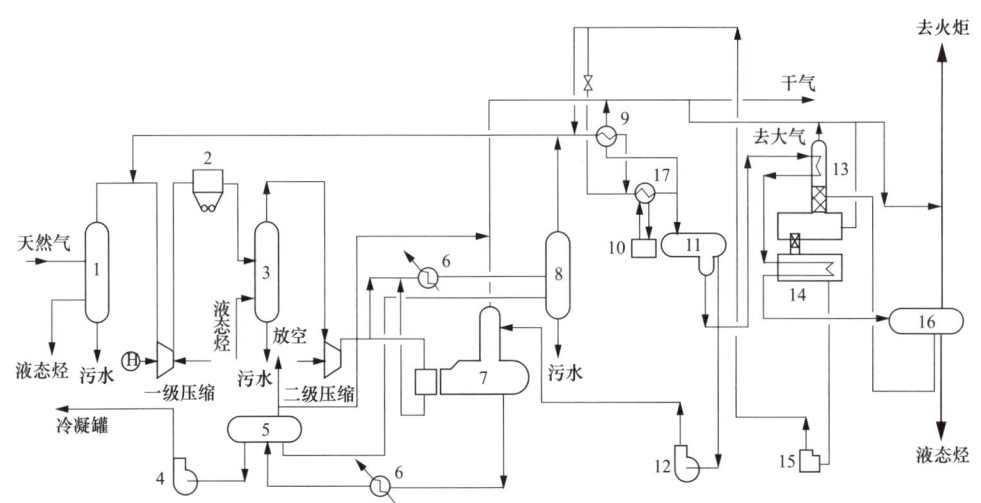

氨压缩制冷回收凝液工艺流程图
1—入口洗涤器；2—级间空冷器；3—级间分离器；4—轻油泵；5—凝液储罐；6—冷却器；7—冷凝液稳定塔；8—分离器；9—贫富气换热器；10—冷冻装置；11—三相分离器；12—轻油泵；13—水分馏塔；14—贫富甘醇换热器；15—甘醇循环泵；16—甘醇闪蒸罐；17—氨蒸发器

（李建民）

【氨吸收制冷回收工艺 recovery of natural gas liquids with ammonia absorb refrigeration process】 用氨吸收制冷脱除并回收天然气中所含重组分，并使其成为合格产品的工艺方法。属相变制冷中的蒸汽吸收式制冷循环工艺。用氨作为制冷剂，利用氨从液相蒸发成汽相的吸热效应进行制冷，降低天然气温度，使所含轻烃冷凝成液体从天然气中脱出。该工艺方法通常通过蒸汽、热水或烟道气的热能实现制冷剂氨相变循环。

工艺流程 天然气经分离器除去杂质和油水后进压缩机增压，经冷却、分离、换热后至氨蒸发器制冷，再经气、凝液、乙二醇水三相分离，分离出的天然气去脱乙烷塔顶作冷剂，然后经换热作为干气（净化天然气）至天然气管网外输。分离出的凝液进脱乙烷塔进行稳定后经冷却送至轻烃罐储存。

在氨吸收制冷工艺中，氨水作为制冷剂，其中低沸点的氨为冷剂，高沸点的水为吸收剂。将天然气作被冷却的物料，以外供热量使氨水在发生器蒸发，含水的氨蒸气经精馏后纯度达到 99.8%，冷凝冷却后再经节流阀降压送入氨蒸发器，在此向天然气提供冷量，将其温度降到 −25℃ 左右，使天然气中的重烃组分和水分冷凝变成液体，将这些液体回收和处理变成天然气凝液。氨蒸气在吸收器中被发生器产生的稀氨水吸收成为浓氨水而完成氨吸收制冷的循环过程。氨吸收式制冷工艺原理如图所示。

主要设备 原料气增压压缩机、各种泵（乙二醇循环泵、冷凝液泵、排污泵、润滑油泵）、各种冷换设备（冷却器、冷凝器、换热器、重沸器）、各种塔和容器（脱乙烷塔、水分馏塔、氨分馏塔、氨蒸发器、氨吸收器、分离器和储罐等）。

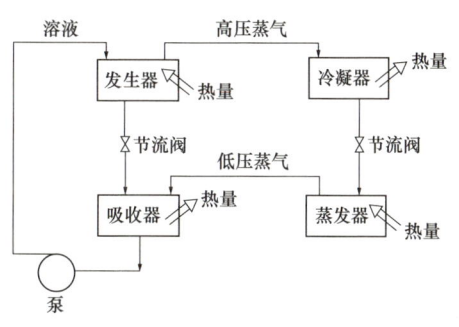

氨吸收制冷工艺原理图

应用范围 氨吸收制冷系统的能量利用比氨压缩制冷系统低，但是在有大量余热如燃气轮机排出的高温废气热或锅炉产生的蒸汽热可供利用时，宜先考虑此工艺。

（李建民）

【丙烷压缩制冷回收工艺 recovery of natural gas liquids with propane refrigeration process】 用丙烷制冷脱除并回收天然气中所含重组分，并使其成为合格产品的工艺方法。用丙烷作为制冷剂，利用丙烷溶液由液相变为气相时的吸热效应降低天然气温度，使所含轻烃冷凝成液体从天然气中脱出。工艺过程见氨压缩制冷回收工艺。

（李建民）

【天然气凝液深冷回收工艺 recovery of natural gas liquids with deep-cold process】 在冷却温度为 -70℃以下脱除并回收天然气中所含重组分（通常回收 70% 以上的乙烷组分），并使其成为合格产品的工艺方法的统称。属于制冷温度较低的冷凝分离方法。利用天然气中各组分冷凝温度不同的物性，采用制冷温度较低的冷却方法使天然气中的重组分变成冷凝液，通过气、液分离将凝液回收并通过一定的精馏方法，将凝液稳定、切割成所要求的产品。通常回收天然气中 70% 以上的乙烷组分，冷却温度需达到 -70℃以下。通常对冷却到 -70℃下回收凝液，称为深冷回收凝液。常用工艺方法有丙烷乙烷复叠式制冷回收工艺、膨胀制冷回收工艺、膨胀与冷剂相结合制冷回收工艺、热分离机制冷回收工艺和气波制冷回收工艺等。各种制冷方式的基本生产工艺过程均为原料气压缩、脱水、冷剂循环、膨胀制冷及烃凝液产品分馏。

丙烷乙烷复叠式制冷回收工艺可以提供自产冷剂并产生不同温度等级的冷量，系统能耗低，乙烷的收率可达 80% 以上，丙烷收率可达 98% 左右。但该工艺的装置流程及操作均复杂，投资较高，在天然气凝液回收中使用不多，在天然气液化装置和乙烯装置中使用较广泛。膨胀制冷回收工艺是天然气利用本身压力膨胀降压降温而制冷。分为单级膨胀制冷和双级膨胀制冷。单级膨胀制冷工艺的装置通常用于净化后的干气需再压缩增压送入输气管网的情况。双级膨胀制冷工艺，多用于油田内部天然气凝液回收。膨胀与冷剂相结合制冷回收工艺制冷温度低，一般为 -100～-80℃，产品收率高，丙烷收率一般在 75%～85%，对原料气组分变化适应性强，装置处理天然气量较大时，功率消耗相对较少。热分离机制冷回收工艺的优点属自制冷，结构较简单，对气体组成、流量、压力、膨胀比变化有较强的适应性，操作维护简单。气波制冷回收工艺的优点是属自制冷，结构简单，操作维修方便，操作工况范围大，处于完善阶段，效率较低。

（李建民）

【丙烷乙烷复叠式制冷回收工艺 recovery of natural gas liquids with propane and ethane repeat refrigeration process】 用丙烷乙烷复叠式制冷脱除并回收天然气中所含重组分，并使其成为合格产品的工艺方法。又称阶式制冷工艺。采用单一的丙烷作制冷剂，其制冷温度一般为 -40～-30℃，当天然气凝液回收工艺需要 -80～-60℃的低温时，还必须选择乙烷或其他制冷温度更低的制冷剂组成复叠式制冷回收工艺。

在对天然气进行冷冻分离过程中，由丙烷制冷机提供 -40℃以上的冷量，同时提供部分冷量作为乙烷制冷机冷凝器的冷却剂，并由乙烷制冷机提供 -90～

-40℃的低温冷量，实现对天然气凝液的低温分离。丙烷乙烷复叠式制冷回收工艺流程如图所示。

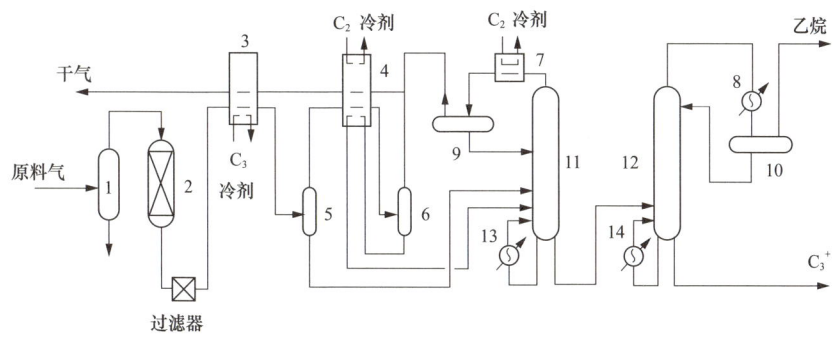

丙烷乙烷复叠式制冷回收工艺流程
1，5，6—分离器；2—分子筛干燥器；3，4—冷箱；7，8—塔顶冷凝器；9，10—塔顶回流罐；11—脱甲烷塔；12—脱乙烷塔；13，14—塔底再沸器

主要设备有分离器、分子筛干燥器、丙烷冷箱、乙烷冷箱、脱甲烷塔、脱乙烷塔、塔顶冷凝器、塔顶回流罐和塔底再沸器等。

采用丙烷乙烷复叠式制冷回收工艺的优点在于可以提供自产冷剂并产生几个不同温度等级的冷量，系统能耗低，乙烷的收率可达80%以上，丙烷收率可达98%左右。当原料气进气压力较低，大约为3.3MPa，干气输气压力要求又较高，仅比原料气压力低0.1MPa左右时，采用该工艺压缩功耗低。但该工艺的装置流程及操作均复杂，投资较高，在天然气凝液回收中使用不多，在天然气液化装置和乙烯装置中使用较广泛。

（李建民）

【膨胀制冷回收工艺 recovery of natural gas liquids with expansion refrigeration process】
利用天然气的较高压力经节流膨胀降压降温实现制冷，脱除并回收天然气中所含重组分，并使其成为合格产品的工艺方法。有自身冷量较好平衡、工艺较简单、设备较少，节约投资和占地面积，收率高、能耗低等优点。分为单级膨胀制冷法和双级膨胀制冷法。单级膨胀制冷法通常用于净化后的干气需再压缩增压送入输气管网的情况。双级膨胀制冷法，将透平膨胀机串联使用，多用于油气田内部天然气凝液回收。

工艺流程由原料气压缩、原料气净化、重烃脱水、原料气冷却和凝液回收、凝液储存和外输等组成。原料气经分离器分离出铁锈、灰尘等杂质，并除去游离水和油滴后，再依次经燃气轮机驱动的三段离心压缩机和透平膨胀机驱动的增压机升压。压缩机各压缩段之间从原料气中冷凝下来的重烃（C_4^+），在原料气压缩机二段出口分离器被冷凝并收集起来，送到聚结器，然后经重烃脱水吸附器送至脱甲烷塔底部。原料气中含有 CO_2、H_2O、H_2S 及各种形态的硫化物应预脱出。若原料气中 H_2S 含量和总硫含量小于规定数量则不需脱硫而直接进分子筛脱水。脱水后原料气经两次冷却、分离凝液进膨胀机膨胀后进脱甲烷塔。由脱甲烷塔塔顶出来贫气再经二级膨胀机膨胀制冷后作为净化气去输气管网供用户。脱甲烷塔塔底的液态烃产品通过泵输至储罐储存并经泵升压外输。单级膨胀制冷回收工艺流程见图。

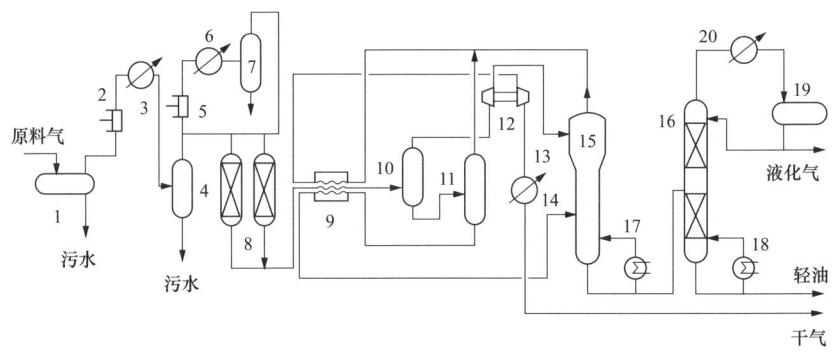

单级膨胀制冷回收工艺流程

1—原料气分离器；2，5—原料气压缩机；3，6，14，20—水冷器；4，7—级间分离器；8—分子筛干燥器；9—主冷箱；10—气液分离器；11—脱甲烷塔；12—膨胀机膨胀端；13—膨胀机增压端；15—脱乙烷塔；16—脱丁烷塔；17，18—再沸器；19—回流罐

主要设备有分离器、燃气轮机、离心压缩机、膨胀机、空冷器、换热器、脱甲烷塔、凝液储罐和凝液外输泵等。

（李建民）

【膨胀与冷剂相结合制冷回收工艺 recovery of natural gas liquids expansion and cryogen refrigeration process】 膨胀制冷与冷剂制冷相结合脱除及回收油田天然气中所含重组分，并使其成为合格产品的工艺方法。当原料气中乙烷组分较多且要求乙烷收率较高时，只采用膨胀制冷不能达到制冷深度，必须增设辅助制冷系统才能满足系统冷量平衡。制冷方式主要有氨压缩制冷加膨胀制冷、丙烷压缩制冷加膨胀制冷、丙烷压缩制冷加气波制冷机制冷。也有个别装置采用丙烷乙烷复叠式制冷系统预冷至 −60℃ 之后，再进入膨胀机进行制冷。其中，以氨压缩制冷加膨胀机制冷和丙烷压缩制冷加膨胀制冷方式应用较多。

各装置的工艺过程均为原料气增压、脱水、冷剂循环、膨胀制冷及烃凝液产品分馏。原料气经分离器除去杂质和游离水后经压缩机增压进分子筛，脱水干燥后增压经冷剂（氨或丙烷）蒸发器预冷后进分离器，分出的原料气经膨胀机膨胀再次制冷后进脱乙烷塔上部，分离器分出凝液进脱乙烷塔下部，塔顶部出来的干气（净化甲烷气）去输气管线供用户。塔底出来的凝液进脱丁烷塔，塔顶部出液化气，塔底部出轻油去储罐储存。膨胀与冷剂相结合制冷回收工艺流程如图所示。

主要设备有分离器、原料气压缩机、分子筛干燥器、冷剂蒸发器、主冷箱、膨胀机、脱乙烷塔、脱甲烷塔、再沸器和回流罐等。

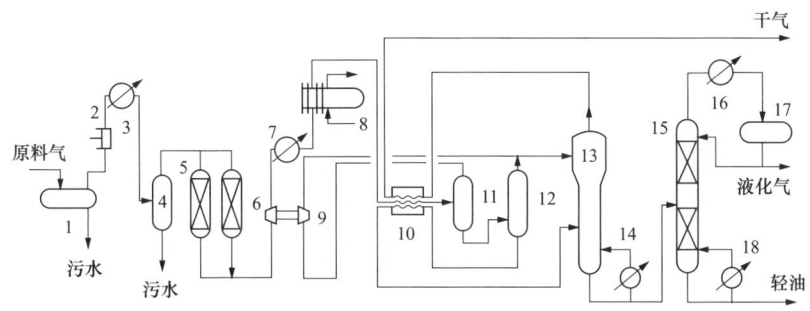

膨胀与冷剂相结合制冷回收工艺流程

1—原料气分离器；2—原料气压缩机；3，7，16—水冷却器；4，11，12—分离器；5—分子筛干燥器；
6—膨胀机增压端；8—冷剂蒸发器；9—膨胀机膨胀端；10—主冷箱；13—脱乙烷塔；14，18—再沸器；
15—脱丁烷塔；17—回流罐

膨胀与冷剂相结合制冷回收工艺的优点是制冷温度低，一般为 $-100\sim-80℃$，产品收率高，丙烷收率一般在 75%～85%。对原料气组分变化适应性强。当原料气组分较富，且要求丙烷收率大于 80% 时，用该工艺尤为合适。主要缺点是流程比较复杂，投资高，装置能耗也比较高。

（李建民）

【**热分离机制冷回收工艺** recovery of natural gas liquids with thermal separator refrigeration process】 用热分离机制冷脱除并回收油田天然气中所含重组分，并使其成为合格产品的工艺方法。气体经过热分离机的喷嘴形成高速喷射流将压力能转变成动能，气流膨胀过程中被分成一股冷流和一股热流，向外输出热量的同时实现气体的制冷。向外输出的热量可通过余热回收装置供分子筛再生等使用。

热分离机分为静止喷嘴式和转动喷嘴式两类，静止喷嘴式热分离膨胀机的效率比转动喷嘴式热分离膨胀机的效率低。通常热分离膨胀机的效率比节流阀高，比透平膨胀机低。热分离机结构较简单，对气体组成、流量、压力、膨胀比变化有较强的适应性，尤其是适用具有气、液两相工质的场合，操作维护简单，特性曲线平坦，具有较广泛的推广和使用价值。

（李建民）

【气波制冷回收工艺 recovery of natural gas liquids with gas wave refrigeration process】用气波机制冷脱除并回收天然气中所含重组分，并使其成为合格产品的工艺方法。气波机是利用激波和膨胀波制冷，靠旋转喷嘴瞬间将气流射入接受管，在管中气体内产生能使气体制热的运动激波和能使气体制冷的膨胀波。温度升高后的气体，通过接受管管壁向外界散热；温度下降了的气体，通过排出腔汇入排气管。运动激波在接受管末端的激波吸收腔中被吸收，以避免反向激波使已制冷的气体被加热。

使气体等熵膨胀制冷的工作元件是气波，对气体在机器内发生液化现象不敏感，适应操作工况范围大和工况条件变化频繁情况，不需要控制仪表。旋转喷嘴的转速在 3000r/min 左右，可以使用滚动轴承，靠润滑脂润滑，机器结构简单，操作维护方便。该机是自旋式，不需任何附加动力设备，但效率较低，需要进一步完善。

（李建民）

【凝析气集输处理 gathering，transportation and processing of condensate gas】对凝析油气集输、处理并使其达到商品质量标准的工艺方法。天然气中凝析油含量不小于 $50g/m^3$ 时通常称为凝析气。

凝析气田开发通常有两种方式：一是衰竭式开采，即不补充外部能量；二是循环注气保持气层压力开采，即将气井所生产的 90% 以上凝析气利用压缩机增压后回注气藏，使其压力在注气末保持在露点附近，不出现反凝析现象，取得较高的凝析油采收率。对于第一种开采方式，凝析气集输处理工艺、设施与普通天然气集输处理基本相同。对于第二种开采方式，凝析气集输处理工艺、设施与天然气集输处理通常有两点不同：第一点是不追求液化气的高回收率。循环注气主要任务是提高天然气回注率，保持地层压力，避免反凝析，从而提高凝析油采收率，循环注气期的处理工艺应力求简易，不必为多产一些液化气而加大处理深度，增加工程投资。在循环注气期液化气暂时保留在地下，待衰竭开采期再回收，以取得更好的经济效益。第二点是地面要配套建设循环注气所需的高压注气站。高压注气站的布局需依据注气规模、注气井分布、配套及辅助工程依托条件等进行方案比选确定。一般对于注气规模大、注气井较分散情况，宜采用适当分散布置，反之采用集中布置。

针对凝析气田井口压力高、含凝析油较多的特点，地面集输处理工程中可采用凝析气高压集输工艺、凝析气节流阀制冷处理工艺和凝析油逐级闪蒸分馏稳定工艺。

（李建民）

【凝析气高压集输工艺 condensate gas gathering and transportation process with high pressure】 凝析气保持高压输至集中处理站进行处理的工艺。通常凝析气田在开发初期气井井口压力较高，一般在 20MPa 以上；采用高压集输工艺，在井场只进行一级节流，将压力控制在较高水平，通常在 12~16MPa（根据不同气区及工艺要求确定），在此高压状态下凝析气通过高压集气管线输至集中处理站，不需在井场采用加热防冻流程或注抑制剂防冻流程。该工艺可以充分利用井口压力能，为集中处理站内凝析气处理和天然气回注提供足够的自然能量，并减小井口节流比从而减少温度降，避免水合物生成和管道结蜡；还简化了气井井场工艺流程和设施。

（李建民）

【凝析气节流阀制冷处理工艺 condensate gas processing technology with throttle refrigeration】 利用 J—T 节流阀制冷处理高压凝析气，并回收凝液的工艺。J—T 阀节流制冷属于膨胀制冷工艺，当凝析气田采用高压集输工艺时，凝析气进集中处理站的压力较高，可利用凝析气自身的高压能量，不用建增压压缩机，在流经 J—T 阀时节流膨胀降温实现制冷。J—T 阀节流制冷效果比气波机、膨胀机制冷效果差，但 J—T 节流制冷处理工艺流程简单、设备少，加工制造容易，投资较少、易操作，特别适合高压天然气制冷。

参见膨胀制冷回收工艺。

（李建民）

【凝析油逐级闪蒸分馏稳定工艺 condensate oil processing technology with step flashing and fractionation stabilization】 利用凝析油中轻、重组分挥发度不同及压力较高的特点，综合采用逐级降压闪蒸和分馏原理将油中轻组分脱除出去，实现凝析油稳定的工艺。

原油稳定方法通常分为闪蒸法和分馏法两类。闪蒸法是通过提高原油温度，或者降低原油压力，实现原油稳定目的。分馏法是通过把原油加热到一定温度，采用蒸馏原理，使其中易挥发的轻组分尽可能转移到气相，而难挥发的重组分保留在原油中来实现原油稳定。通常，综合采用逐级降压闪蒸和分馏工艺方法对凝析油进行稳定效果较好。

采用高压集输工艺的凝析气田，凝析气进集中处理站压力若达到 12MPa，一级分离压力可控制 12MPa，采用 J—T 阀节流后，压力可由 12MPa 降至 7.6MPa 左右，此压力较高，一级闪蒸不能有效将油中的轻组分脱除，需采用逐级降压闪蒸工艺。通常采用三级闪蒸加微正压分馏的凝析油综合稳定工艺方法。装置可分为 7MPa、2.5MPa、0.6MPa 三级减压闪蒸和 0.14MPa 微正压加热分馏，每级闪蒸气按对应压力级别分别进入稳定气压缩机一级入口、二级入口、中压气压缩机入口和注气压缩机一级入口，能量得到梯级利用。凝析油经逐级闪蒸回收闪蒸气，闪蒸气经回收轻烃后增压回注至气层。

凝析油采用逐级闪蒸、微正压分馏稳定工艺，充分利用了凝析气藏的高压能量，不仅节省凝析油稳定所需能量，还大大减少了循环注气增压压缩机的功率，从而节省较多投资和能耗。

（李建民）

油气外输

【油田集输工艺泵 oil field collecting process pump】 油田油气集输过程中的用于流体增压和输送的泵。油田油气集输中介质的输液量变化大、品种多样、物性差异大。采用的主要集输工艺泵类型有离心泵和容积泵等。

（吕宇玲　何利民）

【增压泵 booster pump】 为了满足油气集输工艺的要求在井口、计量站或集输管线上设置的对管内流体进行一次或数次升压所用泵的统称。应根据油气集输工艺要求及根据管内流体的物性、相关条件等因素合理选用泵型。当管内流体为稀油，宜选用离心泵；当管内流体为稠油，宜选用螺杆泵；当管内流体为油、气混合物，宜选用混输泵（见多相泵）；当管内流体升压大于 10MPa 时，宜选用柱塞泵。

（李明义　罗敬义）

【脱水泵 dewatering pump】 在原油脱水工艺中用于将含水原油从密闭容器或储罐中抽出，并按工艺要求的压力和排量输至脱水设备的泵。原油脱水工艺要求供液流量平稳，压力稳定。而离心泵具有这些特点，基本选用离心泵作为脱水泵。脱水工艺所需泵扬程较低（一般 0.3~0.4MPa），通常选用单级离心泵。为了克服离心泵自吸能力差和产生汽蚀，应采用正液位上油。

（李明义　罗敬义）

【外输泵 export pump】 将油气集中处理站的稳定原油输往外输管线所用泵的统称。外输工艺要求输量平稳，且扬程较高（一般 1.0~4.0MPa），常选用双级或多级离心泵。

（李明义　罗敬义）

【轻烃泵 light hydrocarbon pump】 将轻烃产品从轻烃厂（站）输至装车场装车外运，或通过管道输往用户所用的泵。用作轻烃外输的泵型主要有 Y 型离心泵和 DL 低温多级泵等。Y 型离心泵多用于排量大、扬程低的场合，例如装车。DL 型低温多级泵适用于远距离管输。

（李明义　罗敬义）

【同步回转油气混输泵 synchronous rotary oil and gas mixing pump】 利用同步回转压缩机任意比例输送液、气两种流体，对原油及携带的天然气进行混输的泵。主要由转子、油缸和滑板等组成（见图）。转子与油缸偏心安装，且转子外表面与油缸内表面始终保持相切，由此形成了油泵的月牙形工作腔。滑板一端嵌入转子的花板槽内，圆头端与油缸相连，将工作腔分为进油腔和排油腔。具有结构简单、容积效率高、摩擦磨损小、振动小、投资低等显著特点，兼具原油输送泵及气体压缩机输送功能，其结构形式与回转式空气压缩机相似，更适合于气液比、高排压下的油气混输，更优于油田增压混输的螺杆泵。

通过现场应用，同步回转油气混输泵可实现泵到泵全密闭集输，充分回收伴生气，有效降低井口回压，优化集输管网，降低工程投资，扩大集输半径，有利于集输系统布局，对低渗透油田及黄土高原复杂地形条件下的油气集输工艺具有较强的适应性。

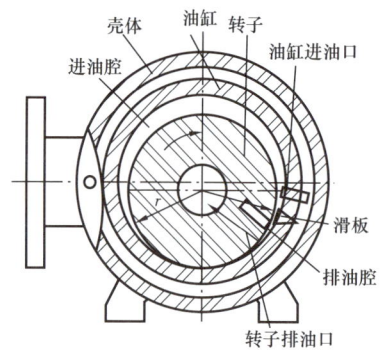 

同步回转油气混输泵

（吕宇玲　何利民）

【液化石油气泵 liquefied petroleum gas pump】 主要用于输送液化石油气、丙烯、液氨或输送各种性质类似的挥发性液体及石油产品的专用泵。所输送液体的温度为 $-40\sim40$ ℃，是装车、灌瓶及倒罐的关键设备。为容积式叶片泵，定子与转子、挡板、叶片组成密封腔体，定子曲面是复合曲线，当转子转动时，进口腔体容积逐渐增大，并形成负压力产生吸力，从而将油液吸入。当转子旋转一定角度后，容积截面逐渐减小，从而将油液压出，在吸油腔与压油腔之间有一封油块把吸油腔与压油腔隔开。

使用时要求泵出口必须安装回流管路,并且不允许回流管路直接与进口相连。泵启动前泵内必须充满液相(液化石油气)。

(李明义 罗敬义)

【**离心泵** centrifugal pump】 一种靠叶轮旋转产生的离心力来输送液体的泵。由叶轮、泵体、泵轴、轴承、密封环和填料函组成(见图),是油气储运工程中最常用的泵型之一。

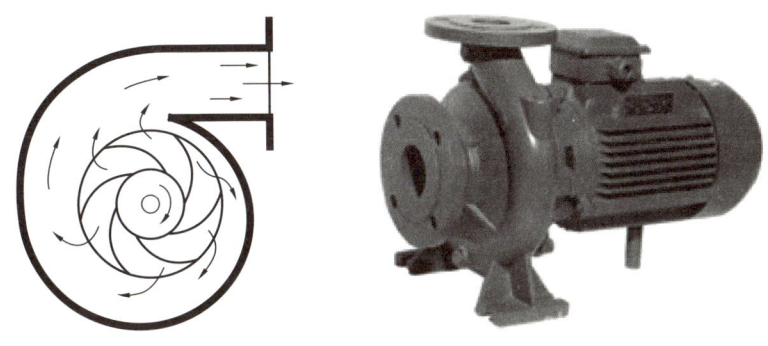

离心泵

带有若干个(通常为4~12个)后弯叶片的叶轮紧固于泵轴上,随泵轴由原动机驱动作高速旋转运动,迫使预先充灌在叶片间液体旋转,在惯性离心力的作用下,液体自叶轮中心向外周作径向运动。

液体介质在流经叶轮的运动过程中获得能量,流速增大。当液体离开叶轮进入泵壳后,由于壳内流道逐渐扩大而减速,部分动能转化为静压能,从泵出口排出管路。

当液体自叶轮中心甩向外周的同时,在叶轮中心会形成一个低压区,在储罐液面与叶轮中心总势能差的作用下,液体被吸进叶轮中心。依靠叶轮的不断旋转,液体连续地被吸入和排出。液体在离心泵中获得的机械能量最终表现为静压能的提高。

离心泵的种类很多,常用的分类方法有:按叶轮吸入方式分为单吸式离心泵和双吸式离心泵;按叶轮数目分为单级离心泵和多级离心泵;按叶轮结构分为敞开式叶轮离心泵、半开式叶轮离心泵和封闭式叶轮离心泵;按工作压力分为低压离心泵、中压离心泵和高压离心泵。

(吕宇玲 何利民)

【**单吸式离心泵** single suction centrifugal pump】 一种一端吸入一端排出的离心泵。由高速旋转的叶轮和固定的蜗牛形泵壳组成(见图)。具有若干个后弯叶片

单吸式离心泵

的叶轮紧固于泵轴上,随泵轴由电动机驱动作高速旋转。叶轮直接对泵内液体做功,为离心泵的供能。泵壳中央的吸入口与吸入管路相连接,泵壳侧旁的排出口与装有调节阀门的排出管路相连接。在惯性离心力的作用下,液体自叶轮中心向外周作径向运动,液体在流经叶轮的运动过程获得能量,静压能增高,流速增大。当液体离开叶轮进入泵壳后,由于壳内流道逐渐扩大而减速,部分动能转化为静压能,沿切向流入排出管路。依靠叶轮的不断运转,液体便连续地被吸入和排出。液体在离心泵中获得的机械能量最终表现为静压能的提高。泵为悬架式结构,检修时不需拆卸进、出口管路,即可退出转子部件进行检修。通过普通弹性联轴器或加长弹性联轴器与电动机连接,泵的轴封采用软填料密封。轴承为单列向心球轴承,采用润滑油润滑。

(吕宇玲 何利民)

【双吸式离心泵 double suction centrifugal pump】 一种两端吸入一端排出的离心泵。又称水平中开式离心泵。双吸式离心泵从叶轮两面进水,泵盖和泵体采用水平接缝进行装配,相当于两个相同直径的单吸叶轮同时工作,在同样的叶轮外径下流量可增大一倍;泵壳水平中开,检查和维修方便,同时,进出口在同一方向上且垂直于泵轴,利于泵和进出水管的布置与安装;叶轮结构对称,没有轴向力,运行较平稳(见图)。在运行过程中避免了单吸式离心泵的振动,但是不如单吸式离心泵使用灵活。与单吸式离心泵相比,效率高、流量大、扬程较高。但体积大,比较笨重,一般用于固定作业。

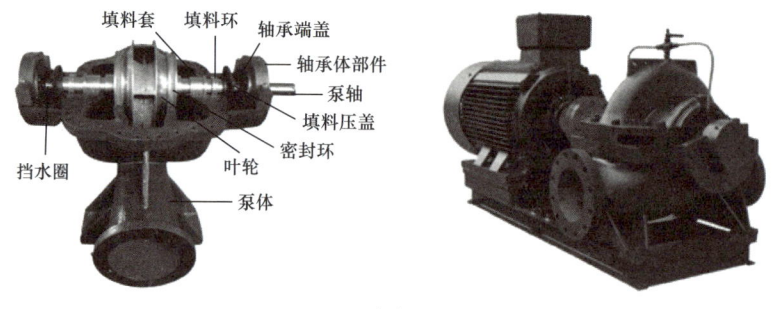

双吸式离心泵

(吕宇玲 何利民)

【容积泵 volumetric pump】 一种利用泵缸内容积的变化来输送液体的泵。依靠工作元件在泵缸内作往复或回转运动，使工作容积交替地增大和缩小，以实现液体的吸入和排出（见图）。工作元件作往复运动的容积式泵称为往复泵，作回转运动的称为回转泵。前者的吸入和排出过程在同一泵缸内交替进行，并由吸入阀和排出阀加以控制；后者则是通过齿轮、螺杆、叶形转子或滑片等工作元件的旋转作用，迫使液体从吸入侧转移到排出侧。

容积泵在一定转速或往复次数下的流量是一定的，几乎不随压力而改变；往复泵的流量和压力有较大脉动，需要采取相应的消减脉动措施；回转泵一般无脉动或只有小的脉动；具有自吸能力，泵启动后即能抽除管路中的空气吸入液体；启动泵时必须将排出管路阀门完全打开；往复泵适用于高压力和小流量；回转泵适用于中小流量和较高压力；往复泵适宜输送清洁的液体或气液混合物。

容积泵是利用其工作室容积的变化来传递能量，主要有活塞泵、柱塞泵、齿轮泵、隔膜泵、螺杆泵等类型。容积泵在工作时需先将管道中的空气排出，然后才能抽送液体，遇到管道长、管径大的情况，抽送气体的时间会很长，造成电能浪费。因为也存在负压输送问题，容易造成管线局部窝气，形成油气混输，致使设备效率降低。

容积泵

（吕宇玲　何利民）

【齿轮泵 gear pump】 一种依靠泵缸与啮合齿轮间所形成的工作容积变化和移动来输送液体或使之增压的回转泵。由两个齿轮、泵体与前后盖组成两个封闭空间，当齿轮转动时，齿轮脱开侧的空间的体积从小变大，形成真空，将液体吸入，齿轮啮合侧的空间的体积从大变小，而将液体挤入管路中去（见图）。吸入腔与排出腔是靠两个齿轮的啮合线来隔开的。齿轮泵的排出口的压力完全取决于泵出口处阻力的大小。泵内有很少量的流体损失，被用来润滑轴承及齿轮两侧，而泵体也绝不可能无间隙配合，故不能使流体100%地从出口排出。齿轮泵适用于各个行业，输送的介质范围比较广泛，此齿轮泵具有结构牢固、安装方便、拆卸容易、保养简单、流量均匀连续、磨损轻微和使用寿命长等优点。

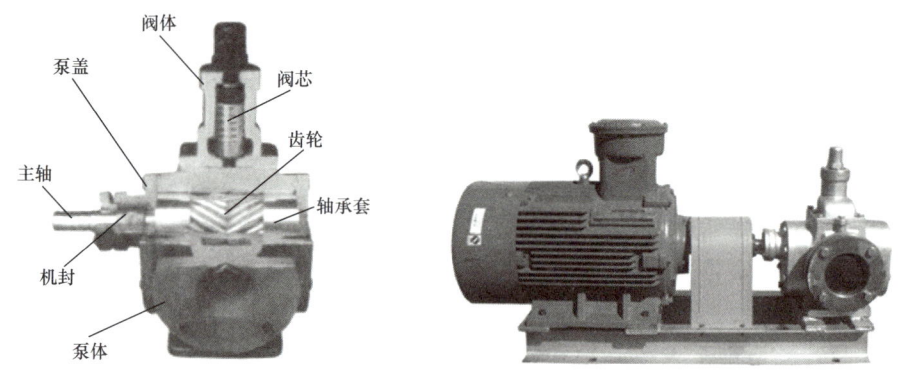

齿轮泵

（吕宇玲　何利民）

【**螺杆泵** screw pump】 一种依靠由螺杆和衬套形成的密封腔的容积变化来吸入和排出液体的容积式转子泵。

螺杆泵按螺杆数目分为单螺杆泵、双螺杆泵、三螺杆泵和五螺杆泵。当主动螺杆转动时，带动与其啮合的从动螺杆一起转动，吸入腔一端的螺杆啮合空间容积逐渐增大，压力降低，液体在压差作用下进入啮合空间容积。当容积增至最大而形成一个密封腔时，液体就在一个个密封腔内连续地沿轴向移动，直至排出腔一端。这时排出腔一端的螺杆啮合空间容积逐渐缩小，而将液体排出（见图）。螺杆泵的工作原理与齿轮泵相似，只是在结构上用螺杆取代了齿轮。螺杆泵的特点是流量平稳、压力脉动小、有自吸能力、噪声低、效率高、寿命长、工作可靠；而其突出的优点是输送介质时不形成涡流、对介质的黏性不敏感，可输送高黏度介质。

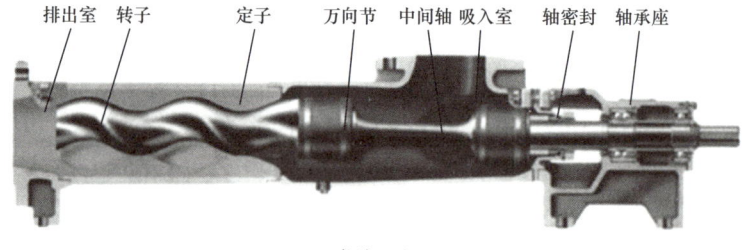

螺杆泵

（吕宇玲　何利民）

【清管器 pipe cleaner】 一种由气体、液体等管道输送介质推动，用于清理管道的专用工具。常用的清管器包括橡胶清管球、皮碗清管器、直板清管器、刮蜡清管器、泡沫清管器（见聚酯泡沫清管器）和射流清管器等。在油气管输过程中，利用介质产生的压差推动清管器沿管道运行，在清管器本身及其所带机具的挤压、刮削、冲洗下，清除管道内的结垢、结蜡和沉积物（见图）。清管器可以携带电子发射机，在运行过程中不断发出脉冲信号，由地面仪器接收，使操作人员了解掌握清管器在管道内的位置信息，实现管道中的清管器与地面接收仪器和监控人员之间的有效联系，为安全操作提供准确可靠的保证。根据管线具体情况和清管目的，选择不同系列的清管器。

清管器

清管器的基本结构是一个皮制的圆盘式活塞，可刮除管壁所结的蜡，在不增加动力的情况下能明显提高管线流量，也可用于新建管线清除杂物、积水等，提高管线投产的可靠性。另外，清管器的其他用途包括：(1) 进行输液隔离，以减少原油或不同油品互换时的接触面积，减少和防止混油；(2) 控制管内液体，如在液气混输管线内减少液体积存，管线分段试压的注水、排水、干燥及试压后的输油作业；(3) 置换管道内的油品；(4) 对管线进行内防腐处理，如涂施砂浆或环氧树脂涂层；(5) 对新建管线或运行管线进行缺损检查，包括管道的腐蚀、裂纹、变形监测、泄漏检测等；(6) 对管线系统进行动态监测和管理。

（吕宇玲 何利民）

【橡胶清管球 rubber pigging ball】 采用耐腐蚀的氯丁橡胶制成的用于清理管道的清管器。分实心球和空心球，当管道直径小于100mm时用实心球，球外径宜为管内径的1.01～1.02倍。当管道直径大于100mm时用空心球，球外径宜为管内径的1.01～1.03倍，球壁厚宜为30～50mm，空心球上装有气嘴，空心球内充水使用，在冬季，球内应充注防冻剂的水溶液（如甘醇），以防止冻结，球内注液胀大后的外径大于管内径 2% 左右。使用清管球清管的优点是可双向运动，可通过曲率半径仅为一倍管道直径的弯头，有较大的弹性，可自动补偿磨损。其缺点是对变形较大的管道或弯头易被卡阻。

（李建民　方代焜）

【聚氨酯泡沫清管器 polyurethane foam pipe cleaner】 一种由聚氨酯泡沫材料制成的清管器。呈炮弹形，头部为半球形或抛物线形，外径比管线的内径大 2%～4%，尾部呈蝶形凹面，内部为塑料泡沫，外涂强度高、韧性好、耐油性较强的聚氨酯胶，长度一般为管径的两倍（见图）。

聚氨酯泡沫清管器

聚氨酯泡沫清管器依靠挤压泡沫接触管壁实现刮刷结蜡和密封。依靠清管器前后压差，推动清管器向前运行，沿清管器周围有螺旋沟槽。带有螺旋沟槽的清管器，在运行时螺旋沟槽产生分力，使其旋转前进，清管器磨损均匀。聚氨酯泡沫清管器具有回弹力强、导向性能好、变形能力高等优点，能顺利通过变形弯头、三通及变径管，但该清管器的强度不如机械清管器高。

聚氨酯清管器分为全涂层泡沫清管器和底涂层泡沫清管。全涂层泡沫清管器是在泡沫芯体外包覆聚氨酯材料而成，变形量大、不易卡堵在管道中，能够清除管道较厚硬的垢质，主要用于输气管线定期除水、管道投产前的清管扫线、输油、输气管线的定期刮蜡清理、管道内部情况不明时的试验性通球等。涂层泡沫清管器外部可加装钢丝刷以增加其清除能力，也可做局部涂层。底涂层泡沫清管器是在泡沫与内壁相接之处没有聚氨酯弹性体涂层，仅在尾部涂敷聚氨酯弹性体，用于吸收管道内壁水分，干燥管线，并可以检验管道清洁程度。

聚氨酯泡沫清管器适合各种口径管道，能适应管道变形，其特点是通过能力强，耐磨、耐油性能好，重量轻，有较好的强度和清蜡效果。

（吕宇玲　何利民）

【皮碗清管器 cup pig】 过盈量不大（4% 左右），靠上下游压差使皮碗张开，刮走污物的清管器。由发射架、橡胶皮碗、上下压板法兰、电池盒、发信号器等组成（见图）。利用皮碗裙边对管道 4% 左右的过盈量与管壁紧贴达到密封，清管器由其前后的天然气压差推动前进，当前后压差在 40kPa 左右时即可推动皮碗前进。两节皮碗形成两道密封环，还有三皮碗或四皮碗清管器，每节皮碗由压板法兰支撑并固定在骨架上，增加了推送污物的抗压能力。裙边损坏后，可以自动补偿，皮碗损坏时，可以拆下来更换，一般情况下，清管一次可更换一次皮碗。

皮碗清管器主要有以下优点：

（1）皮碗清管器能够通过曲率半径大于2倍或2.5倍管道直径的90°弯头、挡条的正交异径三通，以及局部变形小于5%的管道。

（2）皮碗的裙边紧贴管壁，与管壁接触接触面较大，即便有所损伤也可以自动补偿，对管壁硫化铁粉末能够起到有效清除的作用。

（3）皮碗清管器结构简单，其长度一般为管径的1.25~1.35倍，皮碗数量2~4个，这给维修及操作带来极大方便。

（4）皮碗清管器密封性能好，它不仅能推出管内积液，且推出管内固体杂质的效果比清管球好。

（5）皮碗清管器运行压差小而运行距离长，其运行压差为40kPa，橡胶皮碗的使用寿命为清管100km左右。

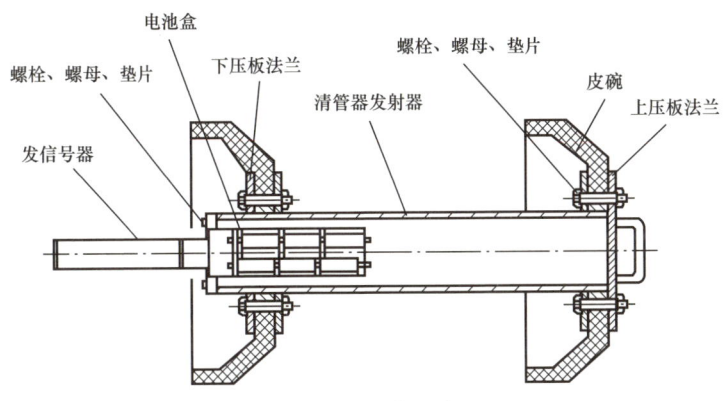

皮碗清管器结构示意图

（吕宇玲　何利民）

【直板清管器 straight plate pig】一种以直板皮碗为密封结构的清管器。直板清管器由钢制骨架、导向皮碗、密封皮碗和隔离皮碗组成（见图）。根据导向皮碗和密封皮碗的总数量又分为六直板清管器、八直板清管器和十直板清管器，其中十直板清管器的运行距离最长。

直板清管器的特点是中间有一个芯轴，

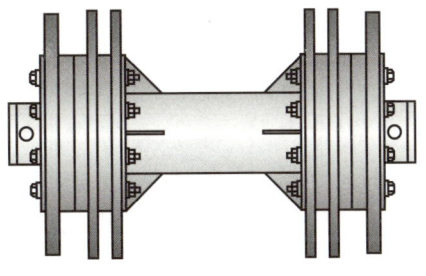

直板清管器结构示意图

密封皮碗为直板结构，通过密封皮碗建立压差，推动清管器向前运行。清管器的皮碗类型主要包括：圆形皮碗、锥形皮碗、直板皮碗以及碟形皮碗。其中，相对于其他三种类型的皮碗，直板皮碗由于可以实现双向清管，有利于保障清管操作的安全，且密封效率较高，除液能力较强，被广泛地应用于气体管道的清管操作。

直板皮碗的结构参数影响清管器的摩擦力，主要的影响因素包括密封皮碗的过盈量、厚度和间隔皮碗夹持率等。清管器密封皮碗的过盈量一般在 2.5%～5% 之间。

（吕宇玲　何利民）

【刮蜡清管器 waxing pig】 一种用于输油管道清蜡除垢的清管器。主要依靠清管器运行过程中刮蜡刀对管壁上附着蜡的切除，常见类型有镰刀式刮蜡清管器和新型刮蜡清管器。

镰刀式刮蜡清管器由刮蜡机构和皮碗清管器两部分组成，它们中间靠链式连接，其中刮蜡机构的结构是在主轴上套装一个大弹簧，弹簧一端固定在主轴上，另一端面安装一个压环，支撑刮蜡刀的支撑架由连杆和支撑杆组成，刮蜡刀的外形与镰刀相似，并与连杆固接成一体，支撑杆一端均匀固定在压环上，弹簧变形大小取决于全部刮蜡刀的受力情况。这种类型的刮蜡清管器弊端明显，当清管器管道中运行刀转弯处或遇到管壁局部突起障碍时，靠内壁管壁的刮蜡刀或接触突起障碍的刮蜡刀承受更大外力，此时容易使支撑杆折断或使清管器本体撞坏，造成清管器卡堵。

新型刮蜡清管器由安装有电子发射机的主壳体、密封皮碗组成（见图）。其中密封皮碗和支撑刮蜡刀的支撑机构安装在同一主壳体上，支撑机构各由一个连杆、支撑杆和弹簧组成，弹簧安装在开有滑道的扶正圆筒内，扶正圆筒均匀的固定在主壳体的圆柱表面。新型刮蜡清管器运动灵活，每套支撑机构控制一面刮蜡刀的伸缩，保证清管器通过弯头或越过障碍时工作正常，可有效减小清管器卡堵风险，清蜡除垢质量和管道清洗效率较高。

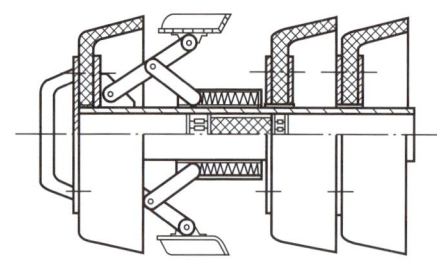

新型刮蜡清管器

（吕宇玲　何利民）

【射流清管器 by-pass pigging】 一种开设旁通孔的清管器。根据旁通孔的类型，可分为直通结构和带折流板结构。射流清管器主要应用于天然气和天然气凝析液管道清管，可有效地减小清管器运行速度，拥有更多的时间使清管器前方积液流出管道，同时，在射流气体的携带作用下，积液在清管器前方的堆积量减小，进而可消除清管段塞，减小终端捕集器的处理负荷。另外，射流清管器应用于清蜡时，旁通射流介质可将蜡塞吹散成悬浮液的形式，有效地防止了蜡堆积造成的阻碍，可显著提高清管效率，降低清管频率。

射流清管器的不足之处在于旁通孔的开设增大了清管器卡堵风险。针对这一不足出现了防卡堵射流清管器，其结构如图所示，作用原理如下：当清管器在正常运行速度下，射流孔内气量一定，弹簧对阀门的作用力可抵销气体作用于阀门的驱动力，使阀门保持开启状态；当清管器运行过程中遇到阻碍时，清管器速度下降，阀门受力增加，克服弹簧的弹力与渐缩式射流喷头壁面接触，使清管器的旁通率降为0，增加清管器后方压力，使清管器克服阻碍，向前运行。

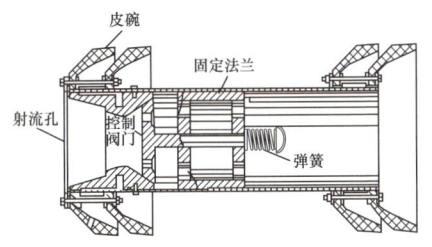

防卡堵射流清管器

（吕宇玲　何利民）

【清管器收发装置 pig-launcher and pig-receiver】 用来进行清管器发射和接收的装置，由清管器收发筒及附件组成。

清管器发送筒是向管道发送清管球（器）的设备，主要由筒体、进油口、快开盲板及排污口等组成。清管器接收筒是用来接收清管器及其推出管道内杂物，主要由筒体、排油口、快开盲板及排污口等组成。清管器收发筒附件主要有偏心大小头短节、可通清管器的阀门、带挡条三通、清管指示器、旁通管及旁通阀、放空阀、排污阀、安全阀等组成（见图）。

在清管之前，首先对清管管段所有站场的工艺设备、自控设备、通信设备进行检查，确保清管操作期间各类设备运行正常，仪表指示准确无误。尤其要检查各站的收（发）球筒、排污罐的排污回路以及放空回路，确保收（发）清管器的操作安全；然后按照清管方案要求，对照现场设施及装置进行整改，达到清管要求；最后检查并维护收发球工具，将组装好的清管器提前运送到站场。需要注意的是：必须在发射筒、接收筒、清管器通过的管道上设固定支架，将其牢牢卡住，以防发射清管器时，管道晃动剧烈，甚至发生意外事故。

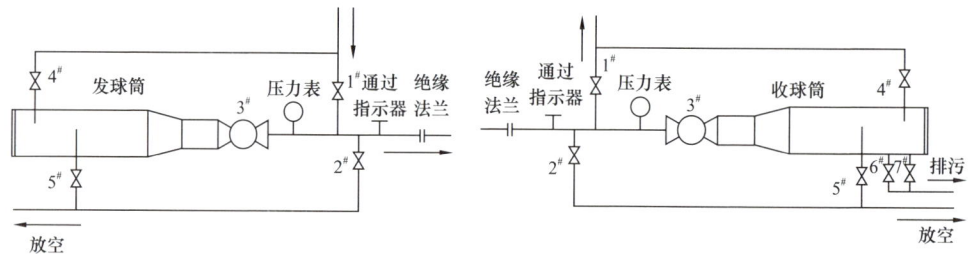

清管器收发装置示意图

（吕宇玲　何利民）

【输送钢管 transportation tube】 专门用于建设输送液体和气体管道的钢管。按材料可以分为金属管道、非金属管道和内衬管。金属管道按生产工艺可以分为无缝钢管、电阻焊钢管、直缝埋弧焊钢管和螺旋缝埋弧焊钢管等；非金属管道分为玻璃钢管道、金属软管、聚乙烯管道和聚丙烯塑料管道。

（方代煊）

【无缝钢管 seamless steel tube】 由圆钢坯加热后，经穿管机穿孔轧制（热轧）而成的钢管。必要时，热加工后的管子还可以再经过冷拔或热扩加工至要求的形状和尺寸。因为它没有缝，故称为无缝钢管。无缝钢管分热轧无缝钢管和冷轧（拔）无缝钢管两类。

一般无缝钢管是用10、20、30、35、45等优质低碳钢，16Mn、5MnV等低合金结构钢或40Cr、30CrMnSi、45Mn2、40MnB等合金钢热轧或冷轧制成。10、20等低碳钢制造的无缝钢管主要用于流体输送管道。45、40Cr等中碳钢制成的无缝钢管用来制造机械零件，如汽车、拖拉机的受力零件。一般用无缝钢管要保证强度和进行压扁试验。热轧无缝钢管以热轧状态或热处理状态交货；冷轧无缝钢管以热处理状态交货。

无缝钢管的制造工艺：

（1）热轧（挤压）无缝钢管：圆管坯→加热→穿孔→三辊斜轧、连轧或挤压→脱管→定径（或减径）→冷却→矫直→水压试验（或探伤）→标记→入库。

（2）冷拔（轧）无缝钢管：圆管坯→加热→穿孔→打头→退火→酸洗→涂

油（镀铜）→多道。次冷拔（冷轧）→坯管→热处理→矫直→水压试验（探伤）→标记→入库。

（吕宇玲　何利民）

【**电阻焊钢管** electric-resistance-welded steel pipe】　通过电阻焊或电感应焊接方法生产的带有一条纵向直焊缝的钢管。不宜用于高温情况下和重要的场合，适用介质为水、煤气、空气和采暖蒸汽等。

　　直缝电阻焊钢管是将热轧板卷经过连续辊式成型后，利用高频电流的集肤效应和邻近效应，使板卷边缘热熔化，在挤压辊力的作用下进行压力焊接来实现生产。直缝电阻焊钢管的残余应力较小，通过焊缝热处理、定径、矫直、水压等工序，其残余应力进一步释放和减小。直缝电阻焊钢管在存储和使用过程中残余应力对钢管不造成影响。不加任何焊丝，焊缝在物理性能和化学成分上与板材完全一致。直缝电阻焊钢管的质量取决于板材的质量。

　　直缝电阻焊接钢管具有生产效率高、低成本、节省材料、易于自动化等特点。生产流程为：纵剪—开卷—带钢矫平—头尾剪切—带钢对焊—活套储料—成型—焊接—清除毛刺—定径—探伤—飞切—初检—钢管矫直—管段加工—水压试验—探伤检测—打印和涂层—成品。影响直缝电阻焊接钢管的主要因素：输入热量、焊接压力、焊接速度、开口角、阻抗器的放置位置等。广泛应用于给排水工程、石油天然气工程，也可作为打桩管，作桥梁、码头、道路、建筑结构用管等。

（吕宇玲　何利民）

【**直缝埋弧焊钢管** longitudinal submerged arc welding pipe】　采用直缝埋弧焊成型的钢管。采用填充物焊接，颗粒保护焊剂埋弧。生产的钢管直径可以达到1500mm，埋弧焊直缝钢管直径较大时可以用两块钢板进行卷制，这样会形成双焊缝的现象。广泛用于钢结构、打桩、流体输送、长输管道等。

（吕宇玲　何利民）

【**螺旋缝埋弧焊钢管** spiral submerged arc-welded steel pipe】　采用螺旋焊缝埋弧焊成型的钢管。带钢卷管时其前进方向与成型管中心线有成型角（可调整），边成型边焊接，其焊缝成螺旋线。

　　螺旋缝埋弧焊钢管的强度一般比直缝埋弧焊钢管高，能用较窄的坯料生产管径较大的焊管，还可以用同样宽度的坯料生产不同管径的焊管。但是与相同长度的直缝管相比，焊缝长度增加30%～100%，而且生产速度较低。一般情况下，较小直径的焊管大多采用直缝焊，而大直径焊管则大多采用螺旋焊。

主要用于输送石油、天然气的管线。一般油气长输管线设计规范规定螺旋缝埋弧焊管只能用于3类、4类地区。

（吕宇玲　何利民）

【双金属复合管 bimetal-lined pipe】 由两种不同金属材料构成，以碳素钢管或合金钢管为基管，在其内表面覆衬一定厚度的不锈钢、镍基合金等耐蚀合金的复合管。管层之间通过各种变形和连接技术形成紧密结合，从而使两种材料结合成一体。一般设计原则是基材满足管道设计许用应力，覆衬层耐腐蚀或磨损等。双金属复合管兼有基层和覆衬层的所有优点，相对于整体合金管能有效降低成本。双金属复合管外基管负责承压和管道刚性支撑的作用，内衬管承担耐腐蚀的作用。外基管可以根据输送介质的流量和压力要求，选用不同通径和壁厚的碳钢管材。内衬管可以根据输送介质化学成分，选用不同的耐腐蚀合金，如奥氏体不锈钢304、304L、316、316L、铜基合金、镍基合金、哈氏合金、钛、钛合金、双相不锈钢等新型高耐腐蚀合金材料。主要的工艺方法包括热轧复合方法、热挤压复合法、铸造复合方法、爆炸焊接复合方法、组合式双金属复合管生产方法、激光包覆法等。

双金属复合管含碳量高、耐冲击、热膨胀率低、耐压、耐高温，安装成熟，规格齐全，广泛应用于石油、化工、电力等工业领域。

（吕宇玲　何利民）

【非金属管道 non-metal pipe】 采用耐蚀的非金属材料制成的管道。常用的非金属管道有玻璃钢管道、耐酸陶管管道、塑料管道和石棉酚醛塑料管道等。

玻璃钢管道：由复合材料制造，耐腐蚀，抗老化，质量轻，强度高。管内壁表面光滑，摩擦阻力小，流体压力损失小，可提高流量，减少能耗，降低运行成本。用于油田集输、注水、污水和石油化工含硫污水管道，效果良好。玻璃钢管道耐腐蚀性能、使用温度、强度与选用树脂有关。玻璃钢管连接形式有法兰连接、承插口"O"形圈连接。承插胶接管道附件有90°（45°）对接弯头、90°（45°）承插弯头、90°分段对接弯头，以及接大小头、承插大小头、偏心大小头。

耐酸陶管管道：用于排除腐蚀性工业污水的下水管道。接口材料有沥青胶泥、硫黄砂浆、树脂胶泥、水玻璃胶泥或砂浆。连接形式有承插式和套环式，承插式一般用于新铺设的管道，套环式则用于修理的管道。承插式陶管按流水方向使承口向上游，插口向下游。

塑料管道：包括硬聚氯乙烯塑料管道、聚丙烯塑料管道和石棉酚醛塑料管道。聚氯乙烯塑料管道具有优良的耐腐蚀性能、质量轻，减磨、耐振、绝缘、复合能力强，加工方便，成本低等优良综合性能，用于输送腐蚀介质，如酸、碱、盐溶液及腐蚀气体。它的缺点是耐热性能差。聚氯乙烯塑料管道可单独使用，也可衬里钢管内部，增加强度，或可在聚氯乙烯塑料管道外缠绕玻璃钢增强，提高强度和使用温度。聚丙烯塑料管道能耐多种酸碱盐溶液、有机溶剂。与聚氯乙烯管道、聚乙烯管道相比，突出优点在80℃以上时还能耐70%以上的硫酸、硝酸、磷酸、各种浓度的盐酸、40%浓度的碱以及稀醋酸、甲酸等介质的腐蚀，甚至100℃时仍能耐许多稀酸、稀碱的腐蚀，但成型收缩率较大，低温时性脆，耐磨性不好。可作为化工防腐输送管道，耐腐蚀、质量轻、易加工，价格低。石棉酚醛塑料管道以酚醛树脂为粘结剂，以耐酸石棉为填料的热固性塑料管道。使用温度130℃，耐多种酸、盐类及有机溶剂。石棉酚醛塑料管道广泛用于石油化工、制药等行业。

（许　敬　刘显英）

【玻璃钢管道 fiber reinforced plastic pipe】 以合成树脂为粘结剂，以玻璃纤维及其制品作增强材料而制成的复合材料管道。玻璃钢具有轻质高强、优良的耐化学腐蚀性、优良的电绝缘性、良好的热性能和表面性能及良好的施工工艺性和可设计性（见图）。根据粘结剂所用树脂材料的不同有环氧玻璃钢管道、酚醛玻璃钢管道和呋喃玻璃管道。玻璃钢管道在油田被广泛应用于含油污水处理和输送管道上。

玻璃钢管道主要由高分子成分的不饱和聚酯树脂和玻璃纤维组成，能有效抵抗酸、碱、盐等介质的腐蚀，一般情况下，能够长期保持管道的安全运行；

玻璃钢管道

抗老化性能和耐热性能好。玻璃钢管道可在 –40℃～70℃温度范围内长期使用，采用特殊配方的耐高温树脂还可在200℃以上温度正常工作；在 –20℃以下，管内结冰后不会发生冻裂；轻、强度高、运输方便，容易安装各种分支管；内壁光滑、不结垢、不生锈，阻力小，维护成本低，耐磨性好，摩擦阻力小输送能力高。

（吕宇玲　何利民）

【聚乙烯塑料管道 polyethylene pipe】 以聚乙烯（PE）树脂为主要原料经挤出成

型的管道。按连接方式分为熔接连接管道、机械连接管道和法兰连接管道。其中熔接连接管道又分为电熔聚乙烯管道、插口聚乙烯管道、热熔承插聚乙烯管道。

按密度分为中密度聚乙烯管道和高密度聚乙烯管道。前者适用于输送气态的人工煤气、天然气、液化石油气，后者主要用于输送天然气。PE管道的优点是造价低，抗震能力强，无锈蚀问题，阻力小，重量较轻，寿命长，便于运输，安装方便。和钢管比较，施工工艺简单，有一定的柔韧性，更主要的是不用作防腐处理，将节省大量的工序。缺点是机械性能不如钢管。

（吕宇玲　何利民）

【聚丙烯塑料管道 polypropylene plastics pipeline】 以聚丙烯（PP）树脂为主要原料经挤出成型的管道。与其他合成树脂管道相比，聚丙烯（PP）塑性管道综合性能较好，质量轻，表面光泽性好，机械性能（如屈服强度、拉伸强度、表面强度、刚性及耐磨性等）较优异，耐热性能好，尤其突出的是其良好的耐环境应力开裂及室温下不溶于一般溶剂、耐化学药品腐蚀、无毒、可回收利用、无环境污染。

聚丙烯塑料管道常用聚丙烯材料有Ⅰ型、Ⅱ型和Ⅲ型。Ⅰ型指均聚聚丙烯（PP-H），是由丙烯均聚物加入适量的抗冲击剂等共混而成。Ⅱ型指耐冲击共聚聚丙烯（曾称为嵌段共聚聚丙烯），由PP-H和（或）PP-R与橡胶相形成的两相或多相丙烯共聚物；橡胶相是由丙烯和另一种烯烃单体（或多种烯烃单体）的共聚物组成，该烯烃单体无烯烃外的其他官能团。Ⅲ型指无规共聚聚丙烯，丙烯与另一种烯烃单体（或多种烯烃单体）共聚而成的无规共聚物，烯烃单体中无烯烃外的其他官能团。

聚丙烯塑料管道无毒、无锈蚀、不结垢、耐高温、重量轻、耐腐蚀、内壁光滑，系统压力损失小，水流速度快，广泛应用于城镇供水、食品、化工领域，矿砂、泥浆输送，置换水泥管、铸铁管和钢管。

（吕宇玲　何利民）

【管线阀门 pipeline valves】 流体管道输送系统中用于改变通路截断面和介质流动方向，控制输送介质流动的阀门。根据用途可将阀门分为：接通或截断管路阀门，包括闸阀、截止阀、球阀、旋塞阀、隔膜阀、碟阀等；调节、控制流量和压力阀门，包括节流阀、调节阀、减压阀和安全阀等；改变管路中介质流动方向的阀门，包括分配阀、三通旋塞、三通或四通球阀等；阻止管路介质倒流的阀门，包括止回阀、底阀等；其他特殊用途的阀门，包括温度调节阀、过流保护紧急切断阀等。

（方代煊）

【闸阀 gate valve】 启闭件是闸板的阀门。闸板的运动方向与流体方向相垂直，根据闸板的构造，可分为平行式闸板和楔式闸板闸阀（见图1和图2）。平行式闸板阀密封面与垂直中心线平行，楔式闸阀密封面与垂直中心线成某一角度，即两个密封面成楔形的闸阀。角度的大小主要取决于介质温度的高低，工作温度高，角度就大，以免因温度变化时发生闸板楔住的可能。

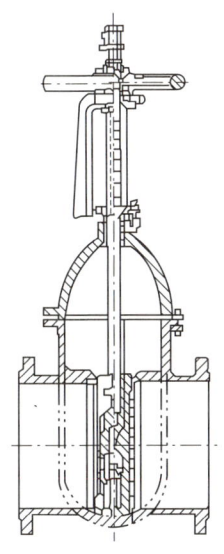
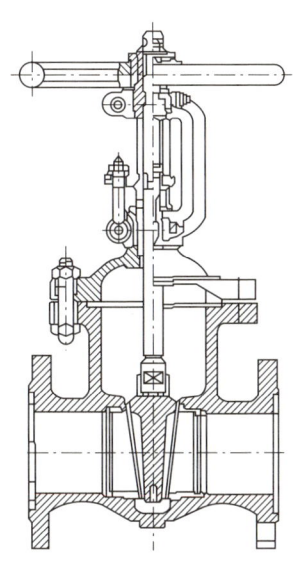

图1　平行式双闸板阀　　　图2　楔式双闸板阀

闸板是闸阀的启闭件，闸阀的开启和关闭，密封性能和寿命主要取决于闸板，它是闸阀的关键零件。弹性闸板是一种易于实现可靠密封的闸板形式，国内外广泛采用；其结构与楔式单闸板相同，只是在闸板的垂直平分面上加工出一个环形沟槽，从而使闸板具有一定弹性；当闸板与阀体阀座配合时，可以靠闸板产生微量的弹性变形以补偿闸板密封面与阀座密封面之间楔角的偏差，达到良好的吻合，以保证密封；弹性闸板结构简单，密封性可靠，适用于各种压力、温度的中、小口径闸阀，要求介质中含固体杂质要少，以防积塞于闸板环形槽内，影响其变形能力。双闸板式由两块闸板组合而成，用球面顶心铰接成楔形闸板；闸板密封面的楔角可以靠顶心自动调整，双闸板式密封面角度的精度要求较低，温度变化不致引起楔住的现象，密封面磨损时可以加垫片补偿，结构零件较多，在黏性介质中容易黏住，更主要的是上下挡板长年锈蚀后闸板易脱落，通常用于水和蒸气介质的管路上。楔式单闸板结构简单、尺寸小、使用比较可靠，闸板和阀座密封面的楔角加工精度要求很高，加工与维修均较为困难，启闭过程中密封面易发生擦伤，适用于常温、中温下各种压力的闸阀。

闸阀是截断阀，仅供截断介质通路用，不宜用作调节介质压力和流量。若长期用于调节，密封面将被冲蚀，影响其密封性能。管路中的闸阀可安装于水平管路或垂直管路，其介质流动方向不受限制。双闸板闸阀应安装于水平管路，且需保证手轮位于阀门上方，不允许手轮朝下安装。对于大口径或高压闸阀，可安装一个旁通阀，以便减小主闸阀启闭力矩。

（吕宇玲　何利民）

【截止阀　globe valve】 启闭件（阀瓣）沿着阀座通道的中心线上下移动的截断阀。主要由阀体、阀盖、阀杆、阀瓣及驱动装置等组成（见图）。

阀体与阀盖用螺纹或法兰连接。阀体有三种形式：直通式、角式和直流式。

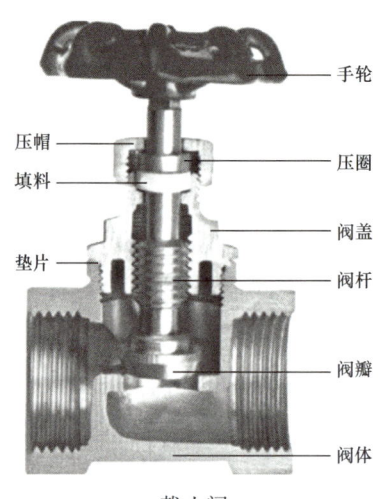

截止阀

直通式阀体可以铸造，也可以锻造。铸造的直通式阀体形状有桶形和流线形两种。角式阀体的进出口通道的中心线成直角，介质流过时，其流动方向也将变化90°，角式截止阀安装在垂直相交的管路上；角式阀体多采用锻造，适用于较小通径和较高压力的截止阀。直通式阀体用于斜杆式截止阀，其阀杆与阀体通道成50°的锐角；由于介质几乎成直线流过斜杆式截止阀，因而也可以称作直流式截止阀，其特点是流动阻力小，阀瓣启闭行程大，制造、安装、操作和维修均较复杂，仅用于对流动阻力有严格限制的场合。

截止阀阀杆一般都做旋转升降运动，手轮固定在阀杆上端部。当顺时针方向旋转手轮时，阀杆一起旋转并向下运动，当阀瓣密封面与阀座密封面达到紧密接触时，截止阀处于关闭状态；当逆时针方向旋转手轮时，阀杆一起旋转并带着阀瓣向上运动，使其离开阀座密封面，这时截止阀处于开启状态。根据阀杆螺纹位置的不同，可分成上螺纹阀杆和下螺纹阀杆。

截止阀是一种截断阀，仅供截断或接通管路中的介质，不宜用来调节介质的压力或流量。如果长期用于调节，密封面会被介质冲蚀，不能保证其密封性。截止阀结构简单，制造与维修都比较方便，密封面磨损及擦伤较轻，密封性好。启闭时，阀瓣行程小，截止阀高度较小，截止流动方向受限制，安装时应特别注意截止阀的进出口方向。截止阀的流动阻力大，关闭力矩大，影响了它在大口径场合的应用。

（吕宇玲　何利民）

【球阀 ball valve】 启闭件是球体的阀门。球体绕阀杆的轴线旋转90°实现开启和关闭。球阀由阀体、球体、密封圈、阀杆及驱动装置等组成。

阀体包括球体和密封圈，并有介质进出口通道。根据阀体通道形式，球阀可分成直通球阀、三通球阀及四通、五通球阀。直通球阀应用最为广泛，作为截断阀用；三通球阀有三个介质通道，用于改变介质的流动方向或进行介质分配。

球体是球阀的启闭件，它的表面是密封面，要求较高的精度和光洁度。球体内有圆形截面的介质通道，通道的直径通常等于阀的公称通径。按照球体在阀体内的固定方式，球阀可分成浮动球式和固定球式两种（见图1和图2）。浮动球式球阀结构简单，单侧密封，密封性能较好，但启闭力矩大，一般适用于较小口径和较低压力的场合。固定式球阀球体被上下两端的轴承固定，只能转动，不能产生水平位移，其结构复杂，外形尺寸大，一般适用于较大口径、较高压力的场合。球阀的阀杆很短，下端与球体活动连接，可带动球体转动。对于较小口径球阀，可采用扳手驱动，而对于较大口径、较高压力的球阀可采用气动、液动、电动或各种联动驱动。

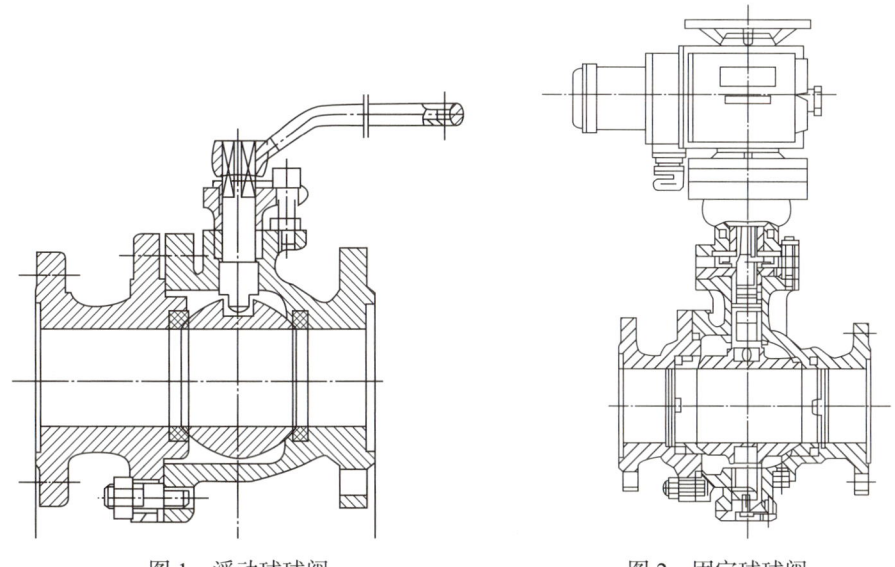

图1　浮动球球阀　　　　　图2　固定球球阀

球阀广泛应用于长输管线，启闭迅速，便于实现事故紧急切断；球阀的介质流动方向不受限制；直通球阀用于截断介质，多通球阀可改变介质流动方向或进行分配；球阀的通道截面为圆形，且与连接管路的通径相等，清管器和隔离球能从中顺利通过。球阀只能作全开或全关用，不能作节流。

（吕宇玲　何利民）

【止回阀 check valve】 利用阀前后介质的压力差而自动启闭，控制介质单向流动，防止管路中的介质倒流的阀门。又称单向阀或逆止阀。

按结构划分，可分为升降式止回阀（图1）、旋启式止回阀（图2）和蝶式止回阀三种。升降式止回阀可分为立式和直通式两种。升降式止回阀的启闭件（阀瓣）是沿阀座通道中心线作升降运动的，动作可靠，但流动阻力较大，适用于较小口径的场合。旋启式止回阀分为单瓣式、双瓣式和多瓣式三种，它的阀瓣呈圆盘状，绕阀座通道外的转轴作旋转运动。旋启式止回阀由阀体、阀盖、阀瓣和摇杆组成，它的阀内通道成流线形，流动阻力比直通式升降止回阀要小一些，但低压时，其密封性能不如升降式止回阀好，为提高密封性能，可采用辅助弹簧或采用重锤结构，这种止回阀适用于大口径的场合。蝶式止回阀分为蝶式双瓣、蝶式单瓣，蝶式止回阀的阀座是倾斜的，蝶板旋转轴水平安装并位于阀内通道中心线的偏上方，使转轴下部蝶板面积大于上部。当介质停止流动或倒流时，蝶板靠自身重量和倒流介质作用而旋转到阀座上，由于转轴上部和转轴下部蝶板上介质作用力所产生的转矩方向相反，因而可以减轻水力冲击。止回阀连接形式主要有螺纹连接、法兰连接、焊接和对夹式连接四种。

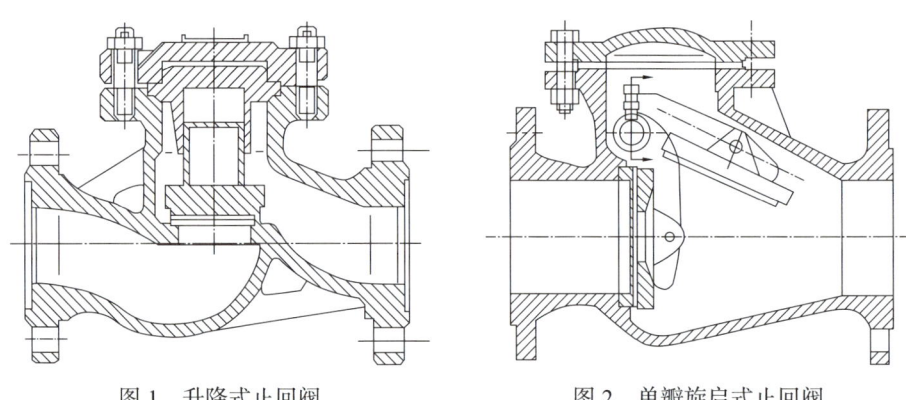

图1　升降式止回阀　　　　图2　单瓣旋启式止回阀

使用注意事项：注意阀门方向，箭头与介质流向一致，否则就会截断介质的正常流动；直通式升降止回阀应安装于水平管路上，立式升降止回阀和底阀必须安装在垂直管路，并保证介质自下而上流动。旋启式止回阀安装位置不受限制，通常安装于水平管路，但也可以安装于垂直管路或倾斜管路上。止回阀关闭时，会在管路中产生水锤效应，引起管路中介质压力瞬时增加，严重时会导致阀门、管路或设备的损坏，尤其对于大口管路或高压管路。

（吕宇玲　何利民）

【**安全阀** safety valve】 启闭件受外力作用处于常闭状态,当设备或管道内的介质压力升高超过规定值时,通过向系统外排放介质来防止管道或设备内介质压力超过规定数值的特殊阀门。安全阀属于自动阀类,主要用在压力容器和管道上,作用是防止管路或装置中的介质压力超过规定数值,从而达到安全保护的目的。

按整体结构及加载机构不同安全阀可以分为重锤杠杆式、弹簧式和脉冲式三种;按介质排放方式不同安全阀分为全封闭式、半封闭式和开放式等三种;按阀瓣开启的最大高度与安全阀流道直径之比安全阀分为弹簧微启封闭高压式安全阀和弹簧全启式安全阀两种;按作用原理,可以分为直接作用式安全阀和非直接作用式安全阀;按压力是否能调节,可分为固定不可调安全阀和可调安全阀。安全阀结构如图所示。

安全阀是特种设备(锅炉、压力容器、压力管道等)上的一种限压、泄压起到安全保护作用的重要附件,直接安装在特种设备上,安全阀动作可靠性和性能好坏直接关系到设备和人身的安全,并与节能和环境保护紧密相关,其设计、制造、安装、使用、检验等都要符合特种设备相关规定的要求。安全阀必须经过压力试验才能使用。

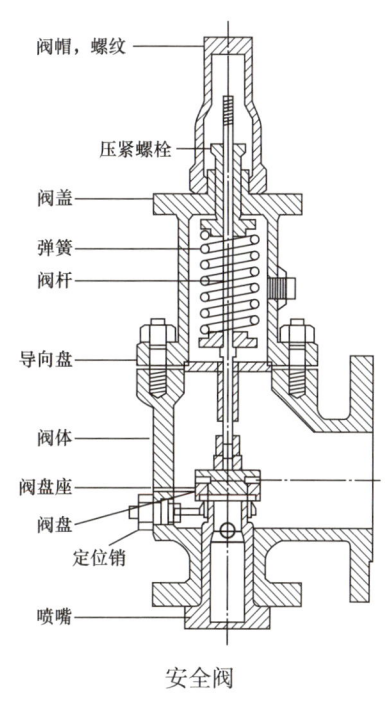

安全阀

(吕宇玲 何利民)

【**调节阀** regulating valve】 用于调节介质的流量、压力和液位的阀门。调节阀根据调节部位信号,自动控制阀门的开度,从而达到介质参数的调节。主要由执行机构(电动执行机构或气动执行机构)和阀体两部分组成。按其所配执行机构使用的动力,调节阀分电动调节阀、气动调节阀和液动调节阀等。根据阀体调节阀分为单座调节阀、双座调节阀、套筒调节阀、角形调节阀、三通调节阀、隔膜阀、蝶阀、球阀和偏心旋转阀。按行程特点,调节阀可分为直行程和角行程。

(吕宇玲 何利民)

【**节流阀** throttle valve】 通过改变通道截面积来调节介质流量和压力的阀门。有直通式和角式之分，分别安装在水平管路和垂直管路上。节流阀的启闭件有针形、沟形和窗形。节流阀的阀瓣在不同高度时，阀瓣与阀座所形成环形通路面积也相应地变化。调节阀瓣的高度，即可调节阀座通道的截面积，从而改变压力或流量。当介质流过节流通道时，以很高的速度冲击阀瓣，会使其产生偏斜和振动，而影响调节的精确性，所以必须有导向装置。

节流阀的流量不仅取决于节流口面积的大小，还与节流口前后的压差有关，对于执行元件负载变化大及对速度稳定性要求高的节流调速系统，必须对节流阀进行压力补偿来保持节流阀前后压差不变，从而达到流量稳定。

（吕宇玲　何利民）

【**疏水器** drain water and stop steam valve】　自动阻止蒸汽逸漏并迅速排走用热设备及管道中的凝水的阀门。根据作用原理不同，疏水器可分为三种类型：（1）机械型疏水器，利用蒸汽和凝水的密度不同，形成凝水液位，以控制凝水排水孔自动启闭工作，主要有浮筒式（见图1）、钟形浮子式、自由浮球式、倒吊桶式疏水器（见图2）等。适宜于蒸汽压力较低，压力波动不大的情况；只能水平安装；必须防冻，常用于室内。（2）热动力型疏水器（见图3），利用蒸汽和凝水热动力学（流动）特性的不同来工作的疏水器，主要有圆盘式、脉冲式、孔板或迷宫式疏水器等。噪声比较大，因为它里面的元件要经常地跳动。可用于室外；可在水平、垂直管路上使用；不适用于背压高的管路。（3）热静力型（恒温型）疏水器，利用蒸汽和凝水的温度不同引起恒温元件膨胀或变形来工作的疏水器，主要有波纹管式、双金属片式和液体膨胀式疏水器（见图4）等。特别适用于要求冷凝水过冷的情况，可用来控制过冷水温度。

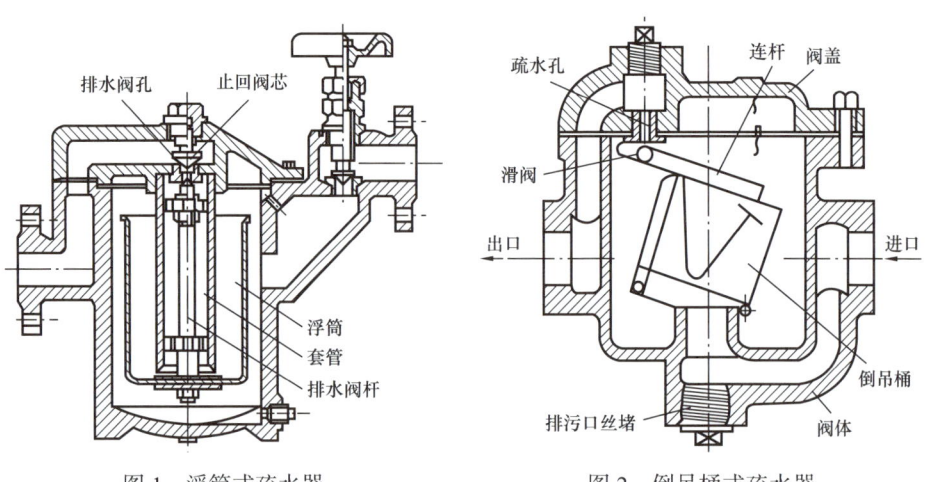

图1　浮筒式疏水器　　　　图2　倒吊桶式疏水器

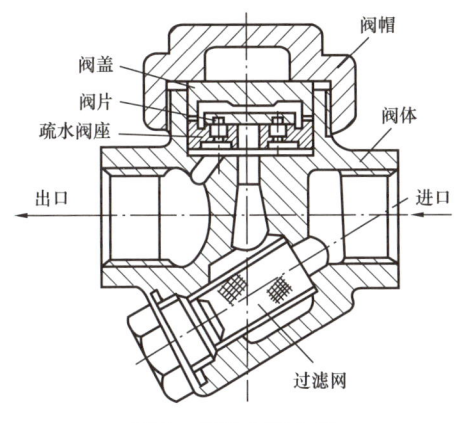
图3 热动力疏水器

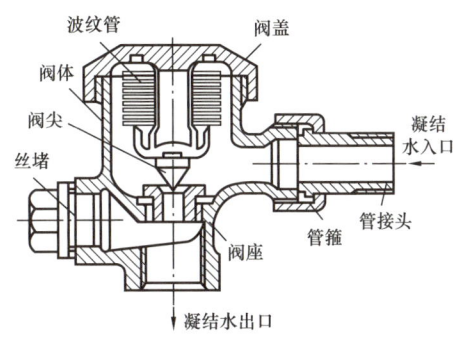
图4 液体膨胀式疏水器（汽包回水盒）

（吕宇玲　何利民）

【**手动阀** manual valve】 需要借助手轮、手柄、杠杆、链轮由人力来操纵的阀门。包括用手轮、手柄或扳手直接驱动和通过传动机构进行驱动两种。当阀门的启动力矩较大时，可通过齿轮或蜗轮传动进行驱动，以达到省力的目的。齿轮传动分直齿圆柱齿轮传动和锥齿传动。齿轮传动减速比小，适用于闸阀和截止阀，蜗轮传动减速比较大，适用于旋塞阀、球阀和蝶阀。

手动阀广泛应用于各行各业，典型的手动阀由阀体、阀杆、顶块和膜片等核心部件组成。其工作原理是，用扳手转动阀杆，阀杆沿着螺纹向内运动，由此给叠压膜片一个沿阀杆轴向的压力，致使膜片发生变形，从而关闭阀门。

（吕宇玲　何利民）

【**电动阀** motor-driven valve】 属于动力驱动阀的一种，由电动执行机构驱动实现开关、调节动作的阀门。电动阀的电动装置一般由专用电动机、减速器、转矩限制机构、行程控制机构、手—电动切换机构、开度指示器和控制箱等组成。

电动阀按阀位功能可分为开关型电动阀和调节型电动阀；按阀位形式可分为电动球阀和电动蝶阀；按阀体形状还可以分为普通电动阀和微型电动阀。开关型电动阀一般分常闭和常开两种，常闭型是指断电时阀门处于关闭状态，常开型即是断电时阀门处于开启状态。

电动阀适用性较强，不受环境温度影响，输出转矩范围广，控制方便，有利于工艺系统的自动化操作，可实现超小型化，具有机构自锁性，安装、维护、检修方便。但结构复杂，机械效率低，输出转速不能太高或太低，易受电源电压、频率变化的影响。

（吕宇玲　何利民）

【气动阀 pneumatic valve】 以一定压力的空气为动力源,利用气缸和活塞的运动来驱动的阀门。特殊情况下使用氮气、天然气等,压力可以更高。气动阀由执行机构和调节机构组成。执行机构按控制信号压力的大小产生相应的推力,推动调节机构动作。阀体是气动阀的调节部件,它直接与调节介质接触,调节该流体的流量。气动活塞执行机构采用压缩空气作动力源,通过活塞的运动带动曲臂进行90度回转,达到使阀门自动启闭,由调节螺栓、执行机构箱体、曲臂、气缸体、气缸轴、活塞、连杆、万向轴等组成。

气动阀结构简单,气源容易获得,能得到较高的开关速度,安装高速器,开关速度可根据需要进行调整;气体压缩性大,关闭速度不易均匀。气动装置结构较大,不适于大口径、高压力的阀门。

（吕宇玲 何利民）

【液压阀 hydraulic valve】 一种用压力油操作,用于远距离控制油、气、水管路系统通断的阀门。它受配压阀压力油的控制,通常与电磁配压阀组合使用。其中控制压力的称为压力控制阀,控制流量的称为流量控制阀,控制通、断和流向的称为方向控制阀。液动装置的驱动力大,适用于驱动大口径阀门。

（吕宇玲 何利民）

【管线外防腐层 outer anticorrosive coating for pipeline】 防止管线外壁腐蚀而在管线外壁涂敷的覆盖层。基本要求:

（1）有良好的电绝缘性能,涂层电阻不应小于$10000\Omega \cdot m^2$,耐击穿电压强度不得低于电火花检测仪表的检测电压标准;

（2）应具有一定的耐阴极剥离强度的能力;

（3）有足够的机械强度和韧性（有一定的抗冲强度、良好的抗弯曲性、较好的耐磨性与管道有良好的粘接性）;

（4）有良好的稳定性,即良好的耐大气老化性、良好的化学稳定性、良好的耐水性、较低的吸水率、足够的耐热性或耐低温性;

（5）破损涂层易于修补。

常用的管道外覆盖层有石油沥青防腐层、环氧煤沥青防腐层、聚乙烯防腐层、二层PE防腐层、三层PE防腐层、熔结环氧粉末外涂层等。根据管道所处环境腐蚀性及运行条件差异要求,通常将防腐层分为普通级、加强级和特加强级三种。选用防腐层,首先应确保管道防腐绝缘性能,再考虑施工方便、经济合理等因素,通过技术经济综合分析与评价确定。

在多石地段或河流穿越地段,应选用机械强度较高的熔结环氧、聚乙烯或二层PE、三层PE防腐层;在氯化物盐渍土壤地段应选用熔结环氧、聚乙烯及环氧煤沥青等耐氯离子腐蚀的防腐层；在沼泽地段，应选用长期耐水、耐化学腐蚀性的聚乙烯或环氧煤沥青防腐层；在碳酸盐型土壤中，可选用耐碳酸根腐蚀的石油沥青和聚乙烯防腐层；在输送介质温度高的条件下应优先选用熔结环氧或改性聚丙烯等耐温性高的防腐层。

管道外覆盖层的施工大体上分为4种：
（1）热浇涂同时缠绕内外缠带，主要用于沥青类防腐层；
（2）静电或粉末喷涂，主要用于熔结环氧粉末和熔结聚乙烯粉末防腐层；
（3）纵向挤出或侧向挤出缠绕法，主要用于易成膜的聚烯烃类防腐层；
（4）冷缠，主要用于聚乙烯胶粘带或改性石油沥青缠带。

（刘显英　任中华）

【石油沥青防腐层 anticorrosive layer of petroleum asphalt】 以石油工业副产品——沥青为原材料的防腐涂层。石油沥青防腐层的特点是价格低廉、黏度高，对酸性土壤和碱性土壤的耐受性能都比较好，易于修补，无需专用设备加工，原材料来源广，工艺简单，可以现场作业。缺点是人为因素多，劳动强度大，质量难以控制，涂层吸水率高，抵抗微生物腐蚀能力不好，抗微生物及植物根系破坏能力差，阴极保护电流大，在地下水位高、雨水多、植物（如芦苇、树木、蒿草）繁茂地带不宜采用。

中国长距离油气管道的防腐层多采用了石油沥青加玻璃布结构，防腐等级分为普通级、加强级、特加强级三种，即三油三布结构、四油四布结构和五油五布结构。

（吕宇玲　何利民）

【环氧煤沥青防腐层 coal tar epoxy coating】 一种将环氧树脂优良的物理化学性能与煤焦油沥青优良的耐水、抗微生物性能结合起来的一种涂料防腐层。环氧煤沥青涂料是甲、乙双组分涂料，由底漆的甲组分加乙组分（固化剂）；面漆的甲组分加乙组分（固化剂）组成，并与相应的稀释剂配套使用。它易于施工，能获得厚涂膜，在石油工业中得到了广泛的应用。

为了适应不同腐蚀环境对防腐层的要求，环氧煤沥青防腐层分为普通级、加强级和特加强级三个等级，其结构由一底层漆和多层面漆组成，面漆层间可加玻璃布。

环氧煤沥青用于埋地钢制管道外壁防腐蚀时，应根据土壤腐蚀性选用不同等级与结构的覆盖层，具体见表。在腐蚀环境恶劣或用户要求的情况下，防腐层可适当增加面漆层数。

根据土壤腐蚀性选用不同等级与结构的覆盖层

等级	结构	干膜厚度，mm
普通级	底漆—面漆—面漆—面漆	≥0.30
加强级	底漆—面漆—面漆、玻璃布、面漆—面漆	≥0.40
特加强级	底漆—面漆—面漆、玻璃布、面漆—面漆、玻璃布、面漆—面漆	≥0.60

采用玻璃布作防腐层加强基布时，宜选用经纬密度为（10×10）根/cm^2，厚度为0.10～0.12mm，中碱（含碱量不超过12%），无捻，平纹，两边封边，带芯轴的玻璃布卷。

环氧煤沥青涂装作业线与石油沥青作业线大致相同，通常是冷作业，但为了加速固化，每道涂层后可进入固化室固化，然后继续涂装。在很多场合下是手工作业或半机械化作业。

（吕宇玲　何利民）

【**熔结环氧粉末外涂层** fusion-bonded epoxy powder coating】　一种以空气为载体进行输送和分散的固体涂料，将其施涂于经预热的钢铁制品表面，熔化、流平、固化形成一道均匀的涂层。又称热固性重防腐环氧粉末涂料。按用途可分为管道内喷涂用粉、管道外喷涂用粉、石油钻管用粉；按管道外喷涂用粉分为单层粉、双层粉、三层结构防腐用粉；按固化条件可分为快速固化、普通固化两种类型。快速固化粉末的固化条件一般为230℃/（0.5～2min），主要用于管道外喷涂或三层防腐结构，由于固化时间短，生产效率高，适合流水线作业；普通固化粉末的固化条件一般为230℃/5min以上，由于固化时间长，涂层流平好，适用于管道内喷涂。

涂敷方法主要有静电喷涂法、热喷涂法、抽吸法、流化床法和滚涂法等。管道内涂敷一般采用摩擦静电喷涂法、抽吸法或热喷涂法；管道外涂敷一般采取静电喷涂法；异型件采用流化床法或静电喷涂法。

熔结环氧粉末外涂层具有优良的机械性能、抗腐蚀性能和耐久性能，被广泛应用于陆上、水下、海底等管线的防腐涂装，为处于各种环境中的管线长期低维护运行提供了可靠的保证。

（吕宇玲　何利民）

【**聚乙烯防腐层** polyethylene coating】　一种采用聚乙烯为外涂层的管道防腐覆盖层。聚乙烯防腐层分为二层结构和三层结构两种。

（1）两层结构的底层为胶黏剂，外层为聚乙烯。其主要性能特点是机械性能高、防腐蚀性能好、施工技术较成熟。但如果胶黏剂性能不好，就会使剥离的聚乙烯层对阴极保护产生屏蔽作用。

（2）三层结构的底层为环氧涂料，中间层为胶黏剂，面层为聚乙烯。三层结构中的环氧涂料可以是液体环氧涂料，也可以是环氧粉末涂料。其特点与相关性能指标在三层 PE 防腐层的词条中进行列举。

采用聚乙烯层外防腐技术时，应根据不同的土壤腐蚀环境，选用不同等级结构的防腐层。

（吕宇玲　何利民）

【聚乙烯胶黏带防腐层 polyethylene tape coating】 一种以聚乙烯为基材制成胶黏带，采用缠绕法施工的防腐覆盖层。它施工方便，所需设备简单，能在现场施工，即可手工作业又可实现自动化施工，防腐性能好，且无环境污染，所以得到了广泛的应用。其发展大致可以分为三个阶段：

（1）涂布法胶液涂布胶黏带：采用聚乙烯的吹塑薄膜为基材，通过电晕处理后再涂上用有机溶剂甲苯类溶解的天然橡胶的胶液，经过溶剂挥发后残留胶膜而制成涂布型胶带。此类胶带，具有生产设备投资少、成本较低的优点。但存在吹塑薄膜均匀度差、电晕处理时效有限、天然橡胶易老化等缺点。宜在规模较小，防腐等级较低，使用年限较短的工程上采用。

（2）热熔涂布型胶黏带：采用聚丙烯编织物或薄膜类等为基材，用改性沥青加热熔化后涂敷于上述基材而制成。这一类胶黏剂在一定的温度范围内具有很高的粘接强度，胶黏带的剥离强度和对背材的黏结力都很高。但由于这种胶黏带的胶层材料中主要成分是沥青，其施工温度宜控制在 5～50℃ 之间。当此类胶黏带基材是织物时，因具有网格空隙，其电气绝缘强度只有聚乙烯基膜胶黏带的 50% 左右，因而该防腐层在地下管线应用时易被植物根茎破坏。宜在环境条件较好、温度变化较小的工况与区域使用。

（3）共挤法热复合型聚乙烯胶黏带：采用聚乙烯压延膜与丁基橡胶胶黏剂共挤热复合压延而成。由于采用聚乙烯压延工艺，使聚乙烯压延成膜时分子有一定程度的取向，增加了聚乙烯膜的机械强度。而丁基橡胶在所有的橡胶中具有最优异的气密性，还具有其他橡胶不具备的独特自融粘结性，从而使聚乙烯—丁基橡胶热复合型聚乙烯胶黏带具有机械强度高、剥离强度大、电气强度高、气密性好、耐温范围广、施工方便、无环境污染和防腐寿命长等优点，成为国际上广为采用的防腐胶黏带。

（吕宇玲　何利民）

【**硬质聚氨酯泡沫塑料** rigid polyurethane foam plastic 】 将有机多异氰酸酯、多元醇化合物和各种助剂按一定比例混合反应而得到的多分子材料。聚氨酯硬泡多为闭孔结构，具有绝热效果好、重量轻、比强度大、施工方便等优良特性，同时还具有隔音、防振、电绝缘、耐热、耐寒、耐溶剂等特点，广泛用于建筑物、储罐及管道保温材料，一般而言，较低密度的聚氨酯硬泡主要用作隔热（保温）材料，较高密度的聚氨酯硬泡可用作结构材料（仿木材）。

（吕宇玲 何利民）

【**管线内防腐层** internal anti-corrosion coating of pipelines 】 防止管线内壁腐蚀而在管线内壁涂敷的覆盖层。管线内壁与输送介质直接接触，而大多数的输送介质中都含有水、溶解氧、二氧化碳、硫化氢、硫酸盐还原菌、氯离子以及有机酸等腐蚀性因子，在温度、压力、流速以及交变应力等多元因素复合交错作用下，使金属管线内壁遭受化学和电化学腐蚀，输气管线中含有的二氧化碳和硫化氢还会导致管线的应力腐蚀开裂。管线内防腐层是防止管线内壁腐蚀有效方法之一。

管线内防腐层为钢材与具有腐蚀性管输介质之间提供一个隔离层，可作为一种内腐蚀控制方法。对内防腐层的要求如下：（1）防腐层应具有对管输介质、污物、腐蚀性杂质等抗侵蚀的能力，而且必须与管输介质兼容，不致损害管输介质。（2）具有优良的与钢管界面的附着力，尤其是涂层的湿膜附着力。（3）为了降低防护成本，在不影响防腐质量前提下，对钢管表面处理要求尽可能低。（4）面层涂料具有优良的耐蚀、耐磨、耐温和抗介质渗透性。（5）所选用的涂层工艺能确保防护层结构各界面之间具有良好的活性附着力，充分发挥涂层材料的性能，避免界面污染。（6）防腐层的综合经济效益最佳。

常用的管线内防腐层材料有环氧树脂涂料、环氧酚醛涂料、聚氨酯涂料、漆酚涂料和熔结环氧粉末等。熔结环氧粉末涂层在管线内防腐应用广泛，具有优越的性能、简化的成膜工艺，较明显地体现了经济、效果、生态、能源的四大发展原则。另外，对于输水管道，普遍使用水泥砂浆衬里和聚烯烃膜衬里。

管线内防腐层可以在涂敷车间逐节预制，或者在施工现场整体管道涂敷。主要涂敷工艺有：（1）溶剂型旋喷式涂敷工艺，适用于单根管材的工厂专用生产线上集中涂敷，所用涂料为溶剂型涂料；（2）熔结环氧涂层涂敷工艺，适用于单根管材的工厂专用生产线上集中涂敷，所用涂料为粉末环氧树脂涂料；（3）薄膜衬里工艺技术，三层结构的聚烯烃膜内衬，采用防腐层、增强层和增黏层三层复合共挤成膜，内衬方式主要有牵引法、翻衬法等；（4）水泥砂浆内衬工艺，是给水管道最经济的无污染的无机涂层，有内挤涂一次成型法、车载抛涂法和离心法等三种施工方法；(5) 连续涂敷工艺，也称挤涂工艺技术，适用于现场连续涂敷。

（刘显英　任中华）

【**管道输油工艺** oil transportation technology】　输送原油及成品油的管道输送方法。根据油品性质和输量确定输送方法、流程、输油站类型与位置，选择管材和主要设备，制定运行方案和输量调节措施。轻质成品油和低凝固点、低黏度的原油常采取油品等温输送，即炼油厂或油田采出的油品直接进入管道，其输送温度等于管道周围的环境温度；对轻质成品油大多采用油品顺序输送；对易凝高黏油品常用油品改性输送。

特点：运输量大；管道大部分埋设于地下，占地少，受地形地物限制少，可缩短运输距离；密闭安全，能够长期连续稳定运行；便于管理，易于实现远程集中监控；能耗少，运费低；适于大量、单向、定点运输石油等流体货物。

（吕宇玲　何利民）

【**油品等温输送** oil isothermal transportation】　在油品输送过程中油温保持不变的管道输油工艺。由于来油温度与地温不等、摩擦热对油流加热、沿线地温的变化等实际因素，在工程实际中，一般总把那些不建设专门的加热设施的管道统称为等温输油管道。如轻质成品油（汽油、煤油、轻质柴油等）管道，倾点（或凝点）低于地温的原油管道等。

（吕宇玲　何利民）

【**油品加热输送** oil heating transportation】　加热油品，使其在管道输送时不凝、低黏，以降低输油动力消耗的管道输油工艺。将油品加热后输入管路，提高输送温度使油品黏度降低，减少摩阻损失，降低管输压力，借消耗热能来节约动能，并使管内最低油温维持在凝点以上，保证安全输送。常用于易凝、高粘油品的输送。特点如下：

（1）输送过程中沿程的能量损失包括热能损失和压能损失两部分。在热油沿管道向前输送的过程中，由于其油温远高于管道周围的环境温度，在径向温差的推动下，油流所携带的热量将不断地往管外散失，因而使油流在前进过程中不断地降温，即引起轴向温降。轴向温降的存在，使油流降低到接近凝点时，单位管长的摩阻将急剧升高。

（2）输送过程中的热能损失和压能损失相互联系，且热能损失起主导作用。

（3）输送过程中管道沿线油温变化，油流黏度不同，沿程水力坡降不是常数。沿油流方向距加热站越远，油温越低，黏度越大，水力坡降越大。

（吕宇玲　何利民）

【油品顺序输送 oil sequential transportation】 在一条管道内，按照一定批量和次序，连续地输送不同种类油品的管道输油工艺。多应用于成品油管道上。特点：

（1）顺序输送时会产生混油。在顺序输送管道中，当两种油品交替时，在接触区内两种油品混合，会产生一段混油。

（2）首、末站需要较大的油罐容量。对于顺序输送的管线，某段时间内输送某种油品，其余几种油品停输，为了调节首、末站的供求关系，就要相应的加大首、末站油罐的容量。首、末站油罐的容量与循环周期有关，循环周期越长，每次输送一种油品的时间越长，所需罐容量越大。

（3）输送多种油品，水力情况复杂，需要校核多种工况。

（4）需要较高的自控水平和可靠的检测仪表。当混油段到达管路终点时要及时切换，以及两种油品交替时不稳定的水力过程，均需可靠的设备、准确的检测仪表及较高水平的自动调节装置。

（5）成品油管道设计和运行管理中必须控制管道各时段沿线的分输量和管输量，以保证管道安全平稳的运行。

📝 推荐书目

杨筱蘅.输油管道设计与管理［M］.中国石油大学出版社，2013.

（吕宇玲　何利民）

【油品改性输送 oil modified transportation】 对高凝原油进行改性处理改善其流动性能的管道输油工艺。包括热处理输送、降凝输送、热处理加降凝综合输送、加轻油稀释输送等。

油品改性输送优点是仅在首站对油品进行改性处理，管道沿线加热站设置数量较少，管理方便，技术成熟。其缺点是受油品本身物性的影响较大，一旦油品性质变差或凝点出现反弹，输送条件会受到限制，首站油品热处理系统比较复杂。

（吕宇玲　何利民）

【降凝输送 pour point depressing transportation】 对原油进行降凝处理改善其流动性能的管道输油工艺。降凝法包括物理降凝法、化学降凝法和物理—化学降凝法。

（1）物理降凝法。首先将原油加热至最佳的热处理温度，然后以一定的速率降温，在温降过程中，原油体相中析出的蜡重新结晶，由于胶质、沥青质的作用，形成低表面能的蜡晶团，改善了含蜡原油的低温流动特性，达到降低原油凝点的目的。

（2）化学降凝法。在原油中加降凝剂，降凝作用机理主要有晶核理论、共晶理论、吸附理论、改善蜡的溶解性理论。

（3）化学—物理降凝法。在原油中加入降凝剂并对加剂原油进行热处理。综合处理后的原油比热处理后的原油具有更好的低温流动性，表现在析蜡点以后原油黏度更低和原油具有牛顿流体特点的温度范围更宽（即反常点出现的温度更低）。

（吕宇玲　何利民）

【降凝剂 pour point depressant】 一类能够降低石油及油品凝固点（SP），改善其低温流动性的物质。加入少量降凝剂即能改变石蜡原有结晶状态，使其不易形成网络结构，从而降低原油凝固点，改进原油流动性。

降凝剂并不是与原油发生化学反应，而是改变蜡晶的尺寸和形状，阻止蜡晶形成三维空间网状结构。降凝剂不能抑制蜡晶的析出，只能改变蜡晶形态，使蜡晶形成三维空间网状结构的能力变弱，因而增强了原油的流动性。原油降凝剂主要有：

（1）表面活性剂型原油降凝剂：如石油磺酸盐和聚氧乙烯烷基胺，通过在蜡晶表面吸附的机理，使蜡不易形成遍及整个体系的网络结构而起到降凝作用。

（2）聚合物型原油降凝剂：在主链和（或）支链上都有可与蜡分子共同结晶（共晶）的非极性部分，也有使蜡晶晶型产生扭曲的极性部分。

（吕宇玲　何利民）

【加轻油稀释输送 oil dilution transportation】 以加入轻油作为稀释剂降低输送原油黏度的管道输油工艺。轻油（稀释剂）加入原油后可使混合油中蜡、胶质、沥青质的浓度，析蜡温度，原油的黏度和凝点下降。稀释剂的密度、黏度越小，其降凝降黏效果越明显。

稀释比和混合温度选择得当时，可实现不加热输送。最优混合温度一般比稠油中最黏组分的凝点高3～5℃。稀释比的确定，应以保证油流处在层流状态为原则，防止因稀释降黏或混输量增大而使油流进入湍流状态，削弱已有的减阻增输效果。

加轻油稀释输送可直接利用常规的原油输送系统，在停输期间不会发生凝管，在稀油供应充足且有保障的情况下是一种行之有效的方法。掺稀油会对原油物性产生影响，且需要建设稀油专输管道，应考虑原油加工（后处理）方案和综合经济效益。

（吕宇玲　何利民）

【原油磁处理输送 oil magnetic treatment transportation】 使原油通过磁场的作用，以达到降黏或防蜡的管道输油工艺。原油经过磁处理后，物性会发生暂态变化：含蜡原油的析蜡温度降低、黏度减小，结蜡减少且很容易被清除。磁处理原油可以防蜡、防垢，同时降低管道摩阻，增加输量。分为外磁式处理和内磁式处理。外磁式处理是原油通过设置在管外壁、具有一定磁场强度和磁场形式的磁处理段；内磁式处理是通过置于管内的磁场区间。

利用磁场作用，使石蜡分子及其聚合体产生磁感应、共振破碎、弥散蜡晶；增强石蜡与胶质的相互作用，减少石蜡直接向管壁析出结晶的概率，降低蜡晶表面能，阻碍蜡晶聚结，改善原油流动性的同时，也起到防蜡、防垢的作用。对于磁处理降黏作用机理，主要的观点有：磁致分子取向排列、磁场导致颗粒团聚以及磁场作用下蜡晶分子间的色散力增强等。

原油磁处理降黏主要采用永磁铁制成的管式磁化器（见图）和脉冲磁场这两种方式。磁场有空间交变、时间交变以及不同的强度和形态，可用永磁体，也可用电磁场。磁处理时间越长，磁降黏效果越明显。此外，磁降黏效果还与原油处理温度、磁感应强度、原油通过磁场的流态、含水率等因素有关。原油磁处理作用属于一种暂态物理过程，随着时间的推移，磁处理效果将逐渐恢复到未经磁处理前的状态，因此需保持磁处理的时效性以满足长输管道的输送要求。

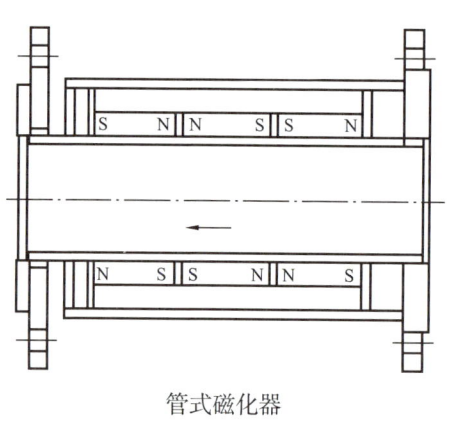

管式磁化器

（吕宇玲　何利民）

【加减阻剂输送 oil transportation with drag reduction agent（DRA）】 通过加入减阻剂可以减小流动摩擦阻力或增加输量的管道输油工艺。

管输油流随着管道量的增加，靠近管壁的层流部分逐渐减少，管道中心的湍流核心区相应增大。大部分油流处于湍流状态下，能量多消耗在涡流和其他随机运动中，油流的压力损失呈非线性迅速增大。通过向湍流核心区与层流薄层之间的过渡区注入油相减阻剂，改变管壁附近过渡区油流的运动状态，扩大已有的层流区，存储漩涡变化时的应变能，抑制其运动，减少油流的能量损耗，降低摩擦损失，获得在原来输量下降低运行压力或在原输送压力下增加输量的效果。

减阻效果的影响因素：

（1）减阻剂种类、浓度的影响：减阻剂的分子量大，其主链越长，减阻效果越好。随着减阻剂浓度增加，减阻率增高，但其增长速率越来越小。减阻率有一极大值，达到后就不再随浓度的增加而变化。

（2）雷诺数的影响：只有当雷诺数达到一定数值后，减阻剂的减阻作用才显示出来。低于此雷诺数或在层流流态，减阻剂不起作用。其他条件一定时，减阻率随着雷诺数增大而上升，雷诺数达到一定范围后，减阻率不再增大。

（3）油流温度升高及油品黏度较低时，减阻效果较好。

（4）高速剪切使减阻剂发生降解，导致部分或完全失效。故减阻剂均在泵出口注入，只在站间管段内起作用。

（吕宇玲　何利民）

【**减阻剂　drag-reducing additive**】 管道输油过程中一种用于降低流体流动阻力的化学剂。在流体输送时将它加入流体中，可以取得提高流量、降低能耗等效果。减阻剂广泛应用于原油和成品油管道输送，可在特定地段提高管道流通能力和降低能耗。

可用于油相减阻的化学添加剂大致分为高分子聚合物和表面活性剂两大类。高分子聚合物应用时存在机械降解的问题，且柔性分子长链结构破坏后无法自行恢复，导致减阻能力下降甚至永久性丧失。表面活性剂具有降解可逆性，即在高剪切或高温作用下，减阻性能暂时丧失，待流动状态恢复到有效减阻参数范围内时可自动、快速恢复，继续发挥减阻功效。此外，表面活性剂在减少阻力的同时也使热传导效率降低，有利于热油输送。油溶性减阻剂其添加量小、减阻效果明显、抗剪切性好，在管输液体中有良好的溶解性，对下游用户无不良影响。减阻剂的使用对流态有严格的要求，即管道中的流体必须是湍流，层流时不起作用，而且只对直管有效。

在减阻剂加入管道以后，减阻剂呈连续相分散在流体中，靠本身特有的黏弹性，分子长链顺流向自然伸呈流状，其微元直接影响流体微元的运动。来自流体微元的径向作用力作用在减阻剂微元上，使其发生扭曲，旋转变形。减阻剂分子间的引力抵抗上述作用力反作用于流体微元，改变流体微元的作用方向和大小，使一部分径向力被转化为顺流向的轴向力，从而减少了无用功的消耗，宏观上得到了减少摩擦阻力损失的效果。

减阻剂生产的技术关键主要包括两个方面：一是超高分子量、非结晶性、烃类溶剂可溶的减阻聚合物的合成；二是减阻聚合物的后处理。

（吕宇玲　何利民）

【水环输送 water ring conveying】 利用水和油的互不相溶的特性，在管道内壁上充满一层水膜，形成水环，降低流动阻力的管道输油工艺。

输送过程中，通过向原油中掺入一定量的低黏度、不相溶液体（一般为水），将油流的速度控制在一定范围内，形成环状流，将黏度大的稠油作为芯流引入输送管道中，使其被水环包围，不与管壁接触，这层水环可吸收管壁和流体之间存在的剪切应力，降低流动阻力。

环状流型稳定性比较差，很容易遭到破坏而最终形成混相的形式，为了提高环状流的稳定性，可以在水中加入添加剂使管壁疏油；环状流的压力损失是含水率的函数，当含水率增大时，压力损失降至最小值，长距离输送经过泵增压时如何不破坏环状流型是一个难题。

（吕宇玲　何利民）

【混油界面检测 mixed oil interface detection】 对于多种油品的顺序输送，为及时进行油品分输和末站混油界面切割所进行的检测。是保证输送油品质量的关键。油品界面检测仪器主要有：

（1）密度计。直接测液体密度对混油界面进行检测。

密度计有多种形式，如浮筒式、重量式、压差式、振动式、射线式。

（2）超声波界面检测器。用来检测不同流体声速的改变，通过准确地测量超声脉冲通过液体通道时的速度来实现。

（3）记号型界面检测系统。先把作为记号的物质溶解在有机溶剂中制成示踪物，在首站将示踪物注入界面，在末站检测记号物质即可得知混油段，随界面的变化，示踪物会扩散开来，在末站的有关仪表上可记录到强度信号，由此可确定混油头与混油尾。记号物质可采用色素染料、荧光染料和具有高电子亲和力的化学惰性气体。由于色素染料放置于某些成品油中会降低其商品价值，现在一般已不采用色素染料作为示踪物质。

（4）光学界面检测系统。利用不同油品对光的折射率不同检测油品界面。

（5）其他。主要包括色度计、电容型界面检测系统、放射型界面检测系统等。

（吕宇玲　何利民）

【混油处理 mixed oil processing】 对油品顺序输送中前后两种油品交界处互相掺混的油品进行的处理。混油处理是长距离顺序输送成品油管道以及油品储存的重要生产环节。

常用的混油处理方法有三种：一是在不影响成品油品质量的条件下按比例往纯油中回掺（见图），掺混比例的确定以保证油品质量为前提；二是设置混油处理装置，对混油进行常压分馏，将其分馏成不同纯油品后，作为产品进罐；三是依托附近炼厂进行回炼处理。除此之外，还可以采用金属氧化法、碱处理法、蒸馏法和过滤法等方法进行混油处理，但这些方法不是很常用。国内外常用掺混方式处理顺序输送所产生的混油。

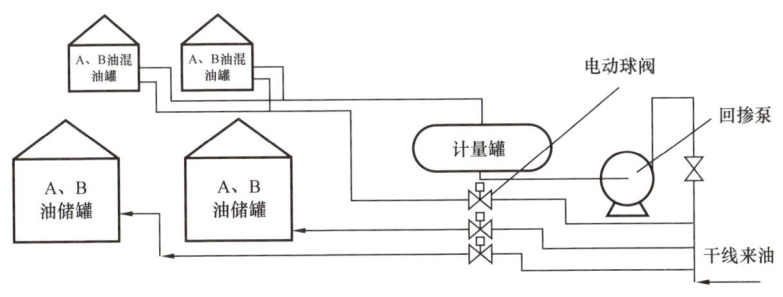

回掺法混油处理工艺流程图

成品油顺序输送管道末站必须建混油罐，以用于储存混油。若末站距离炼厂较远，末站可设置一套混油处理装置，一般是采用简单的常压蒸馏工艺。混油处理装置年设计处理量的确定取决于需处理的混油量及装置建设和运行的综合费用。

（吕宇玲　何利民）

【混油切割 products cutting】 对油品顺序输送中的混油段进行切割分段。切割分段方式主要有：

（1）两段切割：将混油段切割成两部分，收入两种纯净油品的储罐内。

（2）三段切割：将能够掺入前后两种纯净油品罐内的混油（即混油头和混油尾）切入两种纯净油品的储罐内，其余混油进入混油罐。

（3）四段切割：将能够掺入前后两种纯净油品罐内的混油（即混油头和混油尾）切入两种纯净油品的储罐内。其余混油按50%分成两部分，前部分富含A油，后部分富含B油，分别切入两个不同的混油罐中。然后把富含A油的混油逐渐掺混到纯净的A油中，把富含B油的混油逐渐掺混到纯净的B油中。

（4）五段切割：一般采用将含有后行油品1%的混油段（混油头）直接切入前行油品中；将含有1%～33%后行油品的混油段切入富含前行油品的混油罐中，以便按照比例回掺入前行油品中；将含有33%～66%后行油品的混油段切入中间混油罐中，以便利用混油处理装置将两种油品分离；将含有66%～99%后行油品的混油段切入富含后行油品的混油罐中，以便按照比例回掺入后行油品中；将含有后行油品99%的混油段（混油尾）直接切入后行油品中。五段切割方式的末站混油切割见图。

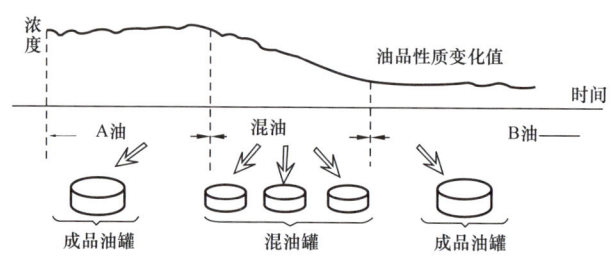

五段切割末站混油切割

（吕宇玲　何利民）

【输油流程 oil transportation process】 通过输油管道将接转站（转油站）收集的含水原油输至油气集中处理站或将油气集中处理站生产的净化原油输至油田储油库的流程。是油田油气集输的重要工艺流程之一。油田一般由多个分散区块组成，油井分布面积较大，多数油井仅靠自喷或抽油机提供的压力难以将油气送到油气集中处理站，通常需设接转站对原油增压后管输至油气集中处理站处理，而油田储油库一般建在油田边部，油气集中处理站生产的净化原油也需通过输油管道才能送到油库储存、外销。油田输油流程按加热方式分为加热输送流程与不加热输送流程，按是否密闭分为密闭输送流程和旁接油罐输送流程。

不加热输送流程：原油在管道输送过程中，没有外加热量而是在基本保持接近管道周围土壤的温度下输送。该流程简单，节省热能，对于输送凝点低、黏度低的原油，或水包油型的高含水原油宜优先考虑。

加热输送流程：原油在管道输送过程中，外加热量使其温度提高，输送过程中原油向周围土壤散失热量，温度逐步下降。通常对凝点较高，黏度过高的原油采用加热输送。当所输原油凝点高于管道埋设深度处土壤自然月平均温度时，一般考虑采取加热输送，使管道中原油最低温度高于原油凝点。通常，设计时取进站最低油温比原油凝点高 3～5℃，以避免原油在输送过程中凝固。对于凝点低于埋管处土壤自然月平均温度，但黏度较高的原油，可以考虑加热输送，通过加热降低原油的黏度，以减少管道摩阻损失，提高输油泵效率，节约输油电能消耗。加热输送增加热能消耗，应通过对管道输送热能和电能消耗的综合分析，确定加热输送的经济合理性及最优的加热温度。

旁接油罐输送流程：中间泵站设旁接罐与输油泵进口管线旁接连通，起缓冲调节作用。动能消耗较大，原油轻馏分损失较多。

密闭输送流程：原油从起点站进入管道后直到管道末站，一直在不接触大气的密闭状态下输送。动能消耗较小，原油轻馏分损失少。

（李建民）

【旁接油罐输送流程 floating line transportation process】 中间泵站利用油罐与输油泵进口管线旁接进行输油的流程。是管线输送中间泵站流程之一，属不密闭输油流程，已较少使用。一般采用并联式输油泵，并由旁接罐与输油泵进口管线旁接连通。旁接罐起缓冲调节作用，各个中间泵站的进站压头都近似等于旁接罐液位高度，不会发生全线压力波动。各个泵站间的输量可能不一致，其输差由旁接罐调节。旁接罐容量按管道的 1~1.5h 输送量确定。

旁接输送流程满足正输、全越站，收、发清管器或清管器自动越站等操作要求。操作较易掌握，对自动控制要求不高。不能利用进站余压，各泵站旁接罐与大气接触，同密闭输送方式相比，动能消耗较大，原油轻馏分损失较多。

（李建民）

【密闭输送流程 airtight transportation】 原油一直在不接触大气的密闭状态下输送的流程。管线各中间泵站没有旁接罐，是普遍采用的比较先进的管线输送流程。密闭输送时全线各个泵站间的输送量相同，但各泵站的出站压力可能不同。密闭输送的中间泵站输油泵一般选用高效率的串联式泵，只有当两中间泵站间地形高差（正值）大于中间泵站总扬程一半以上时，以及管道输送量变化范围较大时，才采用并联式泵。串联式泵一般在有压头条件下工作。布置泵站时，应使各中间泵站进站压力达到泵要求的最低压头。泵进口所承受的最大压力为上站余压及水击压力之和。这一最低压头及最大压力应与输油泵的性能相适应。

泵站设压力调节系统，通常在泵站出口设压力调节阀，控制中间泵站进口压力不低于输油泵要求的最低压头，泵站出站压力不高于管线规定的最高工作压力。调节阀由调节器或可编程序控制器控制。

密闭输送管线还应根据水击分析结果采取相应的水击保护措施。

（李建民）

【输油站 oil transportation station】 沿输油管道干线为输送油品而建设的各种作业站场。其基本任务是给油流提供能量（压力能、热能），安全经济地将油品输送到终点，有的还具有分输、计量和收发清管球等功能。

依据输油站在管线中所处位置的先后顺序，分为输油首站、中间站和输油末站。按照功能又可分为增压站、加热站、减压站和分输站等。如果站内既有泵站又有加热站，则称为热泵站；仅有加热系统的站，称为加热站；仅用泵给油品加压的站，称为增压站；用来减压的中间站，称为减压站；仅用来收、发清管器的中间站，称为清管站。

输油站包括生产区和管理区两部分，生产区内又分作业区和辅助作业区。

输油站作业区包括输油泵房、阀组间、清管器收发装置、油品计量及标定装置、油罐区、加热系统、站控室及油品处理设施等；辅助作业区包括供电系统、通信系统、供热系统、供排水系统、消防系统、机修间、油品化验室、阴极保护间、车库、办公室等。

输油工艺流程系统由站内管道、管件、阀门所组成，并与其他输油设备（包括泵机组、加热炉和油罐）相连。输油站工艺流程应满足输送工艺及各生产环节（试运投产、正常输油、停输再启动等）的要求。输油站的主要功能包括：来油计量；正输、反输、越站输送；收发清管器；站内循环或倒罐；停输再启动等。输油工艺流程还应便于事故处理和维修，流程尽量简单，尽可能少用阀门、管件，力求减少管道及其长度，充分发挥设备性能，节约投资，减少经营费用。

（吕宇玲　何利民）

【输油首站 head station of oil pipeline】 长距离输油管道起点站场。基本任务是接收矿场、炼厂或转运站来油，经计量后向下一站输送。由于接收原油和管道运输之间存在不平衡性，一般首站建有大的油罐区，及相应的输油泵区和油品计量装置、油品化验和预处理设施，有的还设有加热系统。

输油首站的功能包括接收来油、计量、站内循环或倒罐、正输、向来油处反输、加热、收发清管器等，工艺流程如图所示。

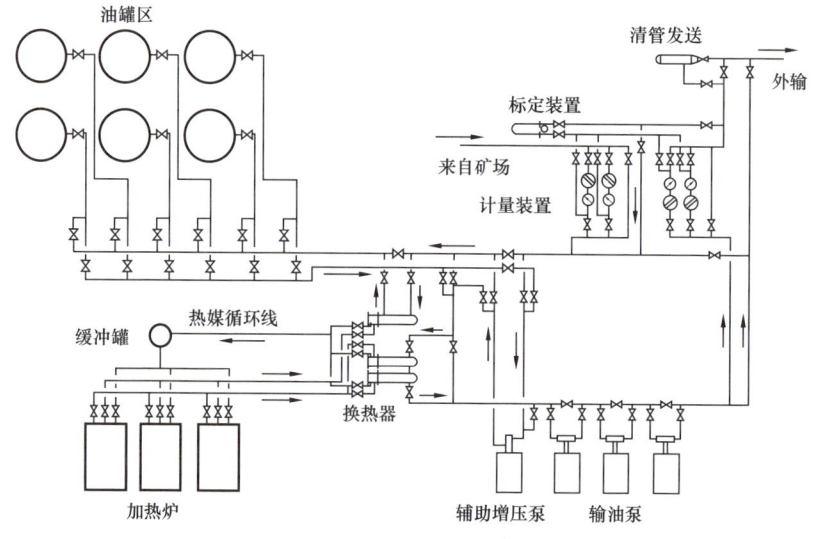

输油首站工艺流程

（吕宇玲　何利民）

【输油末站 oil pipeline terminal】 管道运输的终点站场,常是港口或铁路枢纽站的转运油库、成品油的分配油库或炼厂的原油库。其基本任务主要有两个:一是接收管道的来油;二是给用油企业转运油品或改换运输方式(如海运)。从本质上讲,末站可认为是一个大型转运油库。设有容量较大的罐区、精度高的计量装置、清管器接收装置及相应的转输设施和油品处理设施。若为转运油库还有大排量、低扬程转油泵。

末站功能包括接受来油、进罐储存、计量后装车(船)、向用油单位分输、站内循环、接收清管器、反输等。如果是顺序输送管道的末站,还有分类进罐、切割混油、混油处理等,工艺流程如图所示。

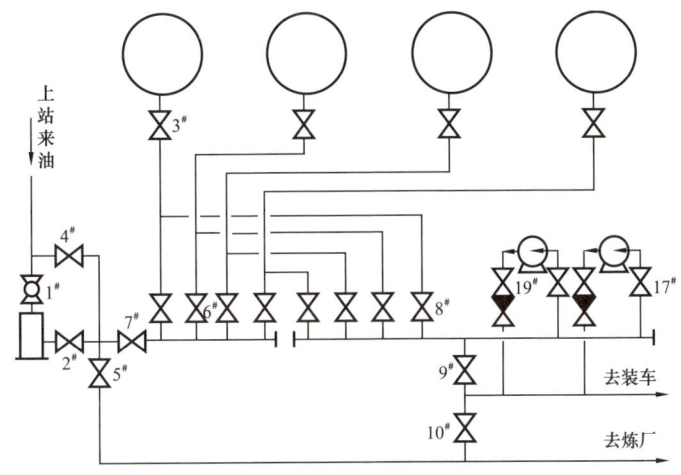

输油末站工艺流程

(吕宇玲 何利民)

【输油泵 oil transfer pump】 用于输油管道系统的专用泵。是输油管道系统输送油品的动力源,是输油管线的心脏。基本任务是供给油流一定的能量,使油品在管道中流动。

输油泵按工作原理,分为叶片泵(如离心泵、轴流泵等)、容积泵(如齿轮泵、螺杆泵等)和其他类型泵(如射流泵、水锤泵等)三类。离心输油泵具有结构简单、运行稳定、压力平稳、维护快捷方便的特点和优势,在输油管道中应用最为广泛。实际工程中按照所输送油品的性质选择不同类型的输油泵。

(吕宇玲 何利民)

【减压系统 decompression system】 密闭运行输油管道中，为防止管线中压力剧烈波动，及复杂输油管道系统中出现的水击现象、局部管道爆裂泄漏事故等，在建设过程中设置的压力控制系统。

输油管道减压系统主要是通过控制管线的压力来保证油品输送管线运行在安全的压力范围内，根据当前工况和目标工况，通过调节压力设定值来控制压力波动和超限。同时对输油管道压力控制可以及时应对异常工况做出调整，从而防止异常情况下引起的事故，确保管道运行的安全。减压系统一般由各种减压阀组成。

（吕宇玲　何利民）

【水击 water hammer】 在压力管路中，由于液体流速的急剧变化，从而造成管中液体的压力显著、反复、迅速的变化，对管道有一种"锤击"的现象。产生水击的内因是液体的惯性和压缩性，外因是外部扰动（如阀门的开闭、水泵的启停等）。

水击传播过程分为四个过程：压缩过程：水击波传播到管道进口，这时整个管道压力都升高，液体受到压缩，密度增高，管壁膨胀；压缩恢复过程：管道中液体压缩恢复，各处压力正常；膨胀过程：与压缩过程的传播情形一样，管道中液体处于膨胀状态，压力比正常情况下低；膨胀恢复过程：管道中液体压力都恢复到正常情况下的密度，结束膨胀状态。

水击按阀门启闭时间和波的往返传播时间的关系可分为直接水击和间接水击。直接水击：阀门关闭的时间 $T_s \leq 2l/v_0$，即第一道反射的膨胀波还未到达阀门，阀门已经关闭。阀门处将产生最大的水击压强。间接水击：阀门关闭的时间 $T_s > 2l/v_0$，即反射的膨胀波陆续到达阀门时，阀门还没有完全关闭，阀门处压强还不到最大值。根据阀门开大或关小分为正水击和负水击。正水击：阀门迅速关小。流量急剧减少，表现为管道中压力骤然升高。负水击：阀门迅速开大，流量急剧增大，表现为管道中压力骤然下降。

（吕宇玲　何利民）

【泄压阀 releasing-pressure valve】 一种用于泄放压力保护管道安全的阀门。输油管道应用较广的泄压阀有三种类型，即先导式泄压阀、氮气胶囊式泄压阀和氮气轴流式泄压阀，其压力泄放效果都能满足管道的要求。

先导式泄压阀是依靠阀体内部的导阀来开启的，其结构简单，安装方便，不需要额外的辅助设施，不适用于高黏油品（输送介质黏度大于 $50mm/s^2$ 以上时不适用）由于先导式泄放阀的导管较细，高黏油品易在导管内粘结，影响泄放效果。

氮气胶囊式泄压阀是利用外加氮气系统设定泄压阀的泄放设定值，需要一套复杂的氮气系统，结构复杂，体积大。胶囊式泄压阀内胶囊易老化，需要定期更换。另外，在管道投产初期，管道内含有较多的杂质，如焊渣、焊接熔结物以及其他杂物，当泄压阀泄放时，高速泄放的液体中夹杂的杂质可能划伤胶囊。但是胶囊式泄压阀对输送介质的黏度和凝点没有特殊要求，适用于高黏油品。

氮气式轴流泄压阀的结构原理类似于先导式泄压阀，所不同的是利用外加氮气系统，适用于各种油品，缺点是需要一套复杂的氮气系统，投资和运行费用较高。

泄压阀选型方法为先按照经验初选泄压阀口径，将阀的参数输入水击分析程序进行运算，如果分析结果表明保护效果符合要求，则所选泄压阀型号与口径适合；否则，应重新选取泄压阀口径，并进行计算，直至满意为止。

泄放阀参数的计算在于根据阀的口径及所定压力给定值确定其泄放量，计算公式如下：

$$Q = 0.0865 KF \sqrt{\frac{p_s}{\gamma}}$$

式中：Q 为泄放阀泄放能力，m^3/h；p_s 为给定压力值，kPa；γ 为油品相对密度；K 为黏度修正系数，按照液体的黏度大小取 0.7～0.9，黏度高者取较小值；F 为流量系数，随泄压阀口径与超过压力给定值的百分数而异（一般情况下，超过压力给定值的百分数取 10%，流量系数还与泄压阀的构造有关）。

（吕宇玲　何利民）

【安全停输时间 safety shutdown time】 油品加热输送管道停输后，其温降情况不妨碍再启动的最长停输时间。停输后，管内油温高于周围介质温度而继续散热，油温将不断下降，使管内存油的黏度上升，甚至凝结。故停输后温降太大时，管道将难以再启动，必须根据管道的具体情况限制停输后的温降范围。安全停输时间随季节、埋深、管径及油品物性而不同。

计算管道安全停输时间需要确定管道的最低允许启动温度，该温度决定了再启动过程所需要的启动压力，它受制于由管道承压和输油泵的工作特性所决定的最大启动压力，安全停输时间的确定过程是一个重复试算的过程（见图）。安全停输时间不是一个定值，它随管道输量、出站温度、自然地温和原油比热容的增加而增加，随总传热系数的增加而降低。

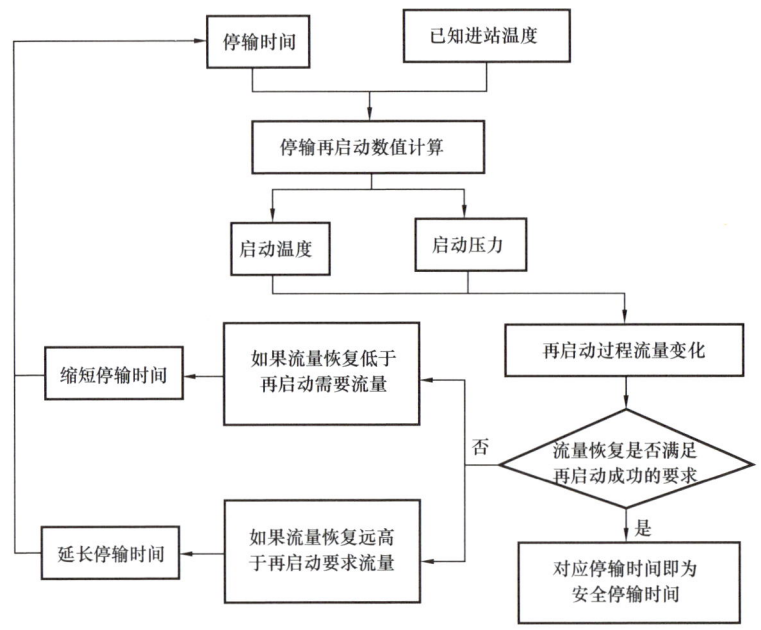

安全停输时间重复试算流程图

（吕宇玲　何利民）

【停输再启动 restart after shutdown】 油品加热输送管道停输一段时间后重新启动的过程。

油品加热输送管道停输后，由于管内油温不断下降，油品黏度增大，管壁上结蜡层增厚，会使管道再启动时摩阻增大。当油温降至凝固点以下时，可能在整条管道的断面上形成网络结构，必须有足以破坏凝油网络结构的高压，才能使管线油品恢复流动，而最高压力要受泵和管线允许强度的限制。管道停输后的温降过程属于不稳定的传热过程，温降规律受多种因素的影响。为了保证管线的顺利启动，必须了解管路在各种情况下停输后的温降规律，以确定顺利再启动的安全停输时间以及停输后必须采取的措施。

根据再启动时管内油品的状态，停输再启动可分为：管道全线为液相时的再启动，此时启动输油泵或者更换容积泵，利用小流量的高温油流（必要时更换低黏度油品）冲刷，使管壁的凝油和结蜡逐渐融化，直到恢复任务输量，再启动工作结束；管道沿线有部分管段凝油时的再启动，此时应将凝油管段与主管道隔离，先利用临时泵或压力车在凝油管段中间施压，将凝油向两端挤推，待凝油段打通后，再连接管道，启动输油泵或容积泵，用小流量高温油流进行冲刷；管道全线或大部分有凝油时的再启动，此时应采取分段挤推的方法，逐段打通全线各段，每段的长度可根据凝油开始移动时的力平衡计算。

（吕宇玲　何利民）

【**管道泄漏检测** pipeline leak detection】　埋地管道输油、气、水过程中，管道内输送的物料介质可能因腐蚀、冲刷、振动、季节变化等因素导致泄漏，管道泄漏不仅会影响管输的正常进行，而且当输送有毒害、腐蚀性、易燃易爆的介质时，还会污染环境，引起火灾爆炸事故，需要进行管道泄漏检测。检测方法主要包括直接检测和间接检测。

（吕宇玲　何利民）

【**直接检测** direct detection】　直接用测量装置对管线周围的介质进行测量，判断有无泄漏产生的管道泄漏检测方法。直接检测法可分为以下几类：

（1）直接观察法。依靠有经验的工人或经过训练的动物巡查管道，通过看、闻、听或其他方法来判断是否有泄漏发生。

（2）气体法。通过输气（油）管道沿线的可燃性气体超过规定的浓度阈值来判断是否有泄漏发生。

（3）清管器法。通常使用磁通清管器或超声清管器进行管道泄漏检查。磁通清管器是对管壁施加一个强的磁场来检测钢管金属对磁场的损耗，用传感器检测局部金属损耗引起的磁场扰动所形成的漏磁来进行检测。超声清管器是利用超声波投射技术判断泄漏的发生，性能上优于磁通清管器。

（4）检漏电缆法。采用附有易被碳氢化合物溶解的绝缘材料的两芯电缆沿管线埋设，当泄漏的烃类物质渗入电缆后，会引起电缆特性的变化，进而实现泄漏检测。检漏电缆多用于液态烃类燃料的泄漏检测，该种方式的特点是灵敏度高，能精确地对泄漏地点进行定位。然而需要预先在管道周围埋设大量传感器和传输装置，费用较高且只能对已经泄漏点进行定位而不能提前预报泄漏的发生。

（吕宇玲　何利民）

【**间接检测** indirect detection】　根据泄漏引起的管道流量、压力等参数及声、光、电等方面变化判断有无泄漏的管道泄漏检测方法。基本原理是利用磁通、超声、涡流、压力波等手段间接测得管道或流体相关物理参数变化或管道进出口物质平衡状况，或通过采集管道泄漏时产生的振动声音信息等方法，对管道进行间接检测。间接检测方法繁多，间接检测可分为：

（1）水压或气压试验检测。是最普通的管道泄漏检查方法，通常是在系统内充以压力水、空气或其他气体，然后观察整个系统有无泄漏，或使整个系统处于封闭状态用仪表观察其压力降来检查有无泄漏。

（2）体积或质量平衡法。利用管道在正常运行状态下其输入和输出质量应该相等，泄漏必然产生量差的原理进行管道泄漏检测。

（3）压力点分析法。在管道干线某位置或站场安装一个压力传感器，当发生泄漏时，泄漏点产生的负压波向管道两端传播，引起监测点处压力（或流量）变化，对检测点数据与正常工况的数据进行对比分析，即可检测出泄漏。根据负压波传播速度和负压波到达检测点的时间可对漏点进行定位。该方法具有使用简便、安装迅速等特点，适用于检测气体、液体和某些多相流管道，已广泛应用于各种距离和口径的管道泄漏检测。但压力点分析法要求捕捉到初始泄漏的瞬间信息，所以不能用于检测微小渗漏。

（4）负压波法。当管道发生泄漏事故时，在泄漏处立即有物质损失，与管道周围环境连通，造成压力降低。此时，泄漏部位会产生一个同时向上游与下游传播的减压波，此减压波称之为负压波。根据设置在管道两端的压力传感器压力信号的变化以及负压波传播到上、下游的时间差即可以判断泄漏并对泄漏进行定位。应用负压波检测方法的关键是区分正常操作和泄漏带来的负压波，负压波法是一种在线检测方法，需要持续不间断的指定和检测压力信号，这种方法在检测突然发生的较大规模泄漏时十分有效，但对于持续性、小规模的泄漏，因负压波形不明显且易受环境噪声的影响而不易被识别和检测；同时，在多分支、多节点管网中，压力波法对分支或节点瞬间分流引起的压力波动和真实泄漏引起的压力波动难以区分开。

（5）光学检测法。使用一种含有特定化学成分包层的光纤，当泄漏出的被检测物质与包层中的化学成分相遇时，即发生化学反应，使包层折射率改变，光线从中逸出。此时，只要沿光纤有规律地发射一短的光脉冲，当光脉冲遇到泄漏处时，一部分光线就会被反射回来，通过指定发射和反射脉冲间的时间差，即可实现管道泄漏检测。

（6）声发射技术法。当管道发生泄漏时，流体通过裂纹或者腐蚀孔向外喷射形成声源，然后通过和管道相互作用，声源向外辐射能量形成声波，这就是管道泄漏声发射现象。通过仪器对这些声发射信号进行采集和分析处理，实现管道泄漏检测。

（7）动态模型法。主要针对动态检测泄漏，瞬时模拟管道运行工况，以提供确定管道存储量变化的数据，为流量平衡法提供参考量，辅助实现管道泄漏检测。

（8）统计检漏法。根据在管道的入口和出口测取流体的流量和压力，连续计算泄漏的统计概率。当泄漏确定之后，可通过测量流量和压力及统计平均值估算泄漏量，用最小二乘方算法进行泄漏定位。

（9）瞬变模型法。建立管内流体流动的模型，在一定边界条件下求解管内流场，然后将计算值与管端的实测值相比较。当实测值与计算值的偏差大于一定范围时，即可认为发生了泄漏。在泄漏定位中使用稳态模型，根据管道内的压力梯度变化可以确定泄漏点的位置。

（10）压力梯度法。当管道正常输送时，站间管道的压力坡降呈斜直线，当发生泄漏时，漏点前后的压力坡降呈折线状，折点即为泄漏点，据此可算出实际泄漏位置。压力梯度法只需要在管道两端安装压力传感器，简单、直观，不仅可以检测泄漏，而且可确定泄漏点的位置。但因为管道在实际运行中，沿线压力梯度呈非线性分布，因此压力梯度法的定位精度较差，而且仪表精度对定位结果有很大影响。所以压力梯度法定位可以作为一个辅助手段。

（11）GPS 时间标签法。采用 GPS 同步时间脉冲信号，在负压波的基础上，强化各传感器数据采集的信号同步关系，通过采样频率与时间标签的换算，分别确定管道泄漏点上游和下游的泄漏负压波的速度，然后利用泄漏点上下游检测到的泄漏特征信号的时间标签差，就可以确定管道泄漏的位置。

（12）神经网络法。运用自适应能力学习管道的各种工况，对管道运行状况进行分类识别，是一种基于经验的类似人类认知过程的方法。能够迅速准确预报出管道运行故障并且具有较强的抗恶劣环境和噪声干扰的能力。

（吕宇玲　何利民）

【实时模型法 real-time model method】 由一组几个方程建立一个精确的计算机管道实时模型模拟管道中流体的流动，此模型与实际管道同步执行。定时取管道上的一组实际值，如上下游压力、流量，运用这些测量值，由模型估计管道中流体的压力、流量值，然后将这些估计值与实测值加以比较，当计算结果的偏差超过给定值时，即发出泄漏报警。

实时模型法进行管道泄漏检测的突出特点是对泄漏的敏感性好，可对泄漏点定位，并对管道连续监测。

（吕宇玲　何利民）

【质量平衡法 mass balance method】 基于动态体积或者质量平衡原理进行管道泄漏检测的管道泄漏检测方法。最普遍的做法是连续测量管道入口和出口的流量，应用动态质量平衡计算法检测管道，以确定管道是否发生泄漏。管道内质量不平衡量超过某一阈值时，表明管道存在泄漏情况。

（吕宇玲　何利民）

【负压波法 electromagnetic flowmeter】 通过检测在泄漏部位产生的速度向上、向下传播负压波判断管道是否泄漏的管道泄漏检测方法。通过负压波从泄漏点

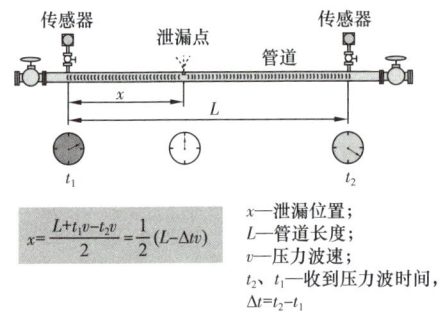

负压波法原理图

传播到管道首末两端的时间差以及负压波在管道中的传播速度来对泄漏点的位置进行定位（见图）。负压波法对于管道泄漏量大于瞬时流量的3%的泄漏可以比较准确的报警和定位。对于微漏、缓漏、多点泄漏检测效果不明显。

一套完整的负压波检测设备包括检测设备（传感器、变送器等）、站控计算机（数据采集处理单元、PLC、RTU、工控机等）、通信网络（路由器、交换机、光缆等）、主控计算机（服务器、客户终端等）。对于测漏软件，可由数据采集模块、数据处理模块、网络通信模块、数据库管理模块、定位计算模块、泄漏判断模块、人机界面模块等组成。

（吕宇玲　何利民）

【管道泄漏定位　pipeline leak location】　通过管道泄漏检测装置或采集管道的流量、压力、温度等数据确定管道泄漏位置的过程。可分为基于软件和硬件的方法。

基于硬件的方法是指利用由各种不同的物理原理设计的硬件装置，将其携带或铺设在管线上，以此来确定管道的泄漏位置。基于硬件的检测方法有直接观测法、"管道猪"法、探测球法、半渗透检测管法、检漏电缆法、检漏光纤法、GPS时间标签法、声发射技术法等。基于软件的方法则是根据计算机数据采集系统实时采集管道的流量、压力、温度等数据，利用流量或压力的变化、物料或动量平衡、系统动态模型、压力梯度等原理，通过软件计算来确定泄漏的位置。基于软件的泄漏定位方法可分为基于信号处理的方法（包括体积或质量平衡法、压力法、互相关分析法等）、基于管道数学模型的方法（包括Kalman滤波器法、状态估计器法、系统辨识法）、基于知识的方法（包括基于神经网络和模式识别的方法、统计检漏法等）。

另外，管道泄漏定位还可分为直接检测法和间接检测法、内部检测法和外部检测法、监测管壁状况和监测内部流体状态的方法。

（吕宇玲　何利民）

【管线结蜡　pipeline paraffin deposit】　含蜡原油在集输过程中，随着油温降低，蜡便结晶析出，呈海绵状附着在管线内壁上的现象。原油析蜡点与含蜡量有关，含蜡量越高，析蜡点温度亦越高。例如沈阳油田高凝油含蜡量最高达52%，析蜡点最高达70℃。含蜡原油集输与析蜡点温度密切相关，当集输温度高于析蜡点时，蜡全部溶于油中，原油呈牛顿流；当集输温度低于析蜡点时，大量蜡晶析出，原油流态发生变化，从牛顿流转变为假塑性流体的非牛顿流。另外，蜡附着在管壁上，使管道截面积缩小。

含蜡原油集输温度低于析蜡点温度时会大大增加原油集输过程中的阻力，如果温度继续降低，析出的蜡晶凝固在一起，成为固体蜡，堵塞管线，将使整条管线停输，影响油井生产。

（李明义　罗敬义）

【管线清蜡 pipeline paraffin removal】 清除油管线内壁上结蜡的工艺。清蜡方法有机械清蜡、热力清蜡、化学清蜡三种。机械清蜡是用清管器和刮蜡器清除管道内壁的结蜡；热力清蜡是用加热和保温使原油温度维持在一定温度以上，避免蜡晶析出；化学清蜡是在原油内注入少量蜡晶生长抑制化学剂。采用哪种清蜡方法应根据原油物性、含蜡量多少、析蜡点、凝固点以及油田具体情况来确定。

（李明义　罗敬义）

【输气工艺 gas transportation technology】 天然气在压力驱动下从输气管道的输气首站连续输送到输气末站的工艺过程。输气工艺参数有管径、输气量、输送距离、输送压力和输送温度等。其中，管径、输气量、输送距离和输送压力四者相互影响，是确定输气工艺方案的重要参数。分为干气输送和富气输送两种。

（1）干气输送：气田的天然气和油田的伴生天然气经过脱水、净化和轻烃回收工艺，提取出液化气和轻质油以后进行管道输送。西气东输管道、陕京输气管道等均采用这种输送工艺。

（2）富气输送：天然气在进入管道前只将其中的水、硫化物和部分凝析油脱除，而将发热量较高的乙烷、丙烷、丁烷和戊烷等重烃仍保留在天然气中一起输送的工艺。富气输送有单相和两相输送两种形式。单相输送包括高压密相输送和传统压力下的单相输送。富气输送的优点：简化井口、集气和处理系统的工艺设施，降低建设投资；高压、高发热量的富气输送提高了管道输送效率；降低天然气凝液输送到最终用户的高昂运费；提高管道内气体密度，降低压缩机功率，减少了燃料消耗。富气输送的缺点：压力高、天然气发热量大，天然气泄压时减压波速很低，要求管材能防止裂纹起皱且有更高的防止裂纹扩展的止裂韧性，管材的投资很大。

（吕宇玲　何利民）

【输气站 gas transmission station】 输气管道系统各类工艺站场的总称。按其在输气管道系统中的位置分为输气首站、输气末站和中间站；按其功能分为气体接收站、气体分输站和压气站等。任务是进行气体的调压、计量、净化、增压和冷却，使气体按照要求沿管道向前流动。

压缩机是输气站的核心设备。输气管道上第一个输气站是输气管道的起点，又称首站，首站一般设在气田或天然气处理厂附近。如果气田的地层压力足够大，首站不需加压，不必设压缩机站，气体在地层压力驱动下流向第二站。末站一般设在终点用户附近，它也是一个调压计量站。分输站主要设在靠近管道沿线用户集中的位置。压气站布局涉及首站位置、各中间站站间距和末段长度等。站间距与管道运行压力和压气站的压比有关，压气站的压比视不同压气站的位置而定。清管站尽量与压气站、分输站合建。

（吕宇玲　何利民）

【输气首站 gas transmission initial station】设在输气管道起点的输气站场。接受天然气处理厂或其他气源经处理后符合商品天然气质量指标或管输要求的天然气，输往下游站场。一般具有分离、调压、计量、清管发送等功能，当进站压力不能满足输送要求时，首站还具有增压功能。一般和天然气处理厂合建。

工艺流程满足正输计量、增压外输、清管发送、站内自用气和越站需要，在事故状态下对输气干线中天然气进行放空，以及检测、控制等。

进站设高、低压报警装置，当上游来气超压或管线事故时进站天然气应紧急截断。出站设低压报警装置，当下游管线事故时出站天然气应紧急截断。根据需要设置越站旁通，以免因站内故障而中断输气。

（吕宇玲　何利民）

【输气末站 gas transmission terminal station】设在输气管道终点，接受上游管道来天然气，向下游门站输送经站内分离、计量、调压后天然气的输气站场。具有计量、分离、调压和配气（按压力、流量要求向用户供气）以及具有清管器接收功能。出站设高、低压报警装置，当出站超压或下游管线发生事故时紧急截断；要求分离后气体含尘粒径较小，多采用过滤分离器分离、过滤；要求去用户的天然气保持稳定的输出压力并规定其波动范围。站内调压设计应符合用户对用气压力的要求并应满足生产运行和检修需要。调压装置多采用自力式压力调节阀或电动调节阀，宜设置备用回路，调压装置宜设在分离器及计量装置下游分输和配气管线上。

工艺流程应满足分输计量、调压、清管器接收和站内自用气的需求，必要时还应满足向支线发送清管器的需求，以及检测、控制等需要。

常与城镇天然气门站合建。

（吕宇玲　何利民）

【气体接收站 gas receiving station】 在输气管道沿线，为接收输气支线来气而设置的站场。一般具有分离、调压、计量、清管等功能。

（吕宇玲　何利民）

【气体分输站 gas distributing station】 在输气管道沿线，为分输气体至用户而设置的站场。一般具有分离调压、计量、清管等功能。

（吕宇玲　何利民）

【压气站 compressor station】 给输气管道气体增压，提高管道输送能力的站场。是输气管道的接力站。

功能通常包括分离、过滤、增压，有的还包括清管、计量等功能。其工艺流程应满足增压外输、站内自用气和越站，必要时还应满足清管器接收、发送的需要，以及安全放空和对管道紧急截断等。

压气站的主要设备是压缩机组，以压缩机组为中心设计工艺流程，主要考虑输气管道对压缩机组的要求、压缩机的类型和连接方式。压缩机组是指压缩机及与之配套的驱动机的总称，作用是提高管内气体的输送压力，使管道沿线各管段的流量满足相应的输量要求。压气站的投资占输气管道总投资的 20% 左右，压缩机组的投资占压气站投资的 50% 以上，压缩机组的能耗费占压气站用运行费用的 70% 左右。

（吕宇玲　何利民）

【天然气系统调峰 gas delivery system peak shaving】 调节供气与用气不均衡的方法或措施。天然气用户的用气量随时都在变化，上游气源的供气流量在一段时间内相对均衡，这种供气的相对均衡性和用气的不均衡性导致了输气管道系统调峰问题。

输气管道调峰措施：短期调峰措施有储气罐、地下储气管束、输气管道末段储气等，对于长输管道供气系统，管道末段储气是一种比较有效的短期调峰方式；中长期调峰措施主要有地下储气库和各类 LNG 设施，地下储气库是容量最大、功能最全、适应性最强、经济性最佳的储气设施。

解决调峰问题的关键是制定恰当的调峰方案，除保障供气量要求之外，还要满足安全性、可靠性、经济性、平稳性、便利性等多方面要求。

（吕宇玲　何利民）

【泄压放空系统 relief and blow-down system】 对超压泄放、紧急放空及开工、停工或检修时排放出的可燃气体进行收集和处理的设施。由泄压设备、收集管线、放空管和处理设备等组成。

泄压放空系统是天然气站场安全设施的重要组成部分。输气站宜在进站截断阀上游和出站截断阀下游设置泄压放空设施，管道相邻线路截断阀室之间的管段上应设置放空阀。

（吕宇玲　何利民）

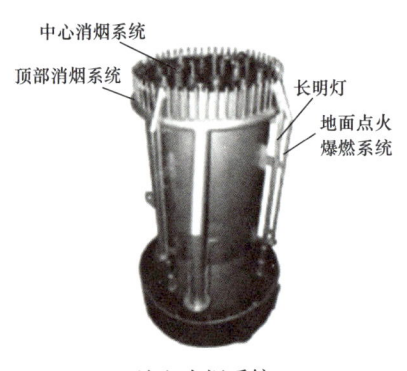

放空火炬系统

【放空火炬系统 torch system】 油气开采以及储运、中转过程中，当发生事故或在正常生产中含有 H_2S 等有毒、腐蚀性气体无法回收利用天然气时用于燃烧石油气的设施。

放空火炬系统的火炬头是最关键的设备（见图），应采用大气扩散燃烧和预混燃烧相结合的方式（即无烟型）。无烟燃烧的原理是通过引入蒸汽，在局部缺氧造成碳析时，由于高温下水蒸气存在可促使其发生水煤气反应，从而消除碳析达到无烟燃烧。蒸汽分两处引入火炬头：第一处是从火炬头顶部四周喷入，一方面卷吸助燃空气进入火焰加快扩散燃烧，另一方面起到消烟、冷却火炬头部的作用；第二处是从火炬的中心管喷出，与排入气均匀混合，起到消烟作用。两路蒸汽可在控制室内显示总流量，并能根据排放气的流量大小自动调节蒸汽量，以达到减排及消烟目的。

（吕宇玲　何利民）

【天然气管道减阻 gas pipeline drag reduction】 用于降低天然气输送管道摩擦阻力的措施。常用的方法有管道内涂层法和加入液体减阻剂法。

管道内涂层法　在管道内壁上涂敷一层涂料，其表面比原来的金属表面光滑，可以达到管道减阻目的。环氧树脂型涂料是广泛应用的涂层材料，适合于干线天然气管道的内涂层施工。内涂层施工工艺一般可分为两种，即工厂预制法和现场涂敷法。前者适于新建管道施工，后者多用于在役管道的修复（见图）。

液体减阻剂法　减阻剂分子由极性端和非极性端组成，减阻剂进入天然气管道后，减阻剂的极性端与铁形成牢固的化学吸附，非极性端在管壁表面形成光滑的黏弹性液膜，部分填充凹谷，降低粗糙度，减少脉动损失，达到减阻目的。

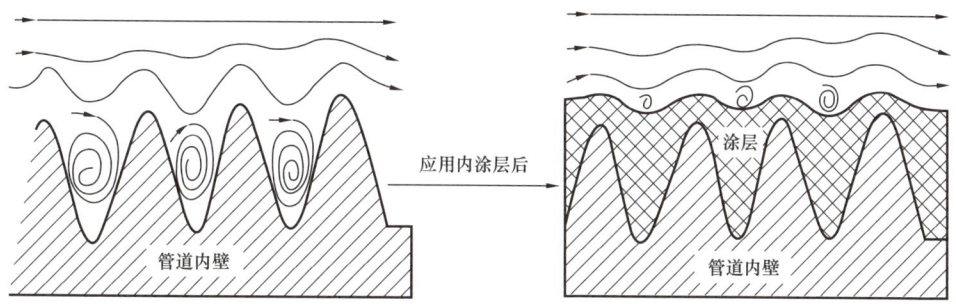

管道内涂层法减阻原理图

（吕宇玲　何利民）

【**水合物浆液输送** natural gas hydrate slurry transportation】　采取一些方法在湿天然气管道中生成天然气水合物，通过抑制水合物颗粒间的聚结行为，使水合物颗粒能悬浮于主流体中，形成随主流体流动的液固两相混合物，即水合物浆。水合物浆液输送利用水合物高密度载气特点，实现天然气密相输送，提高输气效率。

管内生成水合物后，水合物颗粒在主流体中的悬浮流动可分为两类：颗粒均匀地分散在主流体中的均相流和颗粒在管道横截面上的分布不均匀的非均相流。

水合物浆液输送过程中，浆体表现出一定的非牛顿流体特性，浆液浓度和物理化学特性会随输送过程发生变化，输送速度和颗粒特性变化会导致输送流型的不同，使得管输水合物浆液阻力变化规律多有不同。在输送过程中，浆液内部固体颗粒相互的碰撞、水合物浆与管道内壁的摩擦、单颗粒受重力作用发生的沉积，都会带来管道压力损失，增加动力设备能耗，降低管道输送效率，影响输送系统稳定性。

（吕宇玲　何利民）

【**天然气水合物** natural gas hydrate】　自由水中天然气在低于某一温度（水合物生成温度）时形成的水晶固体。又称"可燃冰"。

天然气水合物。分布于深海沉积物或陆域的永久冻土中，是天然气与水在高压低温条件下形成的类冰状的结晶物质。因其外观像冰一样而且遇火即可燃烧，所以又被称作"可燃冰"。在一定温度、压力条件下，湿天然气输送管道内会产生天然气水合物，堵塞输送管道，造成生产事故。

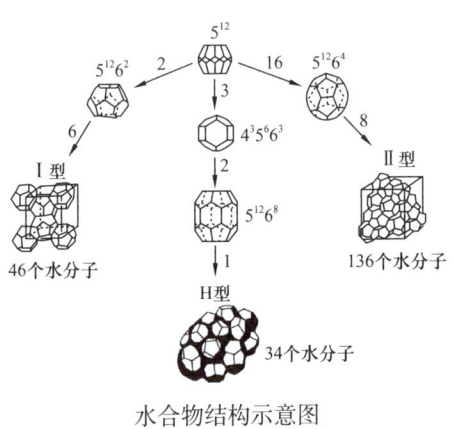

水合物结构示意图

水合物是一种笼形晶体包络物,水分子借氢键结合形成笼形结晶,气体分子被包围在晶格之中(见图)。有Ⅰ、Ⅱ、H型三种结构。Ⅰ型晶体结构为体心立方体结构,由2个正五边形十二面体的小腔室和6个由12个正方体、2个正六边形组成的十四面体的大腔室组成。每个晶胞有46个水分子,可容纳8个气体分子。Ⅱ型晶体结构为金刚石立方结构,由16个小腔室、8个大腔室构成。H型水合物尚处于研究中,知之甚少,但已证明在合适的温度、压力条件下,凝析油、原油中常见的烃分子和甲烷能形成这种新水合物结构。

(吕宇玲 何利民)

【气体饱和水含量 gas saturated water content】 气体水合物中气体是否饱和的评价指标。气体内是否会出现液态水与气体饱和水含量密切相关,处于饱和和过饱和状态的气体才能有液态水析出,天然气饱和水含量取决于天然气的温度、压力和气体组成。确定气体饱和水含量的方法包括状态方程法、图解法和实验法。用状态方程法时必须知道天然气的组成,选择一种状态方程在计算机上进行多组分相平衡计算,求得天然气的饱和水含量。根据气体内是否含有酸气,气体水含量、压力、温度的相关关系图解法分为两类:一类为不含酸气的称甜气图;另一类为含酸气的称酸气图。常用的实验法有露点法、吸收质量法和Karl-Fischer法等。

(1)露点法。在恒定压力下,气体以一定流量流经露点仪,仪器的测量腔室内有抛光金属镜面,其温度可精确调节并准确测定。随镜面温度逐步降低,气体被水饱和时镜面上开始结露,此时的镜面温度即为气体露点。通过气体露点温度查相关表格可得气体饱和水含量。

(2)吸收质量法。气体通过充满 P_2O_5 的吸收管,吸收剂 P_2O_5 吸收气体内的水分,精确测定 P_2O_5 的质量增加值和通过吸收管的气体量,即可求得气体内的水含量。

(3)Karl-Fischer法。将8mol吡啶加到2mol二氧化硫中,再加入约15ml甲醇,然后加入1mol碘,配制成测定气体水含量的Karl-Fischer试剂。溶液吸收天然气中的水分,测出中和Karl-Fischer试剂所需的天然气量即可求得气体的水含量。

📝 **推荐书目**

冯淑初，郭揆常，等.油气集输与矿场加工［M］.2版.东营：中国石油大学出版社，2006.

（吕宇玲　何利民）

【**水露点** water dew point】 在任意压力下冷却天然气，当天然气中开始有水凝析时的温度。为防止在输气管道内出现液态水，规定天然气的露点应低于最低输气温度5℃以上。

（吕宇玲　何利民）

【**烃露点** hydrocarbon dew point】 在某一压力下从天然气中开始凝结出烃类液体时的温度。天然气的烃露点与天然气的压力和组成有关。若天然气状态不在反凝析区内，天然气内重组分愈多，在相同压力下烃露点愈高。用管道输送未经烃露点控制的天然气，当管道温度降至管道压力所对应的烃露点以下时，便进入气液两相区，部分重烃凝结成液体，在管道低洼处形成积液影响正常输气。进入干线输气管道的天然气其烃露点应低于环境最低温度。

（吕宇玲　何利民）

【**甜气图** sweet gas map】 气体内不含有酸气时，气体水含量、压力、温度的相关关系图。

天然气饱和水含量随气体压力、温度而变化，压力升高、温度降低，饱和水含量下降。

（吕宇玲　何利民）

【**酸气图** acid gas diagram】 气体内含酸性气体时，气体水含量、压力、温度的相关关系图。压力小于2.0MPa，酸气浓度对天然气水含量影响不大，但压力越高，随酸气浓度增高，气体含水量增大，应采用酸性图求酸性天然气水含量。

（吕宇玲　何利民）

【**水合物抑制剂** hydrate inhibitors】 防止天然气水合物生成的药剂。根据作用机理的不同可分为热力学抑制剂、动力学抑制剂和防聚剂等。

热力学抑制剂是最早开发出来并受到广泛应用的一类水合物抑制剂，其作用原理是将其加入天然气中后，改变了水合物形成的热力学条件，从而达到抑制水合物生成的目的。此类水合物抑制剂分为醇类（如甲醇、乙二醇）和电解质（如氯化钙）两种。广泛使用的天然气水合物抑制剂主要是乙二醇和甲醇。甲醇由于沸点较低，温度高时蒸发损失量大，宜用于温度较低和气量较小的场合；乙二醇无毒，沸点较甲醇高，蒸发损失小，可回收再生并重复使用，适用于气量较大的场合。

动力学抑制剂是通过降低水合物的成核速率，延缓乃至阻止临界核的形成、干扰水合物晶体的优先生长方向及影响水合物晶体定向稳定性等方式抑制水合物生成。与热力学抑制剂相比，动力学抑制剂具有用量少、效果好和易于操作等优点，使用成本也可降低 50% 以上，大大减少储存体积和注入容量。单动力学抑制剂的适用范围有限，只能用于水合物生成温度降不超过 6~7℃ 的情况，当温度非常低或压力非常高时，就不能使用。

防聚剂由一些聚合物的表面活性剂组成。加入浓度很低，但却能防止水合物晶粒的聚集，使水合物晶体成浆状输送而不堵塞管道，该类试剂尚处于试验阶段。

（吕宇玲　何利民）

【天然气计量 natural gas metering】 采用一些设备或技术手段，对管道中天然气通过量的测定和记录。有体积计量、质量计量和热值计量之分。

计量天然气的装置称天然气流量计，用于测量通过管道的天然气的体积或质量。有些流量计只测定单位时间天然气通过量，须经过换算才显示累计量。由于气体计量易受温度和压力的影响，计量装置上可附设温度和压力补偿装置。

天然气计量装置按计量原理，可分为直接计量和间接计量两种。直接计量式仪表的内部设有若干个计量室，按计量室的容积直接对通过的天然气量进行计量和累计。直接计量式仪表有干式和湿式两种。膜式表和罗茨表属于干式，在中小流量计量中普遍使用。间接计量式仪表没有计量室，它利用天然气流的某一物理特性转换为流量，再引入时间因素求得累计值。比如，利用气流压差的孔板流量计，利用气流速度的涡轮流量计，利用气流受阻形成涡流的涡街流量计等，这些流量计多用于大流量计量。根据管道中的天然气压力，天然气计量装置有低压、中压或高压装置之分。

（吕宇玲　何利民）

【孔板流量计 orifice-plate flowmeter】 将标准孔板与多参数差压变送器（或差压变送器、温度变送器及压力变送器）配套组成，用于测量管道中流体流量的仪表。天然气行业中使用最多，并已标准化的检测元件，在严格按标准制造、安装和使用的条件下，无须进行实流检定，也能在已知的不确定度范围内进行流量测量。

孔板流量计由节流装置、导压管路系统、差压计组成，具有结构简单、制造容易，安装、使用和维护方便，可靠性高等特点（见图）。孔板流量计按照是否可以带压更换孔板，分为一体式孔板流量计和高级孔板流量计（高级孔板阀）。优点：原理简明，应用技术成熟，容易掌握；适应性强，更换孔板即可实现不同流量的测量；性能稳定可靠，使用寿命长；孔板为标准节流件，标定方便简单。缺点：量程比小，一般为3∶1～

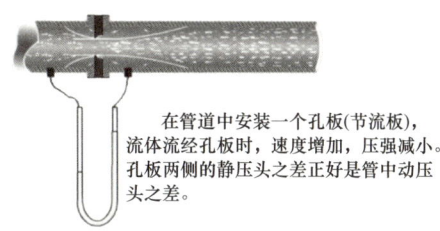

孔板流量计

5∶1；压力损失较大；计量准确度受影响因素较多；前后直管段要求长，占地面积大。

（吕宇玲　何利民）

【**涡轮流量计 turbine flowmeter**】　流体中叶轮的旋转角速度与流体流速成正比，通过测量叶轮的转速来测得流体体积流量的仪表。属于速度式天然气流量测量仪表。当被测流体流过涡轮流量计时，在流体的作用下，叶轮受力旋转，其转速与管道平均流速成正比，同时，叶片周期性地切割磁力线，在线圈内感应出电脉冲信号，脉冲信号频率与被测流体的流量成正比（见图）。

涡轮流量计

涡轮流量计的特点：

（1）准确度高：涡轮流量计的准确度在 0.5%～0.1%。在线性流量范围内，即使流量发生变化，累积流量准确度也不会降低，再现性可达 0.05%。

（2）量程比宽：涡轮流量计的量程比可达 8～10。在同样口径下，涡轮流量计的最大流量值大于很多其他流量计。

（3）适应性强：涡轮流量计可以做成封闭结构，其转速信号是非接触测量，容易实现耐高压设计。

（吕宇玲　何利民）

【**涡街流量计 vortex flowmeter**】　根据卡曼涡街原理（Karman Vorterstrect）实现流量计量的流量计。又称旋涡流量计或卡曼涡街流量计。在流动的流体中放置一根其轴线与流向垂直的非流线型柱形体称之为旋涡发生体，当流体沿旋涡发生体绕流时，会在旋涡发生体下游产生两列不对称但有规律的交替旋涡列，这就是所谓的卡曼涡街。旋涡的释放频率与流过旋涡发生体的流体平均流速及旋涡发生体特征宽度有关，从而通过旋涡的频率则可计量流体的流量（见图）。

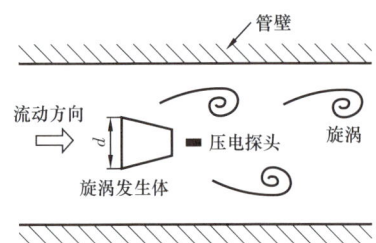

涡街流量计原理示意图

涡街流量计较其他流量计有许多优点：输出为脉冲频率，其频率与被测流体的实际体积流量成正比，不受流体组分、密度、压力、温度的影响，适用于流体总量测量，无零点漂移；压力损失较小，测量范围较大；与差压式流量计、浮子流量计等相比，其测量的精度较高，一般可以达到 ±1%～±2%；仪表内无机械可动部件，可靠性高，构造简单牢固、维护方便、安装方式灵活、安装费用较低；适用范围较广，可用于液体、气体、蒸汽、低温介质和各种腐蚀性与放射性介质的流量测量，气液通用；可根据介质和现场选择相应的检测方法，仪表的适应性较强；在一定的雷诺数范围内，涡街流量计输出信号频率不受流体物性变化的影响，仪表系数仅与旋涡发生体形状和尺寸有关，与流体的密度无关，为旋涡发生体的标准化创造了条件。

（吕宇玲　何利民）

【**气体罗茨流量计** gas Roots flowmeter】 利用计量腔内部腰轮的旋转来实现流量计量的流量计。又称气体腰轮流量计。为容积式气体流量测量仪表。

可对管道中气体流量进行连续或间歇测量，是一种高精度的计量仪表。主要由计量、密封连接和积算三部分组成（见图）。计量部分包括壳体、罗茨转子、轴承、前盖和后盖等；密封连接部分传递腰轮转子轴的转动，通常采用齿轮变数器按一定比例变数，密封连接部分可以阻止在转子转动过程中，流体沿转动轴泄漏，密封连接由磁钢连接机构和出轴密封机构；由于计量室空间有限，针对大流量计量时，转子转速较大，积算部分则可以将转子转速输出到适当的速度，并将信号传输给计数器，通过计数器实现罗茨流量计的测量功能。

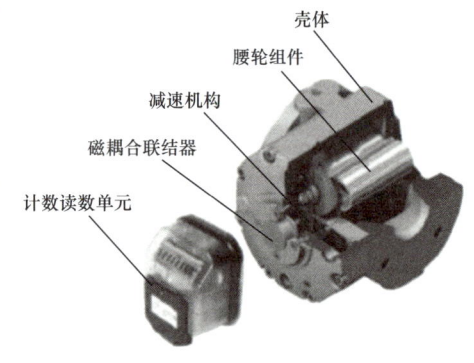

气体罗茨流量计

气体罗茨流量计应用范围广泛，测量气体主要有天然气、城市煤气、氮气等，但是气体罗茨流量计不适用于腐蚀气体的测量。它的计量精确度不受压力和流量变化的影响，具有性能稳定，寿命长的特点。

（吕宇玲　何利民）

油品储存

【**储油库** oil depot】 专门用于储存原油，成品油（如汽油、柴油、煤等）的设施或场所。简称油库。油库按储油方式分为地上油库（见图）、半地下油库和地下油库。

与其他类型油库相比，投资省、建设速度快，是分配、供应和一般企业附属油库的主要建库形式。但这种油库因建于地上，目标大，战时易遭到破坏，不适宜作为需要防护的储备油库和某些重点油库。

地上储油库

储油库分级 根据油库总储油量多少将油库分为六个等级（见表）。油库的储油容量越大、轻质油料越多、业务范围越广，其危险性就越大；一旦发生火灾或爆炸等事故，影响范围大，对企业和人民的生命财产造成的损失也大。从安全防火角度出发，根据油库总储油容量大小，分成若干等级并制订出与之相应的安全防火标准，以保证油库安全。

储油库等级划分

储油库等级	储油库储罐计算总容积，m^3
特级	1200000～3600000
一级	100000～1200000
二级	30000～100000
三级	10000～30000
四级	1000～10000
五级	＜1000

不同等级的油库安全防火要求有所不同。容量愈大，等级愈高，防火安全要求愈严格；油品的轻组分愈多，挥发性愈强，防火安全要求也愈严格。

储油库分区　储油库内各种建（构）筑物和设施的火灾危险程度、散发油气量的多少、生产操作的方式等差别较大，按生产操作、火灾危险程度、经营管理等特点进行分区布置，把特殊区域加以隔离，限制一定人员的出入，利于安全管理，便于采取有效的消防措施。

储油库一般按储罐区、易燃和可燃液体装卸区、辅助作业区和行政管理区分区布置。储罐区包括储罐组、易燃和可燃液体泵站、变配电间、现场机柜间等。易燃和可燃液体装卸区有：铁路装卸区，包括铁路罐车装卸栈桥、易燃和可燃液体泵站、桶装易燃和可燃液体泵房、零位罐、变配电站、油气回收处理装置等；水运装卸区，包括易燃和可燃液体装卸码头、易燃和可燃液体泵站、灌桶间、桶装液体库房、变配电间、油气回收装置等；公路装卸区，包括灌桶间、易燃和可燃液体泵站、变配电间、汽车罐车装卸设施、桶装液体库房、控制室、油气回收装置等。辅助作业区包括修洗桶间、消防泵站、消防车库、变配电间、机修间、器材库、锅炉房、化验室、污水处理设施、计量室、柴油发电间、空气压缩机间、车库等。行政管理区包括办公用房、控制室、传达室、汽车库、警卫及消防人员宿舍、倒班宿舍、浴室、食堂等。

（何利民　吕宇玲）

【**储罐容量** nominal volume of tank】　储罐储存油品的体积。分为公称容量、名义容量、储存容量和作业容量。

公称容量：经计算并圆整后的储罐容量，油罐系列按公称容量划分。

名义容量：储罐的理论容量，是按储罐整个高度计算的。一般设计储罐时，是以这个尺寸计算容量，选择储罐的高度 H 和直径 D。

储存容量（实际容量）：储罐储油时，实际上并不能装到储罐的上边缘，留有一定距离，以保证储油安全，预留距离的大小根据储罐种类以及安装在罐壁上部的设备（如泡沫发生器等）决定。储罐的名义容量减去预留部分占去的容量（当储罐下部有加热设备时，还应减去加热设备占去的容积）是储存容量。

作业容量：储罐使用时，出油管下部的一些油品并不能发出，成为储罐的"死藏"。储罐在使用操作上的容量比储存容量要小，为储存容量减去出油管下部的"死藏"。"死藏"的大小可根据出油管的高度决定。

（何利民　吕宇玲）

【**周转系数** turnover coefficient】　某种油品的储油设备在一年内可能被周转使用

的次数。

周转系数越大，设备利用率越高，储油成本越低。油库的合理周转系数，可以从该地区现有油库的经营资料进行统计。如该地区尚没有这类经营资料可供利用，可参照同类油库的周转系数决定库容。

采用周转系数法确定油库容量：

$$V_s = \frac{G}{K\rho\eta}$$

式中：V_s 为某种油品的设计容量，m³；G 为该种油品的年周转量，t；ρ 为该种油品的密度，t/m³；η 为油罐利用系数；K 为该种油品的周转系数（中国商业系统，周转系数一般为 10 左右）。

（何利民　吕宇玲）

【**防火堤　fire dike**】用于常压易燃和可燃液体储罐组、常压条件下通过低温使气态变成液态的储罐组或其他液态危险品储罐组发生泄漏事故时，防止液体外流和火灾蔓延的构筑物。

一般选用土筑防火堤，也可以采用钢筋混凝土防火堤、砌体防火堤、夹芯式防火堤，一般不采用浆砌毛石防火堤。在用地紧张和抗震设防烈度 8 度及以上地区一般选用钢筋混凝土防火堤。

防火堤的基础埋设深度应根据工程地质、冻土深度和稳定性计算等因素确定，一般不小于 0.5m。储存酸、碱等腐蚀性介质的储罐组，防火堤堤身内侧需要防腐蚀处理，全冷冻式储罐组的防火堤需要采取防冷冻的措施。

土筑防火堤材料多选用黏土，堤顶宽度不小于 500mm，筑堤土分层夯实，坡面拍实，压实系数不小于 0.94，设置面层防止雨水冲刷、杂草生长和小动物破坏。

钢筋混凝土防火堤堤身及基础底板的厚度应由强度及稳定性计算确定且不应小于 250mm；双向双面配筋，竖向钢筋直径不小于 12mm，水平钢筋直径不小于 10mm，钢筋间距不大于 200mm。

砖、砌块防火堤堤身厚度应根据强度及稳定性计算确定，不小于 300mm；堤顶做现浇钢筋混凝土压顶，压顶在变形缝处断开；抗震设防烈度大于或等于 6 度的地区或地质条件复杂、地基沉降差异较大的地区采取加强整体性的结构措施。

（何利民　吕宇玲）

【**应急事故池　emergency accident pool**】用于区内发生事故或火灾时，控制、收集和存放事故水（包括污染雨水）及污染消防水的设施。污染事故水及污染消防水通过雨水管道收集。

一般采取地下式结构，结合实际情况，在雨水排放口处设置事故废水截流井，再通过泵将事故废水抽至厂区事故应急池中。对于进入应急事故池中的水，要视其水质情况区别对待，以免造成不必要的处理消耗或白白浪费水资源：能够回用的尽量回用；对不符合回用要求，但符合排放标准的废水，可直接排放；对不符合排放标准，但符合污水处理站进水要求的废水，应限流进入污水处理站进行处理；对不符合污水处理站进水要求的废水，应采取处理措施或外送处理。

应急事故池容量应根据发生事故的设备容量、事故时消防用水量及可能进入应急事故水池的降水量等因素综合确定。计算应急事故废水量时，装置区或储罐区事故不作同时考虑，取其中的最大值。

（何利民　吕宇玲）

【**油气回收** vapor recovery】　通过吸附、吸收、冷凝和膜分离等方法，将收集来的可燃气体进行回收处理，废气处理至达标浓度排放（见图）。

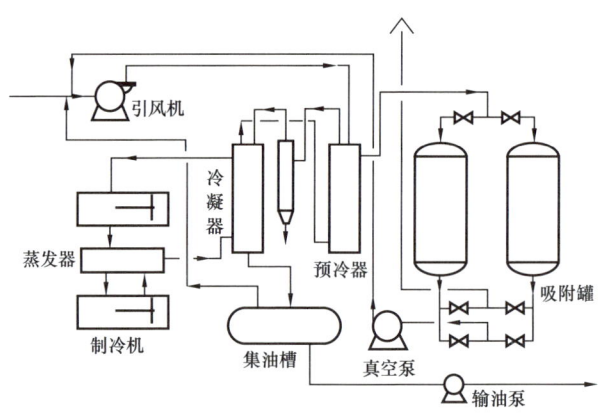

油气回收流程图

吸收法　在一定温度和压力条件下，利用对油气中的烃类组分有良好吸收和解吸性能的吸收剂，对油气中的汽油组分进行回收，包括常压常温吸收法和常压低温吸收法。

吸附法　利用吸附剂对油气中的烃类组分和空气具有不同的吸附亲和力，将烃类组分与空气分离，进而实现对烃类组分的选择回收。通常利用活性炭吸附和解吸油分子，进而实现油气的回收利用。在实际应用中，由于直接吸附浓度较大的油气时，吸附材料很快达到饱和，对吸附设备的使用周期、解吸过程的安全性提出了更高的要求，使吸附法的应用受到一定限制。

冷凝法 通过与制冷介质进行热交换,在常压下将油气降至足够低的温度,使其中的绝大部分汽油组分冷凝为液体汽油并加以回收,冷凝后的尾气则直接排入大气。

膜分离法 基于采用特殊方法和材料制成的分离膜对气体的渗透性,利用一定压力下混合气体中各组分在膜中具有不同的渗透速率,实现分离。

(何利民　吕宇玲)

【**油品蒸发损耗** evaporation loss of oil products】 常压油罐(特别是固定顶油罐)中挥发性油品(如原油、汽油)蒸发排向大气所造成的油品损耗。包括收发油作业中产生的损耗和储存过程中产生的损耗。据统计,从炼厂装油到加油站,年蒸发损耗率可高达 0.6%。油品蒸发损耗不仅浪费能源,而且污染大气。降低蒸发损耗的措施有油罐淋水、增加油罐耐压能力、消除油罐液面上方气体空间、使用具有可变气体空间的油罐、收集和回收油蒸气、安装呼吸阀挡板和加强管理改进操作等,最有效地降低油品蒸发损耗的方法是采用浮顶油罐。

(何利民　吕宇玲)

【**油库消防** fire fighting of oil depot】 油库中防火和灭火的统称。事前采取措施防止火灾发生称防火,扑灭已经燃烧的火灾称灭火。

油库主要采用空气泡沫灭火,根据灭火用泡沫的导入方式分为液上喷射(注入式)和液下喷射(导入式)两大类。

液上喷射泡沫灭火系统采用空气泡沫灭火装置,由两大部分组成:一部分是向着火罐供给泡沫的泡沫系统,另一部分是向着火罐或邻近罐供给冷却水的清水系统。空气泡沫系统根据设备的设置情况分为固定式、半固定式和移动式三种。

液下喷射泡沫灭火系统是从油层底部喷射氟蛋白泡沫、泡沫通过油层浮升到燃烧的油面上进行灭火的灭火系统。主要解决油罐发生爆炸火灾后,油罐顶部的空气泡沫产生器受到破坏,以及因风力和燃烧热气的阻碍,难以将泡沫射向着火油面的问题。

(何利民　吕宇玲)

【**储油罐** tank】 储存石油及其产品的容器,是储油库的主要设备。简称储罐。

储油罐按建造材料可分为金属储罐和非金属储罐;按建造位置可分为地上储罐、地下储罐、半地下储罐、洞中储罐及海中储罐;按储罐的外形和结构型式可分立式圆筒形储罐、卧式圆筒形储罐、球形储罐、双曲率储罐及低温双层储罐等;按储罐盛装介质分储油罐、储气罐及石油化工产品罐;按储存介质温度分为常温储罐、低温储罐和深冷储罐,储存介质温度为 −20～−100℃的储罐为低温储罐，介质温度在 −100℃ 以下的储罐为深冷储罐；按储罐内储存介质压力分为常压储罐、低压储罐和压力储罐，低压储罐压力大于常压而低于 0.1MPa，美国 API620 规定低压储罐压力不超过 105kPa，且有无锚栓低压储罐和有锚栓低压储罐之分。

（何利民　吕宇玲）

【立式圆筒形金属拱顶罐　vertical cylindrical shaped dome tank】 罐壁为母线垂直于地面的圆柱体、材质为金属的拱形固定顶油罐。由罐底板、罐壁板、罐顶板及一些油罐附件组成（见图）。

拱顶储罐的顶是球面的一部分，一般直径不大于 12m 时，采用光面壳，直径不大于 32m 时采用带肋壳，当直径大于 32m 时，采用网壳较经济、可靠。拱顶储罐储液顶部的气体空间大，储液的呼吸损耗较大，多用于储存柴油、润滑油等。

在储存介质和拱顶间存在着油气空间，其大小随液面高度的变化而变化。油气空间中的介质为储存介质的挥发气与空气混合形成的易爆气体。油气空间的存在，给拱顶油罐安全运行带来风险。拱顶油罐运行管理中主要存在以下风险：静电、雷击危害和人为引起火灾爆炸；罐底、罐壁腐蚀造成泄漏；安全附件失效、人员操作失误引起胀罐、瘪罐和冒顶；外部环境带来的风险。

立式圆筒形金属拱顶罐

（何利民　吕宇玲）

【立式圆筒形金属外浮顶罐　vertical cylindrical external floating roof tank】 立式敞口储罐的液面上覆盖随液面升降的浮动顶盖的储罐（见图）。浮动顶盖与罐壁之间有一个环形空间，在这个环形空间中设置密封装置将油品与大气隔开。浮动顶盖与密封装置隔离油品与大气，大大减少了油品的蒸发损耗，减少了大气污染，保证了安全。

根据浮盘的种类，可分为单盘式外浮顶储罐和双盘式外浮顶储罐。双盘式外浮顶有隔热保温作用，但建造耗钢量大，造价高。

外浮顶罐是敞口结构，必须解决风载作用下罐壁的失稳问题。为了增加罐壁刚度，除在壁板上缘设包边角钢外，在距壁板上缘约 1m 处还要设抗风圈。抗风圈是由钢板和型钢拼装的组合断面结构，其外形可以是圆的，也可以是多边形的。对于大型油罐，在抗风圈下面还要设一圈或数圈加强环，以防抗风圈下面的罐壁失稳。外浮顶罐的浮顶直接暴露于大气中，落在浮顶上的雨雪不及时排除就有可能造成浮顶沉没。中央排水管就是为了及时排放汇集于浮顶上的雨水而设置的。中央排水管由几段浸没于油品中的钢管组成，管段与管段之间用活动接头连接，可以随浮顶的上下移动而伸直和折曲，又称排水折管。根据油罐直径的大小，每个罐内可以设1~3根排水折管。

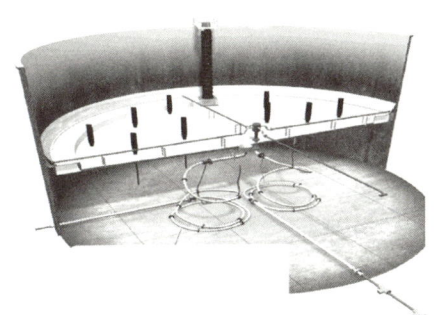

立式圆筒形金属外浮顶罐

（何利民　吕宇玲）

【立式圆柱形金属内浮顶罐 vertical cylindrical internal floating roof tank】 在固定顶储罐内部设置一个浮动顶盖的储罐。主要由罐体、内浮盘、密封装置、导向和防转装置、静电导出设施、通气孔和高液位报警器组成（见图），多用来储存成品油。

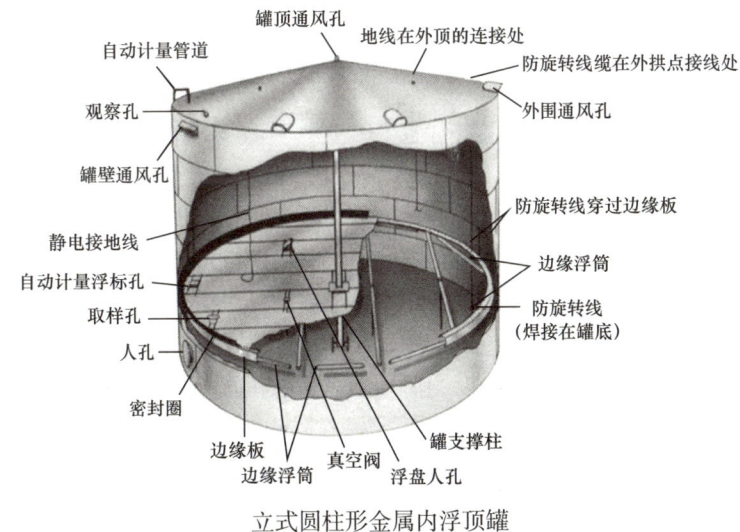

立式圆柱形金属内浮顶罐

美国石油学会（API）称钢制内浮盘的浮顶罐为"带盖的浮顶罐"，称铝制（或非金属）浮盘的浮顶罐为"内浮顶罐"，我国均称为内浮顶储罐。

浅盘式内浮顶储罐：浮顶无隔舱、浮筒或其他浮子，仅靠盆形浮顶直接与液体接触。

敞口隔舱式内浮顶：浮顶周圈设置环形敞口隔舱，中间仅为单层盘板的内浮顶。

（何利民　吕宇玲）

【覆土油罐 buried oil tank】 将储油罐部分或全部埋入地下，上面覆以一定厚度的土。分为覆土立式油罐和覆土卧式油罐。是世界各国石油战略储备的重要方式之一，多用于成品油的储存，主要分布在各国的军事基地、边境地带以及有特殊要求的地方。

按覆土油罐的构筑形式可分为覆土单体立式油罐、覆土房间式油罐、带有走廊操作间式覆土油罐和不带覆土掩体油罐。

覆土油罐施工建设的两大难点为大体积土石方开挖和覆土油罐外罐室的模板施工，常采用分级开挖、光面爆破和预裂爆破技术实现顺利施工。覆土油罐罐室易聚集油气，内部通道窄且弯曲，有通风死角，带来安全隐患。

（何利民　吕宇玲）

【零位罐 self-unloading tank】 用于油罐车自流卸油系统中，最高储油液面低于地面的储油罐。依靠油罐车和零位罐的高差，油品能自流卸入零位罐，再从零位罐转输进入罐区。一般为常压罐。

零位罐不担任长期储存任务，它的容量可按列车一次到库的最大油量计算，并考虑一定的安全余量。若在卸车的同时能进行库内输转，零位罐的容积可根据输转能力相应减少。对零位罐的安全要求与储油罐相同。

（何利民　吕宇玲）

【卧式储罐 horizontal tank】 一种具有圆形或椭圆形截面的卧式承压钢制储油罐。由罐体、支座及附件组成（见图）。罐体包括筒体和封头，筒体由钢板卷板拼接、组对焊接而成，各筒节间的环向焊缝可对接也可搭接；封头常用椭圆形、蝶形及平封头。支座分为鞍式、圈式和支承式，大中型卧式储罐通常在两侧对称设置两个鞍式支座，其中一个用地脚螺栓固定，称固定支座；另一个其底板上有与地脚螺栓配套的长圆形孔，罐体受热膨胀时沿轴向移动，避免产生很大的温差应力。

适用于公路、铁路运输油品，卧式储罐尺寸受运输设备能力限制，罐容一般不大于100m³；可用于储存液化石油气、汽油、丁烷等具有较高蒸气压的油品。

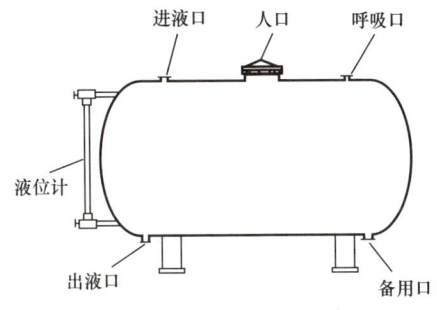
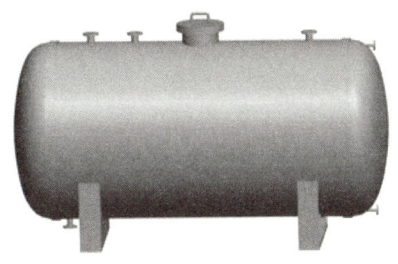

卧式储罐

（何利民　吕宇玲）

【**球罐** spherical tank】　一种形状为球形的金属储罐。由主体、支柱（承）及附件组成（见图）。球罐本体是球罐结构的主体，承受物料压力和液体静压。球体直径不同，球壳板的数量也不一样。球壳有环带式（橘瓣式）、足球瓣式、混合式三种形式。支柱（承）用以支承球罐本体重量和储存物料的重量，有柱式、裙式半埋入式及高架式支座多种。球罐附件一般有梯子平台、人孔和接管、水喷淋装置、隔热和保冷设施、液面计、压力表等。

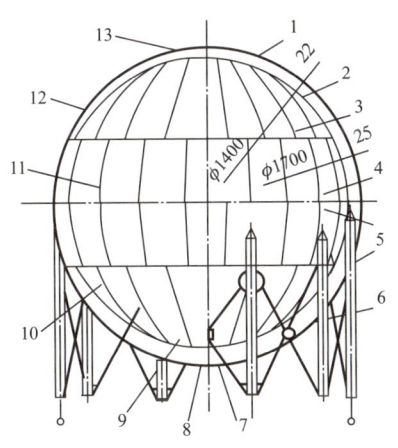

球罐

1—内上极带；2—绝热带；3—内上温带；4—内赤道带；5—支柱；6—外下温带；7—外下极带；8—管路系统；9—内下极带；10—内下温带；11—外赤道带；12—外上温带；13—外上极带

按形状可分为圆球形和椭球型；按壳体层数可分为单层壳体和双层壳体；按球壳组合方式可分为纯橘瓣式、纯足球瓣式和足球橘瓣混合式。

球罐的承压能力一般为 0.45～3.0MPa，容积 120～1000m^3。用于石油、化工、冶金等部门，可以用来作为液化石油气、液化天然气、液氧、液氮及其他介质的储存容器。

（何利民　吕宇玲）

【低温双层储罐 double-wall refrigerated tank】 由储存低温液体的内罐和支撑保冷材料的外罐构成，用于储存低温液体的储罐。按罐的形式可分为内拱顶双层储罐和悬吊顶双层储罐。用于储存液氮、液化天然气、乙烯，一般为常压储存。

内罐和外罐是各自独立的，在内外罐之间设有保冷结构层，在两罐体之间的空间通有微正压的干燥气体（通常为氮气）作为保冷层，以防止对内外储罐金属结构的腐蚀（见图）。外罐为钢制，且两罐体之间有较厚的保冷层（松散珍珠岩等），故具有很强的防火能力。若内罐一旦泄漏，外罐可临时作为保护罩，不至于对环境造成大的危害。保冷结构有三处：顶部保冷层、侧壁保冷层和罐底保冷层。内罐顶部采用松散珍珠岩保冷，内罐为悬吊顶结构时，顶部保冷施工基本上没有困难。为拱顶时，最大的困难为珍珠岩的填充施工，一般在外罐的顶部均匀开设人孔，用于填装。双层低温储罐多数在内罐的外壁增加一层弹性保温毡，在珍珠岩侧压力的作用下被压缩，内罐降温收缩时，保温毡回弹，补偿收缩量。底部保冷结构包括两部分，罐底边缘板下的保冷支承圈梁和罐底中幅板下的保冷层。

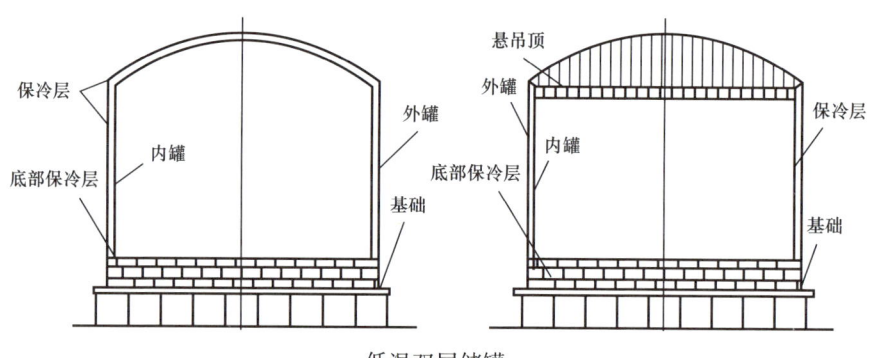

低温双层储罐

（何利民　吕宇玲）

【储罐附件 tank accessory】 为保证储罐的正常作业和安全生产设置在罐上的构件，包括一般附件和专用附件。一般附件包括梯子、栏杆、平台、避雷针、人孔、透光孔、量油孔、进出油管、放水管、排污孔和清扫孔。专用附件包括油罐呼吸阀（机械呼吸阀、全天候机械呼吸阀、液压安全阀）、呼吸阀挡板、阻火器、泡沫产生器和搅拌器等。

（何利民　吕宇玲）

【油罐管式加热器 storage tank tubular heater】 布置在油罐内部，用于加热罐内油品的蒸汽盘管。按布置形式可分为全面加热器和局部加热器；按结构形式可分为分段式加热器和蛇管（盘管）式加热器。

局部加热器仅布置在罐内的收发油管附近，全面加热器则均匀布置在罐内距罐底不高的整个水平位置上。对于黏度不高（在50℃时的黏度小于$7 \times 10^{-5} m^2/s$），且不会冷至凝固点温度以下的油品，或一次发出数量不多的油品，适宜采用局部加热器。若在短时期内要从油罐中发出大量油品时，应采用全面加热器。

分段式是用15～50mm直径的无缝钢管焊接而成（见图1）。为便于安装、拆卸和修理，分段式加热器由若干个分段构件组成，每一分段构件由2～4根平行的管子与两根汇管连接而成。几个分段构件以并联—串联的形式联成一组，对称布置在收发油管（或收发油起落管）的两侧。当某一组发生故障时，可单独关闭该组的阀门，应用其他完好的各组继续进行加热作业。

蛇管式加热器，是一种用很长的管子弯曲成的管式加热器（见图2），常用15～50mm直径的无缝钢管焊接而成，只是为了安装和维修的方便才设置少量的法兰连接。蛇管在油罐下部均匀分布。为了使管子在温度变化时能自由伸缩，用导向卡箍将蛇管安装在金属支架上。支架具有不同高度，使蛇管沿着蒸汽流动的方向保持一定的坡度，坡度要求比分段式加热器略小。蛇管在罐内分布均匀，可提高油品的加热效果，这是它的优点。但蛇管式加热器安装和维修均不如分段式加热器方便。每节蛇管的长度比分段式加热器的每个分段要长很多，因而蛇管式加热器要求采用较高的蒸汽压力。

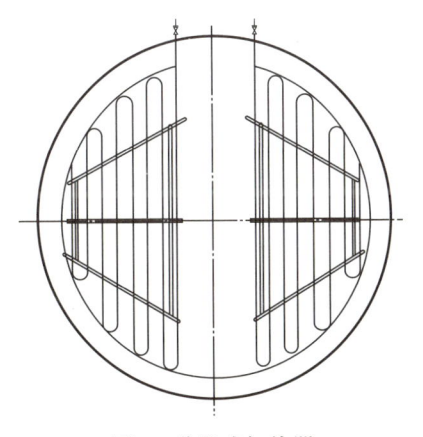

图1 分段式加热器

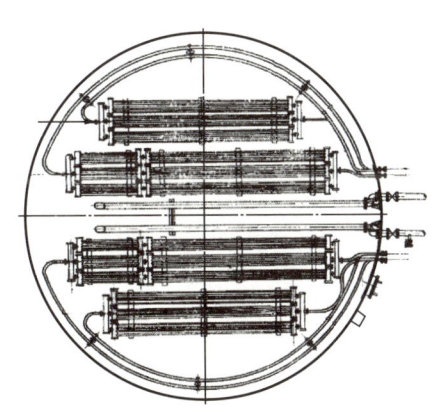

图2 蛇管式加热器

（何利民　吕宇玲）

【呼吸阀 breather valve】 为减少油品蒸发损耗，控制储罐压力，保持压力平衡而安装在固定顶油罐顶部的通气装置。按结构型式分为全天候型和普通型两种。

内部由一个压力阀盘（即呼气阀）和一个真空阀盘（即吸气阀）组合而成（见图），压力阀盘和真空阀盘可排列布置也可重叠布置。当储罐压力和大气压力相等时，压力阀和真空阀的阀盘和阀座紧密配合，阀座边上密封结构有"吸附"效应，使阀座严密不漏。当压力或真空度增加时，阀盘开始开启，由于在阀座边上仍存在着"吸附"效应，所以仍能保持良好的密封。当罐内压力升高到控制压力值时，将压力阀打开，罐内气体通过呼气阀（即压力阀）侧排入外界大气中，此时真空阀由于受到罐内正压作用处于关闭状态。反之，当罐内压力下降到一定真空度时，真空阀由于大气压的正压作用而打开，外界的气体通过吸气阀（即真空阀）侧进入罐内，此时压力阀处于关闭状态。在任何时候，压力阀和真空阀不能同时处于打开的状态。当罐内压力或真空度降到正常操作压力状态时，压力阀和真空阀处于关闭状态，停止呼气或吸气过程。

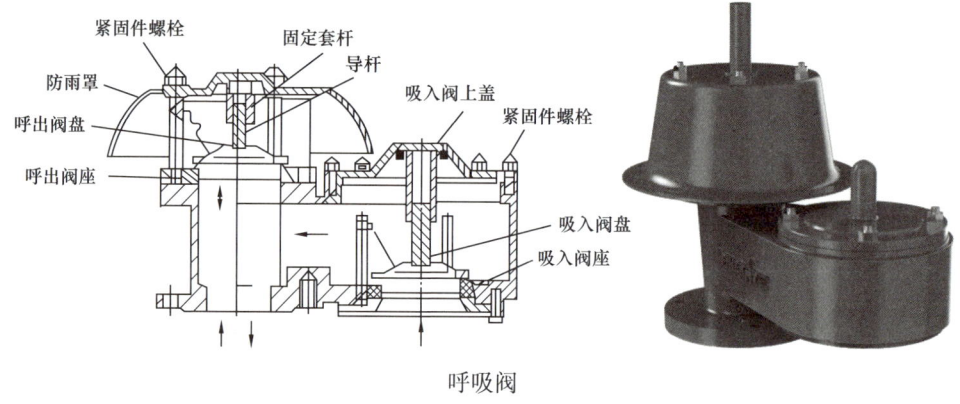

呼吸阀

（何利民　吕宇玲）

【液压安全阀 hydraulic safety valve】 利用密封液高度保持储罐压力平衡的阀门。在机械呼吸阀发生故障时，代替机械呼吸阀进行排气或放气，保护储罐安全。主要由带法兰的中心管、顶罩、分隔筒组合体和储液筒组成（见图）。当储罐内气体空间处于正压状态时，内环空间密封液挤入外环空间中，当内环空间的液位与分隔筒下沿相平时，储罐内气体经分隔筒下沿逸入大气。相反，当储罐内出现负压时，外环空间的密封液进入内环空间，大气进入储罐内。分隔筒下沿为锯齿形，使密封液流动时比较稳定。

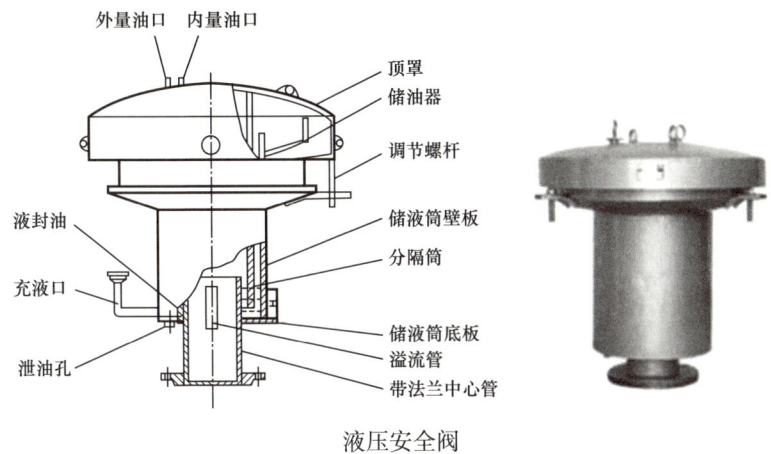

液压安全阀

液压安全阀存在的问题主要有液封油检查不直观，添加液封油不方便，以及排放变质的液封油不方便。液封高度直接影响安全阀的使用效果，正常情况下液压安全阀油封的高度随着罐内的压力变化而变化，一旦罐内气体的正负压超过规定值，油封的密封将被破坏，从而保护储罐不被破坏。但是油封过高、过低都不能保证油罐的正常呼吸，油封太高，当呼吸阀失灵时起不到泄压作用，油封太低压力易冲破油封起不到密封作用。

（何利民　吕宇玲）

【透光孔 roof manhole】 设在油罐罐顶，用于油罐安装和清洗时采光和通风的储罐附件。主要由短节、法兰、法兰盖及密封垫片和紧固件组成（见图），法兰和法兰盖一般采用钢板制成。油罐的透光孔设在罐顶上，一般为直径500mm的圆孔，平时用法兰盖密封。清理检修油罐时，用以采光、通风排气。当保险活门的操作装置失灵时，可利用系于透光孔处的钢索来打开保险活门。当罐顶只设立一个透光孔时，应位于进出油管线上方的罐顶上；设两个透光孔时，则透光

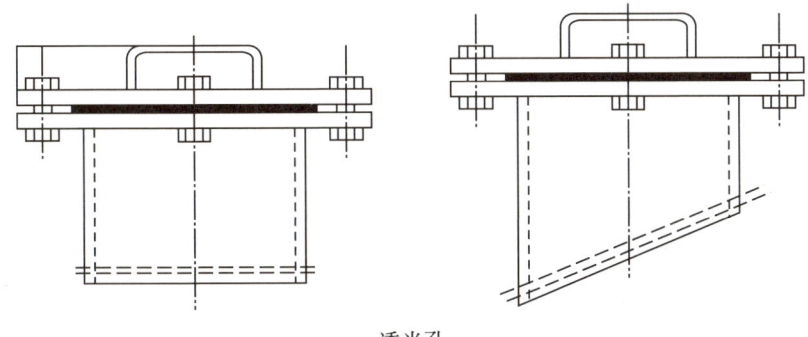

透光孔

孔与人孔尽可能沿圆周均匀分布，以利于采光和通风，但至少有一个透光孔设在罐顶平台附近。透光孔的外缘应距罐壁800～1000mm。透光孔上部与通气孔连接，平时用眼圈盲板封闭。洗修油罐时打开眼圈盲板，接通通气孔，罐内便可进行机械通风。

（何利民　吕宇玲）

【人孔 manhole】 油罐进行安装、清洗和维修时，工作人员进出油罐的专用孔（见图）。

浮顶人孔。浮顶上至少设置一个人孔，公称直径不小于600mm；单盘上人孔的安装高度不宜小于300mm，内部安装直梯，直梯下端应留有足够的空间。

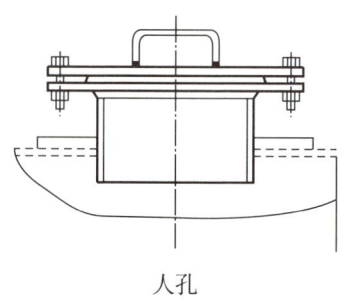

人孔

船舱人孔。每个浮顶舱室设置一个人孔，直径不小于500mm，人孔盖采用防风结构；人孔无防水密封时，其安装高度要高于浮顶允许积水高度。

罐壁人孔。管壁上至少设置1个低位人孔，并应设置1个高位人孔（固定顶可以省略），其公称直径不小于600mm，高位人孔的安装高度应高于内浮顶最大支撑高度并不能妨碍浮顶运行。低位人孔应在内浮顶最小支撑高度以下。

低位人孔因位于油罐下部，人孔承受很大的液体压力，为了防止渗漏，对人孔的安装质量必须严格要求。法兰和盖板上加工有密封水线，在施工中要注意保护，以免在使用时发生渗油。每次拆下人孔时要做标记，以免再装时错位，影响严密性。安装人孔盖板上螺母时，要成对对角均匀用力，以防盖板变形或用力不均而造成的渗油。

（何利民　吕宇玲）

【搅拌器 agitator】 在原油储罐中为防止罐内原油组分沉积，影响储罐利用率而安装的搅拌装置。常用的原油储罐搅拌器有侧向伸入式搅拌器、旋转喷射式搅拌器和射流式喷射搅拌器。

侧向深入式搅拌器主要由电动机、减速器、主轴、主轴支撑套、托架及螺旋桨等组成（见图），通过法兰连接安装在储罐的侧壁上。工作原理是利用电动机通过减速器驱动罐内的桨叶旋转，从而带动油罐内的介质形成循环流动，使介质达到调和、热传递、均匀化和防止沉积物聚集，并随油品输转而带走。

旋转喷射式搅拌器由旋转喷嘴、涡轮、涡轮轴、齿轮箱、壳体、循环油泵、过滤器、导流管及配件等组成。工作原理是通过循环油泵输送油品带动涡轮旋转，并利用传动装置驱动机身旋转，油品通过喷嘴以高速度喷射到罐内，形成喷射流。由于喷嘴喷射方向偏离其中心，会因喷射的反动力而驱使旋转喷嘴进行360°自动旋转，从而使油品产生涡流，起到全方位搅拌的作用。

射流式喷射搅拌器组成与旋转喷射式搅拌器大致相同，工作原理是介质进入搅拌器内部，带动搅拌器内部传动机构，驱动搅拌器旋转座沿垂直轴线旋转，同时带动喷射喷嘴沿水平轴线旋转，喷射喷嘴的喷射运动过程经无限叠加后，将形成一个球形的覆盖空间，实现对容器内介质进行空间覆盖喷射混合。

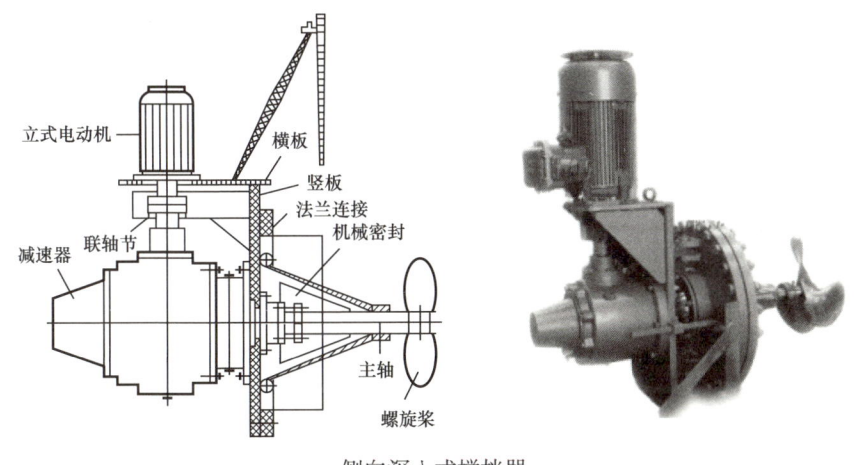

侧向深入式搅拌器

（何利民　吕宇玲）

【**量油孔** gauge hatch】 储罐中用于测量储罐内油品液位高度或进行油品取样操作的孔。

每个油罐顶上设置一个，大都设在罐梯平台附近（见图）。测量孔的直径为150毫米，设有能密闭的孔盖和松紧螺栓，为了防止关闭时孔盖与铁器撞击产生火花，在孔盖的密封槽内嵌有耐油胶垫或软金属（铜或铝）。由于测量用的钢卷尺接触出口容易摩擦产生火花，因此在孔管内侧镶有铜（或铝合金）套，或者在固定的测量点外装设不会产生火花的有色金属导向槽（投尺槽）。为了保证量油时每次都沿同一位置下尺，减少测量误差，在量油孔内壁的一侧装有铝制或铜质的导向槽。正对量油孔下方的油罐底板不应有焊缝，必要时可在该处焊接一块计量基准板，以减少各次测量的相对误差。

量油孔经常启闭，容易损坏而发生漏气，因此要定期检定其严密性。检定时，在孔的边缘涂上一层薄油漆，将孔盖轻轻盖上，用手加一定力，如衬垫上印有明显完整的痕迹，就可以认为合格。若痕迹残缺不全，说明孔盖已不严密，应更换垫圈。

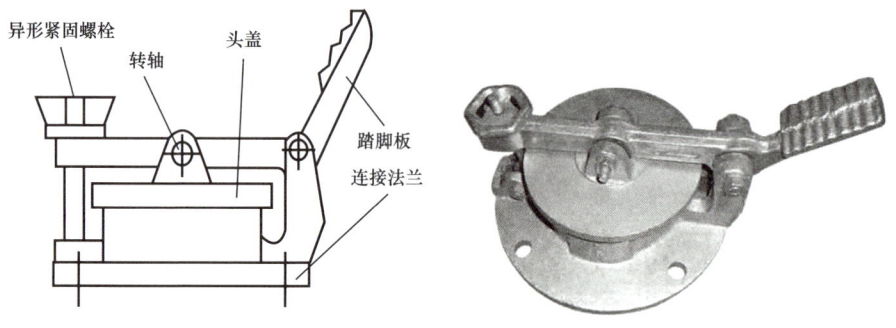

量油孔

(何利民　吕宇玲)

【阻火器 flame arrestor】 由阻火芯、阻火器外壳及配件构成，用于阻止火焰（爆燃或爆轰）通过的装置（见图）。阻火芯为在规定条件下允许易燃、易爆气体通过而阻止火焰通过的部件。

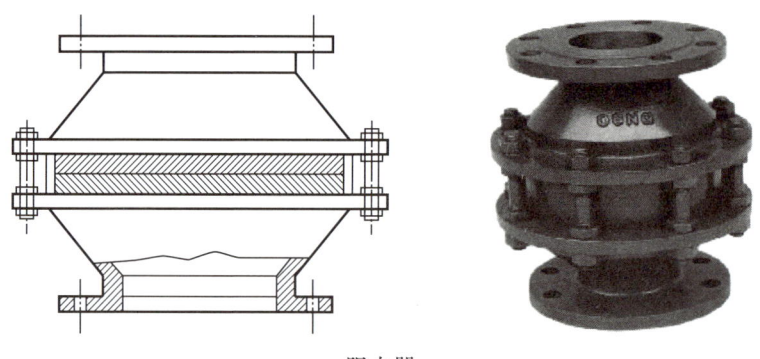

阻火器

火焰通过阻火层的许多细小通道之后，被分割小到一定程度，经通道移走的热量足以将温度降到可燃物燃点以下，使火焰熄灭。发生火灾时，火焰温度升高，阻火层波纹片膨胀，将波纹片的空隙堵死，空气无法进入储罐内，达到灭火的目的。

按阻火芯的结构可分为波纹板式、丝网式和其他型式。

阻火器的外壳多采用碳素钢、铸铝制造，也可采用机械强度和耐腐蚀性能不低于上述材质的其他金属材料。阻火芯多采用不锈钢制造，也可采用机械强度和耐腐蚀性能不低于上述材质的其他金属材料。阻火器内及连接处的垫片不能使用动物或植物纤维。

(何利民　吕宇玲)

【液位报警器 level alarm】 储罐上用于监控液位的安全装置（见图）。容量大于 100m³ 的储罐需要设液位测量远传仪表，液位连续测量信号应采用模拟信号或通信方式接入自动控制系统，在自动控制装置中设高、低液位报警。

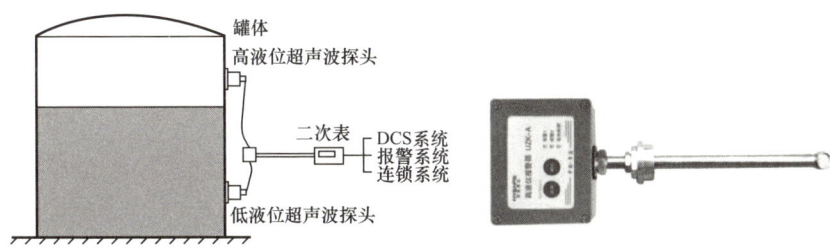

液位报警器

高液位报警器的设定高度应为储罐的设计储存液位高度；低液位报警的设定高度要满足从报警开始 10~15min 内泵不会抽空且泵不能发生汽蚀现象。外浮顶储罐和内浮顶储罐的低液位报警设定高度（距罐底板）应高于浮顶落底高度 0.2m。

（何利民　吕宇玲）

【避雷针 lightning rod】 用来保护露天设备、建（构）筑物避免雷击的装置。由接闪器、引下线和接地装置组成（见图）。接闪器又称为受雷器，是直接接受雷电的金属构件，一般采用镀锌圆管或者打扁并焊接封口的镀锌钢管制成；引下线为避雷装置的中段部分，上接接闪器，下接接地装置，其作用是将雷电流自接闪器引入接地装置，引下线应短而直，避免弯曲和穿越铁管闭合结构，以防止雷电流通过时因电磁感应而形成火花放电，一般采用圆钢或扁钢；接地装置是避雷装置的重要组成部分，是埋设在地下的接地体和接地线的总称，用来向大地泄放雷电流，限制防雷装置对地电压不致过高，其中接地体可分为垂直、水平和复合三种形式。

避雷针

分为独立避雷针和附设避雷针。独立避雷针是离开建筑物单独装设的，附设避雷针是装设在建（构）筑物上的。

（何利民　吕宇玲）

【铁路油罐车 railway tanker】 散装油品铁路运输的专用车辆。由罐体、油罐附件、底架和行走部分三部分组成（见图）。罐体是两端为准球形头盖的卧式圆筒形油罐，由4～13mm的钢板焊接制成，通常圆筒下部的钢板要比上部钢板厚20%～40%。罐顶上的空气包用来容纳油品温度升高而膨胀的油品，空气包的容积为油罐容积的2%～3%，钢板厚度一般为6mm。空气包上有一带盖人孔，孔盖为圆形并呈半球状，刚性很大，关闭时利用杠杆和铰链螺栓压紧，在罐车盖和人孔间夹以垫片保证密封。罐的底部略有坡度，坡斜向集油窝以便抽净底油。在空气包附近设有平台，罐车内外皆有扶梯供操作人员登车和进入罐内。

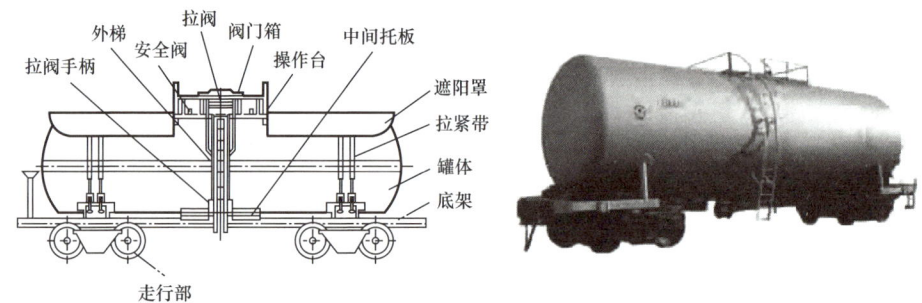

铁路油罐车

按其装卸油品的性质可分为轻油、黏油罐车两类。轻油罐车罐体外一般涂成银白色，罐体上（或空气包上）装有一个进气阀和两个出气阀，以减少运输途中的呼吸损耗和保证安全；黏油罐车大多数设有加热装置和排油装置，原油罐车外表涂成黑色，成品黏油罐车外表涂成黄色，罐车加热套为夹层式，呈半圆筒形，焊接在罐体下部。

（何利民　吕宇玲）

【鹤管 crane pipe】 采用旋转接头与刚性管道及弯头连接起来，以实现铁路油罐车、汽车油罐车与栈桥管线之间传输液体介质的装置。分汽车装卸鹤管、火车装卸鹤管和桶装鹤管等。

铁路、公路装卸油鹤管主要用于铁路油罐车和汽车油罐车的液体装卸作业。从装卸型式上可分为上方装卸和下方装卸。可输送的介质有原油、汽油、柴油、润滑油等石油产品；也可输送浓硫酸、液化天然气、液化石油气、熔融硫黄、沥青、二硫化碳等化工产品。

鹤管主要由固定、回转、操作、平衡等机构和油管组成（见图）。其中回转机构（回转接头）是用锻钢或铝合金制造，内装复列球轴承，不锈钢特殊密封圈。平衡系统有配重、扭簧、压簧、拉簧和丝杠以及液压和气动平衡等型式，均能以很小的力进行操作。

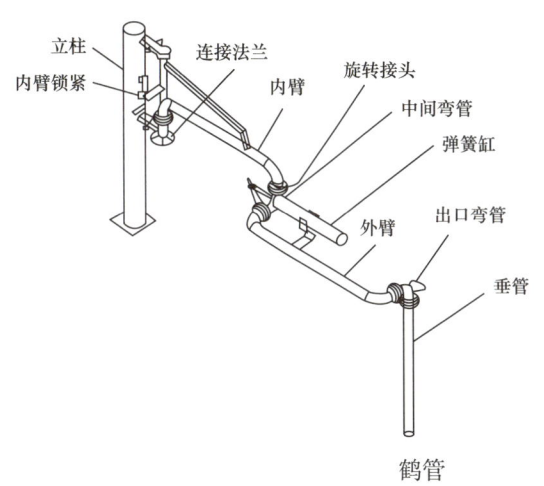

鹤管

常用的鹤管形式有固定式万向鹤管、自重力矩平衡鹤管、配重力矩平衡鹤管、气动鹤管、卸油臂、大鹤管、目形鹤管、套筒鹤管、液压鹤管和电动鹤管等。

（何利民　吕宇玲）

【**输油臂** loading arms】 用于连接码头输送管道和油轮进出油管的输油装置。主要由立柱、内臂、外臂、回转接头和快速接头等组成（见图）。根据需要可配置动力、操作、控制、清洗、排空系统及紧急分离系统和支撑系统等。立柱以固定方式垂直于承载基础上，与码头输送管道相连，上部装有中间回转接头用以支撑内臂和外臂。内臂通过中间回转接头与立柱连接，通过头部回转接头与外臂连接。外臂通过头部回转接头与内臂连接，通过三向回转头与船舶歧管连接。回转接头内腔为输送通道，由内圈、外圈、滚动体及密封件等构成，内圈和外圈为能相对转动的机械部件，按使用部位和作用，分

输油臂

别称为中间回转接头、头部回转接头及三向回转接头。快速接头由法兰和加紧板机构等组成，安装在三向回转接头上，是能快速与船舶歧管法兰连接或脱离的机械装置。当遇紧急情况时，紧急分离接头能通过一定的控制方式使输油臂迅速与船舶歧管分离。按驱动方式分为手动型和液压驱动型。

（何利民　吕宇玲）

【汽车油罐车 automobile tanker】 石油及石油产品（汽油、柴油、原油、润滑油及煤焦油等油品）公路运输的专用车辆。又称流动加油车、装油车、运油车、石油运输车等。

油罐是储油容器，其截面有椭圆形、梯圆形和矩圆形等，一般采用碳素钢板焊接而成，也可根据运输介质不同采用不锈钢或铝合金材料制造。油罐内部设有挡油板，罐顶部设有护板、平台、人孔、观察孔和通气阀等部件，油罐底部设有沉淀槽。挡油板的作用是防止汽车行驶时油的波动。人孔用于顶部装油和检修时人员进出油罐。附梁与罐体焊接为一体，与底盘纵梁通过U形螺栓、连接吊耳等方式可靠连接安装（见图）。

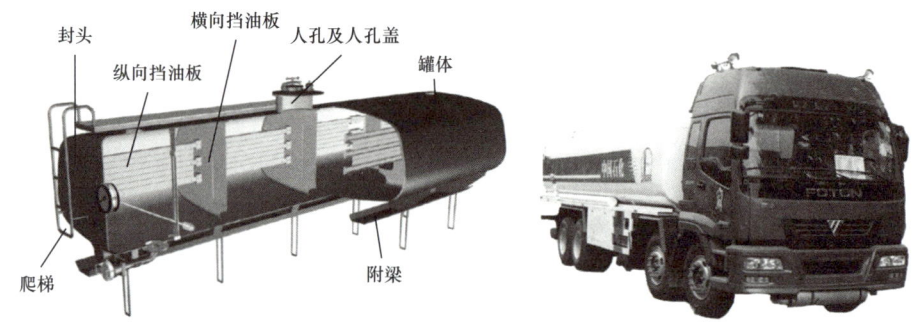

汽车油罐车

按运输介质不同分为原油罐车、汽油罐车、柴油罐车和化工品罐车；按外形可分为平头油罐车、尖头油罐车和齐头油罐车等。

（何利民　吕宇玲）

油轮

【油轮 tanker】 设有输油、扫舱、加热及消防等设施的海运或河运散装油品的专用船（见图）。

油轮除设有货油舱外，还设有机舱、锅炉舱、货油泵舱、专用压载水舱、隔离空舱、干货舱等。油轮上设有输油管系、货油泵舱管系、扫舱管系、蒸汽加热管系、专用压舱水管系、洗舱管系、消防和惰性气体管系、洒水管系和透气管系统。

一般分为成品油轮和原油油轮两大类。成品油轮比原油油轮的建造规模要小得多。按载重吨位可分为小型油轮（载重 0.6×10^4 t 以下）、中型油轮［载重（0.6～3.5）$\times 10^4$ t］、大型油轮［载重

（3.5～16）×10^4t］和巨型超级油轮（载重 $16×10^4$t 以上）。

（何利民　吕宇玲）

【**油品计量** oil metering 】 用人工检尺、衡器、流量计量测油品体积或质量。

  油库油品计量包括油品进库计量、中间计量和出库计量三部分。油罐凡进行移动（包括脱水）作业前后，均须进行计量；收付油品期间，应按规定定时进行计量，静止油罐在每班接班后和交班前进行计量，以便及时了解罐内油品库存变化情况。

  按油品所处状态来分，有静态计量和动态计量两种。所谓静态计量就是油品静止储存在容器内，测定其高度再换算成体积的方法；动态计量则是油品在输送过程中用流量计测定累计流量的方法。一般来说，人工检尺和衡器属静态计量，流量计属动态计量。按检测方法和计量单位又可分为体积法（又称流量法）、重量法（又称衡量法）和体积—重量法 3 种。体积法以流量计或容器为计量手段；重量法以衡器为计量手段，在中国应用较为广泛，适应于小批量并以重量为计量结算单位场合；体积—重量法根据油品体积和密度乘积来计算油品重量，即人工检尺方法。

  通常生产统计、运销结算其数量都是以重量计量单位 kg 或 t 为准。

（何利民　吕宇玲）

【**液位检测** liquid level measurement 】 对储油罐中油品的液位进行直接或间接的测量。储油罐的液位检测方法有以下几种：

  人工检尺。利用浸入式刻度钢尺测量液位，取样测量油温和密度，通过计算得到储油罐所储液体体积和重量。该方法是全世界广泛使用的储油罐油品计量方法，可用作为现场检验其他测量仪表的参数手段，误差一般为 ±2mm。

  浮体式液位测量仪表。仪表分为浮筒式与浮子式。浮筒式液位仪是在滑轮组上用钢丝绳一端挂浮球，另一端挂重锤，通过浮球与重锤的运动距离达到液位测量的目的。钢带浮子式液位仪由一根不锈钢管和一个空心球组成，不锈钢管内部装有若干个干簧继电器，空心球内装有一块永久磁铁，当空心球随着液位上下运动时，空心球的运动被继电器转换为相应的液位。

  伺服式液位测量仪表。采用浮力平衡原理，浮子通过钢丝悬挂在仪表本体上，漂浮在液面或界面上，由伺服电动机驱动体积较小的浮子，使其精确地测量出液位。

  另外，还有磁致伸缩液位仪、差压式液位测量仪表、超声波液位测量仪表、雷达液位仪、激光液位仪、光纤液位测量仪和振动液位仪等。

（何利民　吕宇玲）

【在线取样 online sampling】 运用原油管线自动取样装置，借助电磁阀和采样机构高频率的提取恒定量油样的过程（见图）。多用于原油管道自动取样。

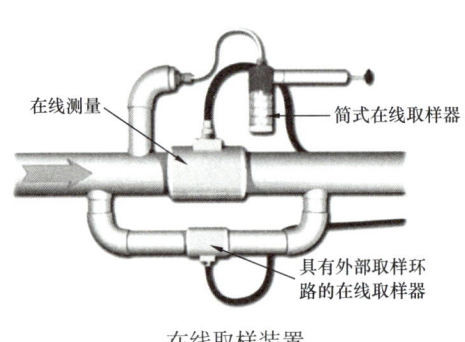

在线取样装置

按照安装方式的不同，在线取样可分为简式在线取样和具有外部取样环路的在线取样两种。

简式在线取样 直接安装在主管线上，通过样品抓取机构从管线中取得定量样品，其体积小，结构简单，没有外部取样回路和取样泵，管线保温长度也较短。但抓取机构距离取样桶较远，死油区空间较大，存在取样滞后问题。

具有外部取样环路的在线取样 借助于可调速泵从主管线中分出一个取样回路，这个取样回路的流动速度与主管线的流动速度是保持一致的，所以原油液体经过取样探头开头位置处的流动速度实际上就是取样点的管内液体的流动速度，并且其方向也就是靠近取样探头的管内的液体流动方向。

（何利民　吕宇玲）

【油库消防系统 oil depot fire extinguishing systems】 为预防和应对油库中可能发生的火灾及其他紧急情况而建立的消防系统。是油库设施的重要组成部分，用于预防与扑灭油库火灾。主要由消防道路、消防给水系统、泡沫（烟雾）灭火系统、移动消防设备（消防车、机动消防泵）、消防器材、消防报警通信系统等组成。

油库消防设施种类繁多，结构复杂、建设经费大。油库消防系统的建设经费占总投资的17%～20%，是主体项目以外投入经费最多的配套项目之一。

油库消防系统平时不用，也不希望用，应贯彻"预防为主，防消结合"，确保防患于未然，扑灭初起火灾，防止火势扩大的必备条件。

（何利民　吕宇玲）

【消防管道 fire pipeline】 连接消防设备，输送消防灭火介质的管道。材料为钢管和铸铁管两种，其中钢管多用于地面消防管道，铸铁管都用于埋地铺设的消防管道。

一、二、三级油库油罐区的消防管管道应采用环状敷设；四、五级油库油罐区的消防管道可采用枝状敷设；山区油库的单罐容量小于或等于5000m³且油罐单排布置的油罐区，其消防管道可采用枝状敷设。一、二、三级油库油罐区的消防水环形管道的进水管道不应少于2条，每条管道应能通过全部消防水量；

环状管网的输水干管不应少于 2 条,且其中一条发生故障时,其余干管仍能通过消防用水总量。

(何利民　吕宇玲)

【消防给水系统 fire water supply systems】　火灾时为油库灭火系统供水的系统,是油库消防系统的重要组成部分。主要由消防水源、给水管网和消火栓和消防水泵等组成。

基本要求:一是保证在任何火灾条件下有水可用;二是保证油库在最不利火灾的条件下,消防给水应满足最大用水量;三是保证消防用水有足够的压力。

消防给水的作用包括冷却着火油罐和周边油罐、配制灭火泡沫液和保护灭火人员。

消防水源:城镇给水管网供水靠近油库,且供水能满足需要时,消防用水可利用给水管道供给;油库附近有天然水源时,可设置消防取水设施供给消防用水,但枯水期必须保证消防最大用水量;利用消防水池供水时,应保持最大储水量,消防消耗后补充水的时间不能超过 96h。

消防水泵:对消防用水提升并加压的设备,通常可分为消防车用消防水泵和固定消防水泵,一般为离心泵。消防水泵应采用正压启动或自吸启动,当采用自吸启动时,自吸时间不宜大于 45s。

消火栓:主要的灭火供水设备,分为室内消火栓和室外消火栓两种类型。室外消火栓又分为地下消火栓和地上消火栓两种。寒冷地区,为了防冻宜采用地下消火栓。

给水管网:按照给水压力可分为高压消防给水系统、临时高压消防给水系统和低压消防给水系统,油库常用的是低压消防给水系统。进行消防给水管网的水力计算时,应保证消防给水管网上最不利点的流量与压力满足消防要求。其计算方法有两种:第一种是按照最大生产、生活和消防用水量之和进行计算;第二种是按照最大生活和生产用水量之和进行计算,油库一般采用第一种。

(何利民　吕宇玲)

【移动消防设备 mobile fire-fighting equipment】　由消防车及机动消防泵等组成的机动灭火设备,是扑灭流淌油品火灾的基本设备,是半固定泡沫系统的动力资源。其基本要求:一是灭火设备配套齐全、良好;二是所处位置能在 5min 内到达火场,提供灭火泡沫;三是水源充足,泡沫的供给及时。

消防车一般由通用运输车底盘改装而成,按用途可分为灭火消防车、专勤消防车、举高消防车、后援消防车和机场消防车;按照承载能力可分为轻型消防车、中型消防车和重型消防车；按照水泵位置可分为前置式水泵消防车、中置式水泵消防车、后置式水泵消防车和侧置式水泵消防车；按照车厢形式可分为内座式消防车和敞开式消防车。对于油库而言，配置的消防车主要是中型泡沫消防车和泡沫干粉联用消防车，在大型油库中也可配置重型泡沫消防车。

消防车随车设备主要有消防水枪、消防水炮、泡沫枪、泡沫炮、泡沫钩管、消防水带及其附件以及消防梯等。

（何利民　吕宇玲）

【消防报警通信系统 automatic fire alarm system】 探测火灾早期特征、发出火灾报警信号，为人员疏散、防止火灾蔓延和启动自动灭火设备提供控制与指示的消防系统。由动力设备监控系统、火灾自动监测系统、可燃气体监控系统、灭火自控系统和视频监控系统等组成。

动力设备监控系统 为保证消防设备的动力供应，确保灭火设备和监控设备在火警时能够正常工作，所有灭火设备、监控设备的电源应有由市电和应急发动机两路供给。日常需对应急发动机的启动电池以及油箱液位高度、油压等参数进行监控；当发电机启动正常发电后，需对发动机的电压、频率、转速、油箱液位等参数进行监控。

火灾自动监测系统 由于油品、化工品燃烧后能迅速释放能量使环境温度升高，故油库常以温度突然急剧升高作为火灾发生的判定标准。光纤光栅火灾探测器是油库中常用的火灾探测设备。通过在罐顶外壁和罐顶入孔分别安装光栅探头，综合监测罐顶外壁和罐内油气的温度，并根据预先设定的报警温度设定值和报警温升速率实时给出过热预警和火灾报警信号。为避免误报警，应结合该储罐上其余探测器进行综合判断，以确定是否真正失火。

可燃气体监控系统 在库区内可能积聚可燃气体或可能泄漏可燃气体的场所设置可燃气体浓度变送器，把现场检测到的可燃气体浓度信号传输至消防监控中心。一旦现场的某一气体浓度达到或超过设定值，系统给出报警信号，并在可燃气体探头布置图上显示报警现场地点。

灭火自控系统 有"手动"和"自动"两种模式。当系统接收到火灾报警控制器发出的确认信号后，在"自动"模式下，系统会根据预先设定的程序自动启动消防冷却水泵和泡沫混合液泵，并按预定的逻辑顺序开、闭相关的电动阀门，将泡沫液以最快速度喷洒到事故罐，并对事故罐附近的储罐喷淋降温。在手动状态下，操作人员可直接在操作控制台启动消防泵及相应的消防水阀、泡沫液阀等实现人工手动控制灭火。在整个灭火过程可实现实时监控消防泵的工作状态、管网压力、消防水罐液位等参数，实现连锁控制。

视频监控系统　利用数字化视频监控技术，通过安装防爆彩色摄像机，可实现以下功能：对油库内重要的、高危的生产设施进行集中监视，减少现场巡查人员；配合视频烟雾、火苗监测分析软件，实现对火灾初期的烟雾、火苗及时侦测，有利于发现初期火灾；安装在高塔上的全天候彩色夜视摄像机，可实现手动云台控制、镜头控制，因其扫描半径大，可实现整个库区的视频监控；在火灾状态下该系统可锁定方位并进行录像，提供实时火场资料，掌握火灾动态，更好地指挥灭火救灾。

（何利民　吕宇玲）

【消防器材 fire-fighting equipment】　用于灭火、防火和火灾事故的器材。对于油库而言，消防器材主要是灭火器，其次是消防沙和灭火毯。

　　灭火器是油库加油站扑灭小型火灾和初起火灾的主要设备。小型火灾和初起火灾范围小，火势弱，是火灾扑灭的最佳时期。一具合格的灭火器，如果使用得当、扑救及时，可以有效地保护人身健康和减少火灾损失。灭火器的类型、规格较多，油库常用的灭火器主要有水型灭火器、泡沫型灭火器、干粉型灭火器、二氧化碳型灭火器，其中使用最多的是干粉型灭火器和二氧化碳型灭火器。

　　干粉型灭火器内充装的灭火剂是干粉，二氧化碳型灭火器内充装的灭火剂是加压液化的二氧化碳。灭火器按照移动方式和重量可分为手提式、背负式和推车式三种，油库内使用的干粉型灭火器主要为手提式和推车式，二氧化碳型灭火器大多为手提式。干粉灭火的优点是灭火速度快，能够迅速控制火势和扑灭火灾；但干粉的冷却作用小，宜与泡沫联用，灭火效果更佳。二氧化碳灭火时不污损物件，灭火后不留痕迹，适用于扑救精密仪器和贵重设备的初起火灾。

　　油库储油区、装卸油作业区、零发油作业区、库房区和辅助作业区等，应在其主要设施附近设置消防间，消防间内的必配消防器材为灭火器、消防锹、消防桶、消防斧、挠钩、水枪、泡沫管枪、水带和灭火毯，选配消防器材为泡沫钩管、泡沫枪等。

　　消防沙是消防所用专用沙，为建筑所用的干燥黄沙。灭火毯，也称消防被，由玻璃纤维等材料经过特殊处理编织而成。

（何利民　吕宇玲）

【泡沫比例混合器 foam proportioner】　使水与泡沫液按一定比例混合形成混合液，供给泡沫产生器、泡沫枪、泡沫炮或泡沫喷管等灭火时使用的设备。是固定式泡沫灭火系统、泡沫消防车的主要配套设备。

　　常见的泡沫比例混合器有环泵式比例混合器、管线式比例混合器、平衡式

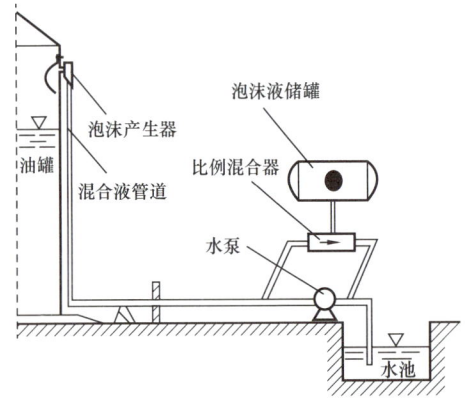

泡沫比例混合器安装位置示意图

比例混合装置、计量注入式比例混合装置和压力式比例混合器等。环泵式比例混合器安装在给水系统的水泵出口与进口间旁路管道上，利用泵出口与进口间压差吸入泡沫液与水按比例混合（见图）；管线式比例混合器安装在通向泡沫产生器供水线上；平衡式比例混合装置由单独的泡沫液泵按设定的压差向压力水流中注入泡沫液，并通过平衡阀、孔板或文丘里管（或二者的结合）能在一定的水流压力或流量范围内自动控制混合比的比例；计量注入式比例混合装置由流量计与控制单元联动调节泡沫液泵的转速，实现按比例向水流中注入泡沫液；压力式比例混合器借助于文丘管将泡沫液从密闭储罐内排出，并按比例水混合。

（何利民　吕宇玲）

【负压比例混合器 negative pressure proportioner】 安装在给水系统水泵出口与进口间旁路管道上，利用泵出口与进口间压差吸入泡沫液与水按比例混合的泡沫比例混合器（见图）。又称环泵式比例混合器。

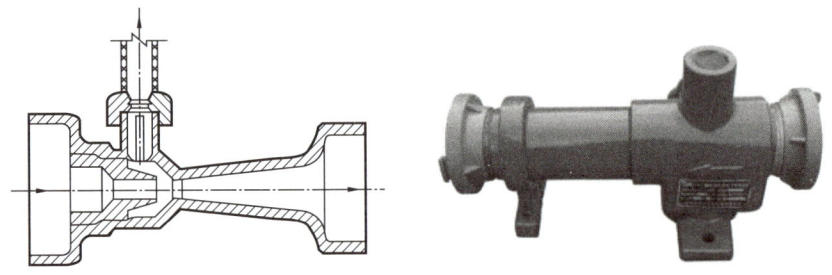

负压比例混合器

环泵式负压比例混合器是利用文丘里管原理生产的第一代产品。泵工作时大股液流流到系统终端，小股液流回流到泵的进口，当小股液流回流经过比例混合器内腔时由类似文丘里管的作用形成一定的负压，在大气压力作用下将储罐内的泡沫液吸进腔内与水混合，再到泵进口与水进一步混合后抽到泵的出口。如此循环往复一段时间后泡沫混合液的混合比就可达到产生灭火泡沫要求的正常值，此后系统中泵打出的是泡沫混合液。

出口背压宜为零或负压，当进口压力为 0.7～0.9MPa 时，出口背压可为

0.02～0.03MPa；吸液口不高于泡沫液储罐最低液面1m；比例混合器的出口背压大于0时，吸液管上设防止水倒流入泡沫液储罐的措施。

（何利民　吕宇玲）

【**压力式比例混合器** pressure type proportioner】　借助于文丘里管将泡沫液从密闭储罐内排出，并按比例与水混合的泡沫比例混合器（见图）。当消防泵的压力沿供水管进入压力式比例混合器时，大部分压力水经喷嘴向扩散管喷出。由于射流质点的横向紊动扩散作用，在混合室形成一个低压区，使流经压力水管的水进入泡沫罐，再将泡沫液经泡沫管道通过孔板压入混合室，使泡沫按6%或3%的比例混合，输送给空气泡沫产生装置，产生空气泡沫扑救火灾。

按罐内设囊与否，分为囊式和无囊式。装置从比例混合器向泡沫液储罐内分别引入两根管路，用文丘里管与孔板组合，在比例混合器的两根管路之间制造流体动压差，系统工作时压力高的管路向泡沫液储罐冲水，压力低的管路将泡沫液引进比例混合器，即用水置换泡沫液的方式实现泡沫液与水混合。

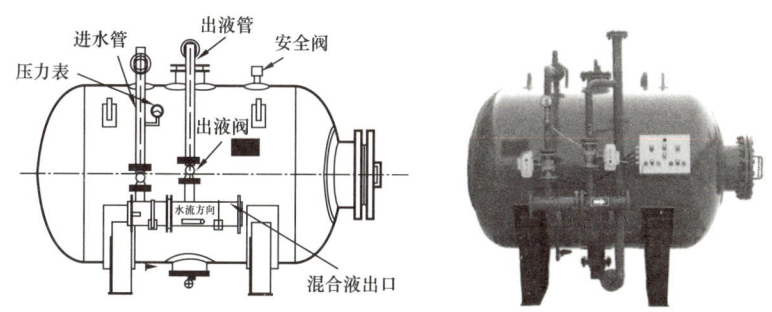

压力式比例混合器

（何利民　吕宇玲）

【**泡沫产生器** foam maker】　装在油罐罐壁的最上层圈板上的用于油罐灭火时喷射泡沫的消防装置。又称空气泡沫发生器。由壳体、泡沫喷管和导板等组成。当泡沫混合液流过泡沫产生器喷嘴时，形成扩散的雾化射流，在其周围产生负压，从而吸入大量空气形成空气泡沫，空气泡沫通过泡沫喷管和导板输入储罐内，沿罐壁淌下，平稳地覆盖在燃烧液面上。喷口用薄玻璃片（或隔膜）与罐内空气封隔，起到防止罐内油液或油气进入泡沫室或消防管道的作用。

主要分为液上喷射空气泡沫产生器和液下喷射空气泡沫产生器。液上喷射空气泡沫产生器固定安装于油罐及各类烃类液体储存容器的器壁上部，根据安装方式的不同，有立式和横式两种；液下喷射空气泡沫产生器用于液下喷射灭火系统，液下喷射泡沫灭火系统的泡沫从罐底压入，必须克服管道阻力和储罐内油层的静压,又称高背压泡沫产生器。

(何利民 吕宇玲)

【泡沫枪 foam nozzle】 一种以泡沫混合液为灭火剂的喷射管枪。主要由枪筒、手轮、枪体、球阀、吸液管和 KY65 管牙接口或中岛接头构成(见图)。利用孔板使水流速度产生的真空压差吸入泡沫液,并使之与空气混合后喷射。

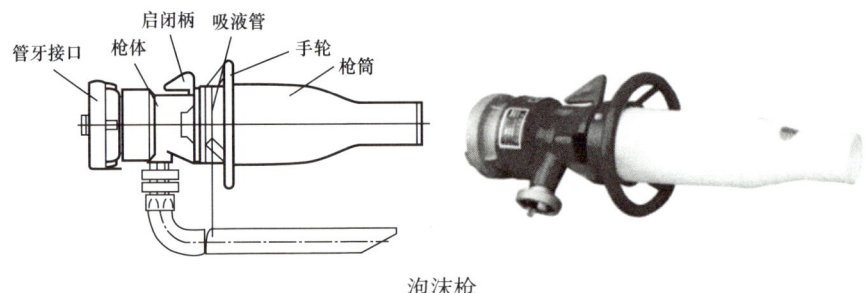

泡沫枪

按工作原理可分为自吸式空气泡沫枪和非自吸式空气泡沫枪。自吸式空气泡沫枪由消防栓或消防车或其他设备提供的消防压力水,由水带经过管牙接口进入枪体。在枪体内形成负压,泡沫液在大气压的作用下通过吸管进入枪体,与水按一定比例混合形成泡沫混合液。在混合液流离开枪体进入枪筒时,再次形成负压而吸入空气,形成空气泡沫,由枪筒喷射;非自吸式空气泡沫枪由泡沫比例混合器或其他比例混合装置产生的带压力的泡沫混合液由水带经过管牙接口进入枪体。泡沫混合液离开枪体进入枪筒时,从枪筒侧壁所开的小孔吸入大量空气,形成空气泡沫。按发泡倍数和结构型式不同可分为低倍数泡沫枪、中倍数泡沫枪和低倍数—中倍数联用泡沫枪。

泡沫枪能够喷射水或空气泡沫,常用于扑灭小型油罐、地面石油和石油类产品等 B 类火灾及木材等一般固体物质火灾。泡沫枪在消防系统供给 3% 或 6% 的各种类型泡沫混合液的情况下使用,此时球阀处于关闭状态;也可在消防系统供给压力水的情况下自吸泡沫液使用,此时球阀处于完全开启状态;泡沫枪装有便于操作和起保护枪作用的圆形手轮,使用时操作者应抓紧枪的手轮;同时要注意供给枪的水或混合液的压力应逐渐提高,但不能超出使用压力范围,以免突然冲击或压力过高对操作者造成伤害;喷射时尽量要顺着风向。

(何利民 吕宇玲)

【消火栓 hydran】 主要供消防车从市政给水管网或室外消防给水管网取水实施灭火,也可以直接连接水带、水枪出水灭火的固定式消防设施(见图)。又称消防栓。可分为室内消火栓、室外消火栓、旋转消火栓、地下消火栓、地上消火栓、双口双阀消火栓和室外直埋伸缩式消火栓。

室内消火栓是设置在建筑物内的固定消防设施，带有阀门和消防水龙带接口，为工厂、仓库、高层建筑、公共建筑及船舶等火场供水；室外消火栓是设置在建筑物外面消防给水管网上的供水设施，主要供消防车从市政给水管网或室外消防给水管网取水实施灭火，也可以直接连接水带、水枪出水灭火；旋转消火栓是栓体可相对于与进水管路连接的底座水平360°旋转的室内消火栓；室外直埋伸缩式消火栓是一种平时消火栓收缩在地面以下，使用时拉出地面工作的消火栓。

消火栓

使用室内消火栓时，打开消火栓门，按下内部火警按钮；一人接好水枪头和水带奔向起火点，另一人连接好水带与阀门，逆时针打开阀门，实施灭火。扑灭电火灾时要确认切断电源。使用室外消火栓时，用扳手打开地下消防栓的水带口连接开关，将消防水带进行连接；用扳手打开地下消防栓的出水阀门开关；接连水带口及出水枪头；至少两人以上手拿喷水枪头，向火源喷水灭火。

（何利民　吕宇玲）

【**半地下油库** semi-underground depot】部分储罐罐体位于地下的油库，库中储罐多采用地中罐（见图）。

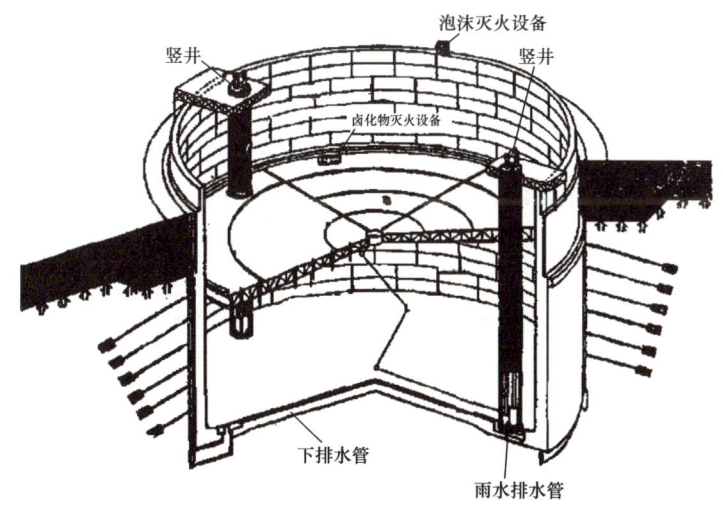

半地下油库结构示意图

地中罐的优点：罐本体在地中，热天难以从外界吸热，冷天也易于保持储液温度；因在地中储存，深度不受限制，可缩小罐间距离，利于大型化，通常占地仅为同容量地上罐的1/4；储油不致流到地表面，安全和防灾更有利；省钢材，只需用6~9m厚的碳钢板作内衬保护层，而罐壁和罐底主要靠0.5~2.7m厚的混凝土承受内压和荷载。

地中罐的缺点：施工工程量大，建造时间长；建设的初期投资费用高。

（何利民　吕宇玲）

【地下油库 underground depot】 储罐罐体位于地下的油库。包括隐蔽油罐库、山洞油罐库和地下岩洞库等。隐蔽油罐库、山洞油罐库首先在地下挖洞，再在洞中建设油罐，投资高，建设周期长，已逐渐淘汰。地下岩洞库主要有废弃油气藏、含水层构造、地下盐穴、矿坑及岩洞等地下油气储存方式。

地下岩洞库是在天然岩体中人工开挖洞库或者利用废弃的矿坑，以岩体和岩体的裂隙水共同构成储层空间的一种特殊地下岩石建筑，或人工溶盐建造的岩盐洞。建造地下油库需要满足两个基本条件：一是要有较好的岩石条件，以便开挖出大跨度的稳定的岩洞罐体；二是要有一个稳定的地下水位，以便保证罐体的水封压力要求。

地下岩洞库一般采用固定水位法储油，即岩洞底部水面始终保持一定高度，水面不随油品的储量变动，而是由岩洞底部泵坑周围的围墙来控制。当裂隙水增多，岩洞底部水面超过围墙高度时，水就溢流进入泵坑；当泵坑中的水达到一定高度时，装在泵坑内的界面控制装置就自动启动裂隙水泵，裂隙水泵为浸没泵，将多余的水排出洞外；油品始终浮在水面上，油品液面高度随油品储存多少而变化。

（何利民　吕宇玲）

【地下水封石洞油库 underground water-sealed oil storage in rock caverns】 在稳定的地下水位以下一定深度的天然岩体中人工开挖的、以岩体和岩体中的裂隙水共同构成储油空间的储油库。由储油洞罐、施工巷道、竖井（操作竖井）、泵坑和水幕系统等单元组成（见图）。

最早的地下水封油库于1951年建于瑞典。之后世界各国也大量兴建了地下水封油库。20世纪70年代，我国分别在山东黄岛和浙江象山建造了地下水封油库。

在稳定的地下水位以下（至少5m）开挖岩洞而不采取任何防渗措施时，由于洞内的压力接近于当地大气压力，则岩洞周围的地下水将在静水压力与大气压力的压差作用下，沿着岩体裂隙渗流到洞内。利用这种岩洞储存油品时，由于油、水的密度差，同一高度上岩洞周围地下水的压力仍然大于油品的静压力，因而油品被封隔在洞罐内，不会向外渗流。相反，在油水静压差的作用下，地下水将源源不断地渗入洞中,并沉积于罐底。故油品的相对密度只要小于1,都可以储存在地下水封库中而不会流失。国外建成的水封油库,可用来储存原油、重油、柴油、汽油、航空油料、液化气等各类油品,我国建造的水封库主要用来储存原油、柴油和液化石油气。

 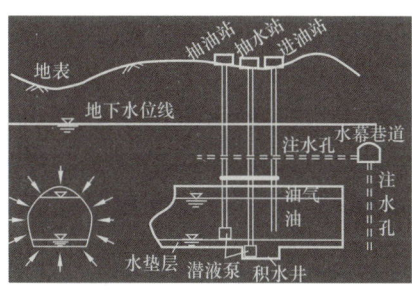

地下水封石洞油库结构示意图

地下水封油库的优点:节省钢材及其他建筑材料;同山洞库比较,施工速度快;深埋地下,顶部有很厚的岩石覆盖层,有很强的防护能力,利于战备;不占或少占农田,地下水封库上方的地表还可以建造地面油库或其他设施;油品蒸发损耗少,对环境污染小,比较安全。缺点:建造地下水封库要有良好的工程地质和水文地质条件,必须有稳定的地下水位;不能自流发油,对设备和电力供应的可靠性要求较高;要求有完善的污水处理和排放系统。

(何利民　吕宇玲)

【水封洞库竖井 shaft for water curtain grotto storage】

建造地下水封石洞油库时从地面垂直向下开挖的圆形或方形通道。是操作间与洞罐之间的连接通道,其内装设洞罐的进出油管、给排水管、控制电缆及垂直提升设备等(见图)。竖井断面形状、尺寸一般与泵坑相同。矩形竖井有利于工艺管线的布置,但受力状态没有圆形竖井好,所以石质较差的情况多选用圆形断面。竖井的上部和下部普遍采用喷锚加固,中部用喷射混凝土加固。当储存易挥发油品或压力储油时,竖井设双层盖板,中间注水,以形成水封塞。

竖井上端与操作间相接处做密封盖板。密封盖板的作用是悬吊通入洞罐的各种管线和设备,并将洞罐密封起来,使洞罐的油气不能散入操作间。竖井盖板又是操作间地板的一部分,为保证盖板的承载能力,

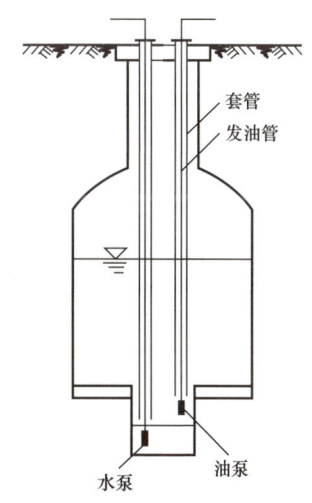

水封洞库竖井结构示意图

其厚度一般不小于50cm,且做好密封和防涌处理,以防渗漏油气。对于有爆炸危险的洞罐,盖板按承受1MPa爆炸压力设计。为防止管线和设备检修时大量油气从盖板孔洞中逸入操作间,可考虑将经常需要检修的设备放置在套管之中。

每座洞罐竖井布置方案有两种:一是每座洞罐设一个竖井;二是每个洞罐的不同洞室上各设一个竖井。

(何利民 吕宇玲)

【储油洞室 oil storage caverns】 在岩体内挖掘出的用于储存原油及其产品的地下储油洞穴。

储油洞室的埋深应根据储存油品、岩石的风化程度、地下水位的高低、防护要求等因素确定。储存温度一般可定为15℃左右,储存压力与储存温度相对应,以此作为确定洞室合理埋设深度的主要依据之一。

储油洞室的断面几何形状与其应力分布有着直接关系,也是影响洞室围岩稳定的重要因素之一。在实际应用中,储油洞室采用的断面形式有以下几种:

(1)圆趾斜墙割圆拱形断面(见图1)。该形状可避免上部落石与围岩撞击产生火花而引起火灾,但底部圆趾施工比较困难。当趾部应力集中现象不太大并小于围岩的抗拉强度时,也可取消圆趾的要求。底板与侧墙夹角一般小于90°。该截面形式适用于常压储存的油品。

(2)直墙圆拱形断面(见图2)。该形状具有较大的截面面积,施工容易,适用于常压储存的油品。

(3)三心圆拱形断面或马蹄形断面(见图3)。该形状围岩应力小,洞库稳定性好,适用于压力储存的油品。

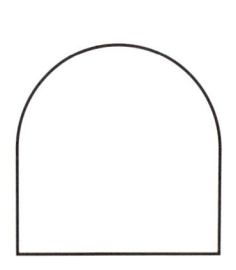
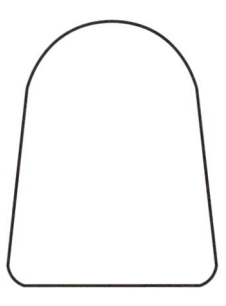
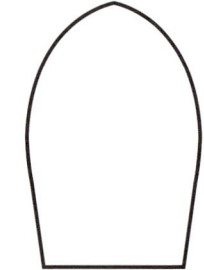

图1 圆趾斜墙割圆拱形断面　　图2 直墙圆拱形断面　　图3 三心圆拱形断面或马蹄形断面

以上各种形状的断面在世界各地所建地下水封洞库中均有应用。从应力分布均匀角度分析并考虑到施工水平的不断提高,一般建议选用三心圆拱形断面或马蹄形断面。

（何利民　吕宇玲）

【巷道 tunnel】 地下采矿时，为采矿提升、运输、通风、排水、动力供应等而掘进的通道。地下油库中巷道包括储油巷道（洞罐）、施工巷道以及连接巷道（见图）。

巷道结构示意图

（1）储油巷道。在地下岩体内开挖的水平隧道，为主要储油空间，也称为主巷道。当岩体条件较好时，储油巷道跨度宜在18～22m之间，高度宜24～30m之间，其长度由所需容积确定。

相邻储油巷道的岩体间壁厚主要依据岩石条件和储存油品的品种技术要求确定。一般储油巷道间壁厚不应小于储油巷道的跨度或高度（取其中的较大值）或取跨度的1.5倍。当两储油巷道间有施工巷道时，要适当考虑施工巷道的影响。

（2）施工巷道。主要作用是便于储油巷道掘进开挖过程外运石碴、其他施工车辆和机具通行。在施工完毕后将施工巷道充水，即将巷道注满水以便恢复地下水位，确保水封的可靠性。一般应在满足车辆爬坡能力情况下尽量缩短施工巷道的长度，以减少石方量，降低投资。设计时应根据地质条件综合考虑施工机具、施工通风管道、排水管道的外形尺寸确定断面尺寸，结合机车爬坡能力与储油巷道的埋深确定巷道坡度。施工巷道断面可设计为宽8.0m、高7.0m的直墙割圆拱形，坡度为13%左右。

（3）连接巷道。在施工期间洞巷为分层开挖，可通往储油巷道的不同水平面，通常设上部、中部、下部的连接巷道。它们的断面形状尺寸不同，取决于所处的位置。一般下部台阶的连接巷道的断面尺寸较大，在开挖前应预测是否需要支护，其断面通常采用直墙割圆拱形，大小根据施工需要确定。

（何利民　吕宇玲）

【密封塞 concrete plug】 在地下水封石洞油库施工结束后，在施工巷道、水幕巷道口、竖井内设置的密封洞库钢筋混凝土结构。

密封塞要能完全密封，不能泄漏油气、油品，避免过量的水分渗漏到洞罐内；要有足够的强度和刚度，能够承受来自密封塞内外的爆炸荷载。有的密封塞还要承受自重、设备、套管、管道、检修荷载、回填混凝土、膨润土重量或静水压力等。

竖井密封塞位于竖井底部洞罐顶板处，用于支撑设备、管道、套管并封闭洞罐。竖井密封塞为钢筋混凝土结构，其强度和配筋要经过静荷载、爆炸荷载的计算确定。密封塞的具体位置待竖井开挖后根据实际岩石节理和其他条件优化确定。

施工巷道密封塞在洞罐与施工巷道连接处，采用钢筋混凝土密封塞隔离洞罐油气与施工巷道中的水。施工巷道密封塞的厚度依据计算荷载确定，其宽度应在施工巷道已开挖断面周边向外延伸 1m，将密封塞嵌入岩体。

水幕巷道密封塞水幕巷道密封塞，需要承受很高的水压，以便进行水幕系统水力试验但严密性要求可适当降低。水幕巷道密封塞的具体设置位置应结合现场实际情况确定，厚度根据水压计算确定，宽度按开挖断面拓宽 1m，将密封塞嵌入岩体。

（何利民　吕宇玲）

【水幕系统 water curtain system】 地下水封石洞油库中为保持地下水封条件，用于人工注水而修建的一系列巷道和钻孔，由水幕巷道、水平水幕、垂直水幕等组成。

水幕巷道为钻探水幕孔（为保持地下水封条件，用于人工注水而钻的孔）自施工巷道开挖的小断面巷道，是水幕孔补水通道。注水巷道距离储油洞室高度一般取 30m，断面可采用 4m×4m 矩形带圆角，或 4.5m×5.0m 直墙圆拱；注水孔直径 80～100mm，孔间距 10～20m 之间，孔长度以能包络储油洞室为目的确定，可以几十米至上百米。

水平水幕主要是在洞库顶部上方一定距离处设置水平水幕，以保证洞库上部始终有水盖层，从而降低因自然水位下降而导致的洞库上部地下水盖层缺失，并致使油气泄漏的风险（见图1）。从注水巷道底板向两侧水平或斜向打注水孔，通过注水孔中一定的压力水，在洞库顶部形成人工水盖层。

垂直水幕一般设在储油洞罐壁外侧或储存不同油品的洞罐之间（见图2）。

同一油库储有不同油品，为了使不同洞室间的不同油品不能相互渗透，则往往在储有不同油品的不同洞室间设置垂直水幕；从注水巷道底板，在两个储油洞室之间打垂直注水孔，通过在垂直注水孔中注入一定压力水将两洞室分隔开来。

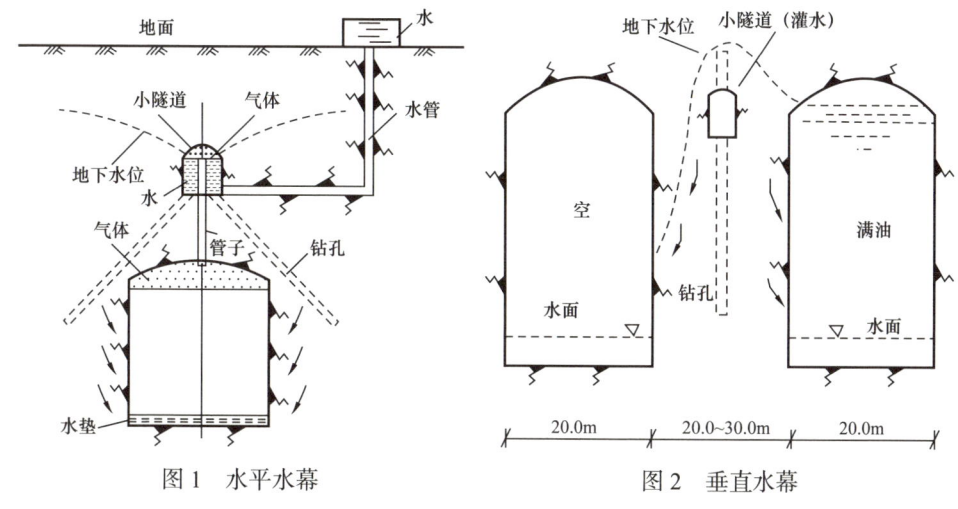

图1 水平水幕　　　　　图2 垂直水幕

（何利民　吕宇玲）

【**水力保护界限** hydrogeological perimeter】　为保持地下水封石洞油库稳定地下水位所需的水力保护区域。包括内保护区域和外保护区域两个独立的区域。

内保护区域为洞罐地下边界的地面投影外扩10m，在该范围内不得建设影响地下储油洞罐稳定的建筑物、构筑物。在此区域内钻井或者其他低于地下水位的作业将直接危及洞罐的气密性，尤其是特殊不均匀的岩体区域的后果更加严重。

外保护区域为地下储油洞罐地面投影外扩200m。该区域为水文地质可控保护区，限制条件可适当放宽，但在洞库较远区域的作业也会间接破坏洞罐区原始水文地质环境，一定时间之后会产生与内保护区域作业相同的不利影响。

按照水力密封原理建设的地下水封洞库是在特定的地质水文环境下设计并建造的。在运行阶段，这些地表水文地质环境特征预计需保持稳定。避免或禁止在保护区内进行任何可能改变当地地表水体系的作业。在保护区之外（或称外部环绕区）进行一定规模的影响库区地表水体系的施工，要制定保护措施才能实施。制定限制措施时需要对地下水属性以及动态有充分了解，考虑岩体渗透性、孔隙率及异向性、地下水波动、岩层成分特殊性、水幕墙效率、水渗流、地下洞库入口、气阻压力分布等因素最终确定各种限制措施。

（何利民　吕宇玲）

【围岩稳定性 stability of surrounding rock】 在岩体中开挖洞罐后围岩不致发生破坏变形的能力。开挖岩体时会破坏岩体的相对应力平衡状态，从而发生复杂的物理力学作用，这些作用主要包括：

（1）破坏了岩体天然应力的相对平衡状态，引起围岩应力的重新分布。

（2）在岩体中形成了一个自由空间，开挖周围的岩体在重分布应力作用下向洞内发生变形和破坏。

（3）围岩变形破坏会给施工和正常使用造成危害，因而要对围岩进行支护衬砌。变形破坏的围岩将给支护衬砌施加一定的荷载，作用在支护衬砌的荷载就是围岩压力（或称山岩压力、地层压力等）。

要正确地评价洞罐围岩稳定性，首先就要根据岩体的天然应力状态确定围岩分布应力的大小和分布特点，进而研究围岩应力与围岩变形、围岩应力与围岩强度之间的关系，确定围岩压力和围岩抗力的大小及其分布变化情况，以作为地下洞罐的设计和施工的依据。

围岩稳定性分析的主要目的是：查清地下洞罐围岩的工程地质力学特性及其开挖效应；揭示洞罐施工扰动造成围岩位移变形规律；评价洞罐围岩稳定程度；对洞罐围岩锚固、支护设计进行可靠性核算；为指导地下水封洞库施工的其他关键技术难题的解决提供科学依据。

围岩稳定性分析的主要内容是：洞库所处位置的地质区域稳定评价；洞罐围岩质量分类与评价；分析各洞罐、巷道开挖互相影响的效应和规律；进行围岩支护设计的可靠性核算。

（何利民　吕宇玲）

【防渗填层 impervious filling layer】 地下水封石洞油库中为防止地下洞室内带压油气通过竖井泄漏，设置于竖井密封塞上部由膨润土和黏土混合建设的封堵层。主要采用的封堵密封方式是在靠近洞室顶部的竖井内用现浇混凝土密封塞先行进行结构封堵密封，由于混凝土材料受施工养护等条件限制而影响其渗透性能，因此，密封塞上面往往需要再采用防渗填层覆盖来进行回填封堵。

（何利民　吕宇玲）

【储油洞室微震监测 microseismic monitoring of oil storage cavern】 通过监测到的微破裂信号来确定微破裂岩体所发生的时刻和位置，根据岩石破裂时的时空分布规律推断储油洞室宏观破裂的发展趋势，判断潜在的灾害活动规律。岩石类材料在外界应力作用下，当能量积聚到某一临界值时，就伴随有弹性波或应力波在周围岩体快速释放和传播，该现象在地质上称为微（地）震。

随着监测系统硬件、软件的不断发展和完善，微震监测技术在国内矿山、水利水电等领域得到广泛应用。

利用微震监测技术可对地下水封石洞油库的微破裂进行有效监测，提前预测判别岩体潜在的失稳区域和围岩变形损伤的程度，从而判断水封效果和围岩稳定性。对水封洞库在开挖过程中由于载荷而引起的微破裂事件进行连续24h实时监测，及时有效地获得微震事件产生的时空性、动态性数据等震源参数信息（见图）。

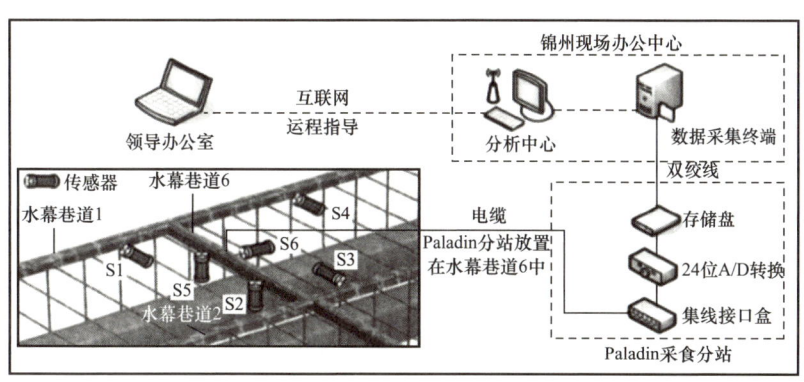

储油洞室微震监测技术流程示意图

（何利民　吕宇玲）

【**裂隙水处理** seepage water processing】赋存于岩体裂隙中的地下水被储存介质污染，需处理后才能回注或排放。主要的处理流程依储存介质不同分为油品洞罐含油污水处理流程和液化石油气（LPG）洞罐裂隙水处理流程。

油品洞罐含油污水处理流程为：洞罐→液下裂隙水泵→含油污水调节池→油水分离器→高效加气浮选器→曝气生物滤池（BAF）→核桃壳过滤器→储存罐→出水达到回注的要求后排放。

原油、汽油、柴油洞罐含油污水处理应尽量依托周边企业的污水处理能力。如果确实不能依托，洞罐含油污水必须经过处理达到现行国家排放标准（以批准的环评报告为准）后才能排放。污水处理设施宜减小处理规模，适当加大缓冲调节能力。调节罐（池）容积大小应满足洞库7天裂隙水水量。

处理含油污水的构筑物或设备宜采用密闭式或加设盖板。主要处理设施包括油水分离器、高效加气浮选器、曝气生物滤池（BAF）、核桃壳过滤器，设计能力宜为$15\sim25m^3/h$。

LPG洞罐裂隙水处理流程为：洞罐→液下裂隙水泵→裂隙水汽提塔→氧化器→排放立管（见图）。

丙烷洞罐裂隙水泵和丁烷洞罐裂隙水泵定期将洞罐中的裂隙水排出洞外，

以保持洞罐中的水位在安全和操作范围内。裂隙水由裂隙水泵送至丙烷汽提塔和丁烷汽提塔，由顶部进塔，塔底用鼓风机鼓风，逆向接触除去碳氢化合物。处理后的水可回注水幕巷道（见水幕系统）或排至地面排水系统。

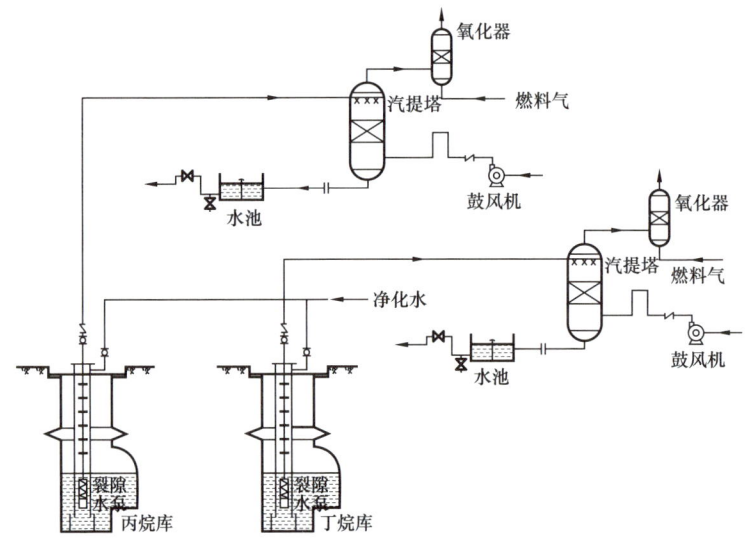

液化石油气洞罐裂隙水处理流程示意图

（何利民　吕宇玲）

【**地下盐穴洞库** underground salt cavern】　在盐岩上通过专门溶造成的或开采岩盐所形成的洞穴进行油气贮存的地下油气储库。

　　盐岩在高压或高温作用下，从脆性变成塑性，在潮湿状态下，盐晶体可以弯曲，在外力长期作用下，盐岩毛细孔会因塑性变形而闭塞，所以，埋藏很深的盐岩，孔隙度和渗透率几乎等于零，具有很好的气密性和浓密性。盐岩与各种油品或液化气接触时，不发生化学变化，不溶解，不影响油品或液化气的质量。在盐岩中构筑地下油库是一种理想的储油方法。

　　盐能溶于水，利用这一特性就可以采用简便的打井注水冲刷法在盐岩中构筑洞穴，避免了一般地下工程常遇到的需要大量施工机具、复杂的施工方法、繁重的劳动和不良的劳动环境等一系列问题。在盐岩中冲刷出来的洞穴可作为储油容器，冲洗所得的盐水还可作为化工原料。

　　地下盐穴洞库的建造过程分为三步：钻井→水溶造腔→注油。

　　钻井：钻井打通地面与盐岩层的通道，下入双层套管。

　　水溶造腔：从井口注入淡水溶解盐岩。为防止上层盐岩溶解过多，还会向井筒内注入柴油。柴油会浮在水面上，阻止上层盐岩与水的接触。

注油：盐穴造好后注入原油，注入的原油较轻，漂浮在盐水之上，下部的盐水逐渐被排出。

当需要动用储备原油的时候，注入盐水，较轻的原油被排出。

（何利民　吕宇玲）

【储油溶腔 oil storage cavity】 地下岩盐经过注水溶解抽取采集后用于储存油气的空间。

盐穴造腔过程是一个水溶采盐过程，通过钻井钻入地下盐层并下入套管，在需要造腔的盐层部位裸眼完井。在套管内下入两根同心管柱，内部较小管柱称为中心管，外层管柱称为中间管。通过中心管或者两根管柱之间的环空注入淡水，将水喷射到盐矿床中进行溶解，再由两根管柱之间的环空或者中心管采出卤水，并在中间管和套管之间的环空内注入一定量的非溶剂，利用非溶剂与卤水密度差异，使溶腔顶形成一定厚度的非溶剂层，从而达到阻止水向上溶解，保护溶腔顶部并促使溶腔横向扩展，从而在盐腔中形成溶腔。溶腔有两种方法：正向溶腔法和逆向溶腔法（见图1和图2）。

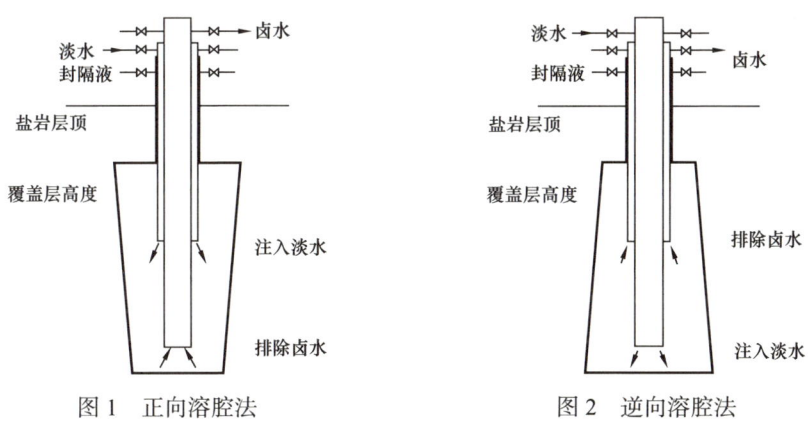

图1　正向溶腔法　　　　图2　逆向溶腔法

一般首先利用正向溶腔法溶造储坑，将所有不溶于水的成分从卤水中分离出来，沉积到储坑底部，之后利用逆向法溶造竖井，扩展盐岩层中部分井眼，溶腔顶部构筑完成后则可以注入部分原油。合理利用正向与逆向溶水造腔可以较好地控制溶腔形态。溶腔过程是一个不均匀的扩展过程，一般受盐岩的溶解性、成分、不溶物数量、盖层深度、清水注入流量等因素影响。地下盐穴洞库造腔过程十分复杂，一方面需反复模拟预测，另一方面需不断根据采出盐量和声呐测试，确定盐穴容积和几何形状。

当溶腔达到设计的体积后，取出造腔的中间管或中心管，下入油管至溶腔底部，通过套管和油管的环空注入原油，并通过油管排出卤水完成原油的储备过程。当需要动用储备原油的时候，通过油管注入卤水，通过套管和油管环空采出原油。

（何利民　吕宇玲）

【溶腔检测 cavity detection】 采用电磁波、超声波等多种测量方式对地下盐穴洞库溶腔的体积与形状进行检测。地下盐穴洞库的溶腔体积比较大，作为储气库的溶腔其直径可达100m，检测这种巨型腔体的体积和形状，采用常规的测井仪器不能满足测量的需要，必须使用特殊的测量仪器与设备，多以超声波为测量手段检测溶腔。

声呐测量技术的原理是：在已知所处环境的声波速度的前提之下，只需测量接收脉冲回波和发射脉冲信号之间的时间差即可求得探测距离。仪器的核心部分是发射和接收超声波的探头。超声波可穿透套管，然后在卤水或其他介质中传播，当仪器发射的超声波到达腔壁时会反射回来，反射波被仪器的接收探头所接收，转换成电脉冲信号后再通过电缆传输到地面，地面数据处理系统将电脉冲信号转换成数字信号，经过计算并绘制出直观的可视图像（见图）。利用声呐探测分析结果还可以进行有限元模拟，计算溶腔的动态特征、应力大小、工作压力范围、溶腔的闭合或蠕动速度、储气库周期性运行的情况、溶腔内部压降的变化速度以及其他参数。

声呐检测腔体形状

在造腔作业和投产后注采气生产运行过程中，都应对溶腔的形状与体积进行阶段性检测与评价。造腔作业阶段的检测，主要用于评价腔体形态，作为调整溶腔工艺参数的依据；注采气生产运行阶段检测，主要用于评价腔体的体积，作为储气量计算的依据。

（何利民　吕宇玲）

【盐穴储气库气密性试验 air tightness test of salt cavern】 用于检验地下盐穴洞库各部位是否有泄漏的试验方法。盐穴储气库密封性能的好坏不仅直接决定了盐穴能否储存天然气，还关系到储气库周围人民的生命财产安全。盐穴储气库气密性试验方法主要有以下三类（见图）。

气体泄漏测试方法　通过向测试管柱和生产套管之间的环空中注入氮气或空气，使气水界面深度位于生产套管鞋以下的腔体脖颈处。在测试管柱中下入界面测量仪器或专用测试工具，测试时间间隔为72h。气水界面的向上移动暗示了气体的泄漏，通过地面井口的压力测量，以及温度测井可以精确的计算出气体的泄漏量。

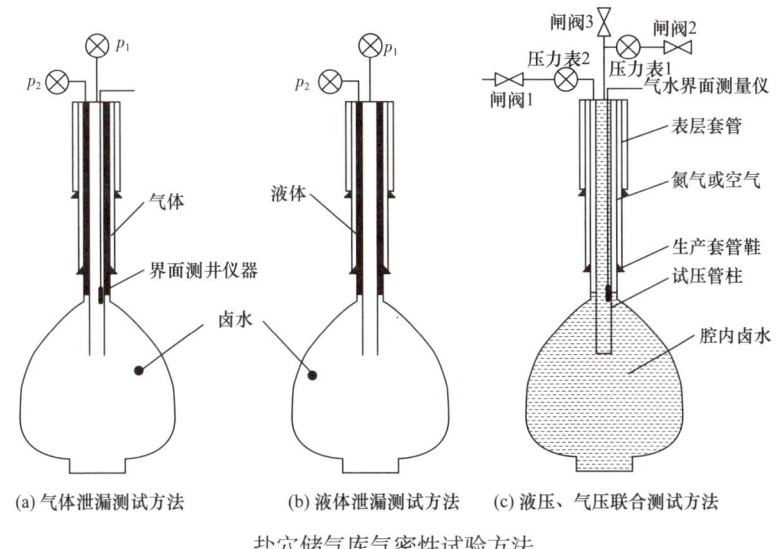

盐穴储气库气密性试验方法

液体泄漏测试方法 向测试管柱和生产套管之间的环空中注入燃料油,燃料油与卤水的界面深度在生产套管鞋以下的腔体脖颈处。测试过程中,需要在井口详细的记录卤水及燃料油的压力,如果压力出现明显的下降,则暗示出腔体的密封性不好。另外,测试完后可以回收燃料油并测出其体积,用于和测试前注入的燃料油体积进行对比。

液压、气压联合测试方法 向井腔中下入一套试压管,井腔中注入适量的饱和卤水,使腔内卤水压力达到指定压力;下入气水界面测井仪器,使其下深至生产套管鞋以下的腔体脖颈处;向试压管柱和生产套管之间的环空中注入气体。气水界面深度可以通过界面测井来控制,井腔温度可通过测井方式来获得。测试介质为氮气或空气,气体泄漏量可根据气井井底压力计算理论和气体状态方程进行计算。

(何利民　吕宇玲)

天然气储存

【**油气产品储存** oil & gas products storage】针对油气田生产的原油、天然气经处理后所得合格产品进行储存的工艺技术。油气产品包括稳定原油、干气（净化天然气）、天然气凝液、液化石油气和稳定轻烃等。

经过净化和稳定的原油通常采用油库进行储存。

干气一般通过输、配气管道直接送至用户，通常设置储气柜和地下储气库进行调峰。储气柜在输配气系统中只起到缓冲和平衡作用，而地下储气库将用气低峰时输气系统中富余的气量储存起来，在用气高峰时采出以补充管道供气量不足，解决用气调峰问题。

天然气凝液主要是天然气和原油稳定气利用浅冷、深冷等凝液回收工艺技术进行处理后得到的产品。液化石油气是天然气中丙烷、丁烷或丙烯、丁烯的混合产品，按标准规定还允许含有少量乙烷或戊烷等组分。天然气凝液、液化石油气储存通常可分为油气产品常温压力储存、油气产品低温常压储存和油气产品低温压力储存三种储存方法。

稳定轻烃是以戊烷及更重的烃类为主要成分的油品，其终沸点不高于190℃，在规定的蒸气压下，允许含有少量丁烷。一般采用密闭钢制容器储存。

（何利民　吕宇玲）

【**油气产品常温压力储存** oil products storage at atmospheric temperature and pressure】天然气凝析液和液化石油气在常温压力条件下储存的工艺方法。

天然气凝析液常温压力储存　设计压力（表压）通常为 1.8MPa 和 2.2MPa，常温凝析液储罐充装率为 82%、85%，储罐上通常都安装可指示罐内最高液位的指示计，以确保储罐在任何情况下都有 10% 的气相空间，保证储罐的安全。

液化石油气常温压力储存　设计压力应按设备的设计压力确定，通常取 1.6MPa，残液系统的设计压力取 1.0MPa，储罐可选用球形罐或卧式筒形罐。无

论采用何种储罐，均应设置远传仪表和报警装置。当储罐内液面超过容积的85%或低于15%，压力达到设计压力时，应立即发出报警信号，以便操作人员采取应急措施。

（何利民　吕宇玲）

【低压气罐 low-pressure gasholder】 一种用于储存低压气体的储气罐。又称储气柜。

低压储气罐有湿式和干式两种，其特点是储气体积能在一定范围内变化。

湿式低压气罐　图1为多节直立式湿式气罐，由水槽、钟罩、塔节、水封、顶架、导轨、立柱、导轮、增加压力的加重装置及防止造成真空的装置等组成。气罐的进出气管可以分为单管及双管两种。当供应的气体组分经常发生变化时，使用双管，进气、出气各一根管子，以利于气体组分混合均匀。单节低压湿式气罐体积一般不超过 $3000m^3$，大容量的为多节罐。图2为螺旋湿式低压气罐，这种罐没有导轨立柱，罐体靠安装在侧板上的导轨与安在平台上的导轮间作相对运动，使其缓慢旋转上升或下降，螺旋罐的主要优点是比直立罐节省金属15%～30%，且外形较为美观，在我国得到广泛应用。

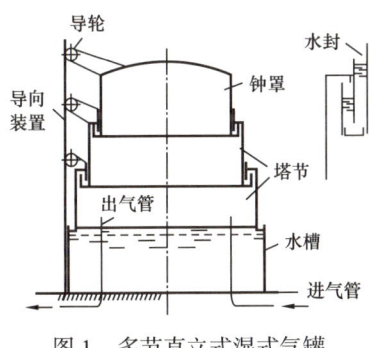

图1　多节直立式湿式气罐

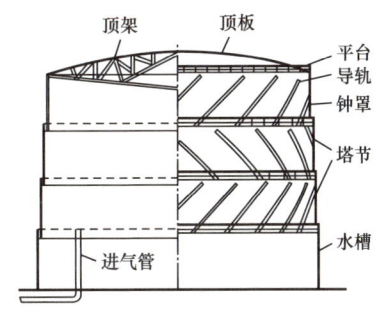

图2　螺旋湿式储气罐

干式低压气罐　主要由圆柱形外筒、沿外筒上下运动的活塞、底板及顶板组成。气体储存在活塞以下部分，随活塞上下而增减其体积。干式气罐没有水槽，因而产生复杂而不易解决的密封问题。由树胶和棉织品薄膜制成的密封垫圈安装在活塞的外周，借助于连杆和平衡重物的作用紧密地压在侧板内壁上。为了使活塞能够灵活平稳地沿侧板滑动，还要定期注入润滑脂。干式气罐没有水封，大大减少了罐的基础荷载，有利于建造大型储气罐，又节约金属，但因密封复杂，提高了对罐体及活塞等部件施工质量的要求。

（何利民　吕宇玲）

【高压气罐 high-pressure gasholder】 一种用于储存高压气体的储气罐。通常分为球形罐和圆筒形卧式罐。高压气罐的几何体积固定不变,通过改变其储气压力来调节储存气体的量。

通常储气罐的最高工作压力 p 已定,欲提高体积利用系数,只有降低储罐的最低允许压力 p_c,而它受管网压力的限制,其值取决于罐出口处连接的调压阀的最低允许进口压力。为了降低罐的最低允许压力,提高储罐的利用系数,而又不影响对管网供气,可以在高压储气罐内安装引射器。当储气罐内气体压力接近管网压力时,就开动引射器,利用经过储气罐站的高压气体的能量把气体从压力较低的罐中抽出来,送入供气管网。使用引射器时,必须安装自动开闭和控制装置,否则管理不当会破坏正常工作。

(何利民 吕宇玲)

【高压管束 high-pressure tube bundle】 将一组或几组钢管埋于地下,利用气体的可压缩性及其在高压下同理想气体的偏差进行储气的装置。

高压管束实质也是一种高压储气罐,因其直径较小,所以能承受更高的压力。天然气在 16MPa 和 15.6℃ 的条件下比理想气体的体积小 22% 左右,使储气量大为增加。

高压管束储气运行压力较高,埋在地下较安全,但储气量不大,占地面积较大,压缩机站和减压装置的建设投资和操作费用高。高压管束储气主要用作城市配气系统昼夜调峰。英美等国每个储气管束的容量约为 $28 \times 10^4 m^3$,工作压力为 6.3~7.0MPa。

(何利民 吕宇玲)

【天然气吸附储存 natural gas adsorption storage】 利用高比表面、富微孔的吸附剂吸附天然气,以实现高压下压缩天然气的高储气能量密度储存天然气的技术。在储存容器中加入吸附剂后,虽然吸附剂本身占据部分储存空间,但因吸附相的天然气密度高,总体效果将显著提高天然气的体积能量密度。天然气吸附储存的最大优点在于中压(3.5~5MPa)下即可获得接近于高压(20MPa)下压缩天然气的储存能量密度。

天然气吸附储存技术的关键是开发出适合天然气吸附储存的高效专用吸附剂,常用吸附剂包括天然沸石、分子筛、活性氧化铝、硅胶、炭黑、活性炭、金属有机框架化合物等。

天然气吸附储存技术的应用仍存在许多不利因素,如:吸附时天然气的滞留量大(约30%);吸附剂的装填密度低,降低了储罐单位体积的储气量;吸脱附时的热效应(甲烷吸附热约 12kJ/mol)降低了储气能力;重烃与水对吸附剂的污染；吸附剂结构对吸附量的影响。

存储天然气时，由于储存体积本身的限制，应考虑单位体积的吸脱附量而不是单位质量吸附剂的吸脱附量。

（何利民　吕宇玲）

【**油气产品低温常压储存** oil products storage at low-temperature and atmospheric pressure】　天然气凝液和液化石油气在低温常压条件下储存的工艺方法。储存系统的设计温度和设计压力需根据液化石油气组分和工艺计算确定。

天然气凝液低温常压储存　采用压缩机自储罐顶部抽出气态混合烃，然后压缩送到冷凝器冷凝成液体进入储液罐，再用烃泵压回储罐顶部，经节流、喷淋进入储罐，其中一部分液体再气化，使储罐内部混合烃不断冷却，确保储罐内混合烃的温度、压力保持恒定。储存系统要求设置可靠的安全控制系统，避免造成负压。

液化石油气低温常压储存　液化石油气在低温（如丙烷在 -42.7℃，异丁烷在 -12.8℃），其饱和蒸气压接近于常压（小于98kPa）条件下储存，液化石油气可储存在薄壁容器中，可节省投资和减少钢材耗量。此种储存条件需采用制冷设备和耐低温钢材，罐壁需要保冷，因而管理费用高。当单储罐的储存量超过2000t时，可考虑采用此种方法。

（李建民）

【**天然气液化储存** LNG storage】　将天然气深冷液化后进行储存的储气技术。在常压下将天然气深冷至 -163℃，天然气的液态体积约为气态的1/600。

储存液化天然气（LNG）的储罐通常是由内罐、外罐和中间填充的绝热材料构成。内罐又称为"薄膜罐"，是由耐低温的殷瓦钢板制成的具有液密性、可挠性容器。外罐是能承受各种负荷的外壳，它必须具有足够的强度，其材料可以是钢、钢筋混凝土，甚至是冻土层。

天然气在常压液化后储存，比较安全，负荷调节范围广，适用于调节各种情况（月、日、时）的供气与用气之间的不平衡。用气高峰时，再气化后，即可供气。

LNG工业链主要包括天然气预处理、液化、储存、运输和利用5个系统。天然气经过净化处理（脱水、脱烃、脱酸性气体）后，采用节流、膨胀或外加冷源制冷工艺，使甲烷变成液体，成为优质的化工原料及工业、民用燃料。

世界上LNG的调峰方式主要包括3类：终端储罐调峰方式；小型LNG液化调峰方式；小型LNG气化调峰方式。

（何利民　吕宇玲）

【液化石油气调峰 LPG peak shaving】 通过成品油管道或罐车将液化石油气输送至需要的城市，夏天储存冬季使用的燃气管网调峰方式。储存方式既可带压储存，也可以在 $-40℃$ 的温度下进行常压储存。该方案需要采用专门的设备和措施，将丙烷和空气掺混，使其华白指数与管道中的天然气华白指数相仿，即可供调峰用。华白指数是表示热负荷的参数，具有相同华白指数的不同燃气组分，在相同燃烧压力下，能释放相同的热负荷。

液化石油气调峰的缺点是气态丙烷比空气重，一旦发生泄漏，很容易沉积在地面不容易扩散。

液化石油气储备调峰在国内外都已有应用先例，我国东北地区将液化石油气气化后混合送入城市管网，取得了很好的调峰效果。

（何利民　吕宇玲）

【油气产品低温压力储存 oil products storage at low temperature and pressure】 天然气凝液和液化石油气在低温压力条件下储存的工艺方法。低温压力储存系统的设计温度和设计压力需根据液化石油气组分和工艺计算确定。

天然气凝液低温压力储存　混合烃在 $0℃$ 时的饱和蒸气压（绝压）为 $0.99MPa$，比 $50℃$ 时的饱和蒸气压（绝压）$2.2MPa$ 低得多，采用外部制冷系统使储存天然气凝液的容器保持在一个较低的温度，可减小储存容器的壁厚。在北方地区，制冷系统运行的时间较短，采用此法更经济。

液化石油气低温压力储存　将液化石油气降至某一适当温度下储存，其储存压力较常温储存压力低。此种方式的冷却系统常采用水冷。

（李建民）

【天然气溶解储存 dissolved natural gas storage】 将天然气溶解于有机溶剂中进行储存的技术。天然气可以溶解在丙烷、丁烷或这两者混合物的溶剂中，溶解度随压力的增加和温度的降低而提高。

天然气溶解于低温液化石油气中的储存系统如图所示。干线来的天然气经调节阀 8、限流阀 6 后，一部分进入城市管网，另一部分在用气低峰期经换热器冷却后进入储罐。限流阀 6 的作用是使干线的输量均衡稳定，提高管道的输送效率。液化石油气由循环泵 2 送入换热器 3，与天然气逆流换热，换热后其温度略有升高，而后经冷却器 4 冷却至运行温度进入储罐。用气高峰时，储罐压力高于管网压力，天然气自动向管网补充，直至罐内压力降到 $1MPa$ 以下时，罐内蒸气压减小，液化石油气将自动地掺混到天然气中送入管网，此时可燃气体的热值将会增高。为保证燃具的正常工作，热值调节器 7 会自动掺混空气加以调节。

天然气在低温石油气中储存所消耗的能量比天然气液化储存所需的能量少

很多，储存能力比气态储存时高4～6倍（视温度、压力而定），而且这种系统操作安全、简单、经济。

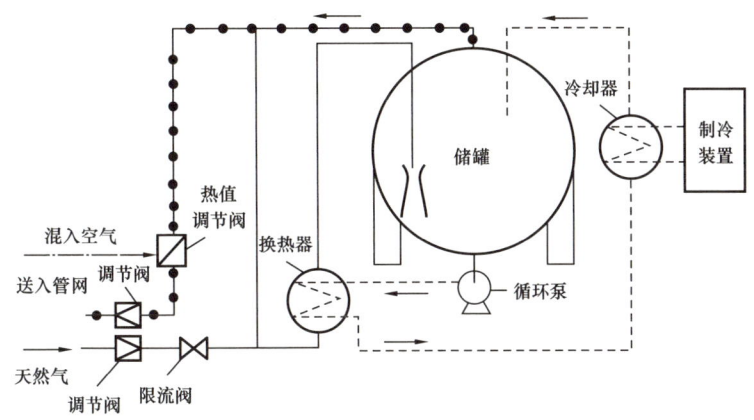

天然气溶解储存系统

（何利民　吕宇玲）

【**天然气水合物固态储存** gas hydrate storage】 将天然气转变为天然气水合物进行储存的技术。天然气水合物能在较低的温度和压力下形成，形成温度为0～4℃，压力为4～6MPa，一般1m³天然气水合物能储存150～180m³的天然气。天然气水合物形成后具有自保性能，形成后可在常压温度为 −20～−15℃下稳定储存。

天然气水合物固态储存可用于调峰，其流程如图所示。当供气量大于用气量时，天然气和水在储罐中接触后形成天然气水合物。天然气水合物形成后，降温、卸压至常压（或0.3～0.5MPa）储存于储罐中。当供气量小于用气量时，高压气源的气体直接减压后输送给用户，同时，给储罐内的天然气水合物升温，使其气化调压后输送到用户。

天然气水合物固态储存方法优势明显，设备简单，但由于再气化和脱水工艺等原因，这种方法还处于研究阶段，尚未被实际应用。

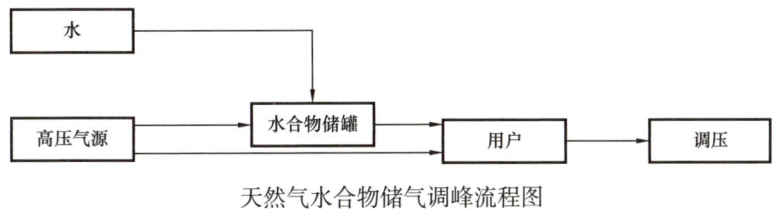

天然气水合物储气调峰流程图

（何利民　吕宇玲）

【地下储气库 underground gas storage】 用于储存天然气的地质构造和配套设施。主要功能是用气调峰和安全供气、战略储备、提高管线利用系数 1 节省投资、降低输气成本等。城市燃气市场需求随季节和昼夜波动较大，仅依靠输气管网系统均衡输气对流量小范围调节，难以解决用气大幅度波动的矛盾。采用地下储气库将用气低峰时输气系统中富余的气量储存起来，在用气高峰时采出以补充管道供气量不足，解决用气调峰问题。当出现气源中断、输气系统停输时，可用地下储气库作为气源保证连续供气，起到调峰和安全供气双重作用。地下储气库深度范围一般为 250～2000m，全世界大部分含水层储气库、枯竭油气藏储气库的深度不超过 1000m。地下储气库注气、采气、增压等工艺技术参数根据具体工程项目要求确定。地下储气库的主要组成部分包括地下储气层、注采井、与输气干线相连的地面天然气处理、加压、输配、计量、自控等主要工程设施及供水、供电、通信等辅助设施。

按不同用途地下储气库通常分为气源储气库、基地型储气库、调峰型储气库和储存型储气库等 4 种类型。按建设储气库的不同地质构造通常分为油气藏型地下储气库、含水层型地下储气库、盐穴型地下储气库和废弃矿坑型地下储气库等 4 类。

气源储气库　位于气源或输气干线首站附近，用于调节气源供气能力的储气库。由于远离天然气消费中心，技术经济指标不合理，其实际应用数量较少。

基地型储气库　位于用气市场附近，主要用来调节和缓解大型天然气消费中心天然气需求量的季节性不均匀性的市场储气库。一般为枯竭油气藏储气库和含水层储气库，储气容量较大，工作气量为 50～100d 的峰值日采气量。

调峰型储气库　提供昼夜、小时等高峰用气调峰和输气系统事故期间短期应急供气的市场储气库。一般为盐穴或废旧矿穴储气库（也有枯竭油气藏储气库），采气速度高，容量相对较小，工作气量为 10～30d 的峰值日采气量。

储存型储气库　用作战略储备和备用气源的市场储气库，多为主要依靠进口天然气的国家所需。

推荐书目

马新华. 中国天然气地下储气库. 北京：石油工业出版社，2018.

（李建民）

【油气藏型地下储气库 reservoir-type underground gas storage】 建于枯竭油气田中的地下储气库。多数建于枯竭气藏，少数建于含伴生气的枯竭油藏。枯竭气藏的采气程度达到 70% 最为合适；枯竭油藏的含水率达到 90% 时，储层既有含水层特征，又有油藏特征，最适于作储气库。这种储气库内残留有少量油气，其运行较简单；原有部分气（油）井、工艺设备等经检查、维修之后可供利用，只需新建部分设施，投资较小，应用最普遍。

建设关键技术是对原有老井的处理和对新钻注采气井的储层保护。针对改建储气库的油气藏条件及特点，合理筛选利用老井作为边界排液井并部署为监测观察井，可以减少建库钻井数量，降低建库工程投资。通过筛选、检测、评价，确定不再利用的老井，建库注气升压之前对其进行永久性封堵报废；防止储气库运行过程中因老井诱发天然气泄漏，这是保证建库工程安全的关键因素之一。

推荐书目

金根泰，李国韬. 油气藏型地下储气库钻采工艺技术［M］. 北京：石油工业出版社，2015.

（何利民　吕宇玲）

【含水层型地下储气库 aquifer-type underground gas storage】 建于含水层的地下储气库。储气原理是将气体注入含水地层，将岩石孔隙空间中的水挤压下移到构造边缘而储气。该储气库一般构造完整，钻井完井可一次到位；但气水界面较难控制，成本较高。在没有枯竭油气田的地区，可以考虑利用含水层建造储气库。

使用含水岩层作为地下储气库有三个条件：第一是要有厚度较大、孔隙度渗透率较好、构造单一、均质性强的含水层作为储层；第二是有密闭性好的盖层；第三是盖层和储层形成封闭穹窿形构造。另外就是水层应能承受一定压力，埋藏于一定深度以下，而且不与地表水源连通，以免对地表水源造成污染。

含水层型地下储气库通常以廉价的惰性气体代替天然气作为部分垫底气，常用的惰性气体来源有空气中分离的氮气、由氮气和二氧化碳组成的燃机废气、从蒸汽锅炉烟道气脱水后制成的惰性气体（由氮气和二氧化碳组成）、二氧化碳等。但以惰性气体作为垫底气会发生混气问题，最终会导致调峰采出气的热值降低、杂质增多。在储气库的实际运行中，应尽量使惰性气体与天然气的混合程度减小到最低，从而保证用户要求的天然气质量。

（何利民　吕宇玲）

【盐穴型地下储气库 salt cavern-type underground gas storage】 在天然的盐层中进行造穴，形成一定体积的空间来储存天然气的地下储气库。

盐穴地下储气库由单个独立的盐岩溶腔组成，溶腔在地下温度和压力的相互作用下保持稳定，能承受储气库运行期间较大范围的压力变化。建库的关键技术是盐穴建造，主要有利用废弃的采盐盐穴改建为地下储气库和新建盐穴地下储气库两种方式。

盐穴型地下储气库的操作机动性强，可以在短时间内完成注、采天然气，生产效率高。缺点是盐溶工艺涉及大量水的循环和排放，造成建设投资和运行成本较高，储气量比其他类型地下储气库小。

（何利民　吕宇玲）

【**废弃矿坑型地下储气库** abandoned pit-type underground gas storage】　一种将废弃煤矿或金属矿等遗留矿洞改造修复后用于储存天然气的地下储气库。优点是废物利用，建库费用小，缺点是矿洞很难进行密封，会导致储气库有泄漏的事故发生，安全性差，需做长时间的试注、观察和监测，建库周期长，经营运行成本高。矿洞中遗留有部分矿物质，可能导致采出气质量发生变化，热值降低。

自 1963 年在科罗拉多丹佛附近首次建成废弃矿坑型地下储气库以来，已建成的此类储气库一共只有三座，全在美洲。

（何利民　吕宇玲）

【**有效储气量** effective gas storage capacity】　储气库中工作气量与应急储备气量之和。

工作气量　为补偿季节用气不均衡性，在注采季节不断交替注入或采出的气量。工作气量也被称为天然气供给与消费之间的季调峰储气量，具体气量的确定可以通过调峰地区多年的大量数据积累、统计得出。

应急储备气量　为了提高供气的可靠性，应对突发事件所储存的气量。应急储备气量的大小与干线输气管道长度、备用输气机组的类型和数目、输气管道条数、备用气井和系统状态等许多因素有关。根据经验，附加的有效应急储气量约为补偿季节用气不均衡性所需气量的 5%～10%。

（何利民　吕宇玲）

【**垫底气** cushion gas】　在地下储气库投产初期，提前向储层中注入的天然气或惰性气体。又称气垫气或缓冲气。垫底气使得储层的地层压力上升到最低工作压力，为地下储气库正常储存或采出天然气提供能量保证。

垫底气根据回收释放性质的不同，可分为基础垫底气和补充垫底气两类。

基础垫底气　当地下储气库压力下降到气藏废弃压力时，因地质结构的复杂性导致储气库内无法采出的气量，也称之为"死气"。该垫底气在气藏作为储气库利用时已经事先存在储气库内，是衡量储气库闲置资源量的重要指标。

补充垫底气　在基础垫底气的基础上，后续为了升高地下储气库压力，保证采气井在下限压力能够达到最低调峰能力时所需另外注入的气量，这部分气量在储气库报废时可以作为商品气回收释放。

垫底气与工作气之间的比例关系没有一个普遍适用的规定，主要取决于两个基本运行参数：储气层内存在的气相和水相的相对渗透性、储气库预定的最低注气压力。根据国内外数据分析，油气藏型地下储气库垫底气量占最大库容量的35%~60%，垫底气投资占总投资的30%~45%；盐穴型地下储气库垫底气量占最大库容量的35%~48%，垫底气投资占总投资的26%~43%。

（何利民　吕宇玲）

【注气压缩机　gas injection compressor】　用于将输气管线输送来的天然气加压后注入地下储气库的压缩机。

地下储气库注气系统具有高出口压力、高压比、高流量的特点。注气压缩机入口压力随输气管道压力的变化而变化，注气量需随地下储气库季节调峰气量的变化进行调整，压缩机的运行参数波动范围大。

注气压缩机有燃气轮机驱动和电动机驱动两种驱动方案，根据注气站的现场条件和各项技术经济指标选定。

注气压缩机是地下储气库的核心设备，其投资及运行费用在整个储气库项目中占有相当大的比重，其能耗在注采设施中占到60%以上。选型既要考虑地下储气库的库容及储气能力，又要结合长输管道供气能力及用户调峰需求。

（何利民　吕宇玲）

【过滤分离设备　filtration separation equipment】　一种采用过滤滤芯作为分离元件，主要去除天然气中较小粒径的固体粉尘和较大粒径液滴的分离设备。采用精细滤芯，与旋风式分离器相比对固体杂质和液体有较高的分离精度，在管道天然气净化中起到精细过滤的作用。

过滤滤芯主要由内衬骨架、过滤层和密封结构等构成。天然气由外向内通过滤芯时，利用滤层除去固体粉尘及粒径较大的液滴。

过滤分离设备中对固体的分级效率要求大于等于1μm的固体颗粒分离效率不低于99%；对于液体的分级效率，要求大于等于1μm的液滴分离效率不低于98%。另外，过滤分离设备有着较高的可靠性，分离效率和精度不会受到处理量变化的影响。

高压工况下过滤分离器的滤芯分离性能随着运行周期的增加而降低．当天然气中含有液体杂质时，过滤分离器滤芯的压降增长缓慢，压降变化不能完全反映过滤器的过滤性能，不能将压降作为评判过滤分离器是否正常运行的唯一指标。

（何利民　吕宇玲）

【储气库调峰　peak shaving of gas storage】　一种为解决用气的不均衡性，使用地下储气库将低峰时期输气系统中富余气量储存起来，在用气高峰时抽出来用以补充供气量的供气调节方式。按照调峰的性质，储气库调峰可分为季节调峰、日调峰和事故调峰。

季节调峰　地下储气库为缓解因各类用户对天然气需求量随季节变化带来的不均衡性而进行的调峰。用气低谷季，将输气管道的富余天然气注入地下储气库储存；用气高峰季，将地下储气库中储存的天然气采出，用于调峰供气。

日调峰　地下储气库为缓解因各类用户对天然气需求量的日不均衡性而进行的调峰。对于日调峰而言，城市工业的发展必须要依靠天然气作为能源燃料，一些加工类企业主要属于间歇式生产，针对这种工业企业进行有效的调度对于资源的合理利用意义重大；通过对峰值进行调节可以使连续性工业企业的产能得以基本稳定，维护城市燃气的正常合理使用。同时，影响日用气量变化的另一个因素是居民、商铺用户因气温、节假日以及日常生活所导致的用气需求量变化。

事故调峰　当气源或上游输气系统发生故障或因系统检修使输气中断、无供气能力时，将地下储气库中储存的天然气应急采出，保证安全、可靠地供给各天然气用户。

（何利民　吕宇玲）

液化天然气

【液化天然气 liquefied natural gas】 天然气经过压缩、冷却至其凝点（–161.5℃）温度后变成的液体。简称 LNG。

LNG 无色、无味、无毒且无腐蚀性，气液体积比 625∶1，液相密度为 430kg/m^3，汽化后密度（常压）约为 0.7kg/m^3，常压沸点为 –161.5℃，热值（气态）为 38520kJ/m^3，辛烷值为 130（MON），燃点为 650℃。在液化过程中，原料气需要脱除二氧化碳、硫化物、水和重烃。LNG 主要成分为甲烷，含量在 96% 以上，乙烷的含量约为 4%，含少量的 C_3—C_5 烷烃低温液体。

LNG 清洁无污染，液化过程中已经脱除了水和绝大部分重烃，基本不含 H_2S，其燃烧尾气不会对大气造成污染；液化后体积缩小 625 倍，储存效率高，方便运输和储存；LNG 必须用专用船或车通过公路、铁路、水路等方式实现经济运输；安全性高，燃点高，低温下不可能燃烧，爆炸极限为 5%～15.8%，比液化石油气（LPG）的 1% 下限要高；特别是气态比空气轻，泄漏即向上扩散，比 LPG 安全；应用广泛，技术成熟，全世界使用 LNG 已经超过半个世纪，广泛用于发电、工商业和民用，工艺和设备制造技术都已成熟；经济性，按等热值计算，在国际市场上 LNG 的价格一般要比 LPG 便宜 30% 左右。

作为清洁燃料气化后供城市居民使用，10m^3 LNG 的储存量可满足 1 万户居民 1 天的生活用气，具有安全、方便、快捷、污染小的特点；作为汽车燃料，与汽油相比具有辛烷值高、抗爆性能好、延长发动机寿命、燃料费用低、环保性能好的优点；作为工业气体燃料，用于玻壳厂、工艺玻璃厂等；作为冷源用于生产速冻食品，以及塑料、橡胶的低温粉碎等，也用于海水淡化和电缆冷却等；在天然气液化的过程还可以经济地生产氦气等稀有气体。

蒸发特性 液化天然气储存于绝热储罐中，传导至储罐中的热量导致一些液体蒸发为气体，称为蒸发气（BOG）。蒸发气包括 20% 氮，80% 甲烷和微量的乙烷，其含氮量是液化天然气中含氮量的 20 倍。

LNG 蒸发时，氮和甲烷首先从液体中气化，剩余的液体中较高相对分子质量的烃类组分增大。

对于蒸发气体，无论是温度低于 -113 ℃ 的纯甲烷，还是温度低于 -85 ℃ 含 20% 氮的甲烷，都比周围的空气重。

当液化天然气的压力降至其沸点压力以下时，例如经过阀门后，部分液体迅速蒸发成为气体，同时液体温度也将下降到此时压力下的沸点，这称为液化天然气的闪蒸。压力在 $100\sim200\text{kPa}$ 时，压力每下降 1kPa，1m^3 液化天然气大约产生 0.4kg 气体。

泄漏特性 液化天然气倾倒至地面上时（例如事故泄漏），最初会猛烈沸腾，最后蒸发速率将迅速衰减至一个固定值，该值取决于地面的热性质和周围空气供热情况。若泄漏发生在热绝缘表面，该速率会大大降低。

泄漏发生时，少量液体能够产生大量气体，通常条件下 1 个体积的液体将产生 600 个体积的气体。

泄漏的液化天然气刚开始蒸发时，蒸发气体的温度几乎与液化天然气的温度一样，其密度比周围空气的密度大。这时气体首先沿地面上的一个层面流动，直到气体从大气中吸热升温后为止。当纯甲烷的温度上升至约 -113 ℃，或液化天然气的温度上升至约 -80 ℃（与组分有关），其密度将比周围空气的密度小。然而，当气体与空气混合物的温度增加使得其密度比周围空气的密度小时，这种混合物将向上运动。

随着液化天然气的泄漏，大气中的水蒸气的冷凝作用将产生"雾"云。当这种"雾"云可见时，此种可见"雾"云可用来显示蒸发气体的运动区域。

压力容器或管道发生泄漏时，液化天然气以喷射流的方式洒至大气中，同时发生节流和蒸发，该过程与空气强烈混合同时发生。大部分液化天然气最初作为空气溶胶的形式被包容在气云之中，这种溶胶最终将与空气进一步混合而蒸发。

储存特性 液化天然气储存时的特性主要有 LNG 分层、隔热保冷以及 LNG 翻滚。

液化天然气的沸点在 -160 ℃ 左右，液化天然气系统的设备、管道的材料要注意防止低温条件下的脆性断裂和冷收缩对设备和管路引起的危害，其隔热保冷材料应满足导热系数小、密度低、抗冻性强的特点，要求其隔热保冷效果应满足液化天然气日气化率小于 2% 的要求。分层是指液化天然气由于密度差异而出现的分层现象。翻滚是指短时间内大量气体蒸发，两个液层就会发生强烈的混合的现象。

（何利民 吕宇玲）

【LNG 分层 LNG stratification】 液化天然气是一种多组分混合物，其温度和组分的变化会引起密度的变化，不同密度的 LNG 在储存时因密度差异而发生的分层现象（见图）。分层后的各层液体在储槽周壁漏热的加热下，形成各自独立的自然对流循环。该循环使各层液体的密度不断发生变化，当相邻两层液体的密度近似相等时，两个液层就会发生强烈混合，从而引起储罐内过热的 LNG 大量蒸发引起事故。

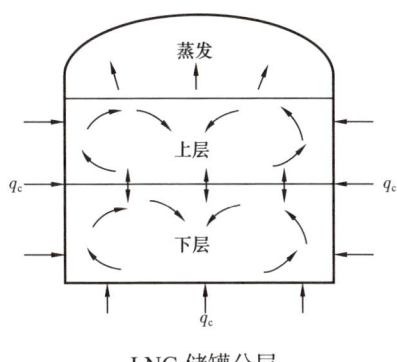

LNG 储罐分层

分层是导致 LNG 翻滚的直接原因。研究表明当 LNG 储罐内的瑞利数 Ra 大于 2000，则罐内液体的自然对流会抑制分层现象的产生。通常，一个装满 LNG 储罐内的瑞利数 Ra 的数量级为 10^{15}，远远大于可能导致分层的瑞利数 Ra，LNG 中较强的自然循环很容易产生，使液体的温度保持均匀。

LNG 储罐内出现分层现象的原因：(1) 向已装有 LNG 的低温储槽中充注新的 LNG，造成原有 LNG 与新充入的 LNG 温度和密度不同。原因有：LNG 产地不同使其组分不同；原有 LNG 与新充入的 LNG 温度不同；原有 LNG 由于老化使其组分发生变化。(2) 氮优先蒸发而引起的自动分层。液氮的沸点与 LNG 相比较低，更易气化。当 LNG 含氮量较高时，由于氮优先蒸发，导致 LNG 密度减小，引起液体自动分层。

监测方式：(1) LNG 储罐设置温度传感器，间距为 1m，进行温度监控，当温差高达 0.2℃时，就有可能出现分层。(2) 在储罐的盛液部位沿竖向安装密度测量装置（LTD），测量点间隔为 1m，进行密度监控，当密度差达到 $0.5kg/m^3$，需要引起注意。(3) 监测 LNG 的蒸发速度。LNG 分层会抑制 LNG 的蒸发速度，采用绝对压力监测储罐压力，避免大气压的变化影响 LNG 蒸发速度的监测。

防止措施：(1) 采取正确装液顺序。所装液体密度大于罐内液体密度时采用上装法，反之采用下装法，当密度差较大时，采用分装。(2) 通过多喷嘴进液（进液立管设置多个喷嘴）。(3) 采用混合喷嘴进液（罐底加进液喷嘴）。(4) 采用搅拌器搅拌。(5) 严格控制 LNG 氮含量不超标。(6) 采用潜液泵再循环。

（何利民　吕宇玲）

【LNG 翻滚 LNG rollover】 LNG 储罐中短时间内大量气体蒸发，两个液层发生的强烈混合现象。

LNG 储罐中的 LNG 分层是导致翻滚现象产生的直接原因。LNG 分层通常是由于向已装有 LNG 的低温储罐中充注新的 LNG 或由于 LNG 中的氮优先蒸发而引起的。分层的各层液体在储罐周壁漏热的加热下，形成各自独立的自然对流循环。该循环使各层液体的密度不断发生变化，当相邻两层液体的密度近似相等时，两个液层就会发生强烈的混合，从而引起储罐内过热的 LNG 大量蒸发导致翻滚。

在翻滚事故出现之前，通常有一个时期其气化速率远低于正常情况，应密切监测气化速率以保证液体不是在积蓄热量。如有怀疑，则应设法使液体循环以促进混合。

通过良好的储存管理可以防止 LNG 翻滚现象的产生。最好将不同来源和组分不同的 LNG 分罐储存。如果做不到，在注入储罐时应充分混合。

高含氮量 LNG 在储罐注入停止后不久也可能引起翻滚。经验表明，预防此类型翻滚的最好方法是保持 LNG 的含氮量低于 1%，并且密切监测气化速率。

（何利民　吕宇玲）

【LNG 老化　LNG weathering】　储存在低温容器中的 LNG 组分浓度和密度不断变化的现象。是引起 LNG 分层、LNG 翻滚的重要原因之一。

LNG 老化发生的根本原因：环境热量的渗入和 LNG 的组分多样性。LNG 储存在隔热构造的低温容器里，与大气环境有很大温差，随着热量的传入，LNG 温度上升，甲烷气化较其他组分更强烈，在容器的顶部聚集，当压力达到安全阀的设定压力时，安全阀跳开，气体排出，低温容器中液体密度发生变化。

LNG 是一种多组分混合物，在储存过程中，各组分的蒸发量不同，导致 LNG 的组分和密度发生变化，这一过程中，主要受液体中初始含氮量的影响。由于氮是 LNG 中挥发性最强的组分，它比甲烷和其他重碳氢化合物更先蒸发。如果初始氮含量较大，老化 LNG 的密度将随时间减小。在大多数情况下，氮含量较小，老化 LNG 的密度会因甲烷的蒸发而增大。

与大气压力平衡的 LNG 混合物的液体温度是组分的函数，如果 LNG 混合物包含重碳氢化合物（乙烷、丙烷等），随着重组分的增加，LNG 的高发热值、密度、饱和温度等都将增加。如果液体在高于大气压力下储存，则其温度随压力的变化，大约是压力每增加 6.895kPa，温度上升 1K。温度每升高 1K 对应液体体积膨胀 0.36%。

（何利民　吕宇玲）

【LNG 液化率　LNG liquefaction rate】　天然气液化过程中 LNG 产品量与天然气（原料）量的比值。是衡量 LNG 液化工厂运行效果的一个重要指标。

不同于理论液化率，实际天然气液化工厂由于流程不同，计量装置不同，各装置 LNG 液化率计算方法也不相同。最直接的方法是计算出冷箱的液体产品量与进冷箱的原料气量比值。考虑计量成本问题，LNG 液化率通常采用间接方法计算。

原料气通常采用涡轮流量计进行计量。气体涡轮流量计是速度式仪表，精度高，重复性好，能进行温度、压力、压缩因子自动补偿。液体产品产量可以直接计量，也可以测量液体储槽内的液体变化量进行间接计量。

LNG 液化工厂液化率计算结果与很多因素有关，包括原料气组成、低沸点组分氮、氢等占比、液化系统制冷能力和效果、装置泄漏情况、装置跑冷损失、计量位置和计量精度、储槽蒸发气（BOG）排放、脱酸尾气排放量等。

LNG 工厂液化率计算可以反映一些装置运行变化趋势，有实际应用价值。虽然液化率计算在流程设置一定的情况下，取值有所简化，被测介质参数存在不确定性，但液化率结果可以反映装置制冷系统运行效果的相对趋势，验证流程设计、设备配置效果，可以对操作、检修提供一定的指导。

（何利民　吕宇玲）

【LNG 储运系统　LNG storage and transportation system】　液化天然气工业链中储存和运输系统。无论是基本负荷型 LNG 装置还是调峰型装置，LNG 都要储存在液化站内储罐或储槽内。在卫星型液化站和 LNG 接收站，都有一定数量和不同规模的储罐或储槽。世界 LNG 贸易主要是通过海运，LNG 船是主要的运输工具。从 LNG 接收站或卫星型液化站，将 LNG 转运都需要 LNG 槽车。

LNG 储罐（槽）　类型多种多样，一般可按容量、隔热、形状及罐的材料进行分类。按容量可分为小型储罐、中型储罐、大型储罐、大型储槽和特大型储槽（见图 1）。

LNG 船　载运 LNG 货物的专用船舶（见图 2）。标准载货量在 $(13\sim15)\times10^4 m^3$ 之间，一般船龄为 25～30 年。LNG 货舱汽化率的高低取决于货舱的漏热性能。有三种 LNG 货舱货物围护系统，即法国的 GTT 型、挪威的 MOSS 型以及日本的 SPB 型。GTT 型是薄膜舱，MOSS 型是球形舱，SPB 型是棱形舱。

图 1　LNG 储罐

图 2　LNG 船

图 3　LNG 槽车

【LNG 槽车】　把 LNG 接收站或液化工厂中的 LNG 载运到各地，供居民燃气或工业燃气用（见图 3）。LNG 槽车隔热主要有真空粉末隔热、真空纤维隔热和高真空多层隔热三种类型。

（何利民　吕宇玲）

【LNG 储存系统 LNG storage system】　液化天然气工业链中 LNG 储存的系统。LNG 主要采用 LNG 储罐（槽）进行储存。根据不同场合，不同罐容可以采用不同类型的储罐进行储存。

中小型储罐通常用于民用、工业燃气气化站、LNG 汽车加注站和卫星式液化装置。一般选用立式 LNG 储罐、立式 LNG 子母型储罐和球形 LNG 储罐。立式 LNG 储罐采用双金属结构，带压储存，真空粉末隔热。立式 LNG 子母型储罐拥有多个（三个以上）子罐并联组成的内罐，子罐通常为立式圆筒形，外罐为立式平底拱盖圆筒形，外罐不耐外压而无法抽真空，为常压罐，采用珠光砂堆积隔热。球形 LNG 储罐所受应力均匀，但不易加工制造，容积有限，夹层通常为真空粉末隔热。

大型 LNG 储罐按照结构可细分为单容积式、双容积式、全容积式和薄膜式。单容罐由内罐和外罐设计建造而成，仅要求内罐符合储存产品所需的低温延展性，外罐主要用于隔热层的稳固和保护，以及约束吹扫蒸汽的压力，而不用储存意外从内罐泄漏的冷冻液体。双容罐的内罐和外罐均能够独立储存冷冻液体，为了使溢出的液体达到最小泄漏，外罐与内罐的距离不得超过 6m。全容罐内外均能独立储存冷冻液体，外罐与内罐的距离在 1~2m 之间；全容罐内壁为 9Ni 钢、不锈钢薄膜或预应力混凝土，外壁为预应力混凝土。薄膜式罐的内罐为不锈钢薄膜，外罐为预应力混凝土，这种储罐的优势是内罐只起到"包容"LNG 的作用，外罐承受压力。由于薄膜式罐安全性能较好，且单罐容量很大，在地上式储罐中应用最为广泛。

（何利民　吕宇玲）

【LNG 常压储罐 LNG atmospheric tank】　一种储存液化天然气的压力容器，属于常压、大型储罐。一般采用立式双圆筒结构，储罐由内罐、外罐、安全泄放装置、测量分析仪表、泵、阀及管路系统等组成（见图）。内罐由 9Ni 钢或不锈钢制成，内罐顶一般采用吊顶结构，罐内为常压，最高工作压力为 0.02MPa。外罐采用低温混凝土或碳素钢，平顶拱顶结构，最高压力约为 0.001MPa。内、外罐均为工厂预制散件，现场组焊，对焊接、施工水平、施工管理以及检验技术等方面的要求较高。罐内有三个保冷层，分别为罐壁保冷、罐顶保冷、罐底保冷。绝热材料主要为膨胀珍珠岩、弹性玻璃纤维毡及泡沫玻璃砖等。

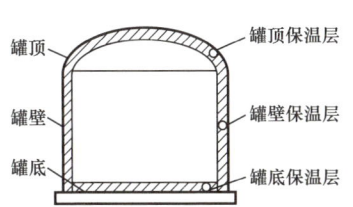

LNG 常压储罐

按结构形式可分为球罐、单容罐、双容罐、全容罐和薄膜罐。按储罐的设置方式可分为地上罐和地下罐。按容积大小可分为小型、中型、大型、较大型、特大型储罐。一般意义上的大型低温 LNG 储罐是指 5000m³ 以上的储罐。

具有耐低温、安全要求高、材料特殊、保温措施严格、抗震性能好、施工要求严格的特点。储罐的设计与建造时储罐内罐低温材料的选用是技术关键之一。我国至今尚未颁布专门的大型低温 LNG 储罐设计与建造规范，与国外发达国家相比仍有较大差距。LNG 储罐的大型化是其必然趋势，具有节省钢材、节省投资、布局紧凑、占地面积小，便于操作管理的优点。

（何利民　吕宇玲）

【LNG 子母型储罐　LNG combined tank】 多个子罐并联组成内罐，以满足大容量储存 LNG 需求，多个子罐并列组装在一个大型外罐即母罐中（见图）。子罐一般为 3～10 个，可以组建 300～2500m³ 的大型储槽。为减少占地面积，保证操作的安全性，子罐通常采用立式圆筒形结构，外罐采用常见的立式平底拱顶圆筒形结构。子罐是其存储的关键所在，一般设计成压力容器，可以实现带压

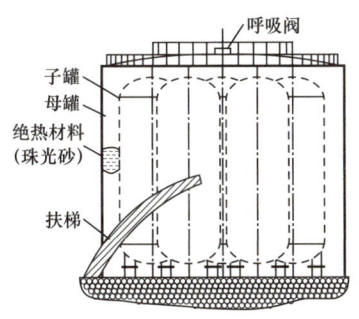

LNG 子母型储罐

储存，子罐的工作压力通常为 0.2~1.0MPa。外罐尺寸大，不易做成耐压结构，一般为常压和微压罐。内外罐之间采用堆积添加珠光砂粉末，以减少罐内外的传热量。

子母罐的优点为：依靠子罐液体本身的压力对外排液，而不需要输液泵排液，操作简便，可靠性高；子罐为受压容器，体积小，易保证制造质量，外罐为常压容器，漏热面积小，可减少储存期间的排放损失；子母罐的制造安装较球罐容易。

子母罐的缺点为：由于外罐的结构尺寸原因，夹层无法抽真空。夹层厚度通常在 800mm 以上，导致保温性能与真空粉末隔热球罐相比较差；由于夹层厚度较厚，且子罐排列的原因，设备的外形尺寸庞大；子母罐容积通常为 300~1500m³，工作压力为 0.2~1.0MPa。

（何利民　吕宇玲）

【LNG 地下储罐 LNG underground storage tank 】 埋于地下用于储存 LNG 的储罐。主要有埋置式和池内式，除罐顶外，地下储罐内储存的 LNG 的最高液面在地面以下，罐体坐落在不透水稳定的地层上（见图）。为防止周围土壤冻结，在罐底和罐壁设置加热器。有的储罐周围留有 1m 厚的冻结土，以提高土壤的强度和水密性。

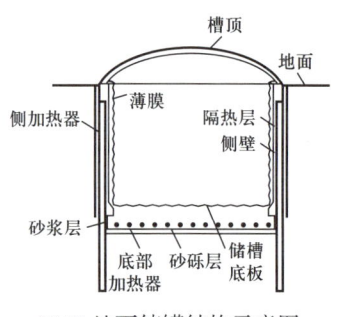

LNG 地下储罐结构示意图

LNG 地下储罐采用圆柱形金属罐，外面有钢筋混凝土外罐，能承受自重、液压、地下水压、罐顶、温度、地震等荷载。内罐采用金属薄膜，紧贴在罐体内部，金属薄膜在 -162℃时具有液密性和气密性，能承受 LNG 进出时产生的液压、气压和温度的变动，同时还应具有足够的强度，通常制成波纹状。

LNG 地下储罐比地上储罐具有更好的抗震性和安全性，不易受到空中物体的撞击，不会受到风载的影响，也不会影响人员的视线，不会泄漏，安全性高。但是 LNG 地下储罐的罐底应位于地下水位以上，需要事先进行详细的地质勘查，以确定可否采用地下储罐这种形式。LNG 地下储罐的施工周期较长，投资较高。

（何利民　吕宇玲）

【LNG 地上储罐 LNG above-ground storage tank 】 建于地面用于储存 LNG 的储罐。应用最广泛的 LNG 地上储罐是圆柱形金属双层壁地上常压储罐，可分为单容式、双容式、全容式和膜式 4 种形式。

（何利民　吕宇玲）

【单容式储罐 single volume storage tank】只有内罐满足盛装低温液体要求的 LNG 储罐。简称单容罐。由不锈钢内罐、保温层、围堰（挡液墙）组成（见图），内罐泄漏时，只能依赖挡液墙，相当于只有一层的容器。是 LNG 工业发展初期最常采用的一种容器型式。其外罐材料通常为碳钢或低合金钢，用于盛装保冷材料及 LNG 蒸发气体，内罐采用 9%Ni 钢或不锈钢，用于盛装低温 LNG 液体。外罐对珍珠岩绝热层提供支撑，不能承受内罐 LNG 泄漏造成的低温影响。外罐周围设置圆形围堰。单容罐应设置在远离人口密集的地区。

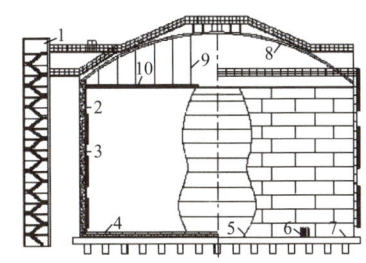

单容罐结构示意图
1—平台梯子；2—膨胀珍珠岩；3—弹性毡；4—罐底保冷；5—内罐；6—外罐锚带；7—外罐；8—外罐顶；9—吊杆；10—内罐吊顶

单容式储罐可分为单壁储罐和双壁储罐，用在 LNG 低温领域主要采用双壁储罐。

易泄漏是单容罐的一个较大的风险和隐患，其安全防护距离较大，对安全检测和操作的要求较高。单容罐设计压力较低，一般小于 14kPa，最大操作压力约为 12kPa。单容罐造价较低，但罐间安全距离较大，并需设置围堰，也增大了接收站占地面积及造价。

单容罐的优点为：成本为全容罐的 70%～80%；总建设时间比全容罐大约少 3～4 个月。缺点为：需要额外的土地空间为每个储罐修建防护堤，以便发生泄漏时挡住满罐的介质；外罐不能承受低温的冲击；附近的爆炸或其他抛射物容易造成钢质外罐损坏；如果发生罐体断裂，会形成大量的蒸发气，可能造成大火或爆炸。

（何利民　吕宇玲）

【双容式储罐 double storage tank】除内罐外，还有一层外罐的 LNG 储罐。简称双容罐。内罐泄漏时，LNG 能够被外罐可靠保存，相当于两层密闭容器。双容式储罐的外壁罐采用耐低温的 9Ni 不锈钢或预应力混凝土，罐顶加吊顶隔热，内壁罐为耐低温的 9Ni 不锈钢，直接与 LNG 接触。双容式储罐较单容式储罐投资略高（造价约为单容式储罐的 1.1 倍），其施工周期也较长。但是，由

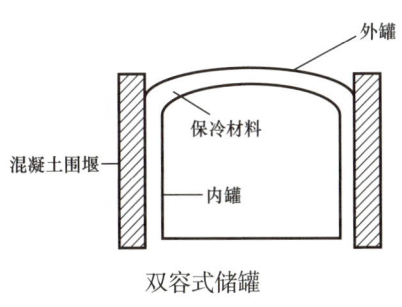

双容式储罐

于其外壁有一定保护层，其安全性能较单容式储罐要高。

（何利民　吕宇玲）

【**全容式储罐** full capacity storage tank】 由内罐和外罐构成的结构一体化能够实现对液体和气体泄漏物收集的 LNG 储罐（见图）。简称全容罐。内罐采用 9%Ni 钢，而罐顶和外罐有钢结构和预应力混凝土结构两种类型（对应双金属全容罐和预应力混凝土全容罐）。内罐用于储存 LNG，外罐可作为蒸发气（BOG）的主容器，当内罐泄漏时，外罐可储存全部的泄漏液体，并保持结构上的气密性，避免 LNG 及 BOG 泄漏至周围环境中。外罐具有固有的安全能力，在布置时不需要设置防火堤，其安全防护距离要求较小。

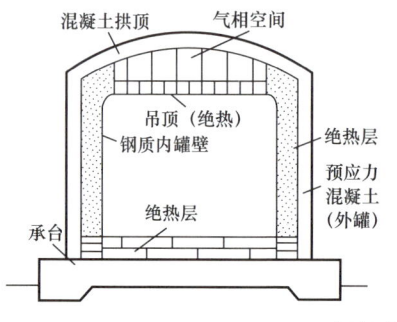

全容式储罐

双金属全容罐操作压力低，一般为 12~15kPa；预应力混凝土全容罐设计压力为 29kPa，其允许的最大操作压力为 25kPa，设计温度为 -165℃。

全容罐的优点：内罐和外罐均能够独立盛装液化天然气，其中一个还能够排出因泄漏造成的蒸发气；混凝土罐壁和罐顶能够抵挡外部物体穿透或抛射物造成的严重损害；能够抵挡附近天然气池火的热辐射；罐顶采用混凝土结构，本身具有较高的安全性，可以不需要顶部雨淋灭火系统和排水系统，液化天然气溢出的收集和排放可以减少到最小程度。缺点为：全容罐的投资相对较高，成本约比单容式储罐高 20%~30%。当采用混凝土罐顶时，操作压力的提高可使蒸发气减少，从而可以降低蒸发气处理系统的投资。

（何利民　吕宇玲）

【**薄膜型储罐** film storage tank】 采用不锈钢薄膜内胆加预应力混凝土外罐，不锈钢薄膜做成波纹状，以消除温差影响的 LNG 储罐。简称*薄膜罐*。由一个薄的钢质主容器、绝热层和一个预应力混凝土罐组成（见图），作用在薄膜上的全部静压荷载及其他载荷均通过绝热层传递至预应力混凝土罐上，蒸发气储存在储罐顶部。

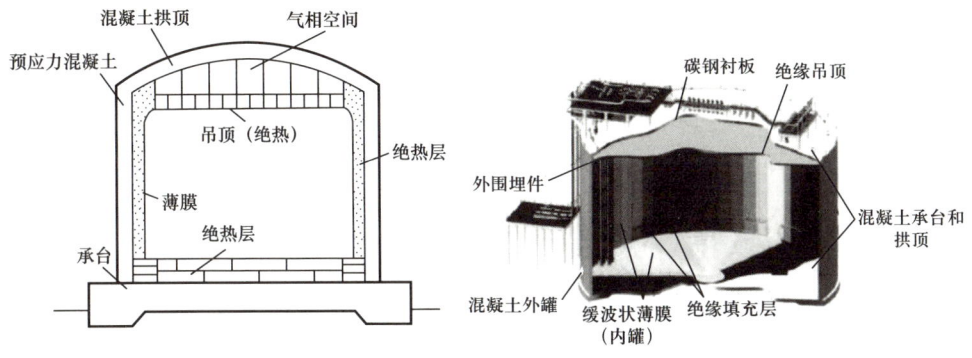

薄膜型储罐

由于采用了混凝土罐壁和罐顶，其安全性相对较高。其在防火和安全距离方面的要求与全容式储罐相同。但与双容式储罐和全容式储罐相比，它只有一个罐体，由于膜式结构本身的特点，其比全容式储罐更易泄漏。薄膜罐投资与全容罐相当，但建设周期较长，施工难度较大。其设计压力也可达到0.029MPa。

薄膜罐的优点为：保证了储罐结构和气密结构的独立性；薄膜只是作为储存液体的容器，无论储罐的容积有多大，薄膜块的结构设计都相同；没有容积的理论极限，对设计的限制只涉及混凝土外罐和土建部分；一级薄膜在循环加载的情况下具有无裂纹扩展的特性，防止了泄漏扩大，焊接处应力接近于零，裂纹的扩展可能性极小。缺点为：成本比单容式储罐高20%～30%；不锈钢薄膜内胆不能承受液化天然气的静液位载荷，静液位载荷通过绝缘材料传递到混凝土外罐。

（何利民　吕宇玲）

【球形罐 spherical tank】 一种内外罐均为球状的储存液化天然气的压力容器。工作压力下，内罐为内压容器，外罐为真空外压容器，采用真空粉末绝热（见图）。其容积为200～1500m^3，工作压力为0.2～1.0MPa。在容积小于200m^{3}时应整体制造出厂，大于1500m^{3}时，外罐制造困难。

球形罐的优点为：相同容积条件下，球体具有最小的表面积，设备的净重最小；传热面积最小，散热损失小；球形具有最佳的耐内外压的性能。

缺点为：加工成型需要专用工具，加工精度难以保证；现场组装运输难度大，质量难以保证；球壳虽然净重较小，但成型时材料利用率最低。

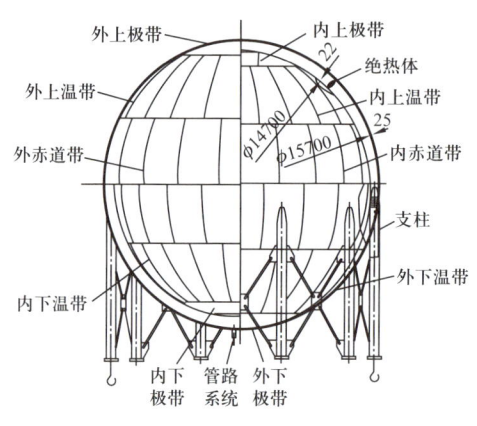

球形罐

（何利民　吕宇玲）

【LNG 运输系统 LNG transportation system】 液化天然气工业链中 LNG 运输的系统。LNG 长距离运输可以采用船运和铁路运输，短途运输可采用 LNG 槽车或罐箱运输以及内河水运。

槽车运输 槽车运输包括公路槽车运输和铁路槽车运输。1000km 或更短的距离为公路运输的经济范围，1000km 以上则选择铁路槽车更为经济。单辆 LNG 槽车容积最大为 52.8m³，最大工作压力 0.7MPa，最大充装天然气量 3.3 万 m³，槽车行驶速度平均为 60km/h。

LNG 运输船 跨海船运是 LNG 国际远洋贸易采用的一种主要形式。韩国大宇、三星以及日本三菱是世界主要 LNG 运输船制造商，但造船的核心技术被法国 GTT 等北欧公司垄断。LNG 运输船的最大容量为 $26 \times 10^4 m^3$。LNG 运输船根据液货仓系统不同可分为独立型和薄膜型两种，独立 B 型和法国 GTT 公司开发的薄膜型占据整个市场。薄壁型主屏壁采用 36% 镍钢，次屏壁为 36% 镍钢或铝箔纤维，其每天蒸发率可以控制在 0.10%～0.15%。

管道输送 LNG 管道只用于天然气液化装置和 LNG 的装卸操作设施，还没有长距离管道输送 LNG 的实例。研究表明，用管道长距离输送 LNG 具有技术可行性，而 LNG 长输管道建设最大的问题在于，使用的材料是否在低温条件下仍能保持良好的性能。为了防止 BOG（闪蒸汽）的产生，必须在中间设置 LNG 冷泵站。随着海底低温管道技术的不断进步，LNG 管道的高效运输距离已经达到了 32km。

LNG 罐箱运输 LNG 罐式集装箱运输方式具有经济、灵活、稳定的特点。

LNG 罐箱，尤其是圆柱加方框冷保温集装箱，采用高真空多层绝热，运输具有很大的灵活性，可以克服新开辟的天然气市场折旧成本太高的缺陷，加快 LNG 的进一步应用。

（何利民　吕宇玲）

【LNG 工厂 LNG factory】 对天然气进行净化和液化生产液化天然气（LNG）的工厂。

净化过程是天然气液化的首要工序，主要是为了脱除原料气中的有害杂质及深冷过程中可能固化的物质。调峰型 LNG 工厂，原料气多是先期已净化的管输天然气，管输天然气的气质标准比液化前对原料气的气质要求低，必须对管输气再次净化。通常采用分子筛或其他固体吸附剂，如硅胶、活性氧化铝等，通过固定床吸附，减少杂质成分。

基本负荷型 LNG 工厂靠近气源建立，井口气或先期简单处理，或直接进入 LNG 工厂，其原料气的杂质含量较高。为保证工厂的连续运行，需要考虑无限期生产下杂质的累积允许量，气质的净化指标高，工艺流程相对复杂和严格。

天然气液化是一个低温过程，原料经净化预处理后，进入换热器进行低温冷冻循环，冷却至 -162℃左右就会液化。天然气液化工艺有节流制冷循环、膨胀机制冷循环、阶式制冷循环、混合冷剂制冷循环和带预冷的混合冷剂制冷循环。

（何利民　吕宇玲）

【LNG 管道 LNG pipe】 专门用于输送 LNG 的管道。LNG 管道通常采用奥氏体不锈钢材料制造，奥氏体不锈钢具有优异的低温性能，但线膨胀系数较大。在 LNG 温度条件下，不锈钢收缩率约为千分之三，对于 304L 材质管道，在工作温度为 -162℃时，100m 管路大约收缩 300mm。在设计时要采取措施防止 LNG 管道由于低温的冷应力作用引起管道收缩引起损坏。

管道两个固定点之间，由于冷收缩产生的应力，可能远远超过材料的屈服值，一旦出现问题，将会产生严重后果。管道设计时，必须考虑有效的补偿措施。一般采用弯管、膨胀节和波纹管来补偿冷收缩。

（何利民　吕宇玲）

【LNG 罐车 LNG tanker】 一种运输液化天然气的专用车辆。又称 LNG 槽车。运输过程中 LNG 槽车内的压力基本不变，短时停车上涨 0.02MPa 左右，途中安全阀无放散现象，LNG 几乎无损失。主要有 LNG 半挂式运输槽车（见图）和

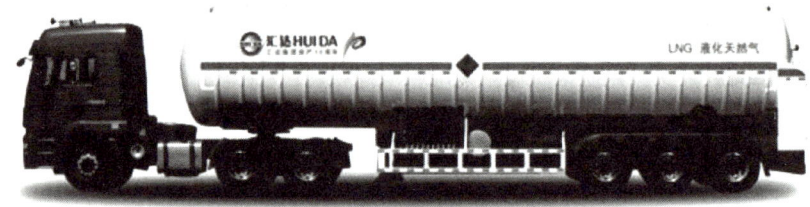

LNG 槽车

LNG 集装箱式罐车两种形式。

LNG 罐车有两种卸液方式：一种为压力输送，配置地面增压器进行卸液，增压器中的气化气压入槽车，借助压差输送 LNG。这种卸液方式简单，但转注时间长，装卸效率低。另一种为泵送液体，采用配置在车上的离心式低温泵输送液体。该方式转注时间短，可适应各种压力规格的储槽，运输效率高，但整车造价高，结构较复杂。

LNG 槽车隔热方式主要有真空粉末隔热、真空纤维隔热、高真空多层隔热。一般采用真空粉末隔热，具有真空度要求不高、工艺简单、隔热效果较好的特点。

（何利民　吕宇玲）

【低温泵 cryogenic pump】　在石油、空分和化工装置中用来输送低温液体的特殊泵。又称低温液体泵。输送的介质为低温液体，在输送过程中应保持低温，一旦从泵周围吸收了较多的热量，泵内的低温液体会大量汽化，产生气体，影响泵的工作。其结构、材料、安装和运行等方面都有特殊要求，以达到低温液体输送要求。按工作原理的不同，有往复式低温泵和离心式低温泵。

（何利民　吕宇玲）

【LNG 接收站 LNG terminal】　接收、储存 LNG，再气化后通过管道向下游用户供气的站场。一般由 LNG 卸船、储存、再气化/外输、蒸发气处理、放真空补气和火炬/放空 6 部分工艺系统组成。主要作用是接收舶来液化天然气、满足区域供气要求、提供一定调峰能力、为实现天然气战略储备提供条件。

按照对 LNG 储罐蒸发气（BOG）处理方式的不同，将 LNG 接收站中的工艺方法分为直接输出和再冷凝两种。前者是将蒸发气增压至外输压力后直接接入输气管网；后者是将蒸发气压缩到较低压力，与储罐输送出的 LNG 混合加压后外输（见图）。再冷凝法可以利用 LNG 的冷量，减少蒸发气压缩功的消耗，节省能量，多数 LNG 接收站采用此工艺。

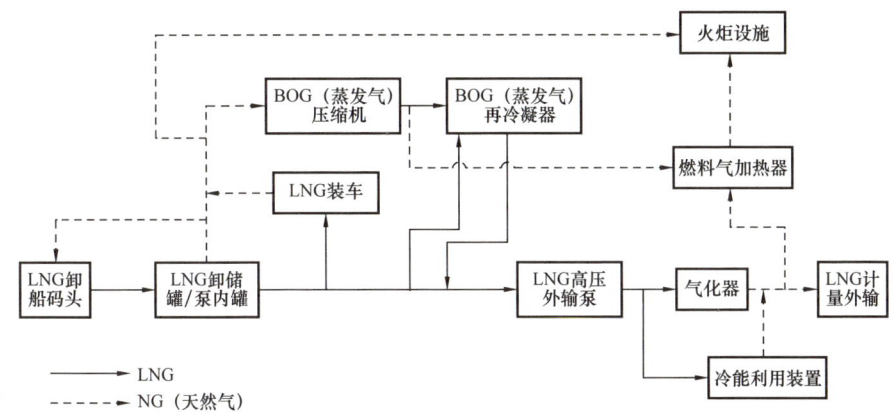

LNG 接收站流程示意图

（何利民　吕宇玲）

【LNG 气化站 LNG gasification station】 接收、储存和分配 LNG 的卫星站，也是城镇或燃气企业把 LNG 从生产厂转往用户的中间调节站场。按照供应对象的不同分为单点直供气化站和 LNG 卫星站，可视做小型的 LNG 接收站，部分气化站亦设有液化装置。

LNG 气化工艺一般包括卸车工艺、储存增压工艺、加热气化工艺、BOG（蒸发气）处理工艺、安全泄放工艺、计量加臭工艺（见图）。站内设备包括低温储罐、储罐增压器、空温式气化器、水浴式加热器、BOG 储罐、BOG 加热器、EAG 加热器、排气筒、加臭装置等。LNG 采用罐式集装箱储存，通过公路运至 LNG 气化站，在装卸台通过集装箱自带的增压器对集装箱储存槽增压，利用压差将 LNG 运送至气化站内低温 LNG 储槽。在非工作条件下，储槽内 LNG 储存温度为 −162℃，压力为常压。在工作条件下，储槽增压器将储槽内 LNG 增压到

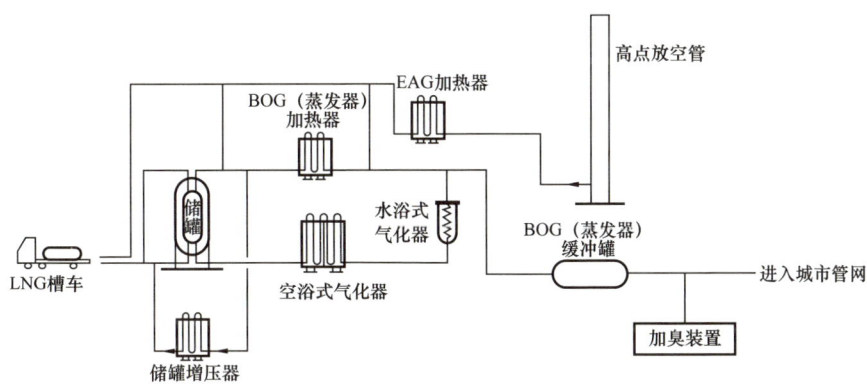

LNG 气化站工艺流程图

0.35MPa。增压后的低温 LNG 自流进入主空温式气化器，与空气换热后 LNG 转化为气态并升高温度，气化器出口温度比环境温度低 10℃，压力为 0.35MPa；当空温式气化器出口的天然气温度低于 5℃时，需通过水浴式加热器将其升温。最后经过加臭、计量后天然气进入输配管网，送入各类用户。

（何利民　吕宇玲）

【浸没燃烧式气化器 submerged combustion vaporizer】 利用燃料（如煤油、汽油等）燃烧后产生的热量加热水，热水再加热浸没池中流动有 LNG 的换热管束的一种气化器。简称 SCV。是燃烧型气化器中使用最多的一种气化器。

浸没燃烧式气化器主要由管束式热交换器、浸没式燃烧器、冷却水泵、鼓风机以及相应的控制系统组成，其中浸没在水中的盘管管束下部与 LNG 总管焊接，上部与天然气总管焊接，接口均位于管束同一侧以保证换热时管束能够自由热胀冷缩。

燃料气和压缩空气按比例在燃烧器中燃烧，高温烟气通过喷嘴以鼓泡形式进入水中将水加热，LNG 自下而上通过浸没在水中的盘管，由热水加热实现气化（见图）。气化装置热效率达 98% 左右，可在 10%～100% 的负荷范围内运行。

SCV 结构紧凑、占地面积小，整体投资与安装费用低，换热效率高，可快速启动，适用于有负荷突然增加要求的场合，但其操作费用高。

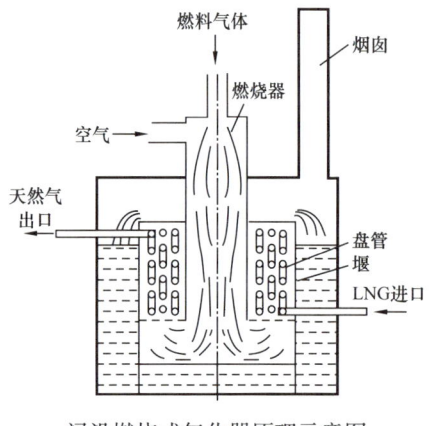

浸没燃烧式气化器原理示意图

📖 推荐书目

马国光，吴晓南，王春元. 液化天然气技术［M］. 北京：石油工业出版社，2012，5.

（何利民　吕宇玲）

【开架式气化器 open rack vaporizer】 以海水作为热源，由若干传热管组成板状排列，两端与集气管或集液管焊接形成一个管板，再由若干管板组成的气化器。又称液膜下落式气化器，简称 ORV。是水加热型气化器中使用最广泛的一种气化器。

气化器传热管外部有翅片，内部为星形断面且设有螺旋杆以强化换热效果，外层喷涂防腐涂层防止海水的腐蚀，整个装置安装固定在铝合金支架上。

气化器顶部的海水喷淋装置将海水喷淋在传热管板外表面，海水在重力作用下自上向下流动，LNG 在管内自下向上流动，从而实现换热（见图）。气化量最大可达 180t/h，可在 0～100% 的负荷范围内运行。

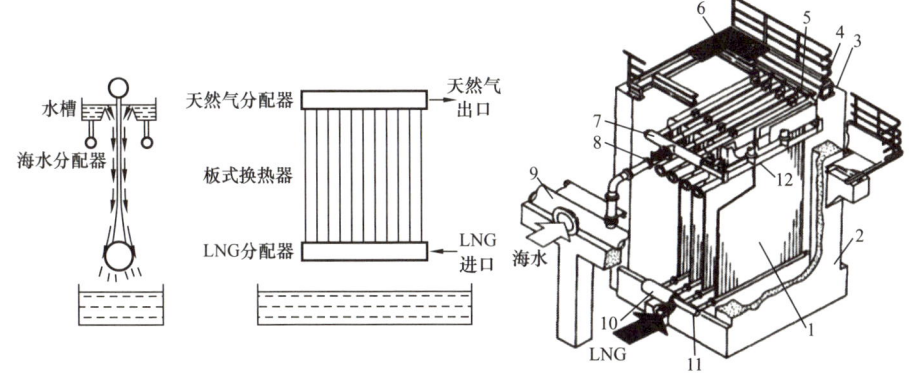

开架式气化器原理示意图

1—平板型换热管；2—水泥基础；3—挡风屏；4—单侧海水槽；5—双侧流水槽；6—平板换热器悬挂结构；7—天然气出口管；8—海水分配器；9—海水进口管；10—保温层；11—LNG 入口总管；12—海水分配

ORV 应用广泛、运行费用低、易操作维护，适用于基本负荷型大型气化装置。但投资大，管外易结冰，对海水质量要求高，要考虑海水的温度和腐蚀性，不适用于海水温度较低地区。

（何利民　吕宇玲）

【**空温式气化器** air-heated vaporizer】 利用空气自然对流加热换热管中的低温液体，使其完全蒸发成气体的气化器。

主要由星形翅片管、进液管、出气管、中间连接片、支腿等构成，进液管和出气管之间是一段串联或并联连接形成的封闭管程（见图1）。其中星形翅片管（见图2）是一种呈放射状的肋片化管材，即在圆形换热管的外侧加装翅片，使得管材与空气的接触面积增大，翅片结构有 4 翅片、8 翅片、12 翅片结构。

图1　空温式气化器

图2　空温式气化器星形翅片

管外利用翅片加强换热，管内 LNG 自下而上流过气化器，通过吸收空气中的热量实现 LNG 的汽化。其在标准状况下的气化能力上限一般是 $1400m^3/h$。

没有燃料消耗，结构简单，运行费用低，适用于气化量较小的场合。但单位容量的投入费用较高，最大气化能力相对较低；受环境条件（温度、湿度）影响较大，气化能力还受到当地的最低温度和最高湿度的影响，无法避免结冰现象的发生，结冰过多会减少有效的传热面积和堵塞空气的流动。

（何利民　吕宇玲）

【中间介质型气化器 intermediate medium vaporizer】 采用中间传热介质（丙烷或醇溶液）和加热介质（海水、空气或热水）相结合的LNG气化器（见图）。常用的有丙烷热媒中间介质气化器和中间介质管壳式气化器。

丙烷热媒中间介质气化器　以海水或邻近工厂热水为热源，以丙烷（沸点 $-40℃$）为中间介质的气化器，简称IFV。由三部分组成：与海水或其他热源物质进行换热；利用丙烷与LNG进行换热；用海水对LNG气化后的天然气加热。IFV对热源流体的适用范围较宽，可以最大限度地发挥潜热等热物理性质。

中间介质管壳式气化器　以水或醇溶液作为中间介质，以热水、海水或空气为初始热源的管壳式气化器，简称STV。先用初始热源加热中间介质，再用加热过的中间介质通过管壳式气化器气化LNG。中间热媒需用循环泵强制循环，能耗比IFV高。

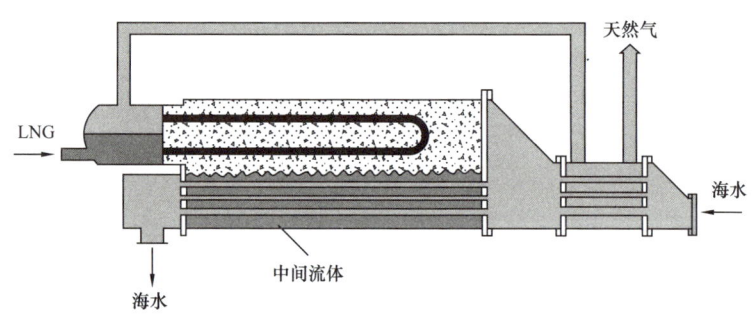

中间介质型气化器原理示意图

（何利民　吕宇玲）

【天然气液化工艺 natural gas liquefaction process】 将预处理过的天然气冷却至低温（$-162℃$），进而生成液化天然气的工艺。

根据制冷循环类型的不同，天然气液化工艺流程大体上可分为三类：级联式、混合制冷剂式和带膨胀机式。天然气液化工艺的选择通常考虑如下三个方面：压缩机的能耗需求、换热器换热面积以及冷热物流在主低温换热器中的换热温差（见表）。

天然气液化工艺比较表

制冷剂循环类型	级联式	混合制冷剂式	带膨胀机式
效率	高	中/高	低
复杂程度	高	中	低
换热面积	低	高	低
灵活性	高	中	高

（何利民 吕宇玲）

【**阶式制冷** cascade refrigeration】 利用常压沸点不同的冷剂逐级降低制冷温度实现天然气液化的工艺。又称级联式液化工艺。制冷剂常用丙烷、乙烯、甲烷。

阶式制冷工艺原理如图所示。第一级丙烷制冷循环为天然气、乙烯和甲烷提供冷量；第二级乙烯制冷循环为天然气和甲烷提供冷量；第三级甲烷制冷循环为天然气提供冷量。制冷剂丙烷经压缩机增压，在冷凝器内经水冷变成饱和液体，节流后部分冷剂在蒸发器内蒸发（温度约-40℃），把冷量传给天然气，部分冷剂在乙烯冷凝器内蒸发，使增压后的乙烯过热蒸气冷凝为液体或过冷液体，两股丙烷释放冷量后汇合进入丙烷压缩机，完成丙烷的一次制冷循环。冷剂乙烷以与丙烷相同的方式工作，压缩机出口的乙烯过热蒸气由丙烷蒸发获取冷量而变成饱和或过冷液体，节流膨胀后在乙烯蒸发器内蒸发（温度约-100℃），使天然气进一步降温。最后一级的冷剂甲烷也以相同的方式工作，使天然气的温度降至接近-160℃，经节流进一步降温后进入分离器，分离出凝液和残余气。在如此低的温度下，凝液的成分主要是甲烷，成为液化天然气（LNG）。

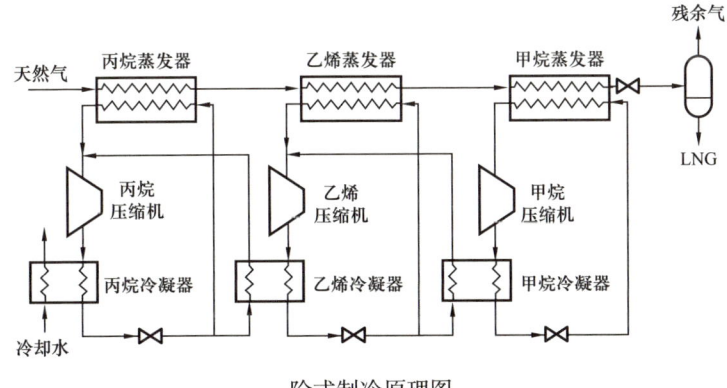

阶式制冷原理图

阶式制冷工艺的最大优点是能耗低，气体液化率高，单位处理量下所需的换热面积小；缺点是设备多、投资多、制冷剂用量大且流程复杂。

（何利民　吕宇玲）

【混合冷剂制冷　mixed refrigerant cycle】　选用混合冷剂，利用各组分沸点不同、部分冷凝的特点，进行逐级冷凝、蒸发、节流膨胀，得到不同温度水平的制冷量，从而使天然气逐步冷却最终液化的工艺。

混合冷剂常由氮、甲烷、乙烷、乙烯、丙烷、丁烷和戊烷组成。液化工艺流程主要由密闭的制冷循环和主冷箱两部分组成（见图）。冷剂蒸气经压缩后，由水冷或空冷使冷剂内的低压组分（即冷剂中的重组分）凝析。低压冷剂液体和高压冷剂蒸气混合后进入主冷箱，接受冷量后凝析为混合冷剂液体，经 J-T 节流阀节流并在冷箱内蒸发，为天然气和高压冷剂冷凝提供冷量。在中度低温下，将部分冷凝的天然气引出冷箱，经分离出 C_5^+ 凝液，气体返回冷箱进一步降温产生 LNG。C_5^+ 凝液需经稳定处理，使之符合产品质量要求。

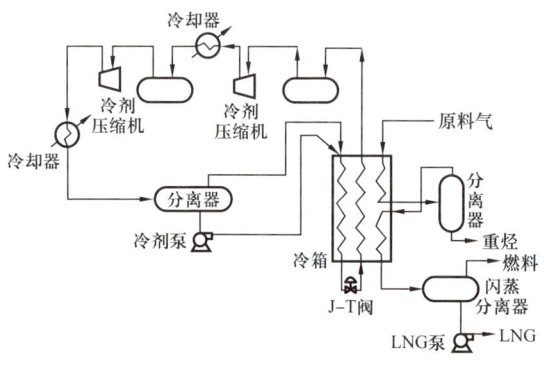

混合冷剂制冷天然气液化流程

混合冷剂制冷工艺优点：机组设备少、流程简单、投资少；管线和设备简单，管理方便；可以通过变换制冷剂组分以适应原料气组分和周围环境的变化，适应性高；混合冷剂可以部分或全部从天然气中提取和补充，获取方便。其缺点包括：能耗高；混合冷剂的合理配比确定较困难；流程计算复杂；需安装制冷剂的混合设备，启动和关停次数增加。

根据混合冷剂循环过程的不同，可将混合冷剂制冷分为单循环混合冷剂制冷和双循环混合冷剂制冷。前一流程中，天然气在单一的换热器内被冷却液化；而后一流程中有两个独立的混合冷剂循环，天然气在第一个循环中被重组分冷剂预冷，在第二个循环中冷凝。相比来说，双循环混合冷剂制冷的换热器高度和体积较小，仅是单循环冷剂制冷的一半。另外，根据流程的不同，还可将混合冷剂制冷分为闭式混合冷剂制冷和开式混合冷剂制冷。前者将制冷剂循环和天然气液化过程分开，自成一个独立的制冷循环；而在后者的流程中，天然气既是制冷剂又是需要液化的对象。

（何利民　吕宇玲）

【开式混合冷剂制冷 open mixed refrigerant cycle】天然气既是制冷剂又是被液化对象的混合冷剂制冷天然气液化工艺。

开式混合冷剂制冷液化流程如图所示。原料气净化后经压缩机压缩，达到高温高压状态，首先用水冷却，然后进入气液分离器分离出重烃，得到的液体经第一个换热器冷却并节流后，与返流气混合后为第一个换热器提供冷量。第一个分离器产生的气体经第一个换热器冷却后，进入第二个气液分离器。产生的液体经第二个换热器冷却并节流后，与返流气混合为第二个换热器提供冷量。第二个气液分离器产生的气体经第二个换热器冷却后，进入第三个气液分离器。产生的液体经第三个换热器冷却并节流后，为第三个换热器提供冷量。第三个气液分离器产生的气体经第三个换热器冷却并节流后，进入气液分离器，产生的液体进入液化天然气储罐储存。

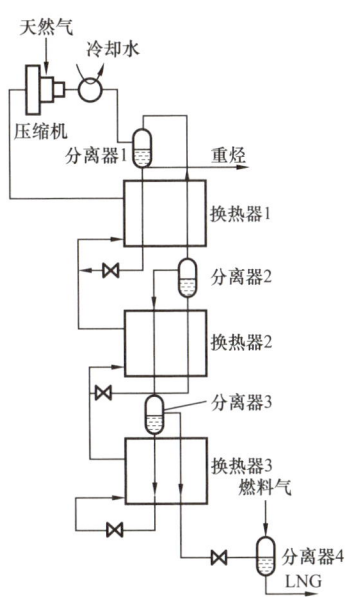

开式混合冷剂制冷天然气液化流程

（何利民　吕宇玲）

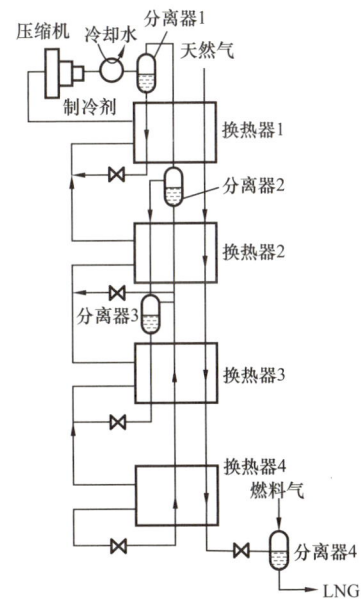

闭式混合冷剂制冷天然气液化流程

【闭式混合冷剂制冷 closed mixed refrigerant cycle】一种制冷剂循环与天然气液化过程分开，自成一个独立制冷循环的混合冷剂制冷天然气液化工艺。

闭式混合冷剂制冷液化流程如图所示。天然气依次流过四个换热器后，温度逐渐降低，大部分天然气被液化，最后节流后在常压下保存，闪蒸分离产生的气体可直接利用，也可回到天然气的入口再进行液化。液化流程中的制冷剂经过压缩机压缩至高温后，首先利用水冷却，然后进入气液分离器，气液相分别进入换热器1，液体在换热器1中过冷，再经过节流阀节流降温，与后续流程的返流气体混合后共同为换热器1提供冷量，冷却天然气、气态制冷剂和需过冷的液态制冷剂。气态制冷剂经换热器1冷却后进入闪蒸分离器分离成气相和液相,分别流入换热器2,液体经过冷却和节流降压降温后,与返流器混合为换热器2提供冷量,天然气进一步降温,气相流体也被部分冷凝。换热器3中的换热过程同换热器1和换热器2,制冷剂在换热器3中被冷却后,在换热器4中进行过冷,然后节流降压降温后返回该换热器,冷却天然气和制冷剂。

📝 推荐书目

郭揆常.液化天然气(LNG)工艺与工程[M].北京:中国石化出版社,2014.

（何利民　吕宇玲）

【**预冷混合冷剂制冷** precooling mixed refrigerant cycle】 一种采用预冷循环减轻主制冷循环制冷负荷的混合冷剂制冷天然气液化工艺。常用丙烷作为预冷剂。

工艺流程由混合制冷剂循环、丙烷预冷循环和天然气液化回路三部分组成（见图）。在此流程中,丙烷制冷循环用于预冷混合制冷剂和天然气,而混合制冷剂循环用于天然气深冷和液化。混合冷剂蒸气压缩后先由空气和水冷却,再经压力等级不同的三级丙烷蒸发器预冷却（温度达 $-40℃$）,部分混合冷剂冷凝为液体。液态和气态混合冷剂分别送入主冷箱内,液态冷剂通过J-T阀蒸发使天然气降温的同时,还使气态混合冷剂冷凝。冷凝的混合冷剂(冷剂内的轻组分)在换热器顶端通过J-T阀蒸发,使天然气进一步降温至形成过冷液体。流

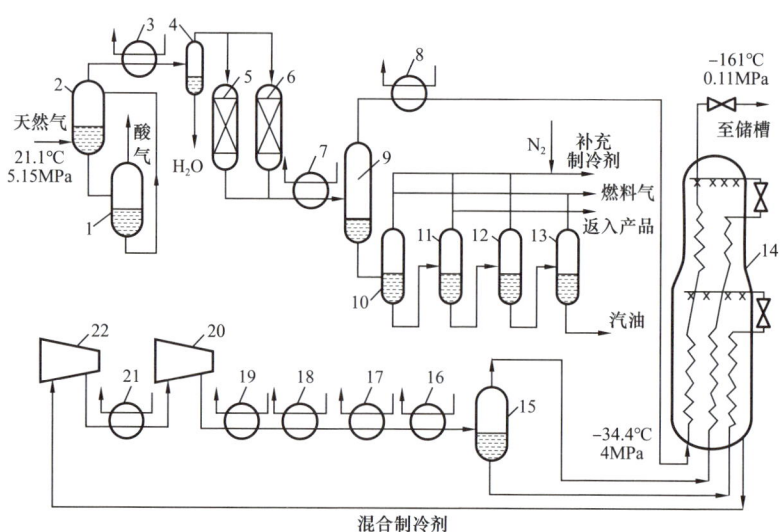

丙烷预冷混合冷剂制冷天然气液化流程

1—再生塔;2—吸收塔;3,7,8,14,16～18—换热器;4,10～13,15—分离器;5,6—干燥器;9—重烃回收器;19,21—水冷却器;20,22—制冷剂压缩机

出冷箱的液态天然气进闪蒸罐，分出不凝气和 LNG，不凝气可作燃料或销售气，LNG 进储罐。上述流程中，天然气在主冷箱内进行二级冷凝，冷剂较重组分提供温度等级较高的冷量，较轻组分提供温度等级较低的冷量。

预冷的丙烷冷剂在分级独立制冷系统内循环。不同压力级别的丙烷在不同温度级别下发生气化，为原料气和混合冷剂提供冷量，原料天然气预冷后，进入分馏塔分出气体内的重烃，进一步处理成液体产品；塔顶气进入主冷箱冷凝为 LNG。预冷混合剂制冷实为阶式和混合冷剂分级制冷的结合。

丙烷预冷混合冷剂制冷工艺结合了阶式制冷液化流程和混合冷剂制冷液化流程的优点，流程既高效又简单，在基本负荷型天然气液化装置中得到了广泛的应用。

（何利民　吕宇玲）

【蒸气压缩式制冷 vapor compression refrigeration】　一种利用液体工质在沸腾相变时从制冷空间中吸收热量来达到制冷目的的制冷方式。

蒸气压缩式制冷分为单级蒸气压缩式制冷和多级蒸气压缩式制冷。单级压缩式制冷所能达到的最低制冷温度在 $-40℃$ 左右，当所要求的温度较低时，随压比增大，会引起制冷量下降、耗功增加、制冷系数下降、经济性降低等问题，一般当压比大于 8 时，应采用两级压缩式制冷或复叠式制冷。蒸气压缩式制冷循环包括蒸发过程、压缩过程、冷凝过程和节流过程四个过程。

蒸发过程　液体制冷剂经节流元件流入蒸发器，由于压力降低，开始沸腾气化。液体在气化过程中，吸收周围介质的热量，实现制冷的目的。液体的气化是一个渐变过程，最终所有液体变为干饱和蒸气，继而流入压缩机的吸气口。

压缩过程　维持一定的蒸发温度，制冷剂蒸气不断从蒸发器引出，之后被压缩机吸入并压缩成高压气体，压缩过程中压缩机要消耗一定的机械能，机械能在此过程中转换为热能，制冷剂蒸气的温度有所升高，制冷剂蒸气呈过热状态。

冷凝过程　从制冷压缩机排出的高压制冷剂蒸气，在冷凝器放出热量，把热量传给它周围的介质——水或空气，从而使制冷剂蒸气逐渐冷凝成液体。

节流过程　从冷凝器出来的制冷液体经过降压设备（如节水阀、膨胀阀等）减压到蒸发压力。节流后，制冷剂温度下降到蒸发温度，产生部分闪发蒸气；气流混合物进入蒸发器进行蒸发。

（何利民　吕宇玲）

【直接膨胀制冷 direct expansion refrigeration】　直接利用高压天然气在膨胀机中绝热膨胀到输出管道压力制冷的天然气液化工艺。

直接膨胀天然气液化流程如图所示。原料气经脱水器 1 脱水后，部分进入

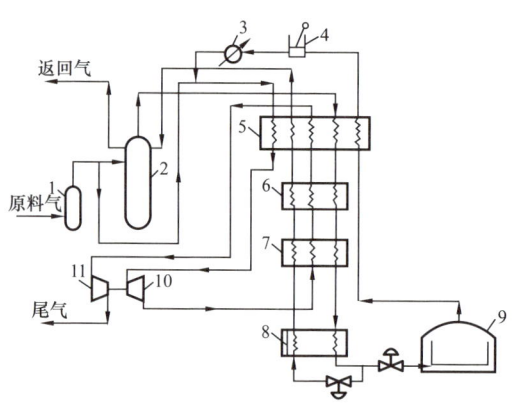

直接膨胀制冷天然气液化流程
1—脱水器；2—脱CO_2塔；3—压力表；4—压缩机；
5，6，7—换热器；8—过冷器；9—储槽；10—膨胀机；
11—尾气压缩机

脱CO_2塔2脱出CO_2。这部分天然气脱出CO_2后，经换热器5～7及过冷器8后液化，部分节流后进入储槽9储存，另一部分节流后为换热器5～7和过冷器8提供冷量。储槽9中自蒸发的气体，首先为换热器5提供冷量，再进入返回气压缩机4，压缩并冷却后与未进脱CO_2塔的原料气混合，进换热器5冷却后，进入膨胀机10膨胀降温后，为换热器5～7提供冷量。优点是功耗小，但液化流程获得的温度高、循环气量大、液化率低。为了获得较大液化量，会在流程中加一台压缩机，但会增加功耗。

气体在膨胀机中膨胀降温的同时输出功，可用于驱动流程中的压缩机以节省耗功或者发电外送。膨胀流程中的绝大部分制冷剂处于低密度的气相状态，其换热系数比沸腾液体低5～30倍、显热比沸腾流体的潜热（相变焓）低4～6倍，使得制冷剂在换热器中能提供的冷量低，单线LNG装置产能低，常用于调峰型、小型及海上平台的LNG装置，在大中型LNG装置不采用。

（何利民　吕宇玲）

【制冷剂 refrigerant】 制冷系统中不断循环流动的、通过自身状态变化实现制冷目的的工作介质。又称制冷工质。制冷剂在蒸发器内吸收被冷却介质（水或空气等）的热量而气化，在冷凝器中将热量传递给周围空气或水而冷凝。其物化性质直接关系到制冷装置的制冷效果、经济性、安全性及运行管理。

在压缩机制冷剂中广泛使用的制冷剂是氨、氟利昂和烃类。按照化学成分，制冷剂可分为无机化合物制冷剂、氟利昂、饱和碳氢化合物制冷剂、不饱和碳氢化合物制冷剂和共沸混合物制冷剂。

无机化合物制冷剂使用得比较早，如氨（NH_3）、水（H_2O）、空气、二氧化碳（CO_2）和二氧化硫（SO_2）等，如水作制冷剂代号R718（"7"代表无机盐，"18"为水的分子量；氟利昂（卤碳化合物制冷剂）是饱和碳氢化合物中全部或部分氢元素（Cl）、氟（F）和溴（Br）代替后衍生物的总称，代号如R22；饱和碳氢化合物制冷剂中主要有甲烷、乙烷、丙烷、丁烷和环状有机化合物等，这类制冷剂易燃易爆，代号如R50、R170、R290等；不饱和碳氢化合物制冷剂中主要是乙烯（C_2H_4）、丙烯（C_3H_6）和它们的卤族元素衍生物，代号如 R113、R1150 等；共沸混合物制冷剂是由两种以上不同制冷剂以一定比例混合而成的共沸混合物，这类制冷剂在一定压力下能保持一定的蒸发温度，其气相或液相始终保持组成比例不变，但它们的热力性质却不同于混合前的物质，利用共沸混合物可以改善制冷剂的特性，代号如 R500、R502。

制冷剂的发展经历了三个阶段：第一阶段（1830—1930 年），主要采用 NH_3、CO_2、H_2O 等作为制冷剂，它们普遍具有毒性、可燃性等缺点，工作效率低，这一阶段持续了约 100 年时间；第二阶段（1930—1990 年），主要采用 CFCs 和 HCFCs 制冷剂，使用了约 60 年；第三阶段（1990—2000 年）是以 HFCs（含氟烃）为主的时期。

进入 21 世纪，开发新型环保制冷剂替代传统制冷剂已成为全球的热门话题。在有机制冷剂领域，欧美等国家在开发臭氧消耗潜值（ODP）为零、温室效应潜值（GWP）低、大气寿命短的新型环保冷剂方面走在世界前列。中国将环境可持续发展放在首要位置，第四代新型环保制冷剂将会得到大力推广。

（何利民　吕宇玲）

【膨胀机 expander】 利用压缩气体膨胀降压时向外输出机械功使气体温度降低的原理来获得冷量的机械。常用于深低温设备中，按运动形式和结构分为透平膨胀机和活塞膨胀机两类。

（何利民　吕宇玲）

【透平膨胀机 turbine expander】 以气体膨胀时速度能的变化来传递能量的膨胀机。分为反击式（反动式）和冲击式（冲动式）两类：气体在叶轮中继续膨胀的称反击式，不继续膨胀的称冲击式。透平膨胀机压缩气体通过喷嘴和工作叶轮时膨胀，推动工作轮回转，并输出外功；同时气体本身压力降低，温度下降。

冲击式膨胀机效率不高，在中国已被淘汰。反击式膨胀机气体在导流器中仅进行部分膨胀，气流速度不太大，减少了摩擦和撞击方面的能量损失，效率较高，可达压缩空气能量的 80%～85%。

与活塞膨胀机相比，反击式透平膨胀机具有流量大，结构简单、体积小、效率高及运转周期长等特点。

（何利民　吕宇玲）

【活塞膨胀机 reciprocating expander】 使气体在可变容积中膨胀，输出外功制冷的膨胀机。

根据外形结构分为立式和卧式两种。采用较多的是立式结构，作用近似于往复活塞压缩机，但进、排气阀系借进、排气凸轮定时启闭。活塞膨胀机存在进排气阀流动阻力、不完全膨胀、摩擦热、外热与内部热交换等引起的冷量损失，一般绝热效率为：高压膨胀机65%～85%，中压膨胀机60%～70%。

（何利民　吕宇玲）

【**LNG 卸船系统** LNG unloading system】 将运输船中的 LNG 输送至接收终端，由卸料臂、卸船管线、蒸发气回流臂、LNG 取样器、蒸发气回流管线以及 LNG 循环保冷管线等组成的系统。

LNG 运输船停靠码头后，利用卸料臂将船上 LNG 输出管线与岸上卸船管线连接起来，通过船上储罐内的输送泵（潜液泵）将 LNG 输送到终端的储槽内。随着 LNG 不断输出，船上储罐内气相压力逐渐下降，为维持气相压力，通常将岸上储槽内一部分蒸发气（BOG）加压，经回流管线及回流臂送至船上储罐。

LNG 卸船管线一般采用双母管式设计。卸船时两根母管同时工作，各承担50%的输送量。当一根母管出现故障时，另一根母管仍可工作，确保卸船不会中断。

非卸船期间，双母管可使卸船管线构成一个循环，随母管进行循环保冷，减少 LNG 蒸发量。通常由岸上储槽输送泵出口分出部分 LNG 冷却管线，该部分 LNG 后经循环保冷管线返回罐内。循环流量通过调节阀控制，通常依据"使卸船总管内 LNG 温度升高不超过4℃"的原则来确定。限制循环的 LNG 温度升高的目的是保持 LNG 卸船总管处于冷态，防止卸船操作时，热的 LNG 进入储罐发生高闪现象。每次卸船前还需用船上 LNG 对卸料臂等预冷，预冷完毕后再将卸船量逐步增加至正常输量。卸船操作时，停止卸船管线的循环，循环流量在每次卸船操作后需要重新确定。

在栈桥上游与下游分界处，LNG 液相管线和气相管线均设有切断阀，紧急情况下可关闭切断阀实现码头和库区的隔离，同时码头装卸臂根部还设置有与船方隔离的应急切断阀。

（何利民　吕宇玲）

LNG 卸货臂

【**LNG 卸货臂** LNG unloading arm】 实现 LNG 从船上进行卸载或装载的装置。主要由升降立柱、内臂、外臂、船/臂连接装置通过旋转接头（50型、40型、80型）组装而成（见图）；另有配重系统（主配重、次配重）、液压系统和控制系统。通过液压缸操纵可实现卸货臂与 LNG 船准确快速连接。

LNG 卸货臂通过控制系统完成对液压泵、电磁阀的动作控制来实现 LNG 卸货臂各种功能；同时控制系统可对 LNG 卸货臂的位置、状态及液压系统的重要参数进行实时监测，并提供相应的报警和紧急命令。卸货臂通过遥控装置或控制盘完成卸货臂的各项操作。

（何利民　吕宇玲）

【LNG 运输船　LNG transport ship】 专用于载运大宗 LNG 的船舶总称（见图）。

船体设计采用双层壳体，在船舶外壳体和储槽间形成保护空间，减少槽船因碰撞导致储槽意外破裂的危险性。储槽采用全冷式或半冷半压式：大型 LNG 运输船一般采用全冷式储槽，小型沿海 LNG 运输船一般采用半冷半压式。LNG 在 101325Pa、－163℃下储存，其低温液体状态通过储槽外的绝热层和 LNG 的蒸发进行维持，储槽压力通过抽出蒸发气体量进行控制，LNG 蒸发气（BOG）可作为运输船推进系统的燃料。

LNG 运输船

LNG 隔热是低温储槽设计中的关键技术，可以采用的隔热方式有真空粉末隔热、真空多层隔热、高分子有机发泡材料隔热等。真空粉末隔热，尤其是真空珠光砂隔热方式，具有对真空度要求不高、工艺简单、隔热效果较好的特点。

液货舱是装载液体货物的主要容器，是影响 LNG 运输船船型的主要因素。液货舱分为独立液货舱（A、B、C 型）、薄膜液货舱、半薄膜液货舱、整体液货舱和内部绝热液货舱，其中应用最广的是独立液货舱和薄膜液货舱两种。独立液货舱为自支承式结构：A 型为棱形（SPB），B 型为球形（MOSS），C 型又分为球形、单圆筒形、双排单圆筒形和双联圆筒形集中。

低温 LNG 槽船内再液化装置的制冷工艺可以采用以 LNG 为工质的开式循环或以制冷剂为工质的闭式循环。

（何利民　吕宇玲）

【并排卸货　abreast unloading】 LNG 运输船与浮式 LNG 装置并排泊在一起，利用 LNG 卸货臂进行卸货作业的 LNG 卸货方式。

浮式 LNG 装置远离火炬的一侧用作 LNG 运输船的停泊，并提供水幕等防火措施，将两艘船系泊在一起，中间用护舷分隔，通过运输船中部的接口互连并进行输送，然后解开缆绳使两船分开，卸货过程中采用拖轮进行辅助卸料。这种作业方式的安全隐患在于浮式装置与 LNG 运输船之间相互运动可能造成的卸货臂处 LNG 的泄漏。

并排卸货的优点是 LNG 输送控制快速便捷，结构简单，节约投资。缺点是浮式 LNG 装置与 LNG 运输船两者都处于运动状态，在风浪较大时两者的相对运动大，普通的单根缆绳系泊缺乏稳定性，不容易定位。

（何利民　吕宇玲）

【串联卸货 tandem unloading】 LNG 运输船和浮式 LNG 装置首尾相接地串联系泊，利用 LNG 卸货臂进行卸货作业的 LNG 卸货方式。

串联卸货采用动态定位控制两船距离，两者之间采用钢绳连接，LNG 运输船与浮式 LNG 装置基本保持在一条直线上，钢绳始终保持适当张紧状态。适合于海洋环境较为恶劣的海域，距离一般在 50～100m，需要配置能跨越 50～100m 距离的管线和结构，并采用动态定位装置控制 LNG 运输船首部管汇与浮式 LNG 装置尾部的距离在容许工作范围以内，避免停泊和卸货作业中可能出现的危险。

串联卸货的优点是能在较为恶劣的海况条件下进行 LNG 卸货作业，极限平均波高可达 4.5m。缺点是传输距离远，输送管长，投资大。

（何利民　吕宇玲）

【LNG 装卸系统 LNG handling system】 为 LNG 运输船充装和卸载 LNG 的设备总称。由卸货泵、管道、压缩机、加热器、控制系统以及各种阀门构成。

LNG 船的全部卸货泵采用深井泵和浸没式泵。一般将深井泵装于 LNG 舱底部，由 LNG 舱外的电动机来驱动。根据英国劳氏船级社（LR）以及国际海事组织（IMO）规则要求，每个 LNG 舱必须配备两台完全一致的深井泵作为卸货泵。浸没式泵的流量为深井泵的 1/80～1/40，其作用是当 LNG 舱需要修理时，为减少复温时间再抽掉一部分 LNG。

输送管道要求使用绝热管，绝热方式根据绝热原理分为：真空绝热、真空粉末绝热、多层绝热以及堆积绝热四类。LNG 船舶管道大多数采用最简单方便且经济的堆积绝热方式。阀门包括截止阀、液货舱安全阀门和紧急切断阀。压缩机有两种：一种是低容量压缩机，用于航行时将蒸发气供给锅炉作燃料，或将蒸发气排至再液化装置再液化；另一种是高容量压缩机，用于卸货时将蒸发气排至回气管，到岸上再液化。

船岸管路连接系统的功能是：装卸 LNG 前连接管道、在装卸 LNG 过程中实现船岸控制室同时控制。船上装有远距离切断阀，岸上装有气孔切断阀，在装卸 LNG 出现故障时可以停止装卸。

（何利民　吕宇玲）

【LNG 槽车卸液　LNG tanker unloading】　将槽车内 LNG 卸送至储罐的作业。包括自增压卸液和泵增压卸液两种卸液方式。

自增压卸液通过气化部分 LNG 以提高槽车储罐自身压力，利用槽车和储罐之间的压差将槽车中的 LNG 卸入储罐。优点是设施简单，只需要在流程上设置气相增压管路，操作容易。但这种方法的工作压差有限、装卸效率低、装卸时间长。利用这种方法进行装卸的储罐（接受 LNG 的固定储罐和槽车储罐）都是带压操作，而固定储罐一般是微正压，槽车储罐的设计压力也不宜高，否则会增加槽车的空载质量，降低运输效率，因而装卸操作的压差十分有限，流量低，装卸时间长。

泵增压卸液采用槽车上专门配置的低温泵将槽车储罐内的 LNG 增压进行卸液。该方法输送流量大、装卸时间短、适应性强，已得到广泛应用。泵的输送流量、扬程可以按需要配置，可以满足各种压力规格的储槽，而且泵送不需要消耗 LNG 进行增压，使槽车整体工作压力低，装备质量轻，质量利用系数和运输效率高，得到广泛应用。

（何利民　吕宇玲）

【LNG 码头　LNG wharf】　LNG 运输船停靠并进行装卸作业的专用码头。

码头上设有 LNG 运输船靠泊、停泊设施，专用设备是 LNG 卸货臂（见图）。一般可设置四台卸货臂，其中三台为液相卸货臂，一台为气相返回臂，三台液相卸货臂中其中一台可气液互用；卸货臂均为液压驱动。

码头还需设置 LNG 收集罐和 LNG 收集罐加热器，LNG 收集罐用于接收卸船结束后从各卸货支管中排出的 LNG，通过排出罐加热器可将排出的 LNG 气化后经气体返回管线送回至 LNG 储罐气相空间。

LNG 码头

为使操作时卸货臂与船上管路连接设施在事故状态下能安全快速脱开，卸货臂配备紧急脱离系统、2 个隔断阀和一个液力紧急连接器（PERC，Powered Emergency Coupler）。为了避免卸料臂的机械损坏和连接时可能产生的 LNG 溢出，连接部分安装了紧急泄放系统。

（何利民　吕宇玲）

【卸液软管 discharge hose】 用于输送各种介质的柔性管子。由不锈钢波纹管外编一层或多层钢丝或钢带网套,两端配以接头或法兰头构成(见图)。具有耐腐蚀、耐高温(420℃)、耐低温(-196℃)、重量轻、体积小、柔软性好的特点。

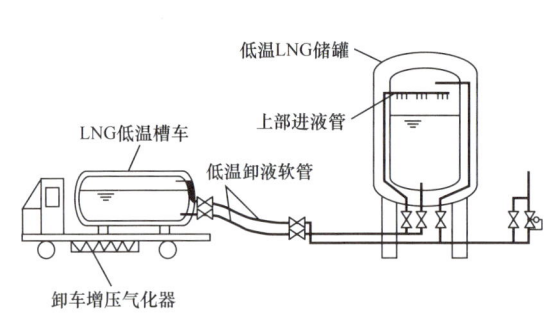
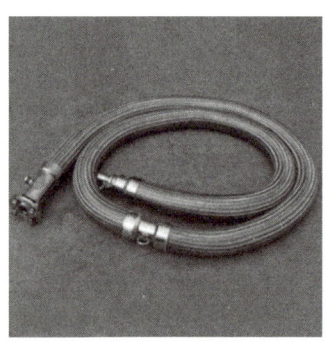

卸液软管

卸液软管有不锈钢金属软管和不锈钢真空软管两种,在与槽车及汇流管法兰连接前,必须进行吹扫,防止管内及管口法兰处水汽聚集;卸液软管使用完毕后一定要确保里面液体完全排放干净,防止软管平放地面后较低点残留的LNG喷出对附近人员和设备造成伤害。

搬运存放输送卸液软管要十分小心,软管上的脏物和摩擦会破坏软管的完整性,从而引发事故。

(何利民　吕宇玲)

【旋转接头 rotary joints】 使LNG槽车装卸臂实现空间全方位连接的重要结构部件。主要由法兰、双滚道支承(style30为三滚道支承)、滚珠、卡环、主密封圈、次级密封圈、水封圈等组成(见图)。在旋转接头中有凹槽,卡环镶嵌在里面,在旋转接头转动时滚珠就在卡环内滚动,从而达到旋转目的。

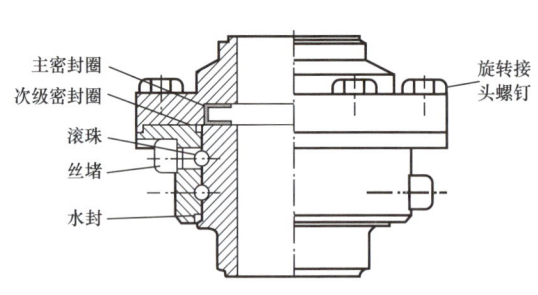

旋转接头

一个装车臂有 5 个旋转接头，每个旋转接头可在各自旋转平面内实现转动，实现臂的三维运动。主要有一个 style30、两个 style70 和两个 style50 旋转接头组成。

三级密封分别是：主密封防止 LNG 的泄漏；次级密封防止 LNG 进入旋转接头的滚珠滚动区域；氮密封防止氮气的外漏和外界空气进入旋转接头内。

特点为：轴承部分与密封部分是完全分开的，一旦发生泄漏，输送介质不会进入滚珠轨道。更换密封圈时只需拆卸旋转接头法兰，无须拆卸滚珠和轨道。密封面经过抛光处理，密封性能好。主密封圈采用增强型聚四氟乙烯内衬弹簧钢卡，具有高耐磨性和自润滑性，同时具有磨损自动补偿功能。滚珠丝堵可用来检测密封圈有无泄漏情况。

（何利民　吕宇玲）

【内胆自增压 self-pressurization of inner tank】 使用储罐自备气化器对 LNG 低温储罐进行增压的操作，是 LNG 气化站主要工艺流程之一。

自增压系统由储罐、液相管路、气化器（增压器）、气相管路组成。气化器安装于储罐最低点，当 LNG 储罐压力低于增压阀的设定压力时，增压阀开启，罐中 LNG 靠自重流入增压器进行热量交换，气化的天然气不断补充到储罐的气相空间中，保持对外稳定供气（见图）。

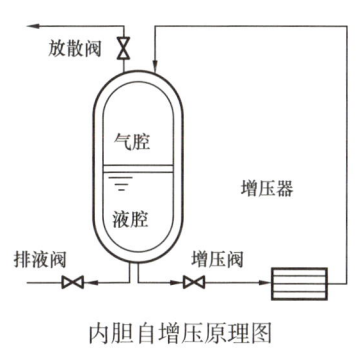

内胆自增压原理图

与压缩机增压法和低温泵增压法相比，内胆自增压法的优点是：不需要电能和空气换热，节能省电，操作简单，运行费用低。缺点是：在初始压力低或者供气需求大时，速度慢。

（何利民　吕宇玲）

【橇装式可移动 LNG 卫星站 skid-mounted mobile LNG satellite station】 采用橇装技术集成 LNG 工艺设备和配套设施的可移动式 LNG 加注设备。可作为天然气管网高峰供气和事故调峰的备用气源站。由 LNG 储罐、LNG 低温泵、LNG 气化器、LNG 加气机、橇座和管道系统、电气自控系统及消防等配套设施组成。其中 LNG 储罐采用卧式、双层金属结构的绝热低温储罐；LNG 低温泵采用耐低温性、气密性和电气安全性更好的潜液式低温泵；LNG 气化器采用能耗低的空温式气化器；LNG 加气机应能承受一定的低温，有安全限压装置、预冷装置和回气控制装置。橇座用于支撑整个系统，根据需要可以被汽车移动搬运；电气自控系统提供动力，保证安全运行。

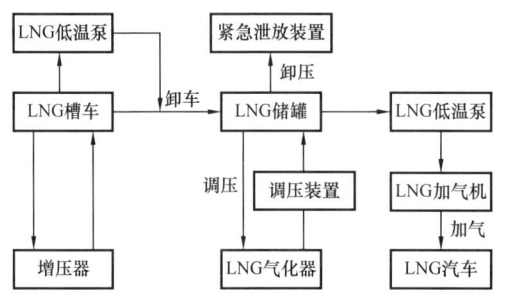

橇装式可移动LNG卫星站工艺流程图

由卸车流程、调压流程、加气流程和卸压流程四个工艺流程组成（见图）。将槽车内LNG采用低温泵送至LNG储罐内，采用自增压方式进行罐内调压，储罐中的LNG通过低温泵加压后送入加气机，当储罐压力大于设定值时，紧急泄放装置启动进行卸压。

优点：安全、环保、能耗低；机动性强，可灵活移动；占地面积小，无须申请临时用地；管道连接简便，建设期短，市政配套工程简单等。

（何利民　吕宇玲）

【再冷凝器 recondenser】 一种用于冷凝回收LNG接收站内储罐、设备及循环管线由于外界热量侵入等原因产生的蒸发气（BOG）的装置。是BOG再冷凝工艺中最关键的设备之一。

其主要功能是：提供足够的BOG与LNG接触空间，并保证足够的接触时间，利用过冷的LNG将BOG再冷凝；作为LNG高压泵的入口缓冲罐，保证高压泵的入口压力。再冷凝器液位和压力的稳定是BOG处理系统操作稳定的关键，即通过控制好气液比和物料平衡实现再冷凝器的平稳运行。

按照结构不同，再冷凝器可分为单壳单罐型和双壳双罐型两种。

单壳单罐型再冷凝器　主要由破涡器、拉西环填料层、液体分布器、气体分布盘、液体折流板、气体折流板、填料支撑板、闪蒸盘等构成；从压缩机来的所有BOG都参与再冷凝，从低压输出总管来的LNG一部分进入再冷凝器，另一部分进入再冷凝器的旁路以控制再冷凝器的压力（见图1）。结构简单，建造费用低，

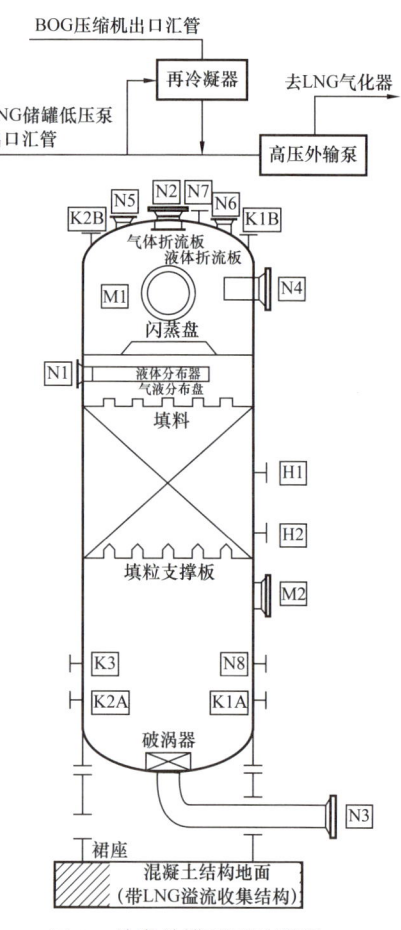

图1　单壳单罐型再冷凝器

但其易受低压输出总管、BOG 总管和下游管网波动的影响。

双壳双罐型再冷凝器 主要由填料层、升气管、密封盘、液滴分布器、环隙空间等构成，再冷凝器内罐与外罐的顶部隔离，底部相通。从 BOG 压缩机来的 BOG，一部分进入内罐被冷凝，另一部分进入环隙空间控制再冷凝器的压力（见图2）。与单壳单罐型再冷凝器相比，设计相对复杂，建造费用高，但能有效杜绝上下游波动引起的再冷凝器的波动。

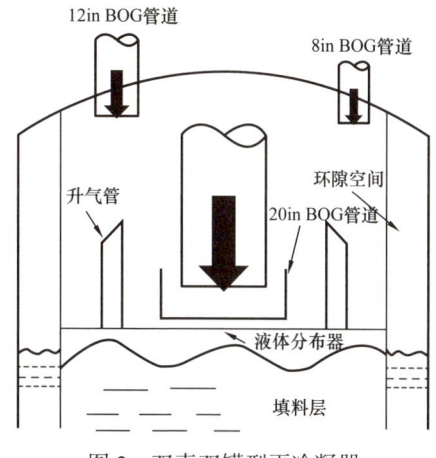

图 2 双壳双罐型再冷凝器

（何利民 吕宇玲）

【**增压器 supercharger**】 一种通过 LNG 气化实现设备增压的换热器。是空温式气化器的一种类型。

工作原理为：当设备压力不足时，调节阀开启，LNG 进入增压器，在增压器中与空气换热气化为天然气，进入设备内使气相压力变大，从而实现增压过程（见图）。

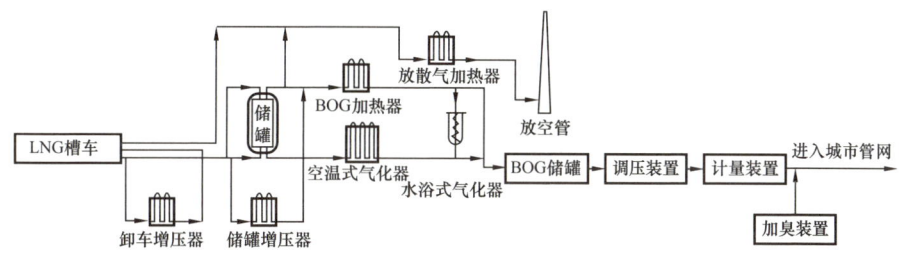

增压器工作流程图

根据使用场合的不同分为 LNG 卸车增压器和 LNG 储罐增压器两种。

LNG 卸车增压器 又称 LNG 卸车增压汽化器，在 LNG 槽车卸液过程中，通过提高 LNG 槽车压力使 LNG 卸至储罐中。

LNG 储罐增压器 实现 LNG 储罐升压升温，增压能力根据气化站每小时最大供气能力确定；宜联合设置，分组布置，一组工作，一组化霜备用；宜采用卧式，数量根据低温储罐的数量设计，储罐为 4 座以下时，每个储罐单独设 1 台储罐增压器，优点是操作方便，缺点是储罐增压器多，占地面积较大。储罐在 4 座以上时，可以将所有低温储罐集中设 2 台储罐增压器，优点是储罐增压器少，占地面积也少，缺点是不便于操作。

（何利民　吕宇玲）

【LNG 储罐隔震垫 seismic isolation bearings of LNG storage tank】用于延长 LNG 储罐自振周期，远离地震的卓越周期，减小地震力向上部 LNG 储罐的传递，降低 LNG 储罐地震响应的装置。简称隔震垫，又称橡胶隔震垫或夹层橡胶垫。

由橡胶片和薄钢板交互叠置，经高温加热并硫化制作而成（见图）。支座内部天然橡胶中添加补强剂、填充剂和防老化剂等用以提高橡胶支座的阻尼比，增加地震耗能能力。还可通过在隔震垫的中心或非中心增加铅芯，形成铅芯隔震垫。隔震垫设有预埋件和上下连接板用以使隔震垫与上下结构可靠连接。

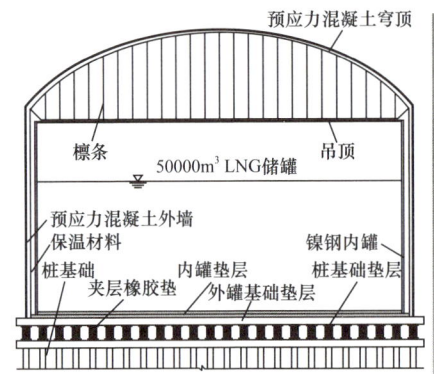

LNG 储罐隔震垫

特点为：具有足够的竖向刚度和竖向承载力；具有足够小的水平刚度；具有恰当的阻尼比，能有效地吸收地震能量；具有稳定的弹性复位功能；构造简单，安装检测修复方便；具有足够的耐久性；具有耐反复荷载、耐疲劳、耐老化等特性。

（何利民　吕宇玲）

【LNG 储罐加强圈 reinforcing ring of LNG storage tank】一种为增强 LNG 储罐的刚性和稳定性而固定于 LNG 储罐的内侧或外侧的环状构件。

LNG 储罐加强圈应有足够的抗拉强度，常用角钢、工字钢、T 形钢或者其他型钢制成，最基本的要求是加强圈的实际惯性矩大于所需最小惯性矩。应连接到罐壁上，连接时应在两侧实施连续角焊，在中间加强圈对接焊缝处以及在加强圈与壁板立缝交叉的位置上，应设置"鼠孔"（见图）。加强圈的位置与壁板横缝之间的最小距离应为 150mm，每个中间水平环形加强圈应按镶嵌形式固定。

LNG 储罐加强圈不仅可以增强罐体的整体性，提高内罐环刚度，还可以提高罐体抵抗液体晃动的能力，从而更好地保护储罐，避免受到来自外界的伤害。加强圈数量越多，布置位置越高，防晃效果越好。

对于 LNG 立式储罐，需设置顶部加强圈和中间加强圈，对于 LNG 卧式储罐，可在鞍座处设置加强圈或者均匀设置加强圈。

（何利民　吕宇玲）

【间歇泉 intermittent spring】LNG 储罐底部有很长的充满 LNG 的竖直管路，管路蒸发的气体不能及时地上升到液面，温度不断升高，气体的密度减小，当气体产生浮力足以克服 LNG 液柱高度产生的压力时，气体突然喷发的现象。气体上升时，将管路中的液体也推到储罐内，由于这

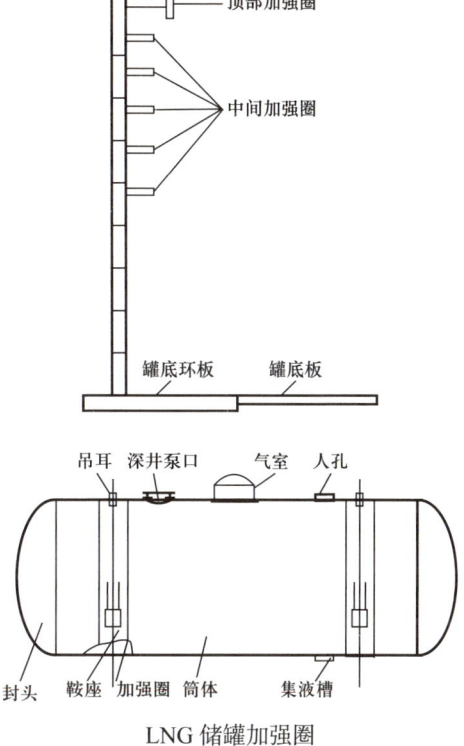

LNG 储罐加强圈

部分气体温度比较高，上升时与液体进行热交换，液体大量的闪蒸，使储罐内的压力迅速升高。如果竖直管路的底部有比较长的水平管路，这种现象会加剧。在管内液体被推到储罐的过程中，管内部分空间被排空，储罐中的液体迅速补充到管内，又重新开始气泡的积聚，一段时间以后，再次形成喷发。

形成要素：裸露的低温泵和保温不良的回流管道，使得 LNG 液体受热蒸发成蒸发气（BOG）气体；较长的水平回流管线为 BOG 大量聚集提供空间，水平管线越长喷发现象越严重；较高的 LNG 液位产生的液柱压力使得 BOG 不能及时上升到液面以上。

危害：一是储罐的压力骤然上升，引起安全连锁动作或安全阀开启放散，严重的可能造成储罐内罐超压破裂，产生设备和人身安全事故；二是储罐系统周期性的减压和增压，对低温管道和阀门造成周期性疲劳，以致损坏泄漏，同时也造成 BOG 压缩机进口压力的波动等。

防治措施：一方面通过强化管道保温、缩短回流水平管线的长度等措施抑制 BOG 的产生和聚集。新型保温材料三聚酯的极限温度为 −200℃，低温情况下

物理性质稳定，保温效果好，亦有采用真空管保温的方式，保温效果突出，但成本较高，施工困难。另一方面在管道受热产生BOG后，及时导出管道内产生的BOG，通过预冷工艺的改进，可有效控制间歇泉的生成。

（何利民　吕宇玲）

【LNG储罐调压系统 LNG tank pressure regulating system】　一种用于调节LNG储罐压力，维持压力平衡的系统。由LNG低温储罐、增压气化器、增压阀、减压阀以及相应气、液管路组成（见图）。常采用增压气化器结合自力式调节阀方式实现增压、减压操作。

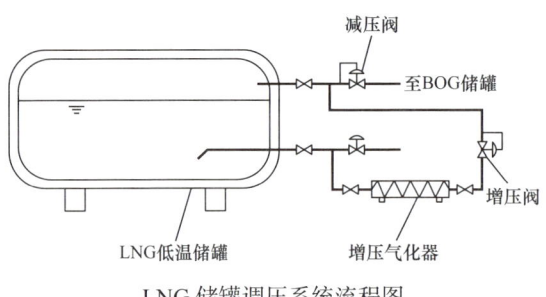

LNG储罐调压系统流程图

增压气化器和增压阀设置在储罐下方，增压气化器是空温式汽化器，其安装高度要低于储罐的最低液位。增压阀与减压阀的动作相反。

（1）增压调节。随着储罐内LNG逐渐排出，液位逐渐降低，气相空间增大使得储罐压力不断降低，当罐内压力低于增压阀的设定值时，增压阀打开，罐内液体靠液位差流入增压气化器，液体气化产生的气体流经增压阀和气相管补充到储罐内。气体的不断补充使得罐内压力回升，当压力回升到增压阀设定值以上时，增压阀关闭。

（2）减压调节。LNG在储存的过程中由于储罐环境漏热而缓慢蒸发，使储罐压力逐渐增加，危及储罐安全。当储罐内压力超过减压阀设定压力时，减压阀开启，将罐内气体释放，当压力降至减压阀设定压力时，减压阀关闭。

（何利民　吕宇玲）

【蒸发气处理系统 BOG treatment system】　用于回收处理LNG接收终端产生的蒸发气（BOG）的系统。由冷却器、分液罐、BOG压缩机、再冷凝器、火炬放空系统等组成（见图）。其中，BOG压缩机和再冷凝器是核心设备。

LNG接收站在生产过程中产生的BOG汇集在储罐的气相空间和BOG总管内。在进行卸料操作时，储罐内将会产生大量BOG，依靠储罐与船舱之间的压差，BOG返回至船舱内维持舱内压力；在正常操作

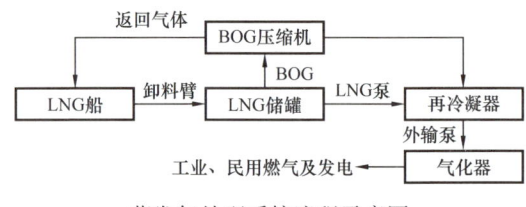

蒸发气处理系统流程示意图

时，储罐内 BOG 经 BOG 压缩机压缩后进入再冷凝器中，利用低压泵送来的深冷 LNG 进行冷凝，冷凝后汇入低压输送总管进入高压泵进行增压，然后进入气化器气化后外输。

蒸发气处理系统从储罐回收多余的 BOG，维持 LNG 储罐的正常操作压力；为防止储罐内出现真空，有一条来自外输天然气总管的补充气源。BOG 的处理顺序：在卸料操作中 BOG 返回船舱，BOG 去再冷凝器，BOG 送往火炬，通过储罐压力安全阀放空等。

（何利民　吕宇玲）

【**蒸发率** evaporation rate】 低温绝热压力容器在装有大于有效体积 1/2 低温液体时，静置达到热平衡后，24h 内自然蒸发损失的低温液体质量和容器有效体积下低温液体质量的百分比换算为标准环境下（20℃，101325Pa）的蒸发率值。直观地反映储罐在使用时的保冷性能，是储罐的主要性能指标。

影响因素主要有：温度、LNG 充满率、储罐泄漏量、LNG 含氮量、储罐直径等。温度越高，蒸发率越大；随着充满率的逐渐降低，蒸发率呈现先降低再升高的趋势；LNG 储罐保冷性能越好，蒸发率越低；LNG 含氮量越多，蒸发率越大；储罐直径存在最优值。

测试低温液体蒸发率有称重法、蒸气流量法、蒸气流量间接法、自然升压法、液位差法、热流量计法和表面温度法。

（1）称重法。使用称量系统连同 LNG 储罐一起测量蒸发前后的质量。其中根据 LNG 储罐的有效储存体积及工作压力下的介质密度计算容器的有效储存质量。测量时间不宜过短，以减小仪器误差所占比例。适用于小型 LNG 储罐的测量。

（2）蒸气流量法。是使用最多的一种测量方法，即通过将湿式流量计置于 LNG 储罐气化器后面的气相管路内，关闭其他所有管线阀门，进行测量。需考虑仪表的量程是否满足不同规格 LNG 储罐日蒸发率流量的要求。该法测得的日蒸发率值略小于实际值，可以通过液体密度与蒸气密度予以校正。

（3）蒸气流量间接法。通过测量缓冲罐内蒸发气体的温度、压力值，以及 LNG 储罐内介质不同压力下对应的密度及气化潜热，计算日蒸发率。该法适用于与 LNG 储罐相连的气相管线直接连接至 BOG 压缩机前的缓冲罐，且不允许分流的情况，同时应确保 BOG 压缩机处于关闭状态。

（4）自然升压法。密闭 LNG 储罐在 24h 内蒸发的气体质量与储罐内初始质量之比。即设备被低温液体充分冷却后，关闭所有阀门，不允许气体排出，外界热量进入设备,设备内的压力升高,根据压力升高所对应的蒸发气的密度和体积,计算出设备的蒸发率。适用于带压储存的 LNG 储罐,如 LNG 球罐、LNG 子母罐、LNG 储槽等设备。

(5)液位差法。根据 24h 后 LNG 储罐内实际有效液体的体积变化量折算储罐的日蒸发损失。通过测量 LNG 储罐的液位读数,换算成储罐的实际体积,计算 LNG 储罐的日蒸发率。该法建立在假设测量前后 LNG 介质的密度始终保持一致的基础上,常用于 LNG 储罐日蒸发率的粗略估算。

(6)热流量计法。使用热流计法测量 LNG 储罐外罐表面单位面积的实际热流密度,计算 LNG 储罐的实际漏热量,进而计算实际的日蒸发率。使用导热系数小的导热硅胶将热流传感器与 LNG 储罐外罐外表面粘贴,热流密度的数值由数据记录仪直接读出。待连续 10min 内数据记录仪上的读数稳定后,读取数据记录仪上的读数的平均值作为实际测量值。应选择在阴天并且无风的条件下进行,可用于各种形式的 LNG 储罐。

(7)表面温度法。通过测量 LNG 储罐的外表面温度及对应的环境温度,按大空间自然对流计算漏入 LNG 储罐的漏热量。由于现场的空气的对流换热系数难以测定,此方法仅适用于实验室的条件。

(何利民 吕宇玲)

【LNG 蒸气云 LNG vapor cloud】 LNG 泄漏或溢流后,吸收水与地面的热量以及大气与太阳的辐射热急剧气化,其周围大气中的水蒸气被冷凝,二者混合形成的白色云团(见图)。

LNG 蒸气云

蒸气云团在进一步与空气的混合过程中完全气化。蒸气云团快速聚集并达到爆炸极限,遇明火即可发生爆炸,极易导致重大事故的发生。

根据环境的温度场分布和露点温度,可得到可见蒸气云区域范围,进而总结出可见蒸气云区域范围与爆炸下限区域范围的关系,在 LNG 喷射泄漏发生时可以为预测爆炸下限区域范围、划定安全隔离范围和消防救援提供帮助。

LNG 接收站总图布置时要充分考虑蒸气云的扩散范围,使之处于蒸气云扩散隔离区内。

蒸气云扩散隔离区:空气中气体平均浓度不应超过甲烷爆炸下限的 50% 的

区域。该区域内不应设置发生火灾时，影响火灾扑救或可能造成重大人身伤亡的重要设施，且蒸气云扩散隔离区边界不应超出站场围墙。

（何利民　吕宇玲）

【**浮式液化天然气生产储卸装置** floating production storage and offloading system】一种用于海上天然气田开发，具有开采、处理、液化、储存和装卸天然气功能的浮式生产装置。简写FLNG。通过与LNG船搭配使用，实现海上天然气田的开采和运输。

FLNG是配备有天然气液化、储存等整套加工设备的浮式装置，由外部单点系泊系统将船体定位在海上。其结构与LNG运输船类似，共分4个区：居住区；LNG储罐区；工艺装置及凝析油储罐、公用工程系统与卸载系统区；火炬塔、系泊装置区。海底管道通过柔性提升管连至系泊系统，向海上LNG装置输送原料。

与采用FLNG开发天然气田相比，传统的海上生产平台和海底管道具有一定局限性。如果气田距海岸太远或规模较小，传统的开发方式会降低经济效益，甚至无法收回投资；另外，若海底管道铺设存在困难，传统的开发方式也难以实现。

FLNG可采用驳船或LNG货轮改装，直接停泊在气田上方进行作业，能够避免陆上液化工厂建设可能对环境造成的污染问题。此外，该装置便于迁移，可重复使用，当开采的气田衰竭后，可以迁移到新的气田使用，尤其适合于边际气田的开发。

（何利民　吕宇玲）

【**浮式储存及再气化装置** floating storage and regasification unit】一种对LNG进行运输、储存及再气化处理的装置。简称FSRU或LNG-FSRU。根据建造方式，LNG-FSRU主要分为三类：由LNG船改装LNG-FSRU、新造钢体船壳LNG-FSRU和新造混凝土结构LNG-FSRU。

根据接卸货作业地点不同，FSRU的接收终端分为近岸式方案和全海式方案。其中，近岸式方案是指将FSRU停靠在港口的专用码头，接收、储存和再气化LNG，气化后的天然气再通过陆上输气管线进入城市管网；而全海式方案是指将FSRU停靠在远离港口的外海，一般采用单点系泊或建造靠泊平台的方式，气化后的天然气通过海底输气管线送至陆上管网。

传统的液化天然气接受方式是船舶依靠码头把LNG卸到岸上的储罐，储罐中的LNG经加压和再气化后输送至连接各种用户的管网。而FSRU把码头上的储存、加压和气化功能转移到具有LNG储存舱的浮体上。与传统同等规模的陆上再气化设施相比，FSRU 除了节约土地、避免建设大量陆上基础设施之外，还会使整个建造周期大大缩短，建设成本相对较低，使用起来也更为灵活。与此同时，FSRU 还可以作为陆上大型设施建设期间的临时替代解决方案，一旦陆上设施建设完成，FSRU 可以转变地点继续使用。

（何利民　吕宇玲）

管道工程

【**管道线路工程** pipeline route engineering】 用管子、管件、阀门等连接管道起点站（首站）、中间站和终点站（末站），构成管道运输线路的工程。管道线路工程是管道工程的主体部分，约占管道工程总投资的2/3。管道线路工程的建设程序是先进行路由选择和线路图设计，再进行管道施工。

主要包括管道本体工程、管道防护结构工程、管道穿跨越工程、线路附属工程等。管道本体工程是由管子及管件组焊成整体的工程。管道防护结构工程包括管道内、外壁防腐，管道保温等工程。管道防腐工程包括阴极防护的沿线测试设施、牺牲阳极防护设施、杂散电流排除设施等工程。管道穿跨越工程包括穿越铁路或公路工程、穿跨越河流或峡谷工程、穿山隧道工程以及穿越不良地质地段（如沼泽地、盐渍土地带、地震区和永冻土地带等）工程。线路附属工程包括支线或预留线的管道阀门设施、紧急截断阀门装置、管道排气或排液设施、管道线路检测仪表（如就地检测和远传的压力、温度仪表、清管器通过指示器等）、线路保护和稳管构筑物、地面架设管道的支承结构、线路标志（如里程桩、转角桩、埋设位置标志、穿跨越标志、航空巡视标志）等工程。

它有独特的施工程序和专用的施工机具，如挖沟机、焊接机、绝缘机、弯管机、吊管机以及试压设备等。海洋管道的施工则需要使用开沟船、铺管船等专用船舶。在特殊地段的线路上，还要采用新的施工技术和设备，如开沟的爆破技术，穿越河流时采用的定向钻孔机和在冻土地带使用的开挖机等。为了达到管道施工的质量要求，许多国家编制有国家的或学会的管道工程标准。美国石油学会编制的标准（API）已被许多国家采用。

（何利民　吕宇玲）

【**管道沿线地区等级** location classes of pipeline route】 对输气管道所通过地区

按沿线居民户数和（或）建筑物密集程度划分的地区等级。按 GB 50251《输气管道工程设计规范》划分为四个地区等级，并依据地区等级作出相应的管道设计。

沿着管道中心线两侧各 200m 范围内，任意划分成长度为 2km 并能包括最多数量供人居住的建筑物的若干地段，按划定的地段内供人居住的建筑物内的户数划分。在农村中人口聚集的村庄、大院、多单元住宅，应按每一独立户作为一个供人居住的建筑物计算。

一级地区。供人居住的建筑物内的户数在 15 户或以下的区段。

二级地区。供人居住的建筑物内的户数在 15 户以上，100 户以下的区段。

三级地区。供人居住的建筑物内的户数在 100 户及 100 户以上的区域。包括市郊居住区、商业区、工业区、发展区以及不够四级地区条件的人口稠密区。

四级地区。四层及四层以上楼房（不计地下室层数）普遍集中、交通频繁、地下设施多的区域。

在一、二级地区内人群聚集的场所，如学校、医院以及其他公共场所等，应按三级地区对待；在划分地区等级时，应考虑该地区的发展规划，如足以改变该地区的现有等级，则按发展规划划分地区等级；地区等级范围的边界线，距最近一幢建筑物外边缘应不小于 200m。

（何利民　吕宇玲）

【**管道路由** pipeline route】 确定管道由起点站到达终点站的基本走向，即确定管道平面位置。站间管道是整体密闭的承压系统，输送压力一般为 4～10MPa，高的可达 12MPa。单相油、气管道的线路走向通常不受地形坡度的限制。

管道走向选择的基本原则是：（1）线路尽可能短，一般以不超过航空直线长的 5% 为宜；（2）满足管道输送工艺的要求；（3）选择适宜的站址；（4）大型穿跨越工程要尽可能少，选择工程量小、技术上可行又安全、施工方便的地点，这往往是确定管道走向的重要依据；（5）沿线有充分的动力、水和建筑材料供应条件；（6）尽可能避开不良地质地段、地震区和有矿藏的地区；（7）能够妥善处理管道与其沿线城镇、工矿、农田水利及其他建筑物（现有的和规划中的）的相互关系；（8）交通比较方便，便于施工和维护；（9）注意自然环境保护。

路由选择涉及的因素很多，现场选线工作尚较多地依靠经验。常规的路由选择方法是根据规定的管道起点和终点位置，首先在适当比例的地形图上选出多条可能的线路走向方案，再经初步分析对比，选出几个较优的方案，并绘制出线路纵断面图，同时在图上初步布站，然后进行现场踏勘。在踏勘时，按照上述的选线原则收集自然地理、工程和水文地质、地区规划等各种资料，作进一步综合分析比较，提出最优的走向方案。对于线路较长、穿跨越点多、线路条件复杂和投资大的工程，需要进行综合性的多次反复对比。对线路中大型穿跨越工程也要提出细致的施工方案，从工程量和投资两方面进行对比，有的甚至还需要进行工程试验，才能选定最终方案。

航空摄影和卫星遥感技术可为线路走向选择提供准确、详细的资料，也有用图论或动态规划的方法，借助于电子计算机选择最佳线路走向。

（何利民　吕宇玲）

【**管道断裂控制** fracture control of pipeline】 天然气管道的断裂是裂纹起裂（含稳态或亚临界扩展）和失稳扩展的过程，管道的断裂控制首先是阻止裂纹起裂（起裂控制），其次是设法对失稳扩展的裂纹进行止裂（止裂控制），建立管道断裂的第二道防线。

根据天然气管道的破坏特征，断裂控制的原则主要包括三个方面：（1）管材（包括焊缝）应具有足够的韧性以保证管道在使用条件下的裂纹容限；（2）如果管道发生破裂，其断裂性质应为延性，不允许发生脆性破坏；（3）管道结构要具有足够的能力吸收断裂能量以保证对延性裂纹扩展的止裂。

管道延性断裂起始控制以控制裂纹尺寸不达到临界尺寸，进而不产生失稳扩展为目的。对新管线而言，起裂控制是管道在具有最大缺陷而不发生泄漏或断裂时对应的材料韧性，即起裂韧性控制。对给定尺寸和钢级的管道，在一定压力水平下，只容许一定尺寸的裂纹，即裂纹容限。对于在役管道，起裂控制的目的就是计算允许裂纹长度，考察高危险区是否需要采取加强措施。

管道延性断裂止裂控制方法有两种：一是管材韧性止裂，二是结构性止裂。要防止管道大范围断裂现象的发生，除了采用具有相应抵抗裂纹扩展驱动力的材料，另一种方法是采用结构性止裂措施，以达到尽可能使裂纹快速停止、扩展距离最小的目的。结构性止裂措施可以在高风险段安装止裂带，以增大管道的断裂抗力和裂纹扩展阻力。复合材料柔性缠绕止裂带为管道的断裂控制提供有效手段，结构性止裂还可以在管道线路上每隔一定距离插入高韧性管段（或加大壁厚），如果高韧性管道的断裂抗力足以抵消裂纹扩展时所需的能量，那么，裂纹就将在高韧性管段停止。

（何利民　吕宇玲）

【**管道水工保护** water and soil protecting】 用于防止水流冲刷造成管道回填土流失和周围环境破坏从而保护管线安全的护坡、堡坎等设施。主要有挡土墙、护坡、护岸、排水沟、淤土坝、过水面、穿河管线的打桩、压石笼、配重块、覆盖层等形式。

（1）管道上（下）坡段：为减弱坡面侵蚀，一般采用截水墙作为深层防冲措施，同时采用土工合成材料作轻型护面措施，用于防止坡面降雨的击溅侵蚀。坡脚处采用护坡或挡土墙作为防止坡脚侵蚀的护角措施。

（2）管道穿越河（沟）道段：为防止河（沟）岸的侧蚀，依据两岸岸坡的陡缓程度，采用挡墙式或坡式护岸措施，同时，为防止河（沟）道的下切作用，常采用以下水工保护方案：对于岩质河床，一般采用混凝土连续浇筑的措施；对于砂卵石河道，一般采用以於土坝作为深层的防冲措施。

（3）管线顺河（沟）岸边敷设段：通常采用浆砌护岸和挑水坝的结构形式进行设防。管线敷设距离较长且设防时往往要考虑河流弯道处的环流冲刷作用，此类护岸往往较长。

（4）管线顺河（沟）底敷设段：① 管线顺河（沟）底敷设时，采用分段设置浆砌截水墙可防止河（沟）道下切作用。河（沟）内截水墙既可以防止管沟回填土的冲刷流失，又可以在一定程度上较好地起到稳管配重的作用。② 管线顺基岩段沟底敷设时，在管线长度不长的情况下，也可以采用混凝土连续浇筑的措施达到护管的目的。③ 对于季节性河流，管道穿越常采用大开挖方式，穿基岩性河床时宜采用现浇混凝土稳管；穿越砂卵石河床时宜采用混凝土压重块连续安装的稳管形式。为避免河流冲刷，防止动水作用对管道安全的影响，应将管道沟埋敷设于河床稳定层下一定深度（对于中型河流，埋深不小于0.8m；对于小型河流，埋深不小于0.5m），确保安全。

（何利民 吕宇玲）

【**管道敷设** pipe laying】 按管道设计施工要求进行铺设管道作业。管道敷设地区的地形、地质、水文地质及气候条件不同，其采用的敷设方式也不同，主要包括地下敷设、半地下敷设、地上敷设和架空敷设。

地下敷设 是长输管道采用的最为广泛的一种敷设方式，管子顶点位于地表以下有一定的距离。地下敷设分为直埋敷设和管沟敷设。直埋敷设是将管道直接埋地的一种敷设方式，在室外管道工程中常用。根据管道转弯时是否采用弯头，直埋敷设可以分为弹性敷设和非弹性敷设。利用弯头或弯管改变管道的平面走向和适应纵向变化称为非弹性敷设；利用管子的弹性弯曲改变管道的平、竖面转角称为弹性敷设。管沟敷设是将管道敷设于地面下的混凝土或砖（石）砌筑而成的地沟内。按人在地沟内通行情况可分为不通行地沟、半通行地沟和通行地沟三种形式。

半地下敷设　是管底处于地面之下，而管顶处于地面之上的管道敷设方式。

地上敷设　管道管底完全在地面之上，又称土堤埋设。

地上和半地下敷设一般用于非农业区地下水位较高和沼泽地区。它的主要缺点是土堤土壤稳定性差，阻拦自然排水，妨碍地面交通。

（何利民　吕宇玲）

【架空敷设 overhead laying】 将管道敷设于地面上的独立支架、桁架以及建筑物的墙壁上的管道敷设方式（见图）。架空敷设适用于地下水位较高，地下土质差，年降雨量大，或地下管线较多以及采用地下敷设而需大量开挖土石方的地方。架空敷设所用的支架按材料分为砖砌体、毛石砌体、钢筋混凝土预制或现场浇筑、钢结构、木结构等类型。按支架的高低可分为低支架、中支架和高支架三种敷设类型。

架空敷设

支架上设置支撑支座，有固定支座和活动支座两类。根据管道工艺要求在管道与其他构件不产生相对位移之处设置固定支座，其余支点设置活动支座。对于输送常温物料的小管可不设支座。固定支座有固接和铰接两种连接方式。当多根管道平行敷设时，若各管的固定支座设在同一横梁上，称为集中固定；若分设在不同横梁上，称为分散固定。活动管座有滑动、滚动和摆动三种。在滑动和滚动管座中，当传递的力超过摩擦力时，管道与横梁间就产生相对位移。在摆动支座中，传递的力随摆动的角度而定。

架空管道的振动来自管道、风荷载或地震作用。在多根管道平行敷设的情况下，影响因素复杂，难以作准确的理论计算。但对单根管道或单跨跨越，则可按一般的结构计算方法作振动计算。管道引起的振动主要是由于机械送料，骤然升温、升压或关阀，以及管道直角拐弯等造成，一般采用减振或防振措施解决。风荷载引起的共振效应，多见于刚度较差的拉弯结构（悬垂管或悬吊式）以及支承结构刚度较差的拱管。

（何利民　吕宇玲）

【直埋敷设 buried-pipe laying】 管道直接埋设于土壤中的管道敷设方式。分为无补偿敷设方式和有补偿敷设方式。直埋敷设与地沟敷设相比，具有如下优点：不需要砌筑地沟，土方量及土建工程量较少，管道预制，现场安装工作量减少，施工进度快，可节省管网的投资费用，占地小。

地下燃气管道埋设的最小覆土厚度要求：

（1）埋设在车行道下时，不得小于0.9m；

（2）埋设在非车行道（含人行道）下时，不得小于0.6m；

（3）埋设在庭院（指绿化地及载货汽车不能进入之地）内时，不得小于0.3m；

（4）埋设在水田下时，不得小于0.8m。同时要兼顾各地方燃气公司的规定。

（何利民　吕宇玲）

【管道腐蚀 pipeline corrosion】 基于特定的管线环境，在管线系统所有的金属和非金属材料中发生的化学反应、电化学反应和微生物的侵蚀，该反应可以导致管线结构和其他材料的损坏和流失。除了腐蚀作用对材料的直接破坏外，由腐蚀产物所引起的管道损坏也可视为腐蚀破坏。

腐蚀具有选择性和集中性。腐蚀仅产生在阳极区，而不是分布在整个金属表面。与阴极区或不发生腐蚀的区域相比，这些阳极区较小。管道腐蚀是否会扩散，扩散范围有多大主要取决于腐蚀介质的侵蚀力以及现有管道材料的耐腐蚀性能、温度、腐蚀介质的浓度以及应力状况。

根据腐蚀过程进行的历程，可将金属管道腐蚀分为两类，即化学腐蚀和电化学腐蚀。防护方法有：（1）涂层防护：用涂料均匀致密地涂敷在经除锈的金属管道表面上，使其与各种腐蚀性介质隔绝，是管道防腐最基本的方法之一。（2）电化学保护：改变金属相对于周围介质的电极电位，使金属免受腐蚀的方法。一般包括牺牲阳极的阴极保护法、外加电流的阴极保护法、电蚀防止法等。

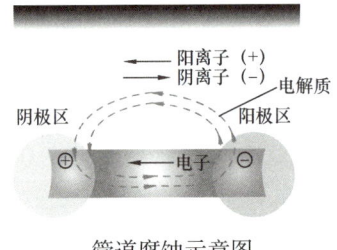

管道腐蚀示意图

（何利民　吕宇玲）

【金属腐蚀 metal corrosion】 金属在环境的作用下引起的破坏或变质。

按腐蚀过程分，主要有化学腐蚀和电化学腐蚀；按腐蚀破坏的形态和腐蚀区的分布分为全面腐蚀和局部腐蚀；按腐蚀的环境分为高温腐蚀、常温腐蚀、干腐蚀和湿腐蚀等。

影响金属腐蚀的因素：（1）空气相对湿度和金属腐蚀的临界相对湿度。空气中的氧气始终是充分供给的，腐蚀反应的速度主要取决于水分出现的机会，如果达到或超过某一相对湿度时，锈蚀便很快发生与发展，钢铁生锈的临界相对湿度一般约为75%。（2）空气中污染性物质的影响。常见的有SO_2、CO_2、Cl^-、灰尘等，大都是酸性物质。（3）温度的影响。环境温度及其变化影响金属表面水分凝聚及电化学腐蚀反应速度。(4) 酸碱盐的影响。主要表现在影响水膜电解质浓度和 H^+ 浓度，从而加速腐蚀。(5) 生产过程中的一些其他影响因素。如汗液、金属切削液、洗涤液、油污等均会加速腐蚀。

金属腐蚀的防护方法：(1) 改善金属的本质。根据不同的用途选择不同的材料组成耐蚀合金，或在金属中添加合金元素，提高其耐蚀性，可以防止或减缓金属的腐蚀。(2) 形成保护层。在金属表面覆盖各种保护层，把被保护金属与腐蚀性介质隔开，是防止金属腐蚀的有效方法。(3) 改善腐蚀环境。采用在腐蚀介质中添加能降低腐蚀速率的物质（称缓蚀剂）来减少和防止金属腐蚀。(4) 电化学保护法。根据电化学原理在金属设备上采取措施，使之成为腐蚀电池中的阴极，从而防止或减轻金属腐蚀。

（何利民　吕宇玲）

【化学腐蚀 chemical corrosion】 金属与接触到的物质直接发生氧化还原反应而被氧化损耗的过程。

化学腐蚀过程：开始时，在金属表面形成一层极薄的氧化膜，然后逐步发展成较厚的氧化膜，形成的第一层金属氧化膜，可以减慢金属继续腐蚀的速度，从而起到保护作用，但所形成的膜必须是完整的，才能阻止金属的继续氧化。

若反应产物是挥发性的，则在金属表面形成不了保护性膜，腐蚀反应将继续下去；若反应产物能够附着在金属表面上，在反应起始，所生成的膜还不足以把金属表面与介质完全隔开，金属原子、离子或电子与介质中的原子将通过膜进行扩散，并在已形成的膜中相遇，发生反应，使膜加厚。

化学腐蚀的基本过程是介质分子在金属表面吸附和分解，金属原子与介质原子化合，反应产物或者挥发掉或者附着在金属表面成膜，属于前者时金属不断被腐蚀，属于后者时金属表面膜不断增厚，使反应速度下降。

金属在干燥气体介质中（如高温氧化、氢腐蚀、硫化等）以及在非电解质溶液中（如苯、酒精等）发生的腐蚀都是化学腐蚀破坏形式，包括高温气体腐蚀和氢腐蚀。

推荐书目

段林峰，张志宇. 化工腐蚀与防腐［M］. 北京：化学工业出版社，2011.

（何利民　吕宇玲）

【电化学腐蚀 electrochemical corrosion】 不纯的金属跟电解质溶液接触时，会发生原电池反应，比较活泼的金属失去电子而被氧化引起的腐蚀。

发生电化学腐蚀的基本条件是有能导电的溶液。电化学腐蚀反应是一种氧化还原反应。在反应中，金属失去电子被氧化，其反应过程称为负极反应过程，反应产物是进入介质中的金属离子或覆盖在金属表面上的金属氧化物（或金属难溶盐）；介质中的物质从金属表面获得电子而被还原，其反应过程称为正极反应过程。在正极反应过程中，获得电子而被还原的物质习惯上称为去极化剂。

腐蚀原理：当金属被放置在水溶液中或潮湿的大气中，金属表面会形成一种微电池，阳极上发生氧化反应，使阳极发生溶解，阴极上发生还原反应，一般只起传递电子的作用。腐蚀电池的形成原因主要是由于金属表面吸附了空气中的水分，形成一层水膜，因而使空气中 CO_2、SO_2、NO_2 等溶解在这层水膜中，形成电解质溶液，而浸泡在这层溶液中的金属又总是不纯的，如工业用的钢铁，实际上是合金，即除铁之外，还含有石墨、渗碳体以及其他金属和杂质，它们大多数没有铁活泼。这样形成的腐蚀电池的阳极为铁，而阴极为杂质，又由于铁与杂质紧密接触，使得腐蚀不断进行。

推荐书目

段林峰，张志宇. 化工腐蚀与防腐 [M]. 北京：化学工业出版社，2011.

魏宝明. 金属腐蚀理论及应用 [M]. 北京：化学工业出版社，1989.

（何利民　吕宇玲）

【**杂散电流腐蚀** stray current corrosion】 沿规定路径之外的途径流动的电流，在土壤中流动时，当该电流从管道的某一部位进入管道，沿管道流动一段距离后，又从管道流入土壤，在电流流出部位管道发生的腐蚀。

杂散电流有直流电流、交流电流和大地中自然存在的地电流三种状态。如果杂散电流的大小和方向随时间变化，称为动态杂散电流。反之，称为静态杂散电流。

杂散电流流入部位，管道得到保护，过大的杂散电流流入会造成管道局部过保护，如果电位过负，会导致管道表面析出大量氢而造成防腐绝缘层损坏，进而导致腐蚀的发生和加剧。而杂散电流流出的部位，管道以铁离子的形式溶入周围介质中，因而管道受到腐蚀，可以通过测量管道电位变化与历史数据相比较来判断是否受杂散电流的影响。

直流杂散电流腐蚀干扰的判断标准有管地电位偏移判断标准和地表土壤电位梯度判断标准。

管地电位偏移判断标准：当管地电位正向偏移值小于 20mV 时，杂散电流的程度比较弱；当管地电位正向偏移值在 20~200mV 之间时，杂散电流程度适中；当管地电位正向偏移值大于 200mV 时，杂散电流的程度比较强。

地表土壤电位梯度判断标准：当土壤电位梯度小于0.5mV/m时，杂散电流的程度比较弱；当土壤电位梯度在0.5~5.0mV/m之间时，杂散电流的程度适中；当土壤电位梯度大于5.0mV/m时，杂散电流的程度比较强。

当管道上的任何一处测量电位值正向偏差到100mV时或者被保护管道附近的土壤中测量的电位梯度大于2.5mV/m的时候，就应该及时对管道采取阴极保护的防腐蚀措施。

（何利民　吕宇玲）

【阴极保护 cathodic protection】　向被腐蚀金属结构物表面施加一个外加电流，被保护结构物成为阴极，从而使得金属腐蚀发生的电子迁移得到抑制，避免或减弱腐蚀的发生。

阴极保护方法分为外加电流法（见图1）和牺牲阳极法（见图2）两种，二者主要区别是提供保护电流的方式不同。由于杂散电流排除过程中在管道上保留有一定的负电位，使管道得到了阴极保护，所以排流保护也是一种限定条件下的阴极保护方法。

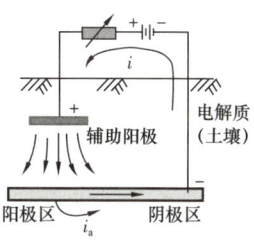

图1　外加电流法

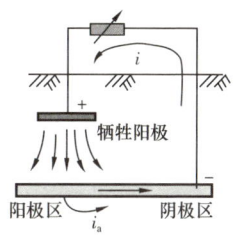

图2　牺牲阳极法

油气管道外腐蚀控制系统由防腐层和阴极保护系统组成。防腐层是控制管道腐蚀的第一道防线，阴极保护系统则是管道腐蚀控制的第二道防线。阴极保护方法包括强制电流法和牺牲阳极法，两种方法原理相同，只是阴极保护电流来源不同：牺牲阳极法阴极保护电流来源于锌、镁、铝等阳极；强制电流法阴极保护电流来源于直流电源。油气管道通常采取以强制电流为主、牺牲阳极为辅的保护方式。

阴极保护参数有：（1）自然腐蚀电位；（2）保护电位：为进入保护电位区所必须达到的腐蚀电位的界限值；（3）保护电流密度：将腐蚀电位维持在保护电位区内所要求的电流密度；（4）保护度：通过腐蚀保护措施实现的腐蚀损伤减小的百分数。

📖 推荐书目

寇杰，梁法春，陈婧.油气管道腐蚀与防护［M］.2版.北京：中国石化出版社，2016.

（何利民　吕宇玲）

【管线排流保护 electrical drainage protection of pipelines】　将油气管道与铁路的行走轨用导线做电气上的连接，把油气管道中流动的杂散电流直接流回至电气

行走轨用导线做电气上的连接，把油气管道中流动的杂散电流直接流回至电气化铁路的行走轨，返回整流器的保护方法。排流保护法分为直接排流法、极性排流法、强制排流法和接地排流法。

直接排流法　把油气管道与电气化铁路的负极或行走轨用导线直接连接起来。该方法不需要排流设备，简单，造价低，排流效果好。但当管道的对地电位低于行走轨对地电位时，行走轨电流将流入管道内而产生逆流。这种排流方法只适合管地电位永远高于轨地电位、不会产生逆流的场所。

极性排流法　由于负荷的变动，变电所负荷分配的变化等，管地电位低于轨地电位而产生逆流的现象。为防止逆流，使杂散电流只能由管道流入行走轨，在排流线路中设置单向导通的二极管整流器、逆电压继电器等装置（排流器），这种防止逆流的排流法称为极性排流法。极性排流法安装方便，应用广泛。

强制排流法　在油气管道和行走轨的电气接线中加入直流电流，促进排流的方法。在管地电位正负极性交变，电位差小，且环境腐蚀性较强时，可以采用此防护措施。

接地排流法　管道上的排流电缆不是直接连接到行走轨上，而是连接到一个埋地辅助阳极上，将杂散电流从管道上排出至辅助阳极上，经过土壤再返回到行走轨上。接地排流法使用方便，但效果不显著，需要辅助阳极，还要定期更换辅助阳极。

（何利民　吕宇玲）

【管线直流排流保护　DC drainage protection of pipeline】　将管道中流动的直流干扰电流，通过人为形成的通路直接或间接地流回到干扰源的负回归网络，从而减弱管道的直流干扰影响，达到防止管道遭受电化学腐蚀的方法。在干扰电流的腐蚀作用中，直流干扰电流和交流干扰电流的腐蚀机理一致，但直流干扰电流造成的腐蚀程度远甚于交流干扰电流引起的腐蚀。

埋地管道直流排流技术有直接排流、极性排流、强制排流和接地排流等。

（何利民　吕宇玲）

【管线腐蚀监测　corrosion monitoring of pipeline】　对管线的腐蚀状态、腐蚀速率以及某些与腐蚀相关联的参数进行在线跟踪和连续测试。监测的目的是及时获取腐蚀信息，了解管线的腐蚀状态、腐蚀速度以及防腐蚀措施的效果。常用的监测技术有腐蚀传感器（探头）技术、电指纹法、金属挂片法和旁路管试验法等。

腐蚀传感器（探头）技术　包括电阻式腐蚀探针法（电阻探头法）、极化阻力腐蚀探针法（极化阻力法）、电池式腐蚀探头和氢探针法等形式。电阻式腐蚀探针法和极化阻力腐蚀探针法是应用较广泛的两种方法。

电阻探头法 利用金属元件随腐蚀的过程的发展截面减小、电阻增大的原理制成的一种腐蚀传感器,根据输出电阻变化量来反映发生的相应腐蚀量(见图1)。这种探头可直接固定在被监测的管道上,装有金属试片的探针插入运行的管线内,试片在腐蚀性介质中受腐蚀减薄,从而使其电阻增大。周期性地精确测量这种电阻增加值,便可计算出腐蚀速度。电阻探头法可进行连续监测,使用寿命较长。

极化阻力法 通过对极化曲线的分析来判断极化反应过程的难易,从而揭示金属腐蚀机理和检测腐蚀速度。腐蚀监测用的极化探针由双电极或三电极组合而成,三电极系统比双电极系统多一个参比电极,在性能上更完善一些。

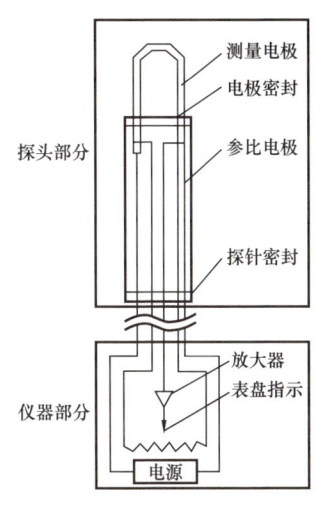

图1 电阻探头监测装置示意图

电指纹法 在监测的金属段上通以直流电,测量所测部件上微小电位差,确定电场模式。将电位差进行适当剖析或直接根据电位变化来判断整个设备的壁厚减薄。在电指纹法中,将所有测量电位的初始值看作是部件的原始"指纹",它代表部件的最初几何形状。设备运行使用一定时间后,所测量电位的变化("指纹"变化)反映该设备因腐蚀等原因的形态变化,故此方法被称为电指纹法。电指纹法监测管道内壁腐蚀的装置如图2所示。

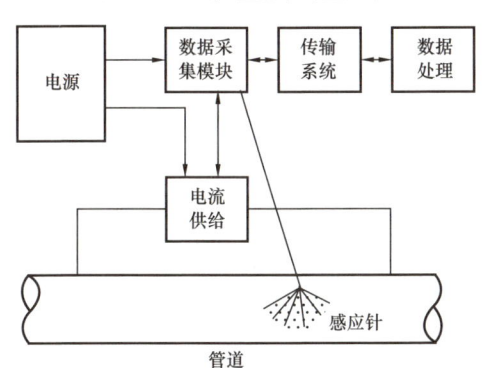

图2 电指纹监测装置示意图

金属挂片法 又称挂片失重法,通过挂在腐蚀监测管内的金属试片监测流动和非流动状态下管内壁腐蚀速度,特别是相界面位置的腐蚀情况。该法简单易行,结果准确,现场广泛应用。

旁路管试验法 将试验管子短节安装在管道上,并跨接旁通管,在不中断生产的情况下监测管道内壁腐蚀或内防护层保护效果,其监测装置组成如图3所示。

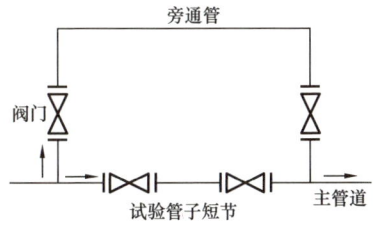

图3 旁路管试验法监测装置示意图

随着电子技术的不断发展，计算机技术与腐蚀监测技术的结合实现了腐蚀监测仪器的智能化和便携化。智能化监测仪器是以微处理器为核心的商品化的腐蚀监测系统，不仅能测试、输入、输出监测信号，还可以对监测信号进行存储、提取、加工处理，满足动态的、快速的、多参数的、实时的各种测量和数据处理的监测。

（任中华　刘显英）

【管道腐蚀检测 corrosion inspection of pipeline】 对管道的腐蚀情况进行检查和测试的方法。有外腐蚀检测和管道内腐蚀检测两大类。

管道外腐蚀检测　埋地钢制管道的外腐蚀保护一般由绝缘层和阴极保护组成的防护系统来承担。通过对阴极保护参数的检测，可以判断管道防护层的损坏程度，从而得到管道受腐蚀的情况。基于这一原理而研究出的方法，其检测参数大都是管／地电位的测量和管内电流的测量。管／地电位检测技术包括 Person 检测法、短间歇电位检查法、组合电位测试法、直流电压梯度法等；管内电流检测技术主要有电流梯度分布法、分段管内电流比较法等。

管道内腐蚀检测　管道发生腐蚀后，表现为管道的管壁变薄，出现局部的凹坑和麻点，管道内腐蚀检测技术针对管壁的变化来进行测量和分析。检测方法有漏磁通法、超声波法、涡流检测法、激光检测法和电视测量法等。其中，激光检测法和电视测量法需和其他方法配合，才能得出有效准确的腐蚀数据。而涡流检测法虽然可适用于多种黑色金属和有色金属，例如探测蚀孔、裂纹、全面腐蚀和局部腐蚀，但涡流对于铁磁材料的穿透力很弱，只能用来检查表面腐蚀。如果在金属表面的腐蚀产物中有磁性垢层或存在磁性氧化物，就可能给测量结果带来误差。

（何利民　吕宇玲）

【管线内防腐技术 internal anti-corrosive techniques for pipeline】 防止管线内壁发生腐蚀所采取的技术。

管线内防腐技术方法有：（1）清管。用清管器清除管内的污物和沉积物，达到改善和保持管内洁净的目的。应根据清管要求来选用不同结构式样的清管器。（2）脱除腐蚀性杂质。使管输介质中腐蚀性杂质含量降至容许水平。方法有：脱除原油、天然气和成品油中的水；采用化学除氧剂或真空法脱除管输介质中的氧；从管输介质中脱除腐蚀杂质如酸性气体、有机酸等。（3）添加缓蚀剂。缓蚀剂能有效减缓腐蚀。（4）内涂层保护。涂层材料应具有抗管输介质、污物、腐蚀性杂质等侵蚀的能力，且与管输介质兼容，不至于污染管输介质。

常用材料有环氧树脂、环氧粉末、聚氨酯、水泥砂浆衬里等。

（何利民　吕宇玲）

【集输管道内防腐技术 internal anti-corrosive techniques for gathering and transportation pipeline】　防止集输管道内壁发生腐蚀所采取的技术。

油气集输管道内壁腐蚀形式主要有：（1）H_2S 腐蚀。H_2S 离解出 HS^-、S^{2-} 吸附在金属表面，形成加速的吸附复合物离子 Fe（HS^-）。吸附的 HS^-、S^{2-} 使金属的点位移向负值，促进阴极放氢的加速，而氢原子为强去极化剂，易在阴极获得电子，同时使铁原子间金属键的强度大大削弱，进一步促进阳极溶解反应而使钢铁腐蚀。（2）CO_2 腐蚀。CO_2 与水接触形成碳酸，碳酸电离出氢离子，电离的氢离子直接还原析出氢，同时金属表面的 HCO_3^- 离子浓度极低时，H_2O 被还原析出氢。（3）多相流腐蚀。按其腐蚀环境可分为清洁环境的腐蚀、冲刷环境的腐蚀、腐蚀性环境的腐蚀，以及冲蚀和腐蚀同时存在的环境腐蚀。

油气集输管道防止内腐蚀措施：主要采用特殊材质，如不锈钢、合金、玻璃钢、碳钢+缓蚀剂、防腐涂层、衬塑等技术，辅以相应的腐蚀监测技术和防腐工艺来进行腐蚀控制；另外，还包括缓蚀剂防腐、涂料防腐、电镀、复合管防腐等技术。

（何利民　吕宇玲）

【区域性阴极保护 regional cathodic protection】　将大型石油站库区域内所有错综复杂的地下金属设施全部施以阴极保护的总称。

石油站库内的金属设施分布密集，情况复杂，数量多，绝缘状况不同。为了消除相互的干扰，将库区或站区内所有错综复杂的地下金属设施全部纳入保护系统，使之成为一个阴极实体，以大地作介质，构成保护回路，施以阴极保护。区域性阴极保护技术是强制电流阴极保护技术的大面积应用。主要特点为：埋地金属设施的分布不一、管道呈网状且密集、埋地金属的绝缘情况不同、干扰源普遍存在、保护电流需要量大和被保护对象在不断变化。

区域性阴极保护设施主要有恒电位仪、汇流点、辅助阳极、均压线和检测装置。（1）恒电位仪：为金属设施提供保护电流，根据保护对象集中和耗电量大的特点，直流电源应选用输出电流较大的设备，以减少设备投资和安装费用。（2）汇流点：是向管道施加阴极保护电流的接入点。汇流点位置的选择关系到阴极保护效果的好坏。（3）辅助阳极：作用是将保护电流送入土壤，再经土壤流进金属设施，使金属表面进行阴极极化。辅助阳极的合理分布是区域性阴极保护的关键环节，对站内密集管网应采用分布型阳极的方法来布置阳极，以减小屏蔽影响，使保护电流分布均匀，或者采用中深埋设阳极来改善电流的分布情况。(4) 均压线：作用是均衡保护电位，防止相互干扰。(5) 检测装置：为检查、测定被保护设施情况而设置的，它必须坚固耐久、易于检测，并按一定顺序排列编号。测试导线长度要有足够的裕量。

（许敬　刘显英）

【管道附属工程 pipeline auxiliary project】 输送油品、天然气和固体料浆管道的辅助性工程。主要包括沿管道线路修建的通信线路工程、供电线路工程、道路工程等。此外，还有生产管理机构、维抢修机构和生活设施等，有的管道还有专用的燃料供应系统工程。在永冻土地区，还须有平行于管道的供冷系统工程，以使永冻土不解冻。

（何利民　吕宇玲）

【管道干线标志 marking main pipeline】 管道上方的各种地面标记，包括标志桩、标识带及警示牌等设施（见图）。

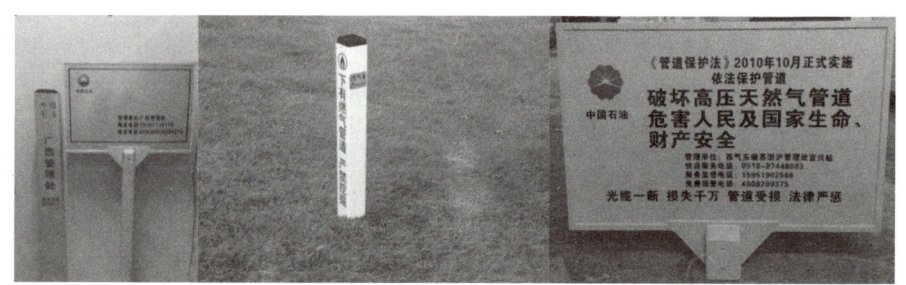

管道干线标志

标志桩　标识埋地管道与公路、铁路、河流、管道、光缆和地下构筑物等的交叉点，标记埋地管道的附属设施、水工、地质灾害保护设施以及管道抢修作业点的地面标记。常用的标志桩有里程桩、测试桩、转角桩、穿跨越桩、交叉桩、设施桩、加密桩、分界桩等。里程桩用于标记管道距离和位置，测试桩用于监测和测试管道阴极保护的参数，转角桩标记管道水平转角位置与参数，穿跨越桩标记管路穿跨越铁路、公路、河渠处管道主要参数，交叉桩标记管道与其他建（构）筑物发生交叉的位置及相互关系，设施桩用于标记管道干线附属设施位置与主要特征，分界桩标记管道所属行政区域的分界点。

警示牌　用于标记管道位置、警告存在潜在的危险、提供紧急联系方式。

标识带　是用于防止第三方施工破坏管道而设置的带状标记，敷设于埋地管道上方。

（何利民　吕宇玲）

【警示牌 warning sign】 用于标记管道位置、警告存在潜在的危险、提供紧急联系方式的设施。

反光部分运用高折射率的玻璃微珠回归反射原理及反光晶格的微菱形的反射原理,通过调焦后处理的先进工艺制成。它能将远方直射光线反射回发光处,不论在白天或黑夜均有良好的逆反射光学性能。尤其是晚上,能够发挥如同白天一样的高能见度。使用这种高能见度反光材料制成的警示牌,无论使用者是在遥远处,还是在反光或散射光干扰的情况下,都可以比较容易地被发现。

管道经过下列区域宜设置警示牌:采石场、取土场、采矿区域;易发生或已多次发生危及管道安全行为的区域;人口集中居住区、工业建设地段等。

管道穿跨越铁路、公路,通航河流及在航空港附近,还应按有关部门规定设置警告标记。应标记:管道名称、管理单位、电话号码、安全警示语。近海管道的警示牌应标记:海底管道名称、示意图、管理单位、电话号码、安全警示语;宜标记:编号、注册号、用途、总长度(km)、路由起止点(经纬度)等。

安装要考虑到位置及朝向,辐射面宽,视线清晰,能够起到警示作用,同时要考虑到结构的稳定性,埋设坚固,安全可靠。

(何利民　吕宇玲)

【标识带 warning belt】 用于防止第三方施工破坏管道而设置的带状标记,敷设于埋地管道上方。

在管道新建、改线和大修施工时,随管体回填埋入地下,位于管顶上方500mm。同沟敷设的管道,应以管理单位不同而分别设置。其中心线与管道中心线在同一竖直水平面上,字体朝上。

(何利民　吕宇玲)

【线路截断阀室 pipeline block valve station】 线路截断阀及其配套设施的总称,线路附属设施之一。线路截断阀通常安装在室内,也可安装在有防护栏或围墙的室外,简称阀室。线路截断阀是为防止管道事故扩大、减少环境污染与管道内输送介质损失,方便维修而在管道沿线安装的用于关闭管线的阀门。当处于关闭位置时,可截断上游流体流向下游管道。

分为普通阀室、监视阀室和监控阀室。普通阀室是只设置线路截断阀及干线放空系统,而不设监视和监控功能的阀室。普通阀室通常具备干线防空、压力平衡及输气线路氮气置换吹扫的功能,采用手动或气液联动执行机构驱动。监视阀室是可进行数据监视的阀室,阀室内截断阀门的阀位信号、压力信号等可上传。监控阀室是可进行数据监视、控制的阀室，阀室内线路截断阀的阀位信号、压力信号等可上传，并可通过 SCADA 系统实现远程控制。

管线每隔一定距离以及在特殊地段（不良地质地段、穿跨越工程等）两侧和进出站管线上设置截断阀室，同时，截断阀也用于施工及投产时管道的分段试压。

管道内天然气流速达 10~15m/s，会对阀门的密封造成很大的冲刷，要求截断阀应具有较长使用寿命，阀的密封材料经久耐用，不易老化，耐冲刷（输送的天然气中含有少量杂质）。

（何利民　吕宇玲）

【**管道自动控制** pipeline automatic control】　利用 SCADA 系统对输油气管道系统进行自动监测、分析和控制。主要由调度控制中心计算机系统、站控制系统、阀室 RTU 等组成。自动化控制系统包括三级控制，即调度控制中心、站场、现场（就地）。

管道自动化经历了 3 个阶段：（1）单回路自动控制阶段；（2）集中调控阶段；（3）无人值守阶段，站场无人值守是今后长输管道建设的发展方向。

自动化管道的功能　在调度控制中心实现对所辖管道进行调度、运行和管理，根据管道沿线用户的需求，用最小能耗将一定数量的油气输送到目的地。

管道自动化管理模式　利用自动化技术以及信息化和数字化手段，依靠 SCADA 系统、现场的自动化设备等，构建由模拟仿真系统、SCADA 系统和数据管理系统组成的自动化管道计算机控制系统。

（何利民　吕宇玲）

【**SCADA 系统** supervisory control and data acquisition system】　数据采集与计算机监控系统。数据采集指将站场上的压力、温度、流量、阀位等参数变成直观的数字显示出来的过程；监控指远程监视控制。综合计算机技术、控制技术、通信与网络技术，完成了对测控点分散的各种过程或设备的实时数据采集，本地或远程的自动控制，以及生产过程的全面实时监控，并为安全生产、调度、管理、优化和故障诊断提供必要和完整的数据及支持。

SCADA 系统主要由远程终端设备（Remote Terminal Unit，RTU）、主站计算机（包括硬件和软件）、操作人员数据显示（监控终端）和外围设备等部分组成。该系统是一个分级控制系统，这一系统将仪表、计量、检测及各类可远程控制的阀门通过 RTU 结合在一起。

输气管道的 SCADA 系统常采用管理集中、控制功能分散的分布式控制方式。一个完整的输气管道 SCADA 系统一般可分为三级控制：调度控制中心控制级、站场控制级和现场控制级。调度控制中心是 SCADA 系统的核心；站场控制系统是保证天然气管道系统安全操作的基础；现场控制主要是指对工艺单体或单台设备进行手、自动就地独立的操作。

推荐书目

黄泽俊，虞献正，尹旭东. 石油天然气管道 SCADA 系统技术［M］. 北京：石油工业出版社，2013.

（何利民　吕宇玲）

【**站控制系统** station control system】 油气管道的泵站、集输站、分输站等站场的中央控制系统。其除了要对站内重要设备的控制系统进行监控和协调以外，还有其他功能，如与调控中心的数据传输等。站控制系统是 SCADA 系统的远方控制单元，是保证 SCADA 系统正常运行的基础。典型站控制系统主要由操作员工作站、视频监控工作站、工业电视、网络打印、PLC 控制系统、ESD 控制系统和交换机等网络设备组成。

结构 主要包括：（1）点对点结构，也称星形机构。这种结构下，下级控制单元的通信线路分别连接到站控系统，各下级单元之间不能通信。（2）多点结构。各级间共用一条总线，即采用在线总线的方式。站控服务器与控制器之间的通信通常采用 OPC 或其他方式通信，控制器与 I/O 卡件的通信通常是采用 MODBUS 协议或 PROFIBUS 协议实现通信。

流程及功能 站控 PLC 系统是控制系统的核心，PLC 采集现场远传信号波后，经过逻辑运算，并向现场自动执行机构发出控制命令，实现自动控制功能。站控系统通过光纤以太网实现上、下位机之间的通信。上位机通常采用 Oasys、Citect 等监控组态软件，通过人机界面 HMI 监控运行参数、下发启停机、流程切换等命令。下位机多数采用 AB、施耐德系列 PLC 为核心控制元件，通过 I/O 模块采集现场数据，下发启停机、流程切换等控制命令。

（何利民　吕宇玲）

【**紧急停车系统** emergency shutdown device】 一种能够降低生产过程风险的逻辑控制系统。简称 ESD 系统。具有冗余性和容错性，不仅能够监测和处理自身故障，更重要的是能够保护装置安全。在油气管道系统中，ESD 系统会按照预定的条件和程序，使工艺流程处于安全状态，从而保障管道及沿线站场的设备及人身安全。ESD 系统是静态的，不需要人为干预，其作用凌驾于生产过程控制之上。ESD 命令优先于任何操作方式，当生产工况出现异常，装置受到威胁时，不需要经过站控 PLC 系统，而直接由 ESD 发出保护联锁信号，对现场设备进行安全保护。

（何利民　吕宇玲）

【就地控制 local control】 在油气管道系统中，对各类现场设备以及各智能设备采取独立的计算机处理与控制。就地控制分为就地手动控制和就地自动控制。就地手动控制：利用就地控制装置上的开关或按钮，以人工手动方式实现对设备启/停操作控制。就地自动控制：利用就地控制装置的控制器自动实现对设备启/停操作控制，其操作要求和程序通过编程固定在控制器中。

就地控制是 SCADA 系统等控制系统最后的执行环节，当集中控制失败时，一些简单的就地控制系统就可以弥补缺陷，在局部控制中发挥巨大的作用，可迅速代替执行，以保证系统安全的运行。同时，整个管道系统控制设备定期的调试、检修、试验都需要在基于管道的就地控制基础上进行。也由于简单的就地控制系统成本低廉，安装方便，参数设定自由，是解决现场棘手问题的首要选择。就地控制系统以直观性、经济性在众多控制方案中占有相当的比重。

（何利民　吕宇玲）

【管道通信系统 pipeline communication system】 实现油气输送监控调节、信息传输以及电话会议办公等功能的系统，是长输管道自动化技术的重要组成部分。包括管道光缆系统、光传输系统、会议电视系统、工业电视监控系统、办公网络系统和语音电话系统六大子系统。

20 世纪 70 年代以前，主要采用长途明线载波、音频选号调度、磁石交换、共电交换、VHF 电台组网，基本上是传话音。从 20 世纪 70 年代到 90 年代，主要采用电缆载波、同轴电缆、微波、纵横交换、程控交换、有中心 VHF 电台、数传电台组网，是以话音为主，数据为辅。进入 20 世纪 90 年代以后，已开始光缆通信、一点多址通信、VSAT 卫星通信、集群通信、移动通信、数据传输和静态图像等通信新技术在管道工程中的应用。

公网天然气长输管道通信系统建设周期短、见效快但是稳定性差、投资成本高；专用光纤天然气长输管道通信系统功能强，但是安全性、稳定性、有效性都很低，且抢修困难；天然气长输管道卫星通信系统覆盖面积大、稳定性强、投资合理、抗干扰性强。综合考虑，以卫星通信为主，公网通信为辅的通信系统是长输管道通信系统发展的趋势。

（何利民　吕宇玲）

【数字化管道 digital pipeline】 集管道及其周边空间信息为一体，是一种具有多种服务功能的虚拟管道。其关注点在于管道的建设、运营和维护过程全部采用数字化、可视化的方式，可形象地反映管道的面貌，实现管道地理、地质、管道、周边环境等资源的数字化、网络化。数字化管道可以辅助及优化管道建设、运营、维护、管理，并为决策提供依据，同时，数字化管道也是一个集管道建设、运营和维护等信息为一体的综合技术平台。

数字化管道建设包括三个技术层面，即计算机网络系统、数字化技术和专业应用软件系统。它是一个庞大的应用软件系统，是将众多相对独立的数字化技术的应用集成化和产品化，整合为一个以海量数据库为基础，数据共享和相互联系的信息管理体系。

构建数字化管道系统的关键技术有：航空航天遥感（RS）、全球定位系统（GPS）、地理信息系统（GIS）、数据收集系统（DCS）、基于管道性能评价的完整性管理技术、系统开发技术、开发工具。

数字化管道采用测量技术，将长输管道中各个线路不同数据融为一个整体，在长输管道系统各阶段的设计数据、施工数据、进度数据、设备应用及人员资料等全部归档，实现数字化系统管理，再通过网络技术传送到数据库中，实现信息共享和协同工作。

采用大型数据库对数据进行存储，在管道建设的每个环节均建立相应的数据库，同时空间数据中心可以管理、存储在数字管道建设和运营中获取的所有数据，使得每个阶段的数据成果和系统相互衔接，为长输管道施工和完成后的维护提供持续有效的数据存档。

形象化虚拟展现，使得数字化管道能够在准确、可视的三维地理信息分系统环境下展示在用户面前，并可通过网络交互方式对管道的公用信息进行相互沟通和查询，使用户在办公室就可以了解全线信息，充分体现了数字管道的空间特征。

随着长输管道的建设向大型化、系统化、网络化发展，数字化管道建设总体目标是全面实现管道建设和运营的信息化管理。建立覆盖管道全生命周期的数据库，存储并及时更新各种数据，为实现管道全生命周期完整性管理奠定基础；建立地理信息系统平台，实现对环境资源信息、工程建设信息和管道运营信息进行编辑、浏览、查询、检索和统计等信息管理功能。还可实现管道的空间数据与专业属性一体化查询，充分体现管道信息的空间特征；为管道生产运行维护部门提供所需要的各类资料和相关数据及信息；初步实现对管道周边自然灾害预警和环境评估，最大限度预防自然灾害对管道安全造成的危害。数字化管道的建设最终要提供一个基于网络技术、GIS技术和数据库技术，面向管道设计、施工、运营管理、周边自然灾害预警和环境评估，集网络化、数字化、真实三维可视化为一体的系统。

（何利民　吕宇玲）

【管道施工作业 pipeline construction】 按照管道设计和相关规范要求，进行油气管道工程中各单体设备、工艺管线的施工和仪表安装作业。

长输管道的施工作业工序有：

（1）测量放线。确定管道实地安装的中心线位置，并划出施工带界限。

（2）扫线。开拓、清理沿线施工作业带，为管道安装作业创造运输和安装的场地条件。

（3）开挖管沟。完成埋地管道土石方开挖作业。

（4）运管。把钢管从预制厂或车站、码头装运至施工现场。

（5）预制弯管。根据设计要求和现场条件，预制各种曲率和角度的弯管。

（6）布管。把钢管一根接一根地布置在管道安装作业线上。

（7）管道组装。把待焊的钢管按要求对口并焊接固定。

（8）管道焊接。把单根钢管焊接成管道。

（9）焊缝探伤。用各种手段检查现场环形焊缝的质量。

（10）防腐绝缘。在钢管外壁（内壁）涂覆防腐绝缘层。

（11）补口。管道环形焊缝处的防腐绝缘层施工作业。

（12）检漏与补伤。检查管道防腐绝缘层破损处，并按规范要求进行修补。

（13）下沟。把管道或焊好的管段吊放在管沟内预定安装埋设的位置上。

（14）回填。把沟内已就位的管道掩埋起来。

（15）试压。利用液体或气体介质，将规定的压力施加于待试管道上，以检验管道强度和严密性。

（16）通球扫线。用水或压缩空气推动清管球从管道内通过，以排出管道内的污物。

（17）恢复地貌。清理现场和恢复沿线原地貌。

📖 推荐书目

何利民，高祁.油气储运工程施工（富媒体）[M].2版.北京：石油工业出版社，2021.

（何利民　吕宇玲）

【管线钢 pipeline steel】 一种用于制造石油、天然气集输和长输管道或煤炭、建材浆体输送管道等用的中厚板或带卷。

管线钢在使用过程中，除要求具有较高的耐压强度外，还要求具有较高的低温韧性和优良的焊接性能。

管线钢的发展过程就是管线钢显微组织的演变过程。根据显微组织的不同，可将管线钢分为四类：铁素体—珠光体管线钢、针状铁素体管线钢、贝氏体—

马氏体管线钢和回火索氏体管线钢。前三类管线钢为微合金化控制轧制和控制冷却状态管线钢，是 21 世纪油气管线的主流钢种；第四类管线钢为淬火、回火状态管线钢，这类管线钢难以进行大规模生产，在使用上受到限制，但在俄罗斯等国家和在海洋管线中等仍有使用。

不同用途、不同性能要求的管线钢，其成分、组织、生产工艺不尽相同。微合金元素的合理选择和匹配是实现控轧过程晶粒细化、固溶强化、沉淀强化、错位强化和结构强化，获得所需强度、韧性和可焊性等性能的保证。

（何利民　吕宇玲）

【管线钢管 pipeline steel pipe】 构建石油、天然气输送管道所用钢管（见图）。

在 API SPEC 5L 标准中涉及的油气输送用钢管有 10 类，包括无缝钢管、连续炉焊管、电阻焊管、直缝埋弧焊管、气体金属极电弧焊管与埋弧复合焊管、双缝埋弧焊管、双缝气体金属极电弧焊管、双缝气体金属极电弧和埋弧复合焊管、螺旋缝埋弧焊管等。但 21 世纪油气长输管线常用的钢管主要有无缝钢管和焊接钢管，焊接钢管主要包括直缝电阻焊管、直缝埋弧焊管和螺旋缝埋弧焊管。

管线钢管

无缝钢管　采用热加工的方法制造的不带焊缝的钢管称为无缝钢管。中国将无缝钢管按不同的用途分为输送流体用无缝钢管、高压锅炉用无缝钢管、高压化肥设备用无缝钢管、石油裂化用无缝钢管等；按照制造工艺不同又可以分为热轧、热扩、冷拔无缝钢管。

焊接钢管　先采用钢板（带）经常温（或加热）成型，然后在成型钢板（带）边缘进行焊接而成的钢管称焊接钢管。按制造工艺，焊接钢管可分为无填充金属连续焊接、电阻焊、激光焊和有填充金属埋弧焊、金属极气体保护电弧焊两类。

根据管线直径、输送压力、输送介质、环境条件（温度）的要求，选择管线钢管依据的主要性能指标有拉伸性能、断裂韧性、焊接性能和腐蚀性能。

（何利民　吕宇玲）

【弯管 pipe bending】 一种采用成套弯曲模具弯曲的管子。长输管道施工过程中，随着地形的变化，管线需要改变走向，铺设管线时需要相应的做竖向弯曲和平面弯曲。利用弯管可以改变管道走向，多用于受地形限制，弹性敷设无法满足管路要求时。

弯管加工工艺主要有拉弯、绕弯、推弯等多种方式,这些方式又可以分为冷弯和热煨弯两种弯制状态。不同的弯管所应用的加工技术是不同的,不同弯管的特征也不一样。

冷弯管的特点为:冷弯弯管的弯曲度较小;在弯制过程中,弯曲管段内侧受力较大,易产生超标准或超技术条件要求的褶皱;在弯制过程中强力弯制时,钢管易弯曲变形使钢材强度和韧性降低;弯制时防腐层易被破坏;所用冷弯机实用性差;弯制过程受天气影响严重等。

热煨弯管的特点为:管口的圆度、整体平面度和弯曲角度较好,弯曲段内侧光滑,无波浪形褶皱;保证了弯管的受力性能与设计值的一致性;有效地避免了包辛格效应;热煨弯管采用的直管壁厚大于设计的弯管壁厚,有效地保证了弯管质量符合设计要求;热煨弯管生产效率高,比冷弯弯制快四倍左右,且适应性强,在0°~90°范围内可任意进行热煨弯制。

(何利民　吕宇玲)

【弯管机　pipe bender】 一种专门用于管件弯曲及成型的机器。按照动力类型分为液压弯管机、电动弯管机、气动弯管机、手动弯管机等;按照控制方式分为数控弯管机、半自动弯管机、全自动弯管机等;按照工作类型分为单头弯管机、双头弯管机、多头弯管机等;按照加工范围分为微型弯管机、小型弯管机、大型弯管机等(见图)。

美国自20世纪60年代就开始使用垂直液压(即立式)弯管机,可以弯制直径152.4~762mm各种壁厚的钢管。70年代后,冷弯机的性能进一步完善,弯管内胎研制成功,与冷弯机配套使用,能够弯制薄壁高强度大口径的输油输气管道钢管,最大弯管直径达到1524mm。21世纪初,世界上仅有美国、加拿大和德国等发达国家的近10家冷弯机生产厂,所产机型基本结构均为垂直液压式,内胎形式

弯管机现场施工图

主要有气动式和液压式两种。气动式结构内胎优点在于行走速度快、弯管预制效率高,但需要另行配置空气压缩机,系统工作平稳性差,难以控制。液压式内胎借助于整机液压站,结构紧凑,且液压传动平稳可靠,能够保证管道在预

制过程中不发生椭圆变形。

（何利民　吕宇玲）

【**测量放线** route measurement and lineation】　管道施工过程中，采用专用仪器由专门队伍来确定沿线管道实地安装的中心线位置，并划出施工作业带界限的作业。

测量放线的依据是管道施工图和从设计单位移交来的标识桩，采用的仪器为全站仪，辅助材料有木桩、花杆、彩旗等。测量放线前，先进行仪器检查与校定，然后进行测量放线。

测量放线内容有：审核与现场核对线路定测资料、线路平面和断面图，验收转角桩，根据转角桩测定管道中心线，并在转角桩之间按照图纸要求设置百米桩、纵向变坡桩、变壁厚桩、变防腐涂层桩、穿越标志桩、曲线加密桩，用白石灰或其他鲜明、耐久的材料按线路控制桩和曲线加密桩放出线路中的线和施工作业带的边界线，在施工作业带清理之前，把所有的管线桩移出。要求依照图纸处理水平或竖向转角，对于定测资料及平、断面图已标明的地下构筑物和施工测量中发现的构筑物，进行调查、勘探，在线路和障碍物交叉范围两端设置标志，在标志上应注明构筑物类型、埋深和尺寸等，曲线段应采用偏角法或坐标法测量放线，在隐蔽工程、防护工程处应设桩和标志。

（何利民　吕宇玲）

【**弹性弯曲敷设** elastic bending laying】　在长输管道施工中，利用管道自身所拥有的弹性对管道进行小角度弯曲，进而改变管线走向的敷设管道的方法。随着地形的变化，管线需要改变走向，铺设管线时要相应地形做竖直弯曲和平面弯曲。

管线水平方向的弹性弯曲敷设是先按设计图纸开挖管沟，组焊时在水平面内形成管道线位；管线竖直方向的弹性弯曲敷设是，管道组焊时依据设计要求的管沟竖直曲面形成管道线位。

按弹性弯曲敷设管道时，管线要转过某一角度必须经过一个很长的弯曲管段，这在障碍物多的施工地带很难实现。另外，在地形起伏较大的地带，由于受到地形限制，管线不能随地形的起伏做等埋深的垂直方向弯曲，必然造成管线悬空或局部埋的很深。为了消除这些缺陷，必须增加土方量。在这些地带可以选用弯管来改变管线的方向。

（何利民　吕宇玲）

【**管道伴行道路** pipeline accompany road】　专门修建在油气管道附近，服务于油气管道施工和运营管理车辆通行的道路。

管道伴行道路主路是管道伴行道路中起骨架作用的道路，主要用于管道沿线长距离运送管材、运营巡线及维抢修等。管道伴行道路支路是管道伴行道路中连接主路与管道线位的道路，主要建于地形困难段或通往管道穿跨越等控制点。

管道伴行道路的一般规定如下：（1）管道伴行道路主要供油气管道施工和运营车辆通行，属于专用道路。（2）管道伴行道路应尽量依托现有道路，如有特殊要求，经建设单位批准，可按交通部门相应等级公路或当地道路设计标准执行。（3）管道伴行道路设计时应贯彻切实保护耕地、节约用地的原则，不占或少占耕地，重视水土保持和环境保护；道路建材应贯彻因地制宜、就地取材的原则，充分利用工业副产品和废渣。（4）管道伴行道路建设应满足管道施工和运营维护车辆交通运输的需要。对管道建设期间的超限货物运输，可根据情况，予以适当考虑。（5）管道伴行道路应分两阶段建设，第一阶段满足管道施工要求，第二阶段在管道施工结束后，对第一阶段道路进行整修满足管道运营维护要求。（6）现有道路改扩建成管道伴行道路时，应充分、合理利用现有道路和桥涵等工程。当原有道路不能利用需改线时，改线路段应按新建管道伴行道路设计。

（何利民　吕宇玲）

【施工作业带 field cleanup】 管道工程施工时所需要的区域。占地宽度应执行设计规定，如无相关规定时，一般取20m。穿越或跨越河流、沟渠、公路、铁路、地下水丰富和管沟挖深超过5m的地段及拖管车掉头处，可根据实际需要，适当增加占地宽度。山区非机械化施工及人工凿岩地段可根据地形、地貌条件酌情减少占地宽度。在施工作业带范围内，对于影响施工机具通行或施工作业的石块、杂草、树木应清理干净，沟、坎应进行平整，对有积水的地势低洼地段应排水。施工作业带清理时，应注意对土地的保护，减少或防止产生水土流失。

清理和平整施工作业带时，应注意保护施工标志桩，如被破坏应立即恢复。在清理和平整之前应熟悉待清理区域内自然状况，对于作业带内的电力，水利设施要加以保护。施工作业带通过灌溉、排水渠时应采用预埋涵管等过水设施，不得妨碍农业生产。

施工作业带应该与标桩的路线完全一致，施工作业带清理之后要恢复管道中心线标桩（或平移桩）；转角桩要标明转角的角度、防腐层变化、特殊地段的起止点等。

（何利民　吕宇玲）

【防腐管 anticorrosion pipe】 经过防腐工艺加工处理，可以有效防止或减缓在运输与使用过程中发生电化学或化学腐蚀现象的钢制管道。又称防腐钢管。

输油气长输管道常用的防腐层有：FBE环氧粉末防腐结构，采用静电喷涂工艺在钢管表面涂敷环氧粉末，一次成膜。该涂层具有涂敷操作简便、无污染、涂层抗冲击和抗弯曲性能好、耐温性高等优点。2PE/3PE 防腐结构，在钢管表面静电喷涂环氧粉末并侧向缠绕粘接剂、侧向缠绕聚乙烯防腐层，结合三者优良性能，显著提高了防腐管道的整体品质。具有耐化学腐蚀、耐阴极剥离、耐机械破坏性能。环氧煤沥青防腐结构，由环氧树脂、煤焦油沥青、填料制成的防腐涂料在钢管表面上用玻璃布作为加强涂敷形成防腐层，常用于管道外壁防腐，厚度一般为 0.5～1.0mm。高密度聚乙烯外套防腐结构，在钢管外表面包裹高密度聚乙烯材料制成，具有极高的机械强度和优良的耐腐蚀性能，可以保护钢管在运输、安装及使用过程中避免因外界因素而造成的破坏。制造外套管应添加抗氧剂、紫外线稳定剂和炭黑等。聚乙烯外套管易老化，如露天存放宜用篷布等物遮盖，堆放处应远离高热源和火源，制成防腐钢管后，禁止暴晒、骤冷，否则聚乙烯外套管易开裂，影响防腐性能。

（何利民　吕宇玲）

【**管沟** pipe ditch】　用于敷设管道的沟槽。管沟土石方工程是埋地管道线路工程中的一项重要工序，管沟质量的好坏直接影响埋地管道的施工质量。管沟有两个重要的参数：管沟的沟底宽度和管沟的边坡坡度。管沟的沟底宽度应根据管沟深度、钢管的结构外径以及所采用的施工措施确定，并符合相关的规定；管沟的边坡坡度应根据试挖或土壤的内摩擦角等土壤的土力学性质确定。

管沟的断面形状有直沟、梯形沟、混合沟、阶梯沟四种（见图），采用何种断面形状取决于管沟所在处的土壤性质、挖沟方式、地下水位、管径和埋深等。对于黏土等黏结力较强的土壤和岩石地带的管沟，当地下水位较低时可以采用直沟断面；对于土壤较松、黏结力较小地带的管沟，当地下水位较高时，可以采用梯形沟断面；当沟深范围内各层土壤特性不同时，可以采用混合沟或梯形沟断面。管沟的尺寸取决于沟底的宽度、埋深和边坡比。

管沟的开挖方法有人工开挖法、单斗挖掘机开挖法、多斗挖掘机开挖法和爆破成沟法。

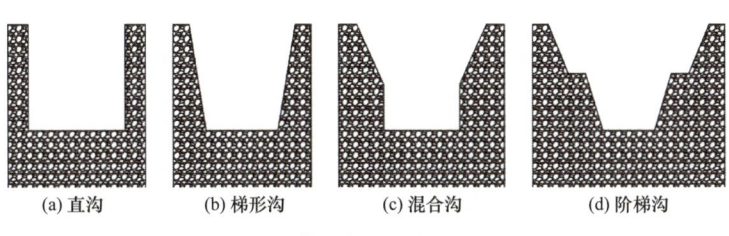

管沟断面形状

（何利民　吕宇玲）

【挖沟机 trencher】 一种用于土方施工中的开沟机械。广泛应用于农田水利建设、通信电缆及石油管线的铺设、市政施工以及军事工程等。挖沟机与挖掘机的功能具有许多相似之处，二者均具有入土、碎土和取土功能。挖沟机的优点在于能连续作业，施工效率高，地表破坏小，特别适合铺设管路，即使在岩石等坚硬的地质条件下，也能开挖出形状规则的沟槽。挖沟机在国内外得到了广泛的应用，自20世纪80年代以来，中国陆续开发了多种机型。

挖土机械分为单斗挖沟机和多斗挖沟机两类。单斗挖沟机属于循环式挖土机械。每挖一次土就要完成铲土、提升、运输、卸土的动作程序，即进行一次循环，挖土是间断的。每次挖土量基本等于挖斗的容积。根据挖土的方式和装置的不同，单斗挖沟机可分为正铲、反铲、拉铲、抓斗四种（见图1）。多斗挖沟机属于连续式挖土机械，只能用于挖沟作业，不能用于其他基坑等的土方开挖工作，主要有轮斗式和链斗式两种（见图2）。

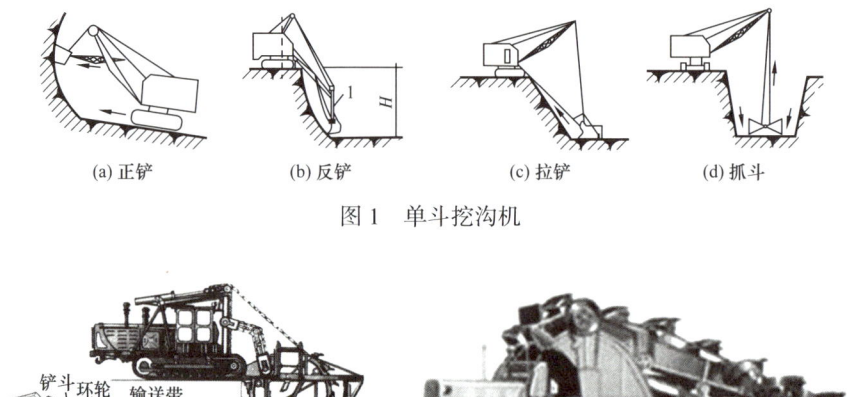

(a) 正铲　　(b) 反铲　　(c) 拉铲　　(d) 抓斗

图 1　单斗挖沟机

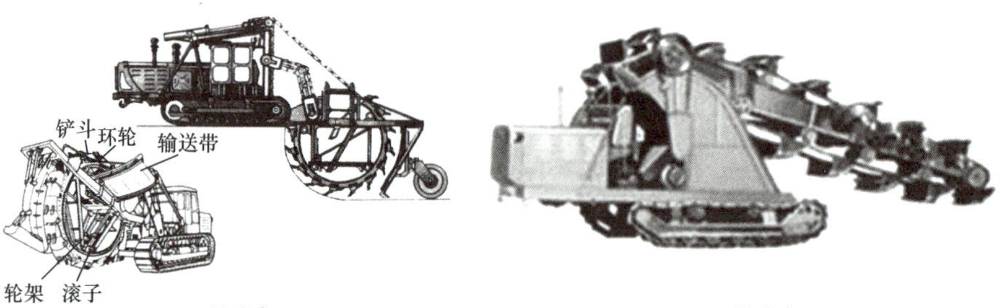

(a) 轮斗式　　　　　　　　(b) 链斗式

图 2　多斗挖沟机

（何利民　吕宇玲）

【挖泥船 dredger】 用于清挖水道与河川淤泥的专用船只。挖泥船的任务是进行水下土石方的施工，挖深、加宽和清理现有的航道和港口，开挖新的航道、港口和运河，疏浚码头、船坞、船闸及其他水工建筑物的基槽以及将挖出的泥沙抛入深海或吹填于陆上洼地造田等（见图）。

挖泥船通常可以分为：

（1）耙吸式。吸扬式挖泥船中的一种，通过置于船体两舷或尾部的耙头吸入泥浆，以边吸泥、边航行的方式工作。耙吸式挖泥船机动灵活，效率高，抗风浪力强，适宜在沿海港口、宽阔的江面和船舶锚地作业。

（2）链斗式。利用一连串带有挖斗的斗链，借上导轮的带动，在斗桥上连续转动，使泥斗在水下挖泥并提升至水面以上，同时收放前、后、左、右所抛的锚缆，使船体前

挖泥船

移或左右摆动来进行挖泥工作。挖取的泥土，提升至斗塔顶部，倒入泥阱，经溜泥槽卸入停靠在挖泥船旁的泥驳，然后用拖轮将泥驳拖至卸泥地区卸掉。链斗式挖泥船对土质的适应能力较强，可挖除岩石以外的各种泥土，且挖掘能力强，挖槽截面规则，误差极小。

（3）绞吸式。在疏滩工程中运用较广泛的一种船舶，它利用吸水管前端围绕吸水管装设旋转绞刀装置，将河底泥沙进行切割和搅动，再经吸泥管将绞起的泥沙物料，借助强大的泵力，输送到泥沙物料堆积场。它的挖泥、运泥、卸泥等工作过程，可以一次连续完成，是一种效率高、成本低的挖泥船，是良好的水下挖掘机械。

（4）铲斗式。单斗挖泥船的一种，它集中全部功率在一个铲斗上，进行特硬挖掘。利用吊杆及斗柄将铲斗伸入水中，插入河底、海底进行挖掘，然后由绞车牵引将铲斗连同斗柄、吊杆一起提升，吊出水面，至适当高度，由旋回装置转至卸泥或泥驳上，拉开斗底将泥卸掉，再反转至挖泥地点，如此循环作业。铲斗挖泥船适用于挖掘珊瑚礁、卵石、砾石、大小块石和黏土、粗砂及混合物。

（5）抓斗式。利用旋转式挖泥机的吊杆及钢索来悬挂泥斗；在抓斗本身重量的作用下，放入海底抓取泥土。然后开动斗索绞车，吊斗索即通过吊杆顶端的滑轮，将抓斗关闭，升起，再转动挖泥机到预定点（或泥驳）将泥卸掉。挖泥机又转回挖掘地点，进行挖泥，如此循环作业。抓斗式挖泥船主要用于挖取黏土、淤泥、卵石，宜抓取细砂、粉砂。

（6）斗轮式。斗轮式挖泥船除了挖掘设备不同，其余与绞吸式挖泥船大同小异。斗轮转动轴与支臂成一定的角度，而绞吸式挖泥船绞刀头转动轴则平行于支臂。

（何利民　吕宇玲）

【布管 pipe laying】 将钢管以一定的距离放置在作业带一侧的管墩上。布管作业应根据组装焊接的速度以及整体的施工计划进行，一般应在管道组装焊接前最多3天进行。吊管机布管时，宜单根吊运。管子悬空时应在空中保持水平，不得斜吊。吊管机吊管行走时，要有专人用绳索牵引钢管，避免碰撞起重设备及周围物体，发生安全事故。

布管应依据设计要求、测量放线记录、现场转角桩和标志桩，在施工作业带管道组装焊接一侧进行。每段管子布完之后，应进行校对，以保证管子类型、壁厚、防腐层类型等准确无误。

沟上组焊时，将管子布放在设置好的管墩上，管与管应首尾相接，成锯齿形布置；相邻两管错开1~1.5倍管径，以方便管内清扫、坡口清理及起吊。布管间距与管长基本保持一致。布管时，每15~20根防腐管核对一次距离，发现偏差过大应及时调整，沟上布管及组装焊接时，管道的边缘至管沟的边缘应保持一定的安全距离。沟下组焊时，钢管直接布到管沟内，用袋装细土作为管墩。

遇到水渠、道路、堤坝等构筑物时应将管子布设在位置宽阔的一侧，而不应该直接摆放在其上。在坡地布管，当线路坡度大于5°时，应在下坡管段设置支挡物，以防窜管。当在线路坡度大于15°的坡地组装时，从堆管平台处随用随取。遇有冲沟、山谷时，布管后应及时组装，否则不得提前布管。山区地段可采用山地牵引车或空中索道布管，沼泽地段可采用枝条修筑施工便道布管，水网地段可采用湿地设备布管。

布管原始记录要按布管顺序进行，且与布管进度同步；记录内容包括单管的钢管规格（外径、壁厚、长度）、钢管编号、防腐管编号、防腐等级、防腐层耐温等级等。

📝 推荐书目

何利民，高祁. 油气储运工程施工（富媒体）[M]. 2版. 北京：石油工业出版社，2021.

（何利民　吕宇玲）

【管端坡口 pipe bevel】 为满足焊接需要，在管道端部制作的一定几何形状的沟槽。

常用的坡口形式有复合坡口和V形坡口（见图）。复合型坡口适用于手工电弧焊、半自动焊和自动焊等各种焊接方式，填充金属质量小。V形坡口适用于采用焊丝进行根焊的焊接工艺。

管端坡口的加工方式有坡口机加工坡口和割炬加工管子坡口两种。坡口加工完成后，须进行无损检测。

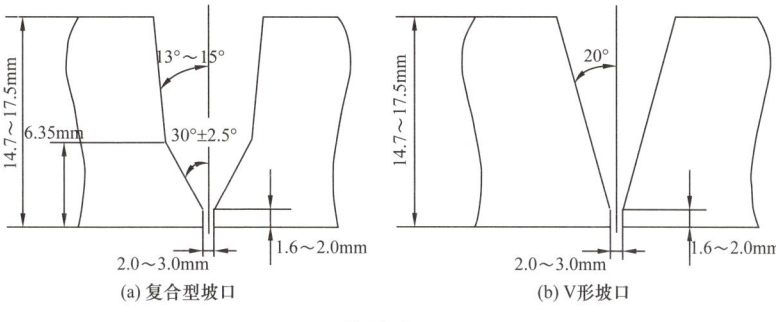

(a) 复合型坡口　　　(b) V形坡口

管端坡口

（何利民　吕宇玲）

【**坡口机** bevelling machine】 焊接前对管道或钢板端面进行倒角坡口所用的机械。按加工对象的不同可分为管道坡口机和钢板坡口机两大类。常见的管道坡口机有：

（1）钢带式火焰切割坡口机。采用铝制机身，重量轻，适合现场切割管道，坡口机导轨采用不锈钢凸缘导轨，一种导轨可适用多种管径，行走稳定准确，切割线不错位，坡口角度可调，适用管径范围为250～2400mm。

（2）管端坡口机。分为内卡式和外卡式，适用于小管径管道加工坡口。

（3）爬管式管道切割/坡口机（见图）。是一种便携式铣削机，通过链条将机体固定在管道上，驱动链轮使机体带着旋转的切割刀和坡口刀沿链条爬行一周，完成管道的切割和开坡口。它由液压驱动，可以在管子水平或者垂直方向作业，也可以在壕沟和180m深水下作业。它可以在带压的管道或者罐体上进行冷切割和坡口加工，加工进度高，安全防爆，特别适合恶劣环境工作。

爬管式管道切割/坡口机

（4）全自动柔性切管机。机头没有任何动力马达，动力来自柔性扭矩传输缆轴。可以对管道进行切割、开槽作业等。适用于铸铁管、水泥管、钢管、石棉管和塑料管等。

（何利民　吕宇玲）

【**管口组对** pipeline assembling】 管道焊接前，把两条待焊管道的相邻管口按照坡口间隙及管口错边量的要求对口。坡口间隙大小因焊接方法而异，任何情况下，管周的间隙都必须均匀。对口时，要保持管端平稳以达到要求的间隙。对正后，夹紧管端并加以固定，然后进行焊接，直到管口连接好后，确认对接处有足够的强度，才可以将管子放在垫块上，然后向前移动进行下一个对口作业。对口器去除后，再将这个焊口继续焊完。

对口的方法有内对口器法和外对口器法。

除接头和弯管外，管道组对宜采用内对口器。为保证起吊管子的平衡，起吊管子的尼龙带应放置在活动管已划好的中心线处，其活动管子的轴线应与已组焊管线的轴线对正，这样可以方便地进行管口组对。

(a) 内对口器法对口

(b) 外对口器法对口

管口组对

推荐书目

何利民，高祁. 油气储运工程施工（富媒体）[M]. 2版. 北京：石油工业出版社，2021.

（何利民　吕宇玲）

【内对口器 internal clamp】 一种装有模块或调整楔，向外膨胀顶住管内壁进行管口组对的设备。内对口器适用于管长不超过24m的管线的管口组对，对口时，先将内对口器放入已焊成的管线口内，然后将操纵杆穿过待接口的管子，调整吊管机将管口对正，对口间隙由厚度垫片控制。将空压机风管或液压管和操纵杆相连，支撑臂胀开，胀力作用下，两管口被对齐。检查合格后即可进行根焊，这样即完成了对口工作。根焊后，反向转动操纵杆，松开支撑臂，对口器在行走装置的作用下移动至管口，自动停车到达下一工作位置。内对口器同时可以担任椭圆度在0.2%以下的找圆工作。

应用范围最广的内对口器有气动内对口器（见图1）、液压式内对口器（见图2）两种。

（1）气动内对口器。整机由扩张装置、间隙调整装置、行走装置、导向保护栏操纵装置、气动系统等部件组成。操作开关可使机体沿钢管内壁前后运行，并能准确停止在需要对口的位置；扩胀装置的两套胀管器将对接的两根钢管管

图1　气动内对口器　　　　图2　液压内对口器

端准确定位胀紧，完成钢管的对接工作；间隙调整装置可以根据焊接工艺要求随时调整对口间隙；刹车制动装置与驱动轮互锁，行走马达停止运动时，制动机构即发挥作用，实现整机停车，从而确保设备和操作人员安全。

（2）液压内对口器。其机械部分主要包括行走轮、定位卡头、组对卡头、操作连杆等。卡头为可开合的一系列圆轮，当受到推力胀开后，其外表面与管道内壁精密贴合，进行校圆及组对。液压部分主要包括液压泵、液压软管、液压缸、调节阀和接头等，主要作用是提供液压能并转换成机械能，使定位、组对卡头依次开合，执行先定位校圆后组对管口的施工工序。

（何利民　吕宇玲）

【外对口器　pipe external aligning devices】　一种采用钢架结构内的短钢棍的夹紧作用从外部进行管口组对的设备。外对口器结构简单、操作简便，适用于短距离、小管径、薄壁管道的对口作业。在"碰死头"、弯头或弯管处对口，以及部分沼泽地段、陡坡地段施工时，优势明显。

油气长输管道用外对口器主要有液压式外对口器、螺杆式外对口器（又称顶丝式外对口器）和链式外对口器三种（见图）。

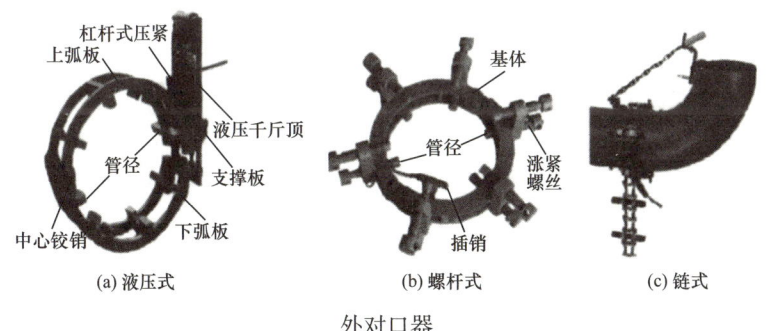

外对口器

（1）液压式外对口器。由上弧板、中心铰销、下弧板、支撑板、杠杆式压紧及液压千斤顶组成。上、下弧板各装有几个凸板，对口时凸板成均匀状态保持与管壁接触，找好对口间隙后，启动千斤顶，使两根管口同时受到挤压直至对好口为止。这种手动式液压对口器制造简单、操作省力、经济适用。

（2）螺杆式外对口器。也称为顶丝式外对口器，为圆轮形结构，整个"圆轮"由可拆卸的两个半圆基体组成，其直径应略大于需要进行对管焊接施工的管口外直径。设备整体呈一个重叠的双层轮形，轮的周边均匀对称分布两排若干对夹紧螺钉。夹紧螺钉为螺旋杆结构，用于夹紧管段，施工时整个外对口器套在管口上需要对口焊接部位，固定需要焊接的管端，通过调整顶丝，保证管口对接达到焊接要求。

（3）链式外对口器。采用片式重链来代替传统外对口器的两刚性环结构，使整体质量减轻。链条是柔性结构，附着在管口外壁，可根据管道口径不同调节链长，在管道作业中适合任何管径的作业要求。

（何利民　吕宇玲）

【**管道焊接　pipe welding**】　管道施工过程中，用焊条对两条待焊管道进行的焊接作业。按照焊接工艺不同，主要分为气焊和电焊两大类。焊接连接与螺纹连接、法兰连接等相比，具有节省金属材料、简化加工与装配工序、结构强度高、接头密封好等优点，但也有接口固定难以拆卸、工艺要求高等缺点。

焊接材料可以分为焊条和焊丝。应用最广的焊条有碳钢焊条、低合金钢焊条、不锈钢焊条、铜及铜合金焊条、铝及铝合金焊条。焊丝有钢焊丝和非铁金属焊丝两类。

常用的管道焊接设备有：

（1）焊条电弧焊设备：直流焊条电弧焊设备、交流焊条电弧焊设备、弧焊逆变器、焊条电焊机、焊条电弧焊设备辅助器件。

（2）气焊设备：氧气瓶、乙炔瓶、乙炔发生器、回火防止器、减压器、手工焊炬和割炬。

长输管道常用焊接方法有焊条电弧焊、手工钨极氩弧焊、自保护药芯焊丝半自动焊和全自动焊。

管道焊接后要进行焊缝检验，主要分为焊缝外观及尺寸检验、无损检验等方式。

（何利民　吕宇玲）

【**焊接接头　welded joint**】　两个或两个以上零件用焊接接合的接点，由焊缝区、熔合区、热影响区三部分组成。

焊缝区：接头金属及填充金属熔化后，又以较快的速度冷却凝固后形成。
熔合区：熔化区和非熔化区之间的过渡部分。熔合区化学成分不均匀，组织粗大，往往是粗大的过热组织或粗大的淬硬组织。其性能常常是焊接接头中最差的。熔合区和热影响区中的过热区（或淬火区）是焊接接头中机械性能最差的薄弱部位，会严重影响焊接接头的质量。热影响区：被焊缝区的高温加热造成组织和性能改变的区域。低碳钢的热影响区可分为过热区、正火区和部分相变区。

焊接接头的形式主要有对接接头、T形接头、角接接头、搭接接头四种。

影响焊接接头的机械性能的因素有管材的化学成分和组织、焊接材料、焊接方法和焊接工艺等。

焊接接头的性能常通过以下方法进行调整：（1）变质处理。通过焊接材料向焊缝金属中添加不同的合金元素来提高焊缝的某些性能。如向焊缝中加肽、钒稀土等合金元素，可使焊缝晶粒细化，改变结晶形态，提高强度和韧性。（2）振动结晶。熔池在强烈的振动力的作用下，发生剧烈的搅拌，破坏正在成长的晶粒，从而得到细小的焊缝组织，消除夹杂、气孔和改善焊缝金属的性能。（3）多层焊。后一层焊缝的热量对前一层焊缝金属组织进行加热处理，而前一层焊缝对后一层起到预热作用。（4）焊后热处理。用于消除焊接接头的内应力和消除氢，改善焊接接头的组织和性能。（5）锤击焊缝表面。消除焊接接头的应力。

（何利民　吕宇玲）

【手工电弧焊 manual arc welding】 焊工手握夹持焊条的焊钳进行焊接的一种电弧焊方法。

焊条和工件之间的电弧将工件局部加热到熔化状态形成熔池，焊条作为一个电极，其端部在电弧的作用下不断被熔化，形成熔滴进入熔池。随着电弧向前移动，熔池尾部液态金属逐步冷却结晶，最终形成焊缝。

手工电弧焊虽然劳动强度大、生产效率低但极具机动灵活性。水平俯位焊、立向焊、横焊、仰焊等各种焊接位置，对接、搭接、角接等各种大小结构产品，长短直缝、环缝、各种曲线焊缝均可应用。

手工电弧焊的基本操作有：（1）引弧。分为垂直引弧和划擦引弧。（2）运条。为保证电弧稳定和焊缝形成正确，焊条要做3个方向的运动，分别是焊条不断向熔池送进、焊条沿接缝方向移动、焊条横向摆动。（3）焊缝的连接和收尾。一条焊缝常常需要若干根焊条才能完成，焊缝的连接无论采用哪种形式，都需要使焊缝保持高低、宽窄一致；焊缝常见的收尾动作有：画圈收尾、反复填补和后移收尾。

（何利民　吕宇玲）

【纤维素下向焊 cellulose downward welding】 焊条为纤维素型的垂直下向环缝

焊接。是一种十分适合长距离输送管道焊接工程的焊接技术，焊接效率高。纤维素下向焊接焊条的药皮中含有30%～50%的有机物，焊接时有机物在电弧区分解产生大量的气体保护熔敷金属，电弧吹力大，熔深较深，穿透力强，适合于全位置单面焊双面成型；气孔敏感性小，熔化速度快，对壁厚容器及钢管根部进行打底焊时，可以免去铲根。

纤维素型焊条能应用于包括强度等级高达API 5LX80的全部管道钢种焊接，同时适用于从根部焊道、热焊道、填角焊道和盖面焊道所有焊接层次的焊接。

纤维素型焊条只能利用直流电进行焊接操作，电焊机必须具有降压特性和高开路电压。在手动电弧焊情况下，焊条与焊弧或接头表面间的距离可能难以保持恒定，这样电弧的长度将发生变化，焊接电流随之发生变化。使用具有降压特性的电焊机可以使这种变化减少到最低程度。

在焊接前应对母材进行预热，预热母材有利于加速氢气逸出，从而阻止焊道下产生裂纹的易感性；此外预热母材可以使焊接时受热影响区域的硬化保持最低程度。

焊条直径的选择取决于钢管直径和管道的壁厚，焊接电流、电压与焊接速度的选定取决于所使用的焊条类型。

（何利民　吕宇玲）

【低氢型焊条下向立焊 low hydrogen type electrode downward welding】 在管道水平放置固定不动的情况下，焊接从顶部中心开始垂直向下焊接，一直到底部中心。焊条为低氢型的下向焊接。

下向立焊焊接工艺是从20世纪60年代中期开始逐步发展起来的一种焊条电弧焊焊接工艺方法，其焊接部位先后顺序是平焊、立平焊、立焊、仰立焊、仰焊。

低氢型焊条是下向立焊焊接工艺的专用焊条之一，具有独特的药皮配方，与传统上向立焊焊条相比，具有电弧吹力大、焊接时熔深较深、打底焊时可以单面焊双面成形、焊条熔化速度快、熔敷效率高等优点。

低氢型焊条向下立焊单道坡口角度的容许范围为27°～40°，钝边厚度为0.8～2.4mm，对口间隙为2.0～3.6mm，最大错边量为1.6mm，错边长度在任何情况下连续长度小于10%管子周长。

（何利民　吕宇玲）

【自保护药芯焊丝半自动焊 self-protecting flux cored wire semi-automatic welding】 利用自保护药芯焊丝作熔化极的电弧焊。由焊条电弧焊衍生出来的，最初是为了克服焊条电弧焊不能实现连续焊接、自动焊接的缺点而发明的，这种焊接方式既保留了焊条电弧焊的焊接电弧自保护的特点，又能实现连续的半自动焊接。

自保护药芯焊丝半自动焊的焊丝粉芯中含有造渣剂、脱氧剂及气体形成物质。在焊接电弧产生后，在电弧的作用下母材熔化成熔池，焊丝熔化成熔滴过渡到熔池中，同时适量的脱氧剂、脱氮剂削弱和减少空气对熔融金属的有害作用，某些药粉气化和分解释放出来的气体形成保护屏障来隔绝空气，以进一步防止焊缝氧化和氮化。随着焊枪的移动，前方的金属继续熔化，后方的熔池凝固成焊缝，熔池表面的熔渣冷凝后形成薄薄的渣壳。

自保护药芯焊丝半自动焊特点：(1)焊缝质量好。焊接缺陷多产生于焊道接头处，和焊条电弧焊相比，同等管径的钢管半自动焊的焊缝接头少，所以焊接缺陷少。管道用自保护药芯焊丝中含有一定量的Ni元素，低温韧性好。半自动焊的熔深较大，降低了未熔合和夹渣产生的可能性，焊缝致密性好。(2)焊接的效率高。药芯焊丝把断续的焊接过程变为连续的生产方式。半自动焊熔敷量大，熔敷率约为0.75，融化速度为纤维素向下焊条的1.5~2倍。(3)焊接工艺性能好，成型美观。与熔化极活性气体保护焊相比，药芯中加入了稳弧剂，故电弧软；熔滴过渡形式为细颗粒过渡和喷射过渡形式，飞溅小，焊接工艺性能好。(4)抗风能力强，适合野外全位置焊接。自保护药芯焊丝的药粉中含有适量的脱氧剂、适量的强氮化物形成元素、适量的造气剂、适量的造渣剂和适量的改善工艺性能的Li的化合物，焊接过程中形成气渣联合保护进而使得自保护药芯焊丝半自动焊时抗风能力强，尤其是良好的工艺性能特别适合于野外管道全位置焊接。(5)可焊材质范围广。(6)综合成本低。(7)飞溅与烟尘量大。

(何利民　吕宇玲)

【全自动焊 automatic welding】　借助于机械和电气的方法使整个焊接过程自动化的焊接技术。在各种自动电弧焊中，由于焊枪或焊件运动轨迹的波动以及焊接变形等因素的影响，常常使焊接电弧偏离焊缝位置而产生偏弧现象。实际应用的自动电弧焊，除了起弧和熄弧程序自动控制外，其余工程还需要焊工对电弧进行监视和调整，以保证焊接不同位置时获得较为一致的焊缝成型。比较成熟的自动焊接技术有全自动实心焊丝气体保护自动焊接技术、药芯焊丝自动焊技术和电阻闪光对接焊技术。

全自动实心焊丝气体保护焊　可以做到减少人为因素对焊接质量的影响，减轻劳动强度，容易保证质量，同时具有焊接速度快、焊接材料成本较低、对焊工的技术水平要求低的特点，被广泛用于大口径、大壁厚管道的焊接。但其设备造价较高、维修难度大。

药芯焊丝自动焊　又分为药芯焊丝自保焊和药芯焊丝气体保护焊，基本原理与全自动实心焊丝气体保护焊相似。药芯材料主要是矿物材料、钛合金、稳弧剂等，与实芯焊丝相比。其优点是熔敷速度快，焊接质量好，特别是耐冲击性能好，经济性好，对各种管材的适应性好，设备投资比较低。

电阻闪光对接焊 压力焊的一种，在低电压、强电流、交流电的作用下，使管端瞬间达到高温，蒸发金属以保护焊接区，通过外加顶端压力使熔化的管端形成连接接头，从而实现焊接。其优点是效率高，接头质量好，适应气候能力强，经济性好。缺点是设备庞大，不适用于山区等地形复杂地带及沙漠、沼泽地带，设备针对性强，没有通用性等。

（何利民　吕宇玲）

【**焊缝检验 weld inspection**】 用外观检查、无损检测等方法检查焊缝质量。包括非破坏性检验和破坏性检验。

非破坏性检验是指不破坏将来使用和可靠性的方式，对材料或制作进行宏观缺陷检验，几何特定测量、化学成分、组织结构和力学性能变化的评定，并进而就材料或制件对特定应用的适用性进行评价。非破坏检验主要包括外观及尺寸检验、无损检验、强度和严密性检验。管道焊缝检验一般属于非破坏性检验。破坏性检验主要包括力学性能检验、化学分析检验和金相检验。

焊缝外观及尺寸检验分为目视检验和焊缝的尺寸检验两个部分。目视检验又分为直接目视检验和远距离目视检验。目视检验工作较简单、直观。因此应对所有焊接结构的所有可见焊缝进行目视检验。目视检验若发现裂纹、未熔合、夹渣、焊瘤等缺陷，应清除、补焊、修磨，使焊缝表面质量符合要求。焊缝的尺寸检验是按照图样标注尺寸或技术标准规定的尺寸对实物进行测量检查。检查对接焊缝的尺寸主要就是检查焊缝的余高和焊缝宽度，其中又以测量焊缝余高为主。

管道的无损检验方法通常有射线检验、超声波检验、磁粉检验等几种。

（何利民　吕宇玲）

【**无损检测 non-destructive inspection**】 在不损害或不影响被检测对象使用性能的前提下，利用专用设备确定试件表面及内部结构、性质、状态等是否存在异常。常出现的焊缝缺陷有气孔、裂缝、咬边、焊瘤、弧坑、夹渣、烧穿等。常用的无损检测方法有射线探伤、超声波探伤和磁粉探伤。

射线探伤 一般分为 X 射线探伤和 γ 射线探伤。射线探伤是利用射线通过焊缝时，焊缝内的缺陷对射线的吸收和射线的衰减不同来检查焊缝的。因为透过焊缝的射线强度不一样，胶片的感光程度不一样，故在底片上，焊缝呈现为白色，焊缝缺陷呈现为黑色。射线探伤的优点为可获得直观图像，定性准确，对尺寸的定量也较准确。

超声波探伤 分为普通超声波探伤（UT）和全自动相控阵超声波探伤（AUT）。超声波探伤是利用超声波能渗透入金属材料深部，并由一截面进入另一截面时在界面边缘发生反射的特点来检查焊缝的。当超声波自工件的表面通至金属内部、遇到材料缺陷和工件底面时，就会分别发出反射波束，在荧光屏上产生脉冲波形，根据波形即可判断缺陷的位置和大小。超声波探伤的优势是检测速度快；缺陷定位准确，检测灵敏度高；检测结果直观，可实现实时显示；可以检测射线探伤无法穿透的壁厚。

磁粉探伤 磁粉探伤时，首先将焊缝处充磁。对于断面尺寸相同、内部材料均匀的管道，磁力线的分布是均匀的。如果焊缝处有缺陷，就会使磁力线发生弯曲，而且穿过焊缝表面形成"漏磁"，从而将散在表面的磁粉吸到缺陷处。这时可根据磁粉的形状、多少、厚薄程度来判断缺陷的大小和位置。磁粉探伤适用于高压管道或焊缝表面裂纹的检验，但难以发现气孔、夹渣及隐藏在深处的缺陷。

（何利民　吕宇玲）

【管道防腐　pipe anticorrosion】 避免管道遭受土壤、空气和输送介质（石油、天然气等）腐蚀的防护技术。

输送油气的管道大多处于复杂的土壤环境中，所输送的介质也多有腐蚀性，因而管道内壁和外壁都有可能遭到腐蚀。按照腐蚀的破坏形式，油气管道的腐蚀可以分为均匀腐蚀（全面腐蚀）和局部腐蚀两大类。其中局部腐蚀又包括小孔腐蚀、电偶腐蚀、氢脆、应力腐蚀破裂、晶间腐蚀、选择性腐蚀等。一旦管道被腐蚀穿孔，即造成油、气泄漏，不仅中断运输，而且会污染环境，甚至可能引起火灾，造成危害。

常见的管道防腐技术有：药剂防腐蚀技术，药剂包括缓蚀剂、阻垢剂、杀菌剂等。材料防腐蚀技术，耐腐蚀金属材料包括低碳钢、低合金钢、奥氏体不锈钢等；耐腐非金属材料包括玻璃钢、塑料等。表面处理技术，包括化学表面处理技术、镍—磷化学镀技术、表面镀锌技术、氮化防腐技术、镀钨合金技术。涂层防腐蚀技术，防腐层对金属有隔离作用，将金属与腐蚀性介质隔离；有缓蚀作用，借助涂料的内部组分与金属反应，使金属表面发生钝化或生成保护性物质，提高防腐层的保护作用；有电化学保护作用，在涂料中使用比铁活性高的金属作填料，起到牺牲阳极保护作用。常见的防腐涂层包括硬质聚氨酯泡沫塑料防腐层、环氧煤沥青防腐层、聚乙烯防腐层、聚乙烯胶黏带防腐层、熔结环氧粉末外涂层、三层PE防腐层等。电化学保护技术，包括牺牲阳极保护法、外加电流阴极保护法、排流保护法等。

推荐书目

石仁委，龙媛媛.油气管道防腐蚀工程［M］.北京：中国石化出版社，2008.

（何利民　吕宇玲）

【管道防腐补口 joint coating】 对管道连接区域进行涂装，从而实现该区域腐蚀防护的技术操作。

一般是在现场完成，受作业环境和施工条件制约，相对于预制工厂中生产的管体防腐层，补口防腐层的质量受不确定因素影响较大，使其成为管道腐蚀控制系统的薄弱环节。补口防腐层的选用一般遵循与管体防腐层"一致性"的原则，即应选择与管体防腐层相同或相近，具有良好相容性的防腐材料及产品。

可分为热收缩套（带）补口、环氧粉末补口和液体环氧涂料补口。

热收缩套（带）补口　适用于三层PE结构和FBE这两种管体防腐涂层。热收缩套（带）补口是在喷砂除锈的基础上进行管体预热，再将涂有溶胶的热收缩套敷于补口位置，通过外部加热，使其环向收缩拉紧并粘接在补口位置。

环氧粉末补口　只适用于FBE的管道防腐涂层。需要将管体加热到200℃以上。现场涂敷工艺为现场喷砂除锈、静电加热喷涂。主要优点是熔结好，与钢管粘结力强，与管体涂层兼容性好；缺点是补口时对现场机具要求高，工艺控制非常严格，对环境和气候特别敏感，实际施工中影响因素很多，质量难以保证。

液体环氧涂料补口　适用于三层PE结构和FBE的管体防腐涂层。液体环氧涂料是一种双组分快速固化涂料，其特点是固化快，可直接喷涂而无须加热被涂钢管，涂层机械性能好，且涂层间结合力好，与三层PE等防腐层也有很强的结合力，不会产生阴极屏蔽。

（何利民　吕宇玲）

【管道防腐补伤 repair of coating defects】 对管道腐蚀区域进行涂装，实现该区域腐蚀防护的技术操作。分为三层结构聚乙烯防腐层补伤和环氧粉末防腐管补伤。

三层结构聚乙烯防腐层补伤　补伤片的厚度宜为1.3～2.2mm。密封胶和补伤片与管体防腐材料相容，由同一生产厂商提供。直径不大于30mm的损伤（包括针孔），采用补伤片补伤；直径大于30mm的损伤，先用补伤片进行补伤，然后用热收缩带包覆。补伤后的外观应100%目测，补伤面应平整，无皱折、无气泡、无烧焦炭化现象，不合格应重新补伤。补伤处应100%电火花检漏，检漏电压15kV，无漏点为合格。补伤的粘结力按标准规定内容抽查检验。25±5℃

下的剥离强度不低于35N/cm，每100个补伤抽查1个。若不合格，加倍抽查；若加倍抽查仍不合格，则该段管线应全部重新补伤。

<u>环氧粉末防腐管补伤</u> 补伤材料与管体涂层材料性质相容，质量应符合设计要求。损伤处的锈斑、鳞屑、污垢和其他杂质及松脱的涂层应清除干净。损伤或针孔周围15mm范围内的管体涂层应轻微打毛，并清理干净。直径不小于25mm的损伤，应采用液体环氧涂料进行修补，干膜厚度应不小于500μm。直径小于25mm的损伤，应采用热熔修补棒进行修补，干膜厚度应不小于500μm。

（何利民 吕宇玲）

【管道下沟 pipeline laid down to ditch】 一种在管沟开挖合格后，合理配备吊管机将已焊接防腐完成的管道平稳的放入管沟中的管道施工程序。长输管道一般采用埋地敷设，主要施工方式分为沟上组装焊接和沟下组装焊接两种，其中又以沟上组装焊接方式应用最为普遍。沟上组装焊接方式是指先完成管道的焊接，再进行管沟开挖、管道下沟回填，主要优点在于工效高，安全性好。

按下沟方式不同可分为吊管机联合下沟、吊管机分阶段下沟、预制管段下沟、沉管法下沟。

<u>吊管机联合下沟</u> 采用沟上流水作业施工时使用。管道下沟前，全面检查管沟成型质量情况，沟内不得有积水、塌方，否则应及时进行整改；下沟过程中，沟下不得有人员作业。沟上组焊的管段，焊接检验及补口、补伤合格后，以约5km为一个下沟段，组织吊管机，集中下沟。下沟吊具使用尼龙吊带，起吊点间距应按施工要求确定。

<u>吊管机分阶段下沟</u> 壁厚为17.5mm以上大口径管线下沟时可采用。开挖管沟时，每间隔20m留3m宽一段管沟暂不挖。下沟时，首先使用5台吊管机将管线平移至管沟中心位置。然后用3台70t吊管机分别占在预留3m宽的管沟上，达到靠近管道减小力矩、增大起吊能力的目的；将管道吊起，用单斗挖掘机开挖预留段管沟，管线落到沟底。

<u>预制管段下沟</u> 在水网地区地表水系较发育地段，大吨位吊管机行走困难，可首先将2~3根钢管预制成为管段，然后将管段下沟，进行沟下连头作业。

<u>沉管法下沟</u> 对于地下水位较高的地段或地质情况为流沙的管沟不易成形的地段或吊管机难以行走的地段可采用。管道直接在管沟中心线上进行焊接，沉管时2台湿地单斗挖掘机分别站在管线两侧，同时在管底挖土，管线平稳地降到图纸要求的深度位置。管沟开挖时应注意对防腐层的保护，管道两侧派专人负责看护。

（何利民 吕宇玲）

【吊管机 pipelayer】 一种主要用于大口径管子的布管、对口和下沟作业,具有较大的起重量和带重物行走等功能的大中型管线施工专用起重设备。

按照用途可以分为通用吊管机、多功能吊管机和湿地吊管机;按照结构特征可以分为桥式吊管机、臂架式吊管机和固定式吊管机。

一般由金属结构、工作机构、动力装置和控制系统等部分组成(见图)。金属结构部分的主要作用是支撑吊管机的工作机构,承受工作时所产生的外载荷,如臂架类吊管机的吊臂和塔身等。工作机构由起升机构、运行机构、回转机构以及变幅机构组成。起升机构的主要作用是起吊重物,这也是吊管机最主要最基本的机构,主要依靠液压系统来实现重物的起吊;变幅机构是通过改变吊管机臂架倾角从而改变吊臂幅度;回转机构是使吊管机的回转部分绕回转轴旋转;运行机构的作用是使吊管机行走。动力装置提供动力。车轮式吊管机和履带式吊管机的驱动装置大多为内燃机,而桥式吊管机和固定式吊管机等的驱动装置多为外接电源。控制系统包括操纵装置与安全装置。操纵装置由离合器、制动器等组成,安全装置由力矩限制器、操纵阀及调速装置等组成。通过控制系统完成工作要求,同时保证作业安全。

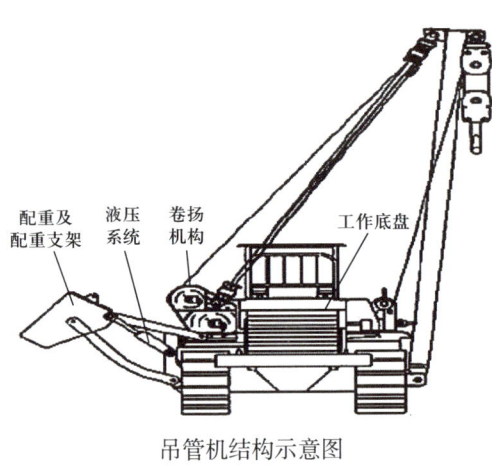

吊管机结构示意图

(何利民 吕宇玲)

【管道清管 pipeline cleanup】 为了清除油气管道内壁杂质、增加管道运行效率和寿命而进行的作业。是油气长输管道投产前或运行中的一项重要工作,可保证管道的正常运行和输送效率。

采用清管器清管时,管线弯头的曲率半径不应小于5倍管道直径。若用压缩空气清管,清管器运行速度控制在4~5km/h为宜;为提高清管效率防止清管器"脉动",应在清管器前进方向建立"背压",其压差宜为0.1~0.4MPa(压差与地形高差有关);若遇阻可提高推动清管器的工作压力,但最大压力不宜超过2.0MPa。用压缩空气清管时,若开口端不再排出杂物,则清管合格。此时,可停止清管,也可做"打靶"试验鉴定清管成果。即在管线开口端2~3m处,放置一块1.5倍管线直径的白色油漆板,清管结束后,清点油漆板上的杂质情况。用清洁水清扫管道时,为了冲洗污物,可在清管活塞器的前方注入相当于管线容积 10%～15% 的水。清管时清管活塞移动的速度不应小于 2km/h，若清管器从管线排出时没有损坏，则管线清扫工作完成。

推荐书目

何利民，高祁. 大型油气储运设施施工［M］. 东营：中国石油大学出版社，2007.

（何利民　吕宇玲）

【**管道测径** pipeline diameter measurement】　一种精准确认管道变形的具体位置，进行新建管线验收而进行的作业。

通常是在常规的清管器上加装测径铝盘或测径探头，所使用的常规清管器一般为直板清管器、皮碗清管器、直碟混合清管器以及带钢刷清管器等。它在行进过程中通过探头测量管道沿线的内径参数，并储存在其储存介质中。测径完毕后可输出管径沿管子轴线变化图和数据，以此来判断管道的内径是否存在变形。

（何利民　吕宇玲）

【**管道试压** pipeline pressure testing】　为发现并排除管道缺陷和隐患进行的压力检测。必须在管沟回填后进行，试压前必须对所用管件、阀门、仪表进行检查，存在的问题应在试压前解决。根据采取的试压介质的不同分为水压试验和气压试验两种。

压缩空气在管道破裂处急速膨胀形成冲击波，气体急速逸出膨胀使破裂处温度骤降，造成对钢材止裂韧性的不利影响，使破裂扩展，造成长距离的管道破裂，且气压试验不易发现环形焊缝的针孔缺陷。因此，长输管道试验一般采取水压进行管道强度试验。管道线路高差变化大和试压水源问题是进行水压试验的两大难题。

管道水压试验根据地区等级的不同，强度试验压力分别为设计压力的 1.1 倍（一类地区）、1.25 倍（二类地区）和 1.4 倍（三、四类地区）。分段水压试验的管段长度不宜超过 35 km，试压管段的高差不宜超过 30 m，核算分段内管道环向应力不得超过管材最低屈服极限的 0.9 倍。

（何利民　吕宇玲）

【**管道干燥** pipeline drying】　一种清除水压试验后残留的少量水，以防在投产中造成管道冰堵而进行的作业。

大口径长输管道，特别是天然气管道在输气过程中，如果管道内存有积水，由于高压会致使天然气中的其他物质与管道内的水分发生作用，影响管道的正常运行，甚至导致管线瘫痪。其中最严重的会造成冰堵，即天然气中的某些烃类在一定条件下，与管道中的水作用生成一种黏性的水合物，水合物越积越高，最终会完全堵塞管道。另外，天然气中的酸性气体（如 H_2S、CO_2 等）在遇水的情况下，也会引起管线、设备等的腐蚀，造成事故隐患。天然气管道在水压试验、排水吹扫后，虽然可以达到无明水的状态，但在管壁上仍有残留水，这些残留水以水膜形态留在管壁上，其厚度接近于管道表面粗糙度，一般为 0.1～0.15mm。为保证管道的正常运行，必须进行管道干燥处理。

经常采用的干燥方法有：真空干燥法、氮气吹扫法、干空气法、高压天然气吹扫及甲醇干燥法等。

从经济性、技术可行性及安全性等方面考虑，干空气干燥法和甲醇干燥法是长输管道干燥处理技术中较为行之有效的方法，国内外天然气长输管道的投产大多采用这两种方法进行干燥处理。由于甲醇易燃、易爆，并具有一定的毒性，施工工艺要求和安全、环保要求较高，所以从这个角度考虑，干空气干燥从施工安全和环保方面比甲醇法更具优越性。

（何利民　吕宇玲）

【**管道穿越工程** pipeline crossing engineering】 一种油气输送管道从人工或天然障碍下部通过的建设工程。

穿越位置应符合线路总体走向。对于大、中型穿越工程，线路局部走向应按所选穿越位置进行调整。穿越宜与水域正交通过，当需斜交时，交角不宜小于30°。穿越位置选择，宜避开下列区域：（1）深泓线摆动大的河段；（2）岸坡区岩土松软、不良地质作用发育且对穿越工程稳定性有直接危害或潜在威胁的河段；（3）存在活动断裂或大型地层断裂带的河段；（4）水源保护地、水生物保护区、环境保护区及文物保护区等敏感区；（5）岩溶、塌陷和其他不良地质作用发育区域；（6）存在高压线、微波站、直流接地极区域。

大型河流穿越主要采用沟埋敷设、盾构隧道、钻爆隧道、顶管及水平定向穿越法等方式施工。对于河道较宽，河水流速较大，通航且来往船只较多的江河，沟埋敷设、顶管穿越难以应用，一般采用盾构隧道、钻爆隧道和水平定向穿越等方式。

天然气管道穿越工程，必须针对不同的地质情况采用不同的施工方法。同时由于地质结构千变万化，施工方法要灵活多变，必须根据施工现场的实际情况，充分利用地形地貌，采用一种或多种方法的组合，选择最经济、最实用的施工方法，以满足施工生产的需要。

（何利民　吕宇玲）

【**定向钻法穿越** crossing by horizontal directional drilling】 采用水平定向钻机按

照设计轨迹从障碍物下方进行导向孔、扩孔成洞后，回拖穿越管段通过障碍物的一种非开挖管道安装施工方法。简称定向钻穿越。

定向钻穿越轴线应符合下列要求：（1）与城镇居民点或独立的人群密集的房屋之间的距离不宜小于15m；（2）与港口、码头、水下建筑物或引水建筑物等之间的距离不宜小于100m；（3）距离桥梁墩台冲刷坑外边缘不宜小于10m，且不应影响桥梁墩台安全；（4）距离水下隧道的净距不应小于30m；（5）并行穿越时，并行间距不宜小于10m；（6）管道交叉或上下平行穿越时，垂直间距不宜小于6m；（7）当情况特殊或受地形及其他条件限制时，在采取有效措施保证相邻建（构）筑物和管道安全的前提下，可缩小（1）和（5）规定的距离，但不应小于8m。

水平定向钻进技术是将石油工业的定向钻进技术和传统的管线施工方法结合在一起的一项施工新技术，它具有施工速度快、施工精度高、成本低等优点，广泛应用于供水、煤气、电力、电信、天然气、石油等管线铺设施工工程中。

（何利民　吕宇玲）

【定向钻机　horizontal directional drilling rig】借助导向工具可控制钻孔轨迹，在不同的地层和深度进行多种口径和一定长度的地下管线铺设的设备。各种规格的水平定向钻机由钻机系统、动力系统、控向系统、泥浆系统、钻具及辅助机具组成（见图）。

钻机系统　是穿越设备钻进作业及回拖作业的主体，由钻机主机、转盘等组成，钻机主机放置在钻机架上，用以完成钻进作业和回拖作业。转盘装在钻机主机前端，连接钻杆，并通过改变转盘转向和输出转速及扭矩大小，达到不同作业状态的要求。

定向钻机

动力系统　由液压动力源和发电机组成动力源，液压动力源为钻机系统提供高压液压油作为钻机的动力，发电机为配套的电气设备及施工现场照明提供电力。

控向系统　是通过计算机监测和控制钻头在地下的具体位置和其他参数，引导钻头正确钻进的方向性工具。由于有该系统的控制，钻头才能按设计曲线钻进，主要有手提无线式和有线式两种形式的控向系统。

泥浆系统　由泥浆混合搅拌罐和泥浆泵及泥浆管路组成，为钻机系统提供适合钻进工况的泥浆。

钻具及辅助机具 是钻机钻进中钻孔和扩孔时所使用的各种机具。钻具主要有适合各种地质的钻杆、钻头、马达、扩孔器、切割刀等机具。辅助机具包括卡环、旋转活接头和各种管径的拖拉头。

定向钻机广泛应用于供水、电力、电信、天然气、煤气、石油等行业管线铺设施工中，它适用于沙土、黏土、卵石等地况，我国大部分非硬岩地区都可施工。工作环境温度为 $-15 \sim 45 ℃$。

📖 推荐书目

何利民，高祁. 大型油气储运设施施工［M］. 东营：中国石油大学出版社，2007.

（何利民　吕宇玲）

【**定向钻对穿工艺** opposing drilling crossing by horizontal directional drilling】 采用两台定向钻机分别从障碍物两侧对钻导向孔，通过对接钻孔完成导向孔施工过程的一种水平定向钻方法。

采用两台钻机分别从障碍物两侧对钻导向孔，到达一定位置后，启动对接程序，使主钻机的钻头进入副钻机的孔中，然后从副钻机一侧出土。

设计要点：（1）河床下穿越水平直线段选择在硬塑性高的粉质黏土和粉砂层；（2）两岸导向孔起始段采取钢套管隔离穿过卵石圆砾层；（3）分别选择主穿越场地布设钻机和辅助穿越场地布设钻机，两台钻机从两岸同时开钻，河床中间对接；（4）为了尽可能保证钻孔顺畅，避免穿越角度过大产生管道回拖塌孔，减少回拖时孔壁对管道的摩阻力，穿越曲线力求平缓顺直；（5）两岸基坑均设置在水位线之上，减少施工排水的困难，两岸采取开挖基坑铺设套管。

（何利民　吕宇玲）

【**扩孔** reaming hole】 管道施工过程中，采用扩孔器将导向孔扩大至所需孔径的施工过程。

扩孔时钻杆带动扩孔器转动，泥浆从扩孔器喷出，同时活动卡盘向后移动，拉动扩孔器前进，直至敷设完毕。具体操作方法为：钻杆在对岸出土后，将扩孔器前段螺纹和钻杆相连，后端轴承和穿越管相连；注入泥浆（此泥浆不回收）推动扩孔器，移动钻台上的活动卡盘，拉动扩孔器和穿越管段前进。

扩孔宜分级进行，根据钻机、泥浆系统、钻杆规格、地质情况等，确定扩孔级差。一般情况下，第一级扩孔直径 20～24in，然后按增加 4～10in 进行分级扩孔。扩孔过程中，如发现扭矩、拉力过大，应及时分析原因，采取相应措施处理后，方可继续进行扩孔作业。对于岩石穿越，每次扩孔后宜进行洗孔作业，保证孔洞畅通作业。

扩孔结束后管道回拖前宜采取洗孔、修孔等措施保证孔洞畅通，对于复杂岩石地层应至少进行一次洗孔，经监理确认后方可进行回拖。

（何利民　吕宇玲）

【扩孔器 reamer】 一种用于管道施工过程扩孔的专用机具。

前端是扩孔钻头，中间是圆筒，后端为轴承。工作时，钻头和中间圆筒一起转动，并向前向后喷射泥浆，轴承将转动部分和后面穿越管段的不转动部分分开。包括桶式扩孔器、飞旋式扩孔器、板式扩孔器等（见图）。

(a) 桶式扩孔器　　(b) 飞旋式扩孔器　　(c) 板式扩孔器

扩孔器

桶式扩孔器　对地层的挤压作用使其十分适用于易塌方和可塑地层，同时它具有良好的清孔能力，因而应用十分广泛。

飞旋式扩孔器　角度十分陡直，切割刀口的长度非常短，其阻力和旋转所需的能量小，切削能力较强。这种形式的扩孔器不挤压土层，适用在车道、人行道以及担心会破裂的街道底下进行扩孔作业。比较适合于在不塌方且不易鼓泥包的地层扩孔。

板式扩孔器　具有较好的切削能力，能极好的混合钻屑和泥浆，并且能让泥浆自由流过。但对于大直径扩孔，由于自身重量过大而导致扩孔器有逐渐下沉的趋势，从而恶化了孔道成型质量。所以大尺寸扩孔时，应与桶式同时配套使用，此时桶式起到扶正器的作用。

（何利民　吕宇玲）

【顶管法管道穿越 pipe jacking in crossing construction】 一种非开挖敷设地下管道的施工方法，借助于主顶油缸及管道间中继站等的推力，把工具管或掘进机从工作坑内穿过土层一直推到接收坑内吊起，与此同时，紧随工具管或掘进机后的管道埋设在两坑之间。

按顶进管前的工具管或顶管掘进机的作业形式可分为手掘式顶管、挤压式顶管、半机械式顶管和机械式顶管。机械式顶管又可分成泥水式、泥浆式、土压式和岩石式顶管。按所顶进管子的口径大小可分为大口径、中口径、小口径顶管3种。按顶进管的管材可分为钢筋混凝土管顶管和钢管顶管以及其他管材的顶管。按顶进轨迹的曲直可分为直线顶管和曲线顶管。按工作坑和接收坑之间的距离长短可分为普通顶管和长距离顶管。

系统主要由工作坑和接收坑、洞口止水圈、掘进机、主顶装置、顶铁、基坑导轨、后座墙、推进用管及接口、输土装置、地面起吊设备、测量装置、注浆系统、中继站等组成。

适用条件：(1)管径一般在200～3500mm；(2)管材一般为混凝土管、钢管、陶土管、玻璃钢管；(3)管线长度一般为50～300m，最长可达1500m；(4)各种地层，包括含水层。

(何利民　吕宇玲)

【螺旋钻机顶管穿越 spiral drill through the pipe jacking construction】 一种利用螺旋钻顶管机进行顶管穿越的施工方法。螺旋钻顶管机靠机头前刀盘切削掘进面，与螺旋钻端部（刀盘处）射出的高压水混合，经由套管内螺旋输送到工作井，再使用泥箱运至存放泥浆处。

钻进施工应符合下列规定：穿越钻孔时，应依据土壤情况选择钻头直径；钻孔顶进的套管每根长度与每节钻杆的长度应一致，第一节套管的入土点和安装角度应准确，钻进2m后应检查钻进角度。发生偏钻时，应重新调整钻机。第一节套管钻完时应进行测量，钻杆位置允许偏差不应大于±30mm；钻进过程中，应监测返出钻屑的硬度、塑性、含水量等，根据返出钻屑的情况，及时调整钻速；顶管钻进前，钻机推盘应垂直、平整，防止顶管时套管受力不均匀出现偏钻；在软土层区域施工，安装第一根钻杆时，套管头部可抬高1～5mm。钻第一根套管时，应用支撑架支撑套管头部，套管入土2～3m后，方可拆除支撑架；在硬土层钻孔时，钻头可伸出套管200～500mm；在松软地层，钻头可缩至套管内200～400mm，防止塌方造成路面下陷；每顶进一根套管，应测量中心线方向偏移。当方向发生偏斜时，应纠偏；施工作业开始后应连续作业；在施工过程中，应实时检查坑壁，防止坑壁坍塌。

(何利民　吕宇玲)

【千斤顶顶管穿越 jack for pipe jacking in crossing construction】 一种利用千斤顶进行顶管穿越的施工方法。顶管作业坑应选在地面高程较低的一侧，作业坑应有足够的长度和宽度，其深度根据穿越管段埋设深度确定。作业坑底部应铺设枕木和导轨，导轨作为套管前进的轨道。承受顶进反力的作业坑背面应采取加强措施。

顶管前，应将顶管设备就位且试运行良好，其穿越中心线与管道设计中心线一致。顶管时，顶铁中心线应与穿越中心线平行、对称。套管进入土层后，宜采用人工方法自上而下开挖取土。在管道下 135° 位置不应超挖，管顶部超挖量不应大于 15mm，其余部分超挖不超过 50mm。顶进作业时，宜在套管外壁涂润滑剂或用泥浆润滑。

顶管时，应采用测量仪器控制中心线和高程，以施工放线时布置的中心桩为基准导向监控。第一根套管顶进中心线偏差不应超过管长的 3‰。初始顶进中，每顶进 300mm 检查 1 次；正常顶进后，每顶进 1m 至少检查 1 次。

采用轴向液压千斤顶配以液压站法施工时，应严格控制油泵的压力，使油泵压力平稳上升。

顶管作业宜连续进行，不宜中途停止，套管全部顶进以后，为保证穿越管段正常穿入，可将套管内用砂浆适当找平。

（何利民　吕宇玲）

【**平衡法顶管穿越** balance method for pipe jacking in crossing construction】 根据管道穿越处地下水压力条件，选择泥水平衡或土压平衡顶管机进行顶管穿越的施工方法。根据顶管管段的直径选择合适外径的顶管机械。刀头直径宜比套管外径大 40～60mm；应对竖井的几何尺寸、强度、洞口中心线进行交接验收。合格后，办理交接手续；应用测量仪器测出顶管设计中心线，并应进行顶管轨道的调整和固定。顶管机的调整应确保顶管设备中心线与顶管设计中心线一致；竖井内安装顶管机轨道、后座顶板、后座千斤顶、顶管机及配套设施时，应确保牢固稳定。然后进行顶管机试运行；根据穿越长度和顶进能力，宜每 100～200m 之间设一个中继站。

施工测量应包括：建立地面上平面控制网和高程控制网；将地面上的坐标、方位和高程准确地传递到地下合适的位置；在地下进行平面控制测量和高程控制测量。

管道顶进应根据地质条件选用适宜的注浆润滑材料、制浆工艺、压注方法等降低顶进滞阻力。注浆润滑材料宜由膨润土、甲羧基纤维素、纯碱和水组成。不同的土质，应采用不同的配方。

穿越主管就位应符合下列规定：穿越主管就位的动力可采用后顶法、牵引法或以上两种方法的组合；穿越主管在套管间可采用滚轮托架法、轨道法等方法进行安装；穿越主管就位时，应控制顶进或牵引速度，防止损坏防腐层；穿越主管设计有牺牲阳极时，应按设计要求确保牺牲阳极与主管的连接牢固，且施工顶进或牵引时不应损坏。

（何利民　吕宇玲）

【**盾构法管道穿越** shield method in crossing construction 】 采用盾构机在地面以下建造隧道的施工方法。盾构机沿隧洞轴线边向前推进边对土壤进行挖掘。对挖掘出的还未衬砌的隧洞段起着临时支撑的作用，承受周围土层的压力，有时还承受地下水压以及将地下水挡在外面。挖掘、排土、衬砌等作业在护盾的掩护下进行。可分为手掘式、挤压式、半机械式和机械式。

在盾构掘进前，应使用仪器检测是否存在可燃性或者有害气体。如存在，应增加通风，使可燃性或者有害气体浓度控制在安全允许值之内；如超过安全允许值，应停止盾构掘进，采取措施进行处理。

起始段施工应根据隧道穿越的地质条件、地表环境情况，通过试掘进确定合理的掘进参数和地质改良的方法，应使盾构刀盘前方开挖面保持稳定，控制掘进方向，使隧道中心线符合设计要求。

应实时监控开挖面水土压力、开挖面泥浆压力和开挖土量，保持开挖面的稳定，分离装置应适合开挖土砂粒度要求，进行渣土与泥浆、水的分离，并宜将分离出来的泥浆和水经过处理，循环到开挖面再利用。

遇到施工偏差过大、设备故障、与地质勘探不相符的地质变化、前方发生坍塌或遇有障碍、盾构自转角度过大、盾构位置偏离过大、盾构推力与预计值相差较大、盾构掘进扭矩发生较大波动、环片发生开裂或注浆发生故障无法注浆时，应暂停施工，经处理后再继续。

（何利民　吕宇玲）

【**泥水平衡式盾构掘进机** slurry shield tunneling machine 】 一种以泥水平衡原理，具有开挖切削土体、输送土渣、拼装隧道衬砌、测量导向纠偏等功能的专用工程机械。

泥水平衡式盾构通过向刀盘密封舱内加入泥水（浆）来平衡开挖面的水和土压力，刀盘的旋转切削和推进在泥水（浆）的环境下进行（见图）。泥水、渣土通过泥水泵抽出，泥水通过泥水循环系统处理添加。泥水泵和泥水处理系统能有效地控制掌子面的泥水压力，保持开挖面的平衡稳定性及控制地面沉降。

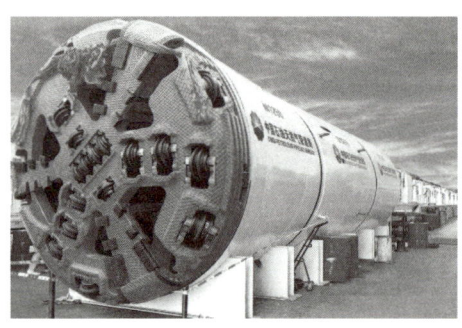

泥水平衡式盾构掘进机

（何利民　吕宇玲）

【土压平衡式盾构掘进机 earth pressure balance shield tunneling machine】 一种以土压平衡原理,具有开挖切削土体、输送土渣、拼装隧道衬砌、测量导向纠偏等功能的专用工程机械(见图)。分为泥土式、泥浆式和混合式。

土压平衡式盾构掘进机

根据土压平衡的基本原理,利用盾构机的刀盘切削和支承机内土压舱的正面土体,抵抗开挖面的水,达到土压力稳定的目的。以盾构机的顶速即切削量为常量,螺旋输送机转速即排土量为变量进行控制土压舱里的水、土压力与切削面的水,使土压力保持平衡。

适用于泥土地质条件。当在泥土地层下施工时,由于泥土的黏合性,泥土在输送机内输送连续性好,出渣速度就容易控制,掌子面容易稳定,掘进效率高。另外刀盘与工作面泥土摩擦力小,刀具磨损量小,利于长距离掘进。

在大埋深富水地段、粉土地层使用,地层土黏性较大,极易形成泥饼,要求对渣土改良,如添加聚合物等,并需防止喷涌。对砂石地层,螺旋输送机难以形成土塞,土压平衡式盾构进行舱内压力控制困难,即使采用保压泵渣装置,也难以进行土压恒定控制。

(何利民 吕宇玲)

混凝土管片

【混凝土管片 concrete segment】 管道施工过程中,盾构隧道中采用的装配式钢筋混凝土构件(见图)。

混凝土管片是隧道的最内层屏障,承担着抵抗土层压力、地下水压力以及一些特殊荷载的作用。盾构管片是盾构法隧道的永久衬砌结构,盾构管片质量直接关系到隧道的整体质量和安全,影响隧道的防水性能及耐久性能。

通常采用高强抗渗混凝土生产,以确保可靠的承载性和防水性能。生产时,利用成品管片模具密封浇灌混凝土后即可成型。

拼装成环方式：盾构推进结束后，迅速拼装管片成环。除特殊场合外，大都采取错缝拼装。在联络通道处的管片有时采用通缝拼装。拼装顺序一般从下部的标准块管片开始，依次左右两侧交替安装标准管片，然后拼装邻接块管片，最后安装封顶块管片。

（何利民　吕宇玲）

【开挖法管道穿越　excavation method in crossing construction】　一种直接开挖沟槽敷设管道的方法。分为不带水开挖管道穿越和带水开挖管道穿越。

宜选择在枯水期内施工。有航运的河流或水域应设标志牌，标明不应抛锚、挖沙；无航运的水域也应设置标志牌，标明不应挖砂。应根据施工图测量管沟中心线、管沟底标高和管沟上口边线，测量结果应符合设计要求。应确定导流沟、截水坝、发送道、牵引道的几何尺寸，并应进行施工场地平面布置。不带水开挖穿越施工允许双管同沟敷设，双管净距应符合设计规定；带水开挖穿越施工应单管敷设，双管间距不应小于15m。

（何利民　吕宇玲）

【不带水开挖管道穿越　non-underwater open cut in crossing construction】　在待穿越管道中心线两边一定距离设置围堰，在适当位置设置导流渠，排干围堰内的明水后开挖管沟，进行管道穿越的方法。

导流沟底应低于入口处河流水面，且沟底沿水流方向应有一定的坡度。导流沟宽度应根据河水流量的大小确定；河流上下游两截水坝之间的距离应能满足施工作业要求。坝顶应高出施工期水面1~1.5m且应超过河岸最低点；断面应为梯形，其边坡比宜为1：（1~2），坝顶的宽度根据河水的深度而定，一般可为2.5~5m。截流方法可采用橡胶水坝、打桩护坝、水工布密封等措施。

采用围堰的方法开挖管沟，应根据穿越地段的岩土性质、施工方法、施工机具情况确定降水方法，以保证管沟开挖和其他作业正常进行。当开挖地段为砂石、砂卵石、砂土、黏土时，可采用密封截水、明沟及大口井排水等方法；为淤泥、流砂、粉砂和细砂时，采用井点降水等方法。

管沟回填应符合下列规定：对下沟管道进行标高测量和管道中心线测量，合格后方可进行管沟回填；设计自然回淤的管沟，应在管道下沟敷管完成后，人工回填1/3的覆盖深度，采取其他稳管措施，防止浮管；填后应对管道的中心线、标高进行复测并应符合设计要求；双管敷设应有保证间距的措施。

（何利民　吕宇玲）

【带水开挖管道穿越　underwater open cut in crossing construction】　带水开挖管沟、

管道漂管过江（河）、沉管和稳管的管道穿越河流施工方法。

对河床土壤松软、水流速度小、回淤量小的河流，宜采用链斗式、绞吸式或吸扬式挖泥船开挖管沟；对河床土壤坚硬，如硬土层或卵石层，可采用抓斗挖泥船或轮斗挖泥船开挖管沟。河床地质为砂土、黏土或夹卵石土壤，可用拉铲配合其他方法开挖管沟。河床地质为岩石时，可采用爆破成沟。

牵引前应将发送沟、发送架、牵引场地、牵引设备等准备完毕。管道牵引就位前，应对管沟的沟底宽度、标高、中心线位置和几何尺寸进行复测，确认符合设计和本标准规定后，方可牵引。

管道穿越湖泊水库和水流速度在 0.2m/s 以下的河流时，可采用漂管过江，沿水面漂浮拖到对面，然后再沉到河底管沟中心线。管道沉管作业时，应计算管道刚度和最大弯曲应力是否满足沉管条件。漂管过江，可根据施工现场的具体条件选择直线漂管过江或旋转漂管过江的方式。当管道上覆盖有加重层使浮力小于重量时，可采用加浮筒的方法进行浮拖。

水下穿越管段应稳定在所要求的位置上，按设计要求进行稳管。穿越管段在安放配重块、石笼、浇筑混凝土连续覆盖层时，不应损坏管道的防腐层。复壁管环形空间注水泥浆前，内管应充满水且保持一定的压力，以防止在注浆时受外压作用产生变形。注浆时应在排放口取样，测定排放口水泥浆的相对密度，待达到设计相对密度时停止注浆。为增加流动度，可向水泥浆内加缓凝剂。当要求水泥浆的密度较大时，可加重晶石粉。

（何利民　吕宇玲）

【矿山法隧道穿越 tunnel by digging】 用钻眼爆破方法开挖断面而修筑隧道、敷设管道的施工方法。因借鉴矿山开拓巷道的方法而得名。用矿山法施工时，将整个断面分部开挖至设计轮廓，并随之修筑衬砌。当地层松软时，可采用简便挖掘机具进行，并根据围岩稳定程度，在需要时应边开挖边支护。分部开挖时，断面上最先开挖导坑，再由导坑向断面设计轮廓进行扩大开挖。分部开挖主要是为了减少对围岩的扰动，分部的大小和多少视地质条件、隧道断面尺寸、支护类型而定。在坚实、整体的岩层中，对中、小断面的隧道，可不分部而将全断面一次开挖。如遇松软、破碎地层，须分部开挖，并配合开挖及时设置临时支撑，以防止土石坍塌。喷锚支护的出现，使分部数目得以减少，并进而发展成新奥法。

按衬砌施工顺序，可分为先拱后墙法及先墙后拱法两大类。后者又可按分部情况细分为漏斗棚架法、台阶法、全断面法和上下导坑先墙后拱法。在松软地层中，或在大跨度洞室的情况下，可采用先墙后拱施工法——侧壁导坑先墙后拱法。此外，结合先拱后墙法和漏斗棚架法的特点，还有一种居于两者之间的蘑菇形法。

（何利民　吕宇玲）

【**管道跨越工程** pipeline aerial crossing engineering】 管道从天然或人工障碍物上部架空通过的管道工程。

可分为梁式管道跨越、"Π"形钢架管道跨越、管拱管道跨越（包括单管拱管道跨越与组合拱管道跨越）、轻型托架式管道跨越、桁架式管道跨越、悬垂式管道跨越、悬缆式管道跨越、悬索式管道跨越、斜拉索式管道跨越与组合式管道跨越等。

（何利民　吕宇玲）

【**悬索式管道跨越** suspension cable type pipeline aerial crossing】 输送管道吊挂在承重主索上的管道跨越结构形式。是一种大跨度的管道跨越结构形式，管道由多根吊索吊在由两端塔顶支撑的主索上（见图）。主索的两端经过塔顶，分别锚固在两端固定墩上，管道本身兼作桥面体系。

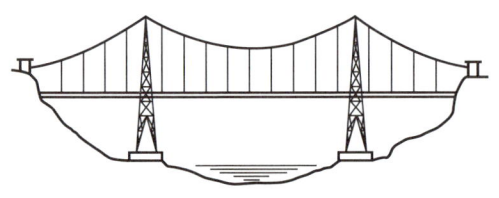

悬索式管道跨越结构示意图

安装建成后的管道和主索都呈大半径弧线的形态，全管道的变形与受力协调一致，不致出现局部应力过大的现象。

施工时，通航河流应设置警戒设施。需编制专项施工技术方案，进行吊装施工受力计算、确定发送道及牵引道的几何尺寸、进行施工场地平面布置，并应经审查批准后方可实施。施工测量应标定跨越中心轴线和跨越点中心位置。若构件未能一次发送完成，且发送构件的临时停留位置低于设计高度时，应在构件上设置夜间警示灯光。钢丝绳锚固头和锚固墩的锚固螺栓连接时，应采取措施防止锚固头灌浆过程中损坏锚固螺栓的螺纹。

对于不通航河流、虽通航但可断航的河流、干枯河流、冰冻河流，宜采用小绳牵大绳方法，直接牵引主索过河，主索不应直接接触地面；当河床地形复杂、流速较大，主索不宜水中拖拉过河时，可利用塔顶预先设置的施工临时承重索，以适宜的间距吊起主索，用小直径钢丝绳作牵引绳牵拉过河；对于不允许封航的河流、深沟、峡谷，可采用火箭引导、飞行器牵引的方式，也可采用小绳牵大绳方法进行牵引。

（何利民　吕宇玲）

【斜拉索式管道跨越 obliquely-cable stayed pipeline aerial crossing】 把输送管道用多根斜向张拉钢索连接于塔架上的管道跨越结构形式（见图）。

与悬索式管道跨越相比，主要是用斜拉索代替了主索。采用多根密集的钢丝绳斜向张拉管道，两端用塔架做其支座。

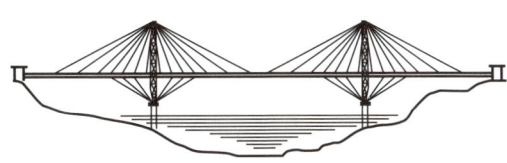

斜拉索式管道跨越结构示意图

桥面结构安装时，宜采用分节吊装，吊装件应为预制构件，且应优先采用螺栓连接或承插连接。桥面结构的吊装及安装可利用架设的临时平台、施工临时承重索等，但桥面结构在吊装、发送过程中不得产生应力损坏和永久性变形。在桥面结构吊装及发送、拉索安装过程中，均应采取控制桥面结构线型的措施，并应使桥面结构线型符合设计要求。

拉索安装可根据塔高、布索方式、索长、索径、索重、索的刚柔程度、起重设施等选择架设方法。拉索的牵引安装可通过架设的临时施工绳等临时吊装结构进行。施工中不得损伤拉索索体保护层和索端掘头及螺纹，不得堆压弯折索体。不得采用对拉索产生集中应力的吊具直接挂扣拉索，宜采用带胶垫的夹具、尼龙吊带，也可设置多吊点起吊。拉索张拉的顺序和级次数应符合设计要求。塔架顺桥面结构向两侧的拉索（组）和桥面结构横向对称的拉索（组），应对称同步张拉。拉索施工牵引过程中，应采用措施防止钢丝绳扭曲损伤。

（何利民　吕宇玲）

【桁架式管道跨越 truss type pipeline aerial crossing】 用桁架作为管道承重结构的管道跨越结构形式（见图）。

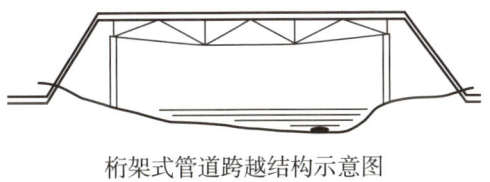

桁架式管道跨越结构示意图

利用管道作为桁架结构的上弦，用两片或两片以上的平面桁架组成三角形或矩形空腹梁结构，结构刚度大，有良好的稳定性，还可以根据当地情况在管道上设置桥面体系，作为人行通道使用。

桁架的组装均应对称进行，根据设计文件要求预先计算出弦杆的均匀起拱值，并应采取重点控制桁架弦杆的起拱高度的措施。桁架组装应在组装平台上进行，组装时应采取减小桁架焊接变形的措施。弦杆对接焊缝应避开节点板，开口处应及时进行焊接封堵。

钢结构焊接时，采用的焊接工艺和焊接顺序应能使最终构件的变形和收缩最小。

桁架安装应保证吊装结构的稳定性和防止永久性变形。吊装过程中损坏的涂层以及安装连接部位的涂层应及时修补。桁架组焊完毕后应进行全面检查验收,并应达到下列要求后才能进行吊装施工:桁架吊装前桁架的支座应焊接安装完毕;吊装前应对吊点进行检查,吊点的设置应与报审方案一致;桁架与基础采用螺栓连接时,在桁架吊装前应对桥墩的定位轴线、基础轴线和标高、地脚螺栓位置等进行检查。

（何利民　吕宇玲）

【**轻型托架式管道跨越** light truss type pipeline aerial crossing】 以管道作为上弦,与钢索或型钢构成的下撑式组合梁的管道跨越结构形式（见图）。又称下撑式组合管梁管道跨越。

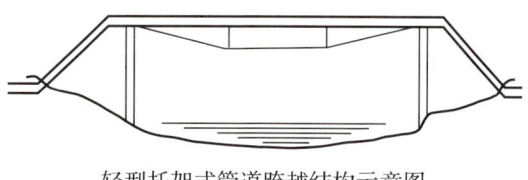

轻型托架式管道跨越结构示意图

利用管道作为托架的上弦受压杆,下弦拉杆一般采用型钢或高强度钢索组成,其腹杆采用钢管制成三角撑,形状为正三角形或倒三角形,一般采用正三角形。在风速较大的地区,采用倒三角形则有较好的刚度。

油气管道截面刚度较大,以管道作为托架结构受压弯的上弦,用受拉性能较好的高强度钢丝绳作为托架的下弦,考虑增大管道跨距,再以三角形的组装钢托架作为中间连接构件,构成空间组合梁体系,以此构成轻型托架式管桥。

采用下拉索承托管道,加大了管道自身的允许跨度,适用于常年水位和洪水位相差不大的中小型河流跨越,具有良好的侧向稳定性和抗风能力。

根据不同跨度,可以设计成单跨或多跨。可以在跨端设置补偿器,以降低热应力。三角托架的高度一般为跨度的 1/30～1/5。

（何利民　吕宇玲）

【**梁式管道跨越** girder pipeline aerial crossing】 用输送管道或套管作为梁的管道跨越结构形式（见图）。又称梁式管道直跨。

由支架或支墩及工作管道组成。适用于小型河流、溪沟的管道跨越,对于大、小口径的管道均适用,是小型跨越中广泛采用的一种管道跨越形式。

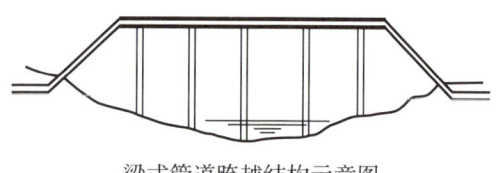

梁式管道跨越结构示意图

在跨越中小型河流，当其常年水位较浅，河床地质情况较好时，允许在河流中设置基础，可考虑采用单跨或多跨连续梁结构。跨度可根据河床地质情况及管道自身强度布置，必要时可采用托架或桁架结构等加强措施。

管桥由支座和以管路构成的梁体两部分组成，在河流两岸加支墩，作为管路的支撑，在工艺管道外侧加钢套管，或者直接利用管道自身的支撑能力以简单的梁式结构跨越河流。

当跨越河流宽度大于20m时，可采用带补偿的多跨连续梁结构，但由于管道在试压以及安全运行期间对管道变形量有严格的要求，因此直跨方案只适用于跨距较小的河流和沟渠。

在采取梁式管道跨越时，除考虑跨距的影响外，其工程实际地质条件、支撑柱设置、施工组织情况等外部条件也需统筹考虑，方可使整个设计方案完整。

（何利民　吕宇玲）

【**单管拱管道跨越** single-line arch type pipeline aerial crossing】 用单根输送管道做成拱形的管道跨越结构形式（见图）。

将管道制成近似抛物线形状，使其与管道由于自重及介质重量引起的压力曲线相接近，可使管拱的弯曲应力有可能降低，增加管道的跨度。在实际工程中，为了施工方便，通常将管道制成圆弧折线拱或抛物线折线拱。

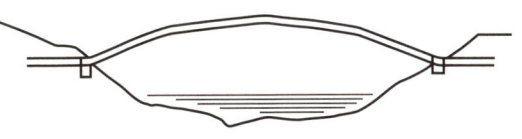

单管拱管道跨越结构示意图

采用单管拱时，为增加跨度，可在支座处加侧向支撑，以加强侧向稳定。

拱管是管线跨越结构中最合理的体系之一，在中小型河流、沟渠管道跨越结构中占着极其重要的地位。拱管一般采用等截面无铰拱，当管径较大时，预弯很困难，可分成若干直管段焊接成折线拱；当管径较小则可以分成若干段预先热弯，然后焊接成圆弧拱。

拱式管桥分为两类：一类是利用管道本身做成曲线形拱，将两端放于受推力的支座上，利用管道本身拱形受压的特点，增大管路跨越能力。管拱可组合成平面桁架，以增加结构刚度，满足更大的跨度和抵御风力的要求。另一类是构建钢管拱桥，将管道敷设于钢管拱桥上跨越小型河流。拱形结构具有结构稳定、受力均匀、施工方便的优势，适用于中小型河流管道跨越。

（何利民　吕宇玲）

【**"Π"形钢架管道跨越** "Π"-type frame pipeline aerial crossing】 用输送管道构成"Π"形钢架的管道跨越管道形式（见图）。适用于小型河流的跨越，型式

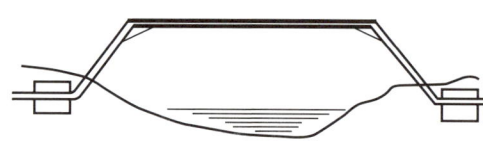

"Π"形钢架管道跨越结构示意图

简单，不需要支架。它充分利用管道自身的支撑能力，外形类似管道"Π"形温度补偿器，为折线拱结构。除了使用两个45°弯头以外，管道架设都是直线管组装，结构简单，施工方便，造价低。

用于实际跨度大于管道允许跨度、跨中又不便设立支撑时。除具有结构简单的特点外，还能利用管道自身的支撑作用增大跨度。该结构形状如同一个"Π"形补偿器，不需要设置专门的热变形补偿器。

（何利民　吕宇玲）

【组合拱管道跨越 pipe-build up arch type pipeline aerial crossing】 用输送管道及其他构件组成拱形的管道跨越结构形式（见图）。

将管道制成近似抛物线形状，使其与管道由于自重及介质重量引起的压力曲线接近，会使管拱的弯曲应力降低，可增加管道的跨度。在实际工程中，为了施工方便，通常将管道制成圆弧折线拱或抛物线折线拱。

组合拱管道跨越结构示意图

可将多管组装成组合拱，形成桁架式管拱，其跨越能力可达到100m以上。

（何利民　吕宇玲）

【悬缆式管道跨越 suspended cable type pipeline aerial crossing】 输送管道以悬垂形状吊挂在承重主索上的管道跨越结构形式（见图）。主索与输气管道都成悬垂线形状，用等长的吊杆相连，跨越两端采用塔架支撑，类似于架空电缆。

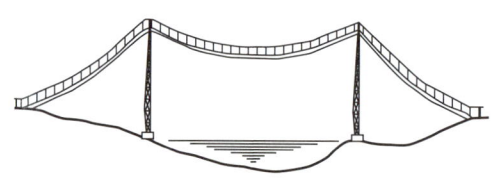

悬缆式管道跨越结构示意图

充分利用主索的拉力来提高管桥的自振频率，以便跳出低频风速范围，同时又借助于主索的高强度优势来扩大跨越性能；由于主索的拉力作用，增强了管桥的轴向刚度，改善了抗风稳定性，可以全部取消复杂的抗风索，简化结构，降低了造价，方便施工；可以充分利用主索作为施工用缆索，并采用空中牵引施工法，不但减少了大量高空作业，而且不用封航，使用的施工机具设备也是最少。适用于中、小口径管道的大型跨越工程。

悬索安装包括钢丝绳的制备、平行钢丝束的制备、主索安装、风索及其他索系安装、桥面结构的制作与安装。

（何利民　吕宇玲）

【**储罐施工** storage tank construction】 立式圆筒形固定顶储罐和大型浮顶储罐的施工建造工艺。分为倒装法施工工艺和正装法施工工艺。储罐施工工艺的选择主要根据现场施工条件、施工技术装备、施工队伍的技术素质以及经济效益等因素来综合考虑，倒装法主要用于立式圆筒形固定顶储罐，正装法主要用于大型浮顶储罐。

立式圆筒形固定顶储罐的安装，国内普遍采用倒装法施工工艺，即在罐底板铺设、焊接之后，先组装焊接顶层壁板、包边角钢、储罐拱顶等，然后自上而下依次组装焊接每层壁板，直至底层壁板。在倒装法施工工艺中，储罐主体结构可以借助充气、充水和机械等不同手段，实现建造目的。

大型浮顶储罐一般多采用悬挂内脚手架正装法、充水正装法及水浮脚手架配自动焊正装法施工。采用此法施工的主体结构自下而上依次组装焊接，直至顶层壁板抗风圈及顶端包边角钢等，最后组焊完成。

无论是倒装法施工工艺还是正装法施工工艺，它们各有优势和不足。倒装法施工的最大特点是地面作业，具有以下优点：（1）施工作业较安全，事故发生率较低；（2）不需要大型吊装设备和脚手架，工程造价低；（3）施工措施标准化程度、定型化程度较高，施工作业机动性较强，工效高，施工工期短；（4）便于控制施工质量，并能及时发现、处理施工中出现的质量问题。不足之处是：（1）此法不适用于特大型储罐；（2）限制自动焊的使用。

悬挂内脚手架正装法施工工艺适合于大型或特大型储罐的施工安装，便于进行自动焊作业。浮顶储罐的充水正装法施工，充分利用浮顶作为内脚手架平台大而可靠的特点，抗风圈作为外脚手架平台，既节约了用料，施工作业又安全可靠，并能对储罐基础分级预压。但缺点是：由于罐内充水，相邻组装罐壁板焊道的环境温度增大，焊道容易出现气孔；有水壁板与无水壁板的温差会影响焊道，易出现延迟裂纹。由于上述原因，充水正装法施工工艺在大型储罐施工中已很少使用。

（何利民　吕宇玲）

【**固定顶储罐施工** fixed-roof tank construction】 对包括拱顶、悬链顶和锥顶等形式的固定顶储罐等进行预制与组装焊接、附件安装、无损检测、质量检验与试验等内容的工程施工。

按照施工顺序可分为施工准备、基础验收、储罐底板预制、储罐壁板预制、储罐底板组装、储罐壁板组装、储罐附件组装、储罐焊接、储罐检查验收以及充水试验和防腐。

施工方法一般包括固定顶储罐的充气倒装法施工、固定顶储罐的中心柱倒装法施工、固定顶储罐的电动螺杆顶升法施工、固定顶储罐的电动倒链多点提升倒装法施工、固定顶储罐的液压提升倒装法施工、固定顶储罐的卷扬机提升倒装法施工等。施工工艺的选择主要根据现场施工条件、施工技术装备、施工队伍技术素质和经济效益等因素综合考虑。

（何利民　吕宇玲）

【固定顶储罐充气倒装法施工 construction of fixed roofs storage tank by inflatable inversion method】 按照储罐的倒装程序，将储罐四周的所有缝隙密封起来，借助于大排量的鼓风机，将空气鼓入储罐内，当罐体横截面所受的压力超过所要浮升的罐体重量时，罐体则浮升起来。

主要设施包括送风设施、密封设施、平衡设施、限位设施和活口收紧设施（见图）。

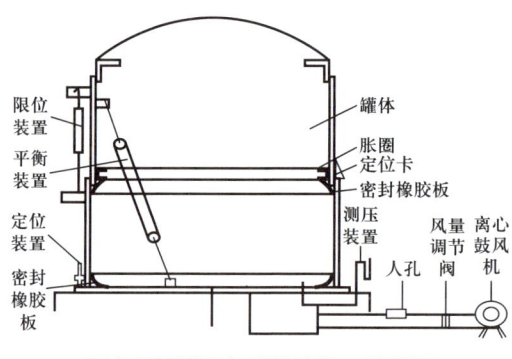

固定顶储罐充气倒装法施工示意图

施工程序主要要点包括：（1）鼓风机向罐内送风，罐体升起到位，调整罐壁板的间隙、垂直度偏差。在活口两侧约1m处的环缝点焊，并按实际尺寸划线，切割多余壁板，进行封口。（2）组对环缝，并定位焊，焊接罐内侧纵缝。（3）环缝焊接，先焊外侧焊缝，后焊内侧焊缝，如罐壁环缝为搭接，则先焊接内侧间断焊缝，后焊外侧角焊缝。（4）活口两侧的环缝，在其两侧面留出1m暂不焊接，待活口纵焊缝焊接完成后，再焊环缝。每层壁板的活口应相互错开。（5）卸下胀圈，安装在下层罐壁下缘。

（何利民　吕宇玲）

【固定顶储罐中心柱倒装法施工 center-column-lifting upside-down construction method for fixed-roof tank】 在罐底中心位置架设一个能够承受罐体自重的中心柱起重桅杆，借助卷扬机等起重设备，利用中心柱外侧的滑动套管上的伞形架，支托罐顶并带动已组焊好的罐体，自上而下依次组装、焊接各层壁板，从而达到罐体整体安装的目的（见图）。

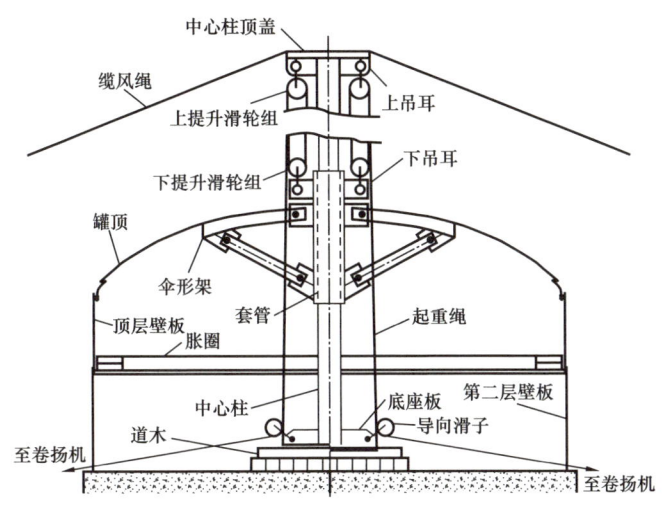

固定顶储罐中心柱倒装法施工示意图

主要设施包括中心柱起重桅杆、滑动套管、伞形架、拱顶临时拉杆、中心柱底座基础、吊耳及吊轴、滑轮组及卷扬机。

施工流程：基础验收→罐底边缘板铺设、焊接外端350mm（→无损检测）→中幅板拼接（→无损检测→真空试漏）→中心柱安装→顶圈壁板安装（→无损检测）→伞形架安装（→提升机具及施工手段用料进罐→提升机具安装就位）→罐顶蒙皮板安装（→劳动保护、罐顶附件安装）→第二节壁板安装→第一次提升→第三节壁板安装（→围板→立缝组焊→提升→横缝组焊→无损检测……）→底节壁板安装→提升机具拆除→大角缝组装焊接→储罐低层附件安装→罐底焊缝收尾焊接→充水试验→防腐保温→交工验收。

（何利民　吕宇玲）

【**固定顶储罐电动螺杆顶升法施工** electric screw jacking construction method for fixed-roof tank】利用电动螺杆顶升机将罐体顶起，实现储罐各层壁板组焊作业。顶升机上的电动机带动蜗杆使蜗轮传动，通过与其同轴的小齿轮啮合大齿轮的旋转，镶套在大齿轮内侧同轴上的螺母亦同步旋转，螺杆在螺母的带动下，因其上止动键的限制作用，它仅能上下伸长或缩短，再通过螺杆头上的顶升帽直接带动顶升机外侧的Ⅱ形外罩，由固定在外罩下缘处两侧上的伸缩钩板钩动胀圈及顶升筋板，使罐体徐徐上升（见图1和图2）。

主要设施包括电动螺杆顶升机、顶升机外围设施、顶升作业的转换设施、胀圈、顶升机的水平拉杆及斜拉杆、顶升筋板、顶升控制系统。

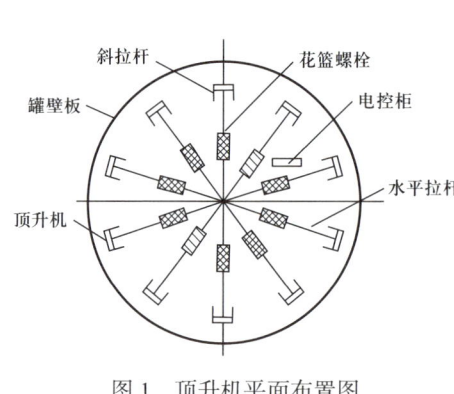

图1 顶升机平面布置图

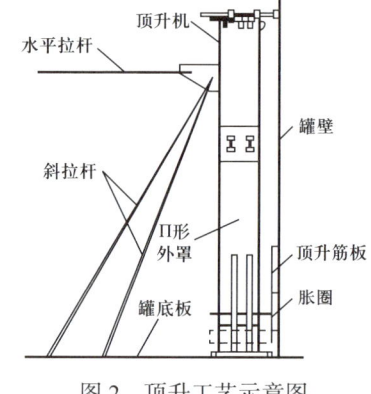

图2 顶升工艺示意图

顶升过程的实施步骤：（1）顶升机就位和找正；（2）胀圈就位和胀紧；（3）顶升筋板的安装和就位；（4）顶升作业。

施工要点包括罐体吊装总质量、顶升机的顶升能力、相邻顶升点的跨度、焊接变形原因及焊接应力分析、罐底排版与焊接。

（何利民　吕宇玲）

【**固定顶储罐电动倒链多点提升倒装法施工** electric chain hoist multi-point lifting construction method for fixed-roof tank】 在罐底板、顶层壁板和罐顶施工完毕后沿罐壁四周均布设置提升柱及电动倒链，在罐内同时设置中心柱、胀圈、控制柜等设施进行的储罐倒装施工。胀圈设在罐壁下缘内侧，用龙门板及千斤顶胀紧并固定在罐壁上。所有提升柱与中心柱用钢丝绳在顶端相连。在中心柱附近放置控制柜，对电动倒链实行集中与分别控制。电动倒链同时启动，提升胎圈，使罐壁徐徐上升，从而达到组装的目的（见图）。

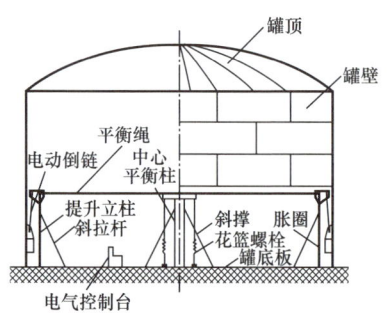

储罐电动倒链多点提升倒装法施工示意图

主要设施包括电动倒链（超低速环链电动倒链，起重量5～10t，起升速度5～20cm/min）、提升柱（沿罐壁内侧均匀分布，承受整个储罐的重量）、胀圈、中心平衡柱、平衡绳（连接在提升柱和平衡立柱顶端，通过调节平衡绳保证罐底和提升柱的垂直度）、电气控制系统。

施工要点为电动倒链性能参数确定、提升设施的布置要求、提升柱的安装位置要求、吊耳的设置要求、电焊机等设备状态、罐顶及顶层壁板的提升方法等。

（何利民　吕宇玲）

【固定顶储罐液压提升倒装法施工 hydraulic hauling-up construction method for fixed-roof tank】 在储罐内侧四周均布设置提升架，利用松卡式千斤顶实现起升进行的储罐倒装施工。千斤顶上卡头与液压油缸的活塞杆相连，其动力来自中央控制台，高压油经高压油管送至油缸，通过换向阀来实现油缸的往复运动。活塞杆是空心的，中间穿有钢制提升杆，在油缸往复运动时，可自动完成提升杆的步进式工作。提升杆带动提升架上的滑动托架沿提升架上的轨道向上移动，用滑动托架上提与罐壁下缘临时固定的胀圈，使顶层壁板随胀圈上升到预定高度，组焊第二层壁板。然后，将上、下卡头松开。使胀圈降至第二层壁板下缘，再固定胀紧。如此往复，实现储罐整体组装和焊接（见图1和图2）。

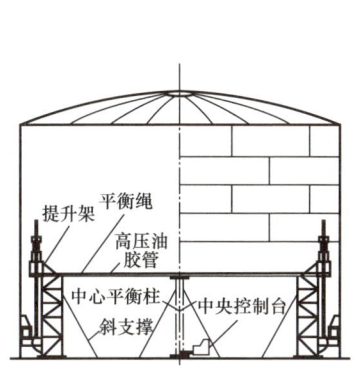

图1　液压提升倒装法施工工艺示意图

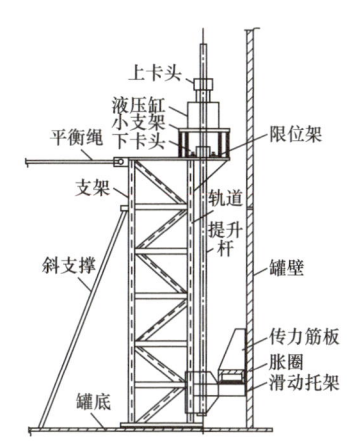

图2　液压提升机配套设施布置示意图

主要设施包括液压提升机（松卡式千斤顶、提升架、提升杆）、胀圈、平衡绳及中心平衡柱。

施工要点为液压提升机载荷计算、施工配套设施、胀圈制作安装、壁板与底版铺设与焊接、提升架的平面布置。

（何利民　吕宇玲）

【固定顶储罐卷扬机提升倒装法施工 winch-lifting upside-down construction method for fixed-roof tank】 在罐底板、顶层壁板和罐顶施工完毕后沿储罐内壁均匀布置若干提升柱，在罐内同时设置中心平衡柱、胀圈、控制柜等设施进行的储罐倒装施工。胀圈设在罐壁下缘内侧，用龙门板及千斤顶胀紧并固定在罐壁上。

通过一组滑轮组，借助卷扬机的牵引，带动胀圈及罐体上升，从而实现罐体的组装（见图）。

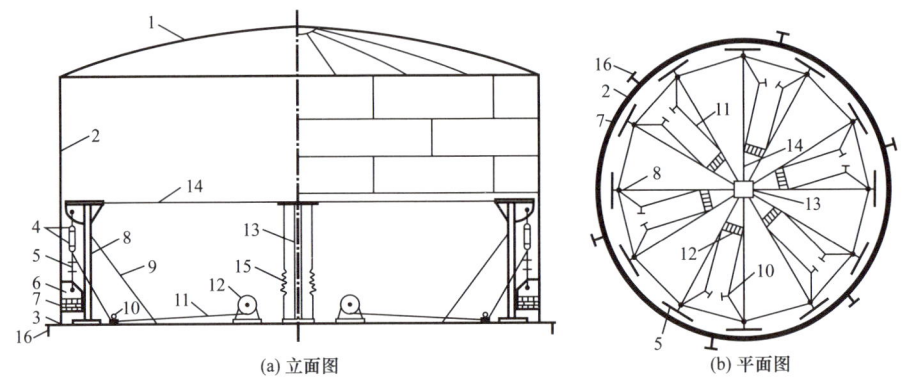

(a) 立面图　　　　　　　(b) 平面图

储罐卷扬机提升倒装法施工示意图

1—罐顶；2—罐壁；3—罐底；4—滑轮组；5—平衡梁；6—吊耳；7—胀圈；8—提升柱；9—斜支撑；10—导向轮；11—起重绳；12—卷扬机；13—中心平衡柱；14—平衡绳；15—花篮螺栓；16—罐底锚固件

主要设备包括卷扬机、滑轮组、提升柱、平衡梁、胀圈、中心平衡柱及平衡绳、中央控制台。

卷扬机提升倒装法施工优点：（1）施工安全，事故发生率较低；（2）不需要大型吊装设备和脚手架，工程造价低；（3）施工措施标准化、定型化程度较高，施工作业机动性强、功效高、施工工期短；（4）便于控制施工质量，并能及时发现、处理施工中出现的质量问题。

缺点有：（1）特大型储罐（$5 \times 10^4 m^3$ 以上浮顶罐）不宜采用；（2）限制了自动焊的使用；（3）设备一次性投入较高。

（何利民　吕宇玲）

【浮顶罐施工 floating-roof tank construction】　对浮顶罐进行预制与组装焊接、附件安装、无损检测、质量检验与试验等内容的工程施工。

施工过程包括施工准备、材料验收、基础验收、储罐底板预制、储罐壁板预制、储罐底板组装、储罐壁板组装、储罐附件组装、储罐焊接、储罐检查验收以及充水试验和防腐。

施工方法包括浮顶储罐充水倒装法施工、浮顶储罐充水正装法施工和浮顶储罐内脚手架施工。对于大型浮顶储罐一般采用正装法施工，采用此法施工的主体结构自下而上依次组装焊接，直至顶层壁板抗风圈及顶端包边角钢等，最后组焊完成。

（何利民　吕宇玲）

【浮顶储罐充水倒装法施工 filling water upside-down construction method for floating-roof tank】利用浮顶在"临时水槽"中产生浮力,通过已焊好壁板上的胀圈、传动托板和顶升柱等设施,依次充水逐层顶升罐壁,进行组装焊接作业,从而达到充水倒装的目的(见图)。

施工工艺:(1)先在第二层壁板上口,按罐壁排板图组装顶层壁板,并进行纵缝焊接,再组装包边角钢并焊接;(2)在顶层壁板下缘内侧设置胀圈;(3)向罐内充水,使浮顶与顶层壁板浮升,浮升量为一层壁板高度时,停止充水;(4)按排板图进行下一层壁板组装,并进行纵缝和环缝的焊接;(5)环缝焊接后,松动胀圈,水槽放水,胀圈回落至下层壁板下缘内侧;(6)重复以上步骤。

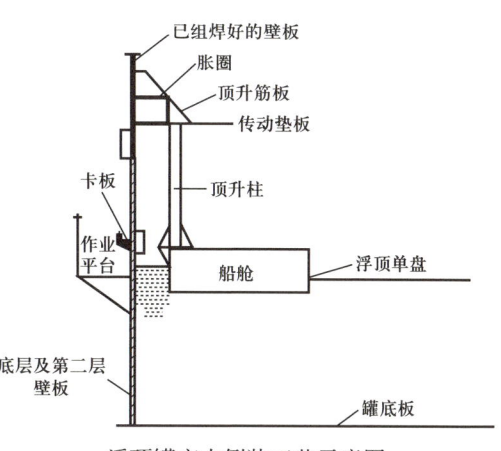

浮顶罐充水倒装工艺示意图

(何利民　吕宇玲)

【浮顶储罐充水正装法施工 filling water ordinary sequence construction method for floating-roof tank】储罐底板、底层壁板及浮顶组装焊接完成后,在浮顶双盘顶面设置若干根L形悬臂吊架,吊架外侧悬挂一环形平台,同时在浮顶上架设一台能沿罐壁四周做360°旋转的电动吊车,向罐内充水,浮顶及罐外悬挂平台同时浮升,到预定位置停止充水。通过浮顶上的旋转吊车吊装壁板,作业人员以浮顶作为内操作平台,以罐外悬挂平台为外操作平台,进行罐壁的组对与焊接(见图)。

主要设施包括罐外悬挂式环形浮动操作平台、悬臂吊架、防转和防偏移设施和电动旋转吊车(吊杆、中心柱、A字架、底座架、传动行驶机构、卷扬机及轨道)。

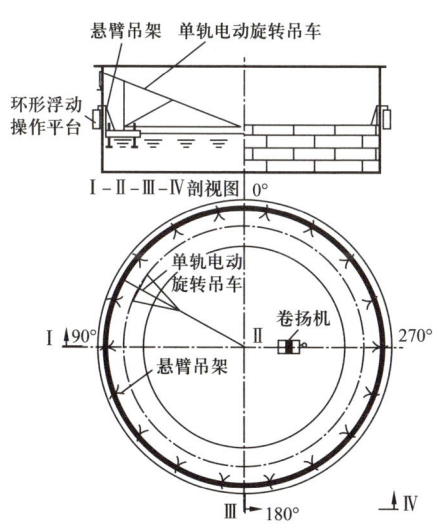

浮顶储罐充水正装法施工工艺示意图

(何利民　吕宇玲)

【浮顶储罐内脚手架施工 inner scaffolding construction method for floating-roof tank】 通过在储罐内侧搭建脚手架，采用正装法从下而上依次进行组装焊接，直至顶层壁板抗风圈及顶端包边角钢等组焊完毕（见图）。

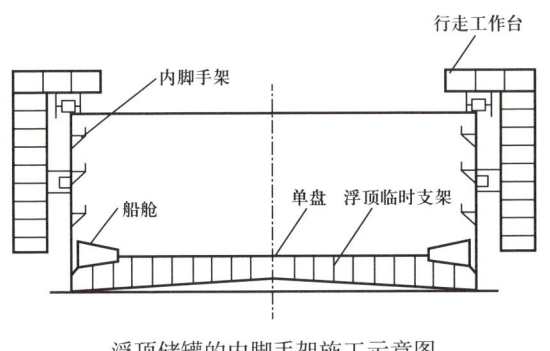

浮顶储罐的内脚手架施工示意图

施工程序：底板铺设→底层壁板组焊→第二层壁板组焊→浮顶临时支架搭设→浮顶组焊→第三层至顶层壁板组焊→附件安装→充水试验→放水、清罐。

主要设施：（1）内脚手架：每组焊一层壁板后，在壁板内壁挂上一圈三角支架，铺上跳板，组成环形平台；（2）挂壁行走小车：以壁板上口为轨道，进行壁板外侧的焊接和其他作业；（3）高为1.8m的浮顶临时支架：组装船舱和单盘。

优点：（1）壁板组焊施工与浮顶施工可以同时进行；（2）安装过程不需要水；（3）浮顶在临时支架上组焊，质量好；（4）外侧采用行走工作台施工，灵活方便。

缺点：（1）技术措施用料多（$10 \times 10^4 m^3$ 罐需300t）；（2）点固卡具多、痕迹多；（3）高空作业多。

（何利民　吕宇玲）

储运安全

【**事故隐患** accident potential】 在生产活动过程中，人们受到科学知识和技术力量的限制，或者由于认识上的局限，未能有效控制的有可能引起事故的行为或状态。从系统安全的角度看，人们所说的隐患包括一切可能对人—机—环境系统带来损害的不安全因素。

这些不安全因素有的是疵点、缺点，只要检查发现后进行处理，便解决问题，不会生成激发潜能（例如动能、势能、化学能、热能等）的条件；有的则具有生成激发潜能的条件，便形成事故隐患，不进行整治或不采取有效安全措施，易导致事故的发生。

事故隐患的特性 （1）危害性。事故隐患是事故的必要条件，一定情况下可能导致事故的发生，从而造成一定程度的人员伤亡和财产损失。（2）可控性。事故隐患是通过合理恰当的技术或管理方法来控制甚至消除的。以储油罐为例，不论储罐附近的安全措施如何，其作为危险源的固有风险，如火灾爆炸等是不可消除的。但是可以通过控制储油罐的事故隐患来达到安全的目标。（3）潜藏性。事故隐患具有隐蔽、藏匿、潜伏不易被发现的特性，这是由技术和方法手段的不足所决定的。因为隐患排查技术有限，方法和措施不足等，导致隐患排查不彻底，诸多深层次事故隐患难以排查出来，这种潜藏的特性更容易造成事故的发生和严重的后果。（4）敏感性。事故隐患的敏感性是指在不同的时间、空间下，隐患可以导致事故发生的可能性和事故的后果严重程度不同，甚至有的情况下，事故隐患将不存在。例如，员工在油罐区内吸烟，构成了事故隐患，而在马路上吸烟，则不会构成事故隐患。（5）叠加性。事故的发生不是由单一的人的不安全行为或设备设施的不安全状态等因素造成的，而是由多种失效的因素共同导致的结果。因此，多个隐患的存在叠加可能导致事故发生概率的增大或后果严重程度的上升。（6）复发性和次生性。事故隐患在被治理后仍存在复发的可能；而一个事故隐患如果不及时治理，也可能导致次生隐患的形成，

同时，在事故隐患的治理过程中，也可能出现新的次生事故隐患。

事故隐患的分类　事故隐患可分为一般事故隐患和重大事故隐患。一般事故隐患是指危害和整改难度较小，发现后能够立即整改排除的隐患。可能造成3人（不含3人）以下死亡，或直接经济损失100万元（不含）以下。重大事故隐患是指危害和整改难度较大，应当全部或者局部停产停业，并经过一定时间整改治理方能排除的隐患，或者因外部因素影响致使生产经营单位自身难以排除的隐患。可能造成一次死亡10人以上（含10人）30人以下，或者直接经济损失500万元以上（含500万元）1000万元以下事故的隐患。

油气储运分为三个生产板块：（1）油气运输，包含油气管道运输、公路运输、铁路运输、水路运输；（2）油气储存；（3）油品装卸，包含铁路装卸、公路装卸、水运装卸。根据上述分块，油气储运事故隐患划分为三个大类。第一类是安全边界类隐患，指使三个生产板块中的危险源（设备设施、场所）的能量或有害物质意外释放导致事故发生，其中包括生产过程类事故隐患和设备设施类事故隐患；第二类是后果边界类隐患，指事故发生后使其产生更为严重后果的隐患，其中包括防护措施类隐患和应急措施类隐患；第三类是交叉类隐患，指既有可能使三个生产板块中的危险源（设备设施、场所）的能量或有害物质意外释放导致事故发生，又有可能在事故发生后使其产生更为严重后果的隐患。

（何利民　吕宇玲）

【**事故 accident**】　人（个体或集体）在为实现某种意图而进行的活动过程中，突然发生的、违反人的意志的、迫使活动暂时或永久停止的事件。具备因果性、偶然性、必然性、规律性、潜在性、再现性、预测性和突发性的特点。事故有以下三方面的含义：（1）事故是一种发生在人类生产、生活活动中的特殊事件，人类的生产、生活活动过程中都可能发生事故。（2）事故是一种突然发生的、出乎人们意料的意外事件。由于导致事故发生的原因非常复杂，往往包括许多偶然因素，因而事故的发生具有随机性质。在一起事故发生之前，人们无法准确地预测什么时候、什么地点、发生什么样的事故。（3）事故是一种迫使进行着的生产、生活活动暂时或永久停止的事件。事故中断、终止人们正常活动的进行，必然给人们的生产、生活带来某种形式的影响。事故是一种违背人们意志的事件，是人们不希望发生的事件。

事故影响因素　事故的发生与否以及事故造成的伤害情况受下列因素的影响：人的行为和状态；环境和物的状况；管理上的缺陷。环境条件和物的状况不良以及管理上的缺陷可能形成生产中的事故隐患，由于人为原因触发，就可能形成事故。

事故分类 根据事故发生后造成后果的情况，在事故预防工作中把事故划分为伤害事故、损坏事故、环境污染事故和未遂事故。由于引发事故发生的因素各种各样，事故发生所造成后果的严重程度各有差别。可以分别按照事故类别、伤害程度、事故经济损失程度以及事故严重程度对事故进行分类。

事故预防与控制 事故预防与控制包括两部分内容，即事故预防和事故控制，前者是指通过采用技术和管理的手段使事故不发生，而后者则是通过采用技术和管理的手段使事故发生后不造成严重后果或使损失尽可能地减小。应从安全技术、安全教育、安全管理三个方面入手，采取相应的"3E"对策。

安全技术是以工程技术手段解决安全问题，预防事故的发生及减少事故造成的伤害和损失，是预防和控制事故的最佳安全措施。安全技术可以划分为预防事故发生的安全技术及防止或减轻事故损失的安全技术，这是事故预防和应急措施在技术上的保证。

安全教育是事故预防与控制的重要手段，包括安全教育和安全培训两大部分。通过各种形式，包括学校教育、媒体宣传、政策导向等，努力提高人的安全意识和素质，并使人学会从安全的角度观察和理解要从事的活动和面临的形势，用安全的观点解释和处理自己遇到的新问题。

安全管理是用各项奖惩制度、奖惩条例约束人的行为和自由，达到控制人的不安全行为，减少事故的目的。主要内容包括安全检查、安全审查、安全评价。

（何利民　吕宇玲）

【**安全预警** security early-warning】 在灾害或灾难以及其他需要提防的危险发生之前，根据以往总结的规律或观测得到的可能前兆，运用科学合理的方法预测事物未来的发展变化趋势，并与预期设定的目标量进行对比，利用事先设定好的方式和信号，对警情危险程度进行显示，以避免危害或损失在不知情或准备不足的情况下发生，从而最大限度地降低损失的行为。主要目的在于对事物未来可能出现的异常情况做出判断并发出警报，提出防范性措施。

安全预警是由警情、警源、警兆、警限、警度这些基本要素构成。

油气生产安全预警具有参照性、预测性、预防性、灵敏性、全面性的特点。油气生产预警从本质上讲是以油田的生产数据报表、开发地质分析、开发规划、相关生产资料及收集到的外部资料为依据，依靠建立的预测指标体系，采用科学合理的预测方法，将油田生产过程中面临的异常情况提前告知油田生产管理者，并分析异常产生的原因和将来可能出现的潜在危机，督促生产管理者提前做好防范措施，为其提供辅助决策分析。

（何利民　吕宇玲）

【火灾 fire】 在时间和空间上失去控制的灾害性燃烧现象。在油气储运行业中，火灾主要发生在油库、加油站以及管道泄漏位置。根据可燃物的类型和燃烧特性，火灾可分为 A、B、C、D、E、F 六大类和特别重大火灾、重大火灾、较大火灾和一般火灾四个等级。

油气储运过程中的火灾隐患主要集中在储运设备、动火作业、静电以及操作程序上。（1）储运设备。与储运设备有关的火灾事故时有发生，主要归根于储运设备安全性能的缺乏，例如没有生产能力的生产厂家生产储运设备。（2）动火作业。在进行储运设备检测维修时，切割或者焊接作业容易导致火花喷射，在这样的环境下一旦油气接触到这些火花，就可能会爆炸，从而引发火灾。（3）静电。油气和设备间的摩擦振动容易在运输管道中产生静电，而油气本身就具有较高的可燃性，属于典型的易燃易爆物品，一旦静电得以积累和释放，极易造成管道爆炸事故的发生，然而静电不易被人发觉，容易受到忽视。（4）操作程序。不同油气储运过程，对应的操作程序、规范和注意事项不尽相同，需要对在岗职工进行专业技术训练。若操作者没有进行过相关的培训，或技术不娴熟，操作过程中极易发生意外，疏忽对某一操作环节的要求，脱离操作规程进行操作，从而引发火灾。

（何利民　吕宇玲）

【燃烧 combustion】 物质与氧化合，发生剧烈的化学反应，同时产生热和光的现象。

燃烧必须具备可燃物、助燃物和着火热源，这三个因素必须同时存在，缺少一个就不能发生燃烧。（1）可燃物。一切可以燃烧的物质。常见的木柴、煤炭、油品等都是可燃物。可燃物是燃烧发生的基础。（2）助燃物。能帮助燃烧但本身不燃烧的物质。氧气就是助燃物。当无氧气供给或供给不足时，燃烧就会停止或减弱。（3）着火热源。把可燃物的一部分或全部加热到发生燃烧所需要的温度和热量的热源。没有火源的情况下发生燃烧就是自燃。

大多数可燃物质的燃烧是在蒸气或气体状态下进行的。气体最容易燃烧，只要达到其本身氧化分解所需要的热量便能迅速燃烧，在极短的时间内全部烧光。液体在火源作用下，首先蒸发，然后蒸气氧化分解，进行燃烧。固体燃烧，如果是简单物质，如硫、磷等，受热时首先熔化，然后蒸发、燃烧，没有分解过程；如果是复杂物质，在受热时，首先分解生成气态或液态产物，然后气态或液态产物的蒸气着火燃烧。

按照燃烧反应相的不同分为均相燃烧、非均相燃烧。按可燃气体的燃烧形式分为混合燃烧和扩散燃烧。按可燃液体、固体的燃烧形式分为蒸发燃烧、分解燃烧和表面燃烧。

（何利民　吕宇玲）

【爆炸 explosion】　物质从一种状态迅速转变成另外一种状态，并在瞬间放出大量的能量，同时产生巨大声响的现象。根据爆炸压力波传播速度，可将爆炸分为轻爆、爆炸和爆轰。爆炸的压力波传播速度为每秒几十厘米至数米，爆炸压力波传播速度为每秒十米至几百米，爆轰的压力波传播速度为 1000～7000m/s。

按爆炸时所产生的化学变换可分为简单分解爆炸、复杂分解爆炸和爆炸性混合物爆炸。可燃气体与空气混合形成的混合物的爆炸属于爆炸性混合物爆炸，这类爆炸需要爆炸性物质的含量、含氧量、激发能源等达到一定的条件才会发生。

爆炸上限、下限是可燃气体或蒸汽与空气组成的混合物，能够引起火焰持续燃烧，能使火焰蔓延的最低、最高浓度，称为该气体或蒸汽的爆炸下限、上限。只有浓度处于这个范围内，才会燃烧爆炸。

（何利民　吕宇玲）

【稳定燃烧 stable burning】　轻质油品油罐在温度较高时，会挥发出大量的油蒸气，从量油孔、光孔、呼吸阀等开口处冒出，遇到火源发生的燃烧现象（而罐内不燃烧）。又称火炬燃烧。

（何利民　吕宇玲）

【爆炸燃烧 explosive combustion】　罐内油蒸气与空气的混合气体的浓度处于爆炸极限范围之内，遇到明火后先在罐内产生爆炸后发生燃烧的现象。在某种情况下可能出现油品流散，出现流散液体火焰。

如果可燃气体或蒸气与空气预先混合，并且混合气体的比例处在爆炸极限范围之内，当遇火源时，便发生着火并以极快的速度传播。

控制和预防爆炸燃烧，实质上就是防止可燃气体或蒸气与空气混合而形成可燃性气体混合物或者防止出现着火源。联系到生产、储存、运输、使用易燃、可燃气体或液体的实际中，可从以下几个方面着手进行：

（1）保证通风良好。通风良好是防止形成爆炸性混合物的最基本、最方便的措施。对散发轻于空气的易燃、可燃气体或蒸气的场所，要保证室内上部空间通风良好。（2）严格控制火源火种。从严确定明火或散发火花地点与生产、使用、储存易燃、可燃气体或蒸气场所的防火间距，防止留下隐患；此外，要认真做好设备管道的防静电接地、禁止流动火源等火灾防护工作。（3）设置检测报警和紧急停车联锁装置。爆炸燃烧起因一般出现在等于或接近爆炸下限时。

因此在易燃、可燃液体或蒸气可能与空气形成爆炸性混合物的场所，设置检测报警装置，并将报警的浓度设置在小于爆炸浓度极限下限的15%～20%处，将会有效地防止闪燃现象的发生，同时，为防止报警后继续升温加热，导致易燃、可燃气体或蒸气大量外溢，还可将报警装置与紧急停车装置联锁互动，以增加安全保险系数。

（何利民　吕宇玲）

【爆燃 deflagration】 以亚音速传播的爆炸。主要发生在重质油品的储罐。储存一段时间以后，罐内会积聚一定量的油蒸气，油蒸气与空气的混合物浓度可能会超过爆炸下限，形成爆炸性混合气体。当油蒸气浓度大于爆炸下限时，遇到明火，可能发生爆炸，并出现突然、短暂的燃烧（即爆燃），之后，由于油品蒸气的挥发速度跟不上燃烧所需要的蒸气量，因而爆炸后油罐不再继续燃烧。油罐发生爆燃，会造成罐体的损坏，有时罐顶塌落在油罐内。

（何利民　吕宇玲）

【沸溢 boiling over】 在油品燃烧时，处于表面的轻组分首先被烧掉，而剩余的重组分则在着火罐中逐步下沉，并把热量带到下面，从而使油品逐层地往深部加热，罐底的水被加热汽化并形成气泡（由于水在汽化时体积迅速增加为原有体积的1700倍）携带上层油品喷（溢）出罐外的现象。当产生沸溢时，辐射热大大增加，同时由于油品流散，给灭火和防止火灾蔓延带来更大困难。

（何利民　吕宇玲）

【第三方破坏 third-party damage】 管道企业及与其有合同关系的承包商之外的个人或组织无意或蓄意损坏管道系统的行为。狭义上的"第三方破坏"指由于个人而不是运营者或者为运营者工作的承包商的行为，直接导致油气管道设施遭受打击的外力破坏；广义的"第三方破坏"是指由于非管道员工的行为而造成的所有的管道意外伤害。油气管道第三方破坏有着起因复杂、随机性强、不易预测和控制的特点。

管道第三方破坏方式主要表现在：（1）直接导致管道破裂，引起介质泄漏、着火爆炸事故，威胁着广大人民的生命财产安全；（2）在一定程度上破坏了防腐层或给管线造成刮痕、压坑等，继而引起管道腐蚀、疲劳或应力集中，最终导致管道破坏。

管道第三方破坏事故的发生除了与第三方外力的直接作用有关外，也与油气管道自身的结构抗力的大小密切相关。在加强各种管理措施的同时，也需要依靠常规检测技术、光纤传感技术等科学技术来提高油气管道抵抗第三方破坏的能力和强化第三方破坏事件的预警措施。

（何利民　吕宇玲）

【**管道地质灾害** geological hazard of pipeline】　对管道输送系统安全和运营环境造成危害的地质作用或与地质环境有关的灾害。油气管线的地质灾害一部分是本身的自然条件造成的，另外还有管线施工带来的，如管线施工改变了原来的地质构造平衡。管道地质灾害的主要特点是：爆发突然，破坏强度大，破坏范围广，带来的后果严重及不易恢复等。对油气管道有影响的主要地质灾害有地质断层、地裂缝、山体崩塌、滑坡、泥石流、黄土湿陷、冲沟、地震、河流冲蚀、采空区等。

按照地质灾害的产生原因将影响管道安全运行的地质灾害划分为三大类：（1）地壳内部构造自身起主要作用的地质灾害，包括地震、地面塌陷（沉降）、地裂缝、断裂灾害等；（2）地壳外部构造起主要作用的地质灾害，包括滑坡（塌）、泥石流与洪水冲蚀、沙埋和风蚀灾害等；（3）特殊土体所导致的地质灾害，主要是指湿陷性黄土、膨胀土、盐渍土、多年冻土发生变形引起的灾害等。

地质灾害对管道安全的影响是多方面的，为确保管道的安全运行，需要对各灾害种类的特点、发展演化的过程和阶段及其作用因素等进行评估，并依据管道地质灾害的成灾机理，对管道可能面临的地质灾害采取相应的防控对策：（1）在管道设计与勘察阶段提前对沿线地质情况进行考察，利用模糊综合评判等方法分析论证建设用地各种地质灾害的危险性，进行现状评估、预测评估及综合评估，并且对起主要或决定性作用的地质灾害做深入分析，依据预评估结果选择或调整方案，建设时严格依据国家相关法规对地质灾害进行防控。（2）利用地球遥感图像进行预测。（3）建立全国范围内管道地质灾害的预测、预报系统。

（何利民　吕宇玲）

【**地质灾害易发性** geological hazards susceptibility】　在某一给定的时间内，某一特定的地质灾害发生的概率。由于地质灾害是指对人类生命财产和生存环境产生损毁的地质事件；而那些仅仅是使地质环境恶化，但并没有破坏人类生命财产和安全、生产、生活环境的地质事件，则是一种灾变，不构成灾害。所以从这一角度讲，易发性是指某一地区地质事件发生的可能性。这种可能性可以通过易发区来表现，易发区是指容易产生地质灾害的区域，是相对不易发区而言的。对于易发区的划分可根据地质灾害形成发育的地质环境条件、发育现状（强度，即单位面积内灾害体个数、面积和体积）和人类工程活动强度，以定性评价和信息系统空间分析等方法来确定。

区域管道地质灾害易发性评价分区标准　对地质灾害易发性进行评价，也就是进行易发区的划分，主要依据地质环境条件和地质灾害的发育密度进行划分，分为四个等级：高易发区、中易发区、低易发区和非易发区，必要时可进一步划分为亚区和段。

区域地质灾害易发性评价应考虑以下因素：(1) 地质灾害形成的地质环境条件和主要诱发因素：地形地貌、地层岩性、地质构造、气象水文、地质作用、人类活动等。(2) 灾害点的类型、发育密度，威胁程度：统计管道沿线地质灾害发育密度，以"处/km"表示；调查曾经发生的地质灾害险情、管道损伤事件，考察目前管道受地质灾害威胁的程度。

区域管道地质灾害易发性分区方法　区域管道地质灾害易发性评价方法可用因子叠加法或信息量模型法，评价过程中宜借助 GIS（地理信息系统）技术，用电子信息化手段完成，并形成基于 GIS 技术的管道地质灾害易发性分区图。

（何利民　吕宇玲）

【管道易损性 pipeline vulnerability】　受地质灾害影响时，管道受损伤的程度。其易损性条件包括管道的最小埋深、管道位置、管道敷设方式以及管道工程保护措施等。对油气管道造成危害的典型地质灾害主要有坍塌、滑坡和泥石流。

根据管道的布局特征，调查统计管道受灾数量，核算受灾管道价值，分析管道在遭受地质灾害危害时的破坏程度、价值损失率和附带其他损失，进行地质灾害易损性评价。评价结果分为三级，即严重损坏、中等损坏和轻度损坏，其分级和赋值如下式：

$$P = \begin{cases} 轻度损坏 & 0.0 \sim 0.2 \\ 中度损坏 & 0.2 \sim 0.6 \\ 严重损坏 & 0.6 \sim 1.0 \end{cases}$$

式中：P 为受灾体易损性指数。

管道地质灾害易损性评价包括社会经济易损性评价和管道易损性评价。前者主要分析和评价地质灾害诱发管道事故给人民生命和财产造成的可能损失；后者通过分析管道位置、管道的保护措施来评价管道遭受损坏的可能性。

（何利民　吕宇玲）

【管道完整性管理 pipeline integrity management】　对管道面临的风险因素不断进行识别和评价，持续消除识别到的不利影响因素，采取各种风险消减措施，将风险控制在合理、可接受的范围内，最终实现安全、可靠、经济地运行管道的目的。具有时间完整性、数据完整性、管理过程完整性、灵活性的特点。是一个连续的、循环进行的管道监控管理过程，包括数据采集与整合、高后果区识别、风险评价、完整性评价、风险消减与维修维护、效能评价等六个环节。

国外油气管道安全评价与完整性管理始于20世纪70年代的美国，随后加拿大、墨西哥等国家也先后于90年代加入了管道风险管理技术的开发和应用行列；欧洲管道工业发达国家从20世纪80年代开始制定和完善管道风险评价的标准。中国起步较晚，油气管道的安全评价与完整性管理开始于1998年，主要应用在输油管道上，并在兰成渝管道上初步应用，同时完成了秦京输油管道风险评估工作，成立了管道完整性管理专门机构。2007年底，国内建立了第一套完善的管道完整性管理体系。

管道完整性管理的原则 对油气管道实施完整性管理要遵循下述原则：

（1）在设计、建设和运行新管道系统时，应融入管道完整性管理的理念和做法；

（2）结合管道的特点，进行动态的完整性管理；

（3）要建立负责进行管道完整性的管理机构，拟定管理流程，配备必要的手段；

（4）要对所有与管道完整性管理相关的信息进行分析和整合；

（5）必须持续不断地对管道进行完整性管理；

（6）应当不断在管道完整性管理过程中采用各种新技术。

管道完整性管理的内容 对在役管道逐步实施完整性管理是提高管理水平、确保安全运行的重要措施，是一项防患于未然的科学方法。主要内容包括：

（1）建立完整性管理机构，拟定工作计划、工作流程和工作程序文件；

（2）进行管道风险分析，了解事故发生的可能性和将导致的后果，制定预防和应急措施；

（3）定期进行管道完整性检测和完整性评价，了解管道可能发生事故的原因和部位；

（4）采取修复或减轻失效威胁的措施；

（5）检查、衡量完整性管理的效果，确定再评价周期；

（6）开展培训教育工作，不断提高管理和操作人员的素质。

推荐书目

严大凡，翁永基，董绍华.油气长输管道风险评价与完整性管理［M］.北京：化学工业出版社，2005.

（何利民　吕宇玲）

【高后果区识别 high consequence areas identification】 通过分析管道的基础数据，找出管道的高后果区，识别高后果区存在的威胁，明确完整性管理重点。

高后果区指管道泄漏后可能对公众和环境造成较大不良影响的区域。随着人口和环境资源的变化，高后果区的地理位置和范围也会相应改变。高后果区内的管段为实施风险评价和完整性评价的重点管段。

天然气和油品管道泄漏而造成的潜在后果不同，油气管道高后果区识别分为气体长输管道高后果区识别和液体长输管道高后果区识别。

气体长输管道高后果区识别　管道经过区域符合如下任何一条的区域为高后果区（见图1）：

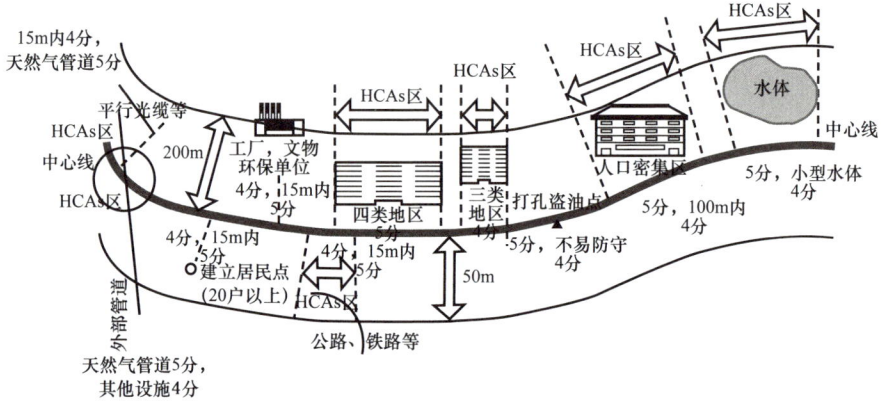

图1　气体长输管道高后果区

（1）管道经过的四级地区（见管道沿线地区等级）。

（2）管道经过的三级地区。

（3）如果管径不大于273mm，并且最大允许操作压力不大于1.6MPa，其管道潜在影响半径按下式计算：

$$r = 0.69d\sqrt{p}$$

式中：d 为管道外径，in；p 为管道最大允许操作压力，lbf/in^2；r 为受影响区域的半径，ft。

（4）如果管径大于711mm，并且最大允许操作压力大于6.4MPa，则管道两侧各300m以内有特定场所的区域。

（5）其他管道两侧各200m内有特定场所的区域。

液体长输管道高后果区识别　管道经过区域符合如下任何一条的区域为高后果区（见图2）：

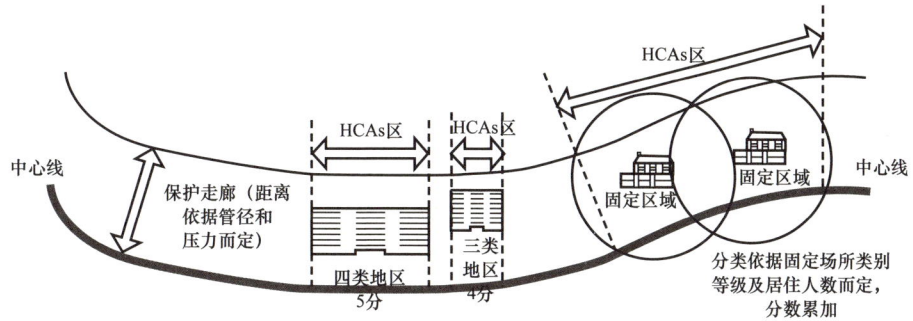

图 2 液体长输管道高后果区

（1）管道经过的四级地区。

（2）管道经过的三级地区。

（3）管道两侧各 50m 内有特定场所的区域。

（4）管道两侧各 50m 内有高速公路、国道、省道、铁路以及航道和高压电线等。

（5）管道两侧 200m 内有人口密集区，如城市、城镇、乡村和其他居民及商业区。

（6）管道两侧各 200m 内有工厂、易燃易爆仓库、军事设施、飞机场、海（河）码头、国家重点文物保护单位、国家要求的保护地区等。

（7）管道两侧各 200m 内有水源、河流、大中型水库和水工建（构）筑物。

（8）管道两侧各 15m 内有与其平行铺设的地下设施（其他管道、光缆等）的区域，管道与其他外部管道交叉处半径 25m 的区域。

（何利民　吕宇玲）

【效能评价 performance measurement】 对某种事物或系统执行某一项任务结果或者进程的质量好坏、作用大小、自身状态等效率指标的量化计算或结论性评价。旨在通过对管道完整性管理系统的综合分析，发现管理过程中的不足，明确改进方向，不断提高完整性管理系统的有效性和实时效性。效能评价关注完整性管理的结果，以期找出不符合期望值的元素，提出改进建议。此外，还要开展效能跟踪并确定效能评价周期，通过系统的效能评价和审核来明确效能评价对象的改进程度。作为管道完整性管理的重要组成部分，为确保管理体系持续循环和提升，提供了动力与保障。

根据效能评价内容及方式的不同，效能评价可分为效能测试和综合效能评价两种方法。

（1）效能测试方法适用于腐蚀防护、本体管理、第三方损坏预防、误操作控制、自然与地质灾害管理、数据管理等完整性工作对管道危害因素控制及风险消减情况的效能评价，在管道开展完整性管理工作一年后开展，此后宜每年开展一次。

（2）综合效能评价方法使用与对管道完整性管理工作各项具体业务工作或整体实施效果、效率及效益的综合效能评价，需要采集大量的完整性管理工作相关技术和经济数据。

（何利民　吕宇玲）

【完整性评价 integrity assessment】 采取适用的检测或测试技术，获取管道本体状况信息，结合材料与结构可靠性等分析，对管道的安全状态进行全面评价，从而确定管道适用性的过程。目的在于高后果区识别，高风险区域的管段进行检查、检测和评价，采取内检测、直接评估、试压等技术手段，得出管道的实际状况，量化管道存在的缺陷、变形和结构失稳等问题，评价其适用性，为管道的评价提供依据，同时其结果可用来验证风险评价结果是否准确。

常用的完整性评价方法包括试压评价、直接评价和内检测评价。

（1）试压评价。试压是行业认可的管道完整性验证方法，包括强度试验和严密性试验，适合于建设期管道和失效频发管道。管道运营公司应考虑风险评价的结果和缺陷严重程度，确定合适的情况进行试压评价。

对已建管道，试压评价一般在换管、升压运行、输送介质发生改变、封存管道启用等情况下使用。

（2）直接评价。直接评价只限于评价三种具有时效性的缺陷，即外腐蚀、内腐蚀、应力腐蚀。直接评价一般在管道处于如下情况下选用：

① 不具备内检测或试压评价实施条件的管道；

② 不能确认是否能够实施内检测评价或试压评价的管道；

③ 使用其他方法评价需要昂贵改造费用的管道。

（3）内检测评价。内检测评价方法包括变形内检测、漏磁内检测、超声内检测和其他内检测。针对管体存在的缺陷类型，应确定合适的内检测评价方法。在开展完整性评价时应优先选用内检测评价。

（何利民　吕宇玲）

【内检测 in-line inspection】 借助于流体压差使检测器在管内运动，检测管道缺陷（内外壁腐蚀、损伤、变形、裂纹等）、管道中心线位置和管道结构特征（焊缝、三通、弯头等）的方法。内检测技术结合管道特性和输送介质的情况来确定所用的检测计划，并根据检测结果对管道进行安全评价，是一个系统工程。它可以在管道正常运行状态下，利用类似清管器的装置对管道进行无损检测，并自动采集、分析、存储所获得的数据，进而获得管道的缺陷状况。从而为管道安全运行和合理维护提供科学依据。

通过管道内检测可以被检测到的缺陷分为三个主要类型：（1）几何形状异常（凹陷、椭圆变形、位移等）；（2）金属损失（腐蚀、划伤等）；（3）裂纹（疲劳裂纹、应力腐蚀开裂等）。针对上述三种缺陷类型，内检测器按其功能可分为用于检测管道几何形状异常的变形检测器，用于检测管道金属损失的金属损失检测器，用于检测应力裂纹、应力腐蚀开裂检测的裂纹检测器。

（何利民　吕宇玲）

【漏磁检测 magnetic flux leakage testing】 通过磁传感器检测漏磁场的变化进而发现缺陷的管道无损检测方法。当检测器在管道内部运行时，被检管道被磁化，若管壁是完好和均匀的，则磁力线在管壁内稳定通过，没有泄漏。若管道含有腐蚀或裂纹等缺陷，则缺陷处管壁的磁导率发生变化，磁力线发生泄漏形成漏磁场，内检测器能检测到这种变化，通过分析就能获得缺陷的具体信息。

漏磁检测技术具有易实现自动化、较高可靠性、缺陷初步量化、30mm 以内厚度管道可同时检测内外壁缺陷的优点。然而，漏磁检测技术并非万能的，其局限性体现在只适用于铁磁材料，无法探测铁磁材料内部缺陷，不适用于表面有涂层或覆盖层的试件检测，不适用于形状复杂的试件检测以及不适合开裂很窄，尤其是闭合性裂纹的检测。

漏磁检测技术主要发展了三轴高清漏磁检测技术、周向励磁漏磁内检测技术、三维脉冲漏磁内检测技术、旋转漏磁内检测技术等。三轴高清漏磁内检测器增加了探头中传感器的数量，能同时记录泄漏磁场的三维分量，可提高对缺陷的位置、类型、形状和尺寸等识别能力和测量精度。周向励磁漏磁内检测技术通过管道周向分布的磁化场对管壁进行检测，可改变管壁的磁场分布，提高检测轴向延伸缺陷的准确率。三维脉冲漏磁内检测技术是将具有一定占压比的脉冲电压（流）加载至激励线圈来实现对测试件的局部磁化，如果被测试件存在缺陷，其漏磁场发生变化，感应电压也随之变化。旋转漏磁内检测技术将周向漏磁技术和轴向漏磁技术相结合，解决了检测器很难检测很浅、长且宽的金属损失缺陷的问题，提高了对狭长裂缝的检测精度（见图）。

螺旋漏磁内检测器

（何利民　吕宇玲）

【超声波内检测 ultrasonic internal inspection】 利用超声波发现管道缺陷的管道

无损检测方法。由超声波传感器向管壁垂直发射的超声波脉冲，经过管道内外壁的反射后被探头接收，根据超声波在管壁材质中的传播速度和两次脉冲回波的时间差，计算出管道壁厚。根据超声波的反射角度，计算出管壁缺陷的形状和尺寸等参数。

超声波检测器是实现超声波内检测的主要工具。相对于漏磁检测，超声波检测装置可对断面窄和长距离不变的内部沟蚀提供更精确的测量，可检测到管壁中间的缺陷。

（何利民　吕宇玲）

【电磁超声检测 electromagnetic acoustic transducer 】 以电磁感应原理为基础的一种高效快速无损检测方法，利用数字技术，通过在被测工件中激发出各式超声波，来实时有效地检测金属的表面及内部缺陷的技术。简称 EMAT。该技术利用电磁原理，以新的传感器替代了超声波内检测中传统的压电传感器。当电磁传感器在管壁上激发出超声波时，波的传播采用以管壁内、外表面为"波导器"的方式进行。当管壁是均匀的，波沿管壁传播只会受到衰减作用。当管壁上有异常出现时，在异常边界处的声阻抗的突变产生波的反射、折射和漫反射，接收到的波形就会发生明显的改变。

该技术最大优点是可借助电子声波传感器，使超声波能在一种弹性导电介质中得到激励，而不需要机械接触或液体耦合。可应用于输气管道，是替代漏磁检测的有效方法。与传统的超声内检测技术相比，具有精度高、检测速度快、不需要耦合剂、非接触、适于高温检测以及容易激发各种超声波形等优点。其缺点也非常明显，为便于建立涡流电磁场，检测对象必须是导电介质，需要有参考标准作为评定依据，并且其实施方法会受到被测工件几何形状与尺寸的限制，其推广应用也受到了一定的限制。

（何利民　吕宇玲）

【几何检测 geometric inspection 】 检测管道在投产过程中是否发生几何上的变形，如管道凹陷、椭圆变形、弯曲和下沉等，并给出变形情况的检测方法。管道变形会使输送阻力增大，导致油气输送效率下降；造成管道强度降低和管形变化，形成安全隐患；严重的地方可能导致管道破裂，造成停产，带来经济损失。可以通过几何检测取得完整可靠的管道变形资料，局部换管就可以消除这些隐患，避免长距离更换管道。另外在对油气管道进行缺陷检测前，为保证缺陷检测器顺利通过管道，需先对管道进行变形检测，而且，由于管道变形引起的事故比管道缺陷事故更加频繁。

常用的几何变形检测器使用一定排列的机械抓手或有机械抓手的辐射架。

机械抓手压着管道内壁并因横断面的任何变化引起偏移。这些偏移可能是由于一个凹陷、偏圆、褶皱或附着在管壁上的碎屑引起的。捕捉到的偏移信号被转换成电子信号存储到机载的存储器上。将一次运行后的数据取出并使用合适的软件加以分析和显示，从而确定可影响到管道完整性的异常点（见图1和图2）。

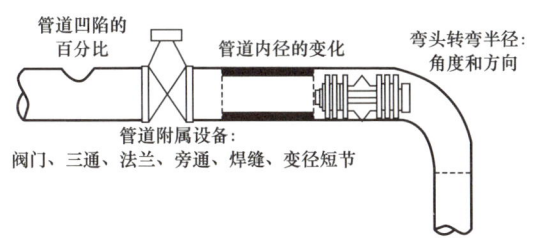 

图1　几何变形检测原理图　　　　图2　几何变形检测器

（何利民　吕宇玲）

【**测绘检测**　detection of surveying and mapping】　对管道的位置进行检测，获得管道中心线的精确坐标值的检测技术。可以在管道正常运行状态下，使用惯性器件测绘管道的三维相对位置坐标，以地面高精度参考点（检测起点、沿途参考点、检测终点）GPS坐标加以修正，能够精确描绘管道中心线三维走向图。通过高精度的中心线坐标参数，能够有效识别由于环境因素等诱发的管道变形和管道位移，评估管道的曲率以及与曲率变化相关的弯曲应变。同时，将惯性测绘获得的位置参数与几何检测、漏磁检测、超声波内检测数据结合起来，能够得出管道所有参考环焊缝的GPS坐标，并绘制成工程图，从而极大地方便管道维修方案的制定与开挖定位，提高维修效率，节省维修费用（见图）。

具有独立工作、全天候、不受外界环境干扰、无信号丢失等优点，非常适于在管道内长时间自动运行。但由于惯性器件存在漂移，误差随时间累积迅速增加，需要采用其他导航方式，如GPS、里程计等予以修正。

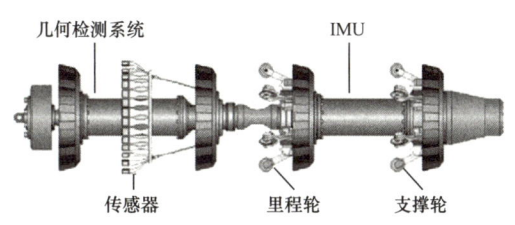

惯性测绘系统与所搭载的几何检测器

（何利民　吕宇玲）

【**管道完整性直接评价方法**　direct assessment for pipeline integrity】　通过整合管道物理特性、管道的运行记录或检测、检查和评价结果等信息，给出预测性的管道完整性评价结论。只限于评价三种具有时效性的缺陷，即外腐蚀、内腐蚀和应力腐蚀开裂（包括压力循环导致的疲劳评价）。对于同时面临其他风险的管道，该方法具有局限性。

管道完整性直接评价一般在管道处于如下状况下选用：（1）不具备内检测或压力试验实施条件的管道；（2）不能确认是否能够实施内检测或压力试验的管道；（3）使用其他方法评价需要昂贵改造费用的管道；（4）确认直接评价更有效，能够取代内检测或压力试验的管道。

如果管道不具备开展直接评价条件，为了对管道防腐层或阴极保护等质量进行检测，也可以参照直接评价的某些内容进行检测。

直接评价方法主要有管道内腐蚀直接评价方法、管道外腐蚀直接评价方法、管道应力腐蚀评价方法、涂层有效性评价方法和阴极保护有效性评价方法等。这些直接评价方法一般采用常规手段，数据容易获得，评价结果有较大参考价值，并且和水压试验、管内腐蚀在线检测（ILI）等完整性评价方法相比，具有成本低、易实施等优点。但直接评价方法并不对所有管道都能适用，因为其对原始数据、管道状态等许多方面有严格要求。

（何利民　吕宇玲）

【**管道外腐蚀直接评价方法** external corrosion direct assessment，ECDA】 评价管道外壁腐蚀对管道完整性影响的方法。由预评价、间接检测和评价、直接检测和评价、后评价4个步骤组成。这4个步骤的工作相辅相成，前者为后者提供数据基础，后者又通过反馈对前者的结果进行修正。

ECDA按照规范化程序，通过外检测手段获取管道外腐蚀和防腐系统的现状信息，结合开挖验证和相关资料的分析结果，对管道外防腐系统进行系统而全面的评价。ECDA的目标是将开挖和维修成本最小化的同时，通过对管道外腐蚀的风险进行有效管理以降低外腐蚀对管道完整性的影响，从而改善管道的安全状况。检测和评价的对象包括：管道外防腐层、阴极保护系统、缺陷点处的管体、干扰防护系统、相关附属设施和管道周边环境等。

（何利民　吕宇玲）

【**管道压力试验** pressure testing of pipeline】 管道完成安装后进行的水压试验。施工单位根据图纸和规范完成管线安装，在业主、监理及其他方见证下，对已完成的管道系统通过注入符合要求的水质，加压到一定压力后，保持一段时间，然后对管线系统进行检查，以无变形、无渗漏、压力无变化为合格。在世界范围内有许多管道由于建设年代较早，不能采用内检测器进行管道的完整性评价，对此，可采用压力试验来完成。

管道压力试验的局限性在于操作过程需要停输进行，且具有破坏性；试验用水需要获得许可，对被油品污染之后的水的排放和处理也很复杂；对腐蚀缺陷，尤其是局部腐蚀不是很有效。

试验分系统进行，一般一个系统称一个试验回路，对比较大或布局特殊的系统，还要分成若干小回路，分准备、实施、恢复三个阶段：

（1）压力试验前的准备。试验准备工作要从人、机、料、法、环五方面着手，统筹安排。

（2）压力试验的实施。主要核心为升压、稳压。一旦试验管段充装完成并采取措施排出了所有的空气，换言之，该试验段充满液体，升压即可开始。升压即将试验管段液体从充装过程的静压力升至规定的试验压力，并严格控制升压速度，以避免引起冲击。一旦达到试验压力，关闭试压设备并将设备从试验段隔离，并同时检查所有阀门及管线连接处是否泄漏。在开始稳压前，需要一段时间的稳定期，使温度和压力稳定。泄漏检查完毕后，应检查试验压力是否保持，温度是否稳定。当这一验证程序完成后，系统压力稳定后，开始计算稳压时间。

（3）压力试验的恢复。试压结束后，应按照记录单记录，拆除盲板、临时支架、膨胀节限位设施和恢复阀门等。每项工作要和准备阶段的记录相对应，确保达到不漏项、不添项的要求。

（何利民　吕宇玲）

【基线检测 baseline inspection】 对管道实施的第一次完整性检测，包括中心线检测、几何检测和漏磁检测以及其他检测活动，一般在管道投产前或投产后的1～2年内完成。检测手段包括内检测和外检测，主要检测对象为本体缺陷、防腐层异常、埋深、空间位置等。基线检测的目的包括：检验新建管道的工程质量和存在的缺陷；利用检验结果建立管道的基础档案，为管道完整性管理提供必要的基础数据，并作为后期管道检测对照的基础。

国外一般在新建管线的投产初期进行基线检测，建立管道的基础数据档案，以便与后期的周期性检测结果进行比较，判断出哪些是服役期形成的缺陷，从而进行科学合理的维修和运行。

在中国，一般对新建管道在投产3年内进行基线检测，以施工过程容易产生的机械损伤、管道凹坑变形及焊缝异常作为重点检测对象，通常选用内检测技术对本体的基线进行检测。内检测技术手段一般包括：变形检测＋中心线测量（IMU）、漏磁检测、开挖验证、地面配合测量等。每种检测技术的原理和针对的缺陷类型不同，几何检测器主要用于检测管道凹坑、椭圆变形等缺陷。中心线/应变（IMU）检测器利用陀螺仪和加速度计测量检测器的角速度和加速度，得到检测器任一时刻的速度、位置与姿态信息，获得管道相对中心线，从而计算管体弯曲应变状况。漏磁内检测器用于检测管体腐蚀、划痕、制造缺陷、焊缝未焊透、未熔合缺陷（对裂纹型缺陷检出率不高）。

对于管体的基线检测，尚需根据在施工、打压等期间存在的问题，以及风险评估结果等进行针对性检测，如在打压或试运行期间发生焊缝开裂，乃至所使用的钢管或施工队伍在相似项目中出现较严重的问题，都应该进行针对性检测。

基线检测除内检测外，还应该开展外检测，对管道的防腐层漏点、埋深等基础信息进行检测，以获得尽可能多的管道基本信息。

（何利民　吕宇玲）

【高后果区　high consequence areas】　如果管道发生泄漏会严重危及公众安全和（或）造成环境较大破坏的区域。随着时间和环境的变化，高后果区的地理位置和范围也会随着改变，高后果区（HCAs）内的管段是实施风险评价和完整性评价的重点管段。由于输送介质具有易燃、易爆的特性，油气管道一旦发生泄漏，往往会引发环境污染、火灾爆炸等事故，特别是发生在人口密集或环境敏感地段的泄漏或爆炸事故，将对人身安全、社会生活、自然环境造成重大危害，高后果区应成为管道管理和事故防范的重点区域。

对于原油、成品油等危险液体管道而言，油品泄漏可能引发以下严重后果：（1）发生火灾或爆炸，导致人员伤亡，特别是在城市、城镇、乡村等人口密集区或有大规模人员活动的特定场所，可能引发重大伤亡事故；（2）火灾或爆炸造成设施严重破坏，如工业装置、基础设施、地下构筑物损毁，并可能引发连锁事故导致重大经济损失；（3）油品泄漏造成环境污染或生态破坏，特别是大型水体、湿地、森林、生态区等环境敏感地段，可能导致严重污染和长期影响。按油品泄漏的危害形式将高后果区分为人口密集区、重要设施区和环境敏感区3类。

（何利民　吕宇玲）

【风险评价　risk assessment】　识别设施运行的潜在危险、估计潜在不利事件发生的可能性和后果。

对于管道，风险评价的目的是对管道完整性管理活动进行排序、合理制订管道完整性管理计划、优化维修决策、降低管道管理运行成本。

根据所采用的风险评价方法不同，风险评价的要求有所不同，具体内容如下：

（1）管道运营公司宜根据自身情况制订详细的风险评价方案，选择合适的风险评价技术手段（定性、半定量、定量），目的是最大限度地找出、找准管道面临的风险。

（2）管道运营公司宜将风险评价重点放在高后果区，集中较多资源关注高后果区管道，降低风险评价的成本。

（3）最低目标是要做到识别可能诱发管道事故的位置和情况，了解事件发生的可能性和后果，将维护和检修资源优先用到所确认的地方，还应确定采取的检测、预防和评价应急措施，以及采取这些措施的时间点。

（4）风险评价的过程宜详细地以文档形式记录下来。

（何利民　吕宇玲）

【**失效概率**　probability of failure】　管道或相关设施等失去原有设计所规定的功能或造成一定损失的物理变化的可能性。又称失效可能性。

失效概率的定量计算方法有统计法和解析法两种。以管道腐蚀穿孔的失效概率计算为例，统计法需要大量的各种管道的历史失效数据，统计分析各种管道防腐和腐蚀环境下管道发生腐蚀穿孔的特性，结合所要分析管道的历史失效数据，依靠概率统计的方法计算出穿孔失效概率；解析法依靠内检测得到的管道腐蚀缺陷尺寸数据，结合管材力学性能，应用结构可靠性的方法建立极限状态方程，并引入腐蚀速率参数，计算管道腐蚀穿孔的失效概率。统计法依赖于管道失效事故记录汇总而成的大型数据库，在历史数据不足的情况下难以应用。解析法需要的管道内、外防腐缺陷数据可由管道内检测获得，因而避开了对管道防腐层何时开始失效、阴极保护是否起作用、效率多高等决定管道腐蚀结局的、却又难以用确定方法描述的事件，在很大程度上实现了定量化。

（何利民　吕宇玲）

【**失效后果**　failure consequence】　管道或相关设施等失去原有设计所规定的功能或造成一定损失的物理变化后所造成的影响。失效概率与失效后果是风险的重要组成部分，三者之间的关系为：风险 = 失效概率 × 失效后果。

根据国际流行准则，失效后果的评价应分别从安全、经济和环境等角度评价，计算出相应的指标。其中，安全后果指标以人员生命潜在损失为指标；经济后果指标以货币为单位的金额为指标，可计算为事故造成设备损坏的修复费用和事故导致停产损失等项的总和；环境后果指标以对环境造成污染的物的数量为指标，或以消除这些污染所花费经费（包括罚款及其他各种花费在内）为指标。

（何利民　吕宇玲）

【**潜在影响区域**　potential impact circle】　管道泄漏可能使其周边公众安全和（或）

财产受到严重影响的区域。由于输气管道具有较大的扩散性,因此潜在影响区域计算方法主要是针对气体管道。

当气体长输管道发生断裂或爆炸事故后,可能对周边居民导致财产损失及人员伤害。通过对潜在影响半径的计算可以得到高后果区的影响范围。天然气管道的影响半径按下式计算:

$$r=0.09961d\sqrt{p}$$

式中:d 为管道外径,mm;p 为管段最大允许操作压力(表压),MPa。

管道直径较大、压力较高的管道受事故影响的区域,比直径较小、压力较低的管道受事故影响的区域要大。潜在影响范围是从最初的受影响范围的中心扩大到最后受影响范围的中心。对受影响区域进行排序,是风险评估的重要要素之一。

(何利民 吕宇玲)

【管体缺陷 tube defects】 管道本体的尺寸或特性超过允许界限的异常现象。油气管道常见管体缺陷包括泄漏(含打孔盗油泄漏)、外腐蚀、内在缺陷或腐蚀、管体凿槽或其他金属损失、电弧烧伤或夹渣、凹坑、硬点、裂纹、焊缝缺陷、皱弯或弯曲缺陷、砂眼及氢致开裂。

管体缺陷按照几何形状可分为平面型缺陷和体积型缺陷。平面型缺陷也称裂纹缺陷,体积型缺陷也称腐蚀缺陷。管道存在上述缺陷后,承压能力下降,通过内检测等手段可以检测出这些缺陷。

管道缺陷的完整性评价是确定管体缺陷严重程度的技术手段,对管道的维护管理具有重要意义。管体缺陷的评价一般分为平面型(裂纹)缺陷评价和体积型(腐蚀)缺陷评价。其中,平面型(裂纹)缺陷以强度损失为特征,包括应力腐蚀开裂(SCC)裂纹、疲劳裂纹、蠕变等;体积型(腐蚀)缺陷以质量损失为特征,包括均匀腐蚀、局部腐蚀、槽沟腐蚀等。

(何利民 吕宇玲)

【划痕 scratch】 管道钢管在运输、装卸、组装、下沟等过程中表面被尖锐的东西划过而留下一条凹槽的一种表面机械损伤。划痕表现为拉长的凹槽,是由机械移动造成的金属损失形成的,可以通过其边缘的锐度来辨认,划痕严重影响管道的完整性。一般用 d/t 可表示划痕的严重程度,d 为划痕的深度,t 为管壁的厚度。

在划痕形成时的一瞬间,划痕附近的金属中,由于冷加工会产生一定的热量,这些热量使金属表面温度迅速上升。随后,随着热量迅速传向周围金属,温度又迅速下降，这样在划痕表面会形成一层较硬、较脆的马氏体。

管表面裂纹加深到一定程度以后，随着压力上升的终止而不再扩展。这一表面裂纹将遗留下来，它可能是无害的，也可能随着压力的波动逐步扩展，成为断裂事故的隐患。

油气管道管体存在凿槽或其他金属损失时，如果缺陷金属的去除量满足要求，可采用打磨修复，打磨深度最大为管体壁厚的40%。如果打磨清理缺陷部位后，检测合格，可采用B型套筒永久修复；否则，采用换管修复。

B型套筒修复技术是利用两个由钢板制成的半圆柱外壳覆盖在管体缺陷外，通过侧缝焊接连接在一起，并在套筒的末端采用角焊的方式固定在输送管道上。套筒可保持管道内压，也能承受因管道受到侧向载荷而产生的轴向应力（见图）。

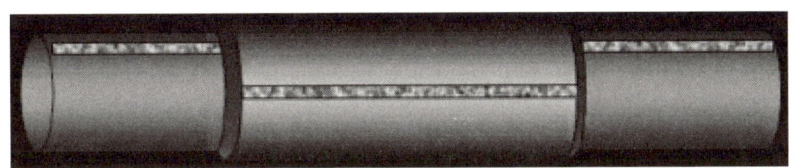

B型套筒结构图

（何利民　吕宇玲）

【凹坑 pits】　管道钢管在运输、装卸、组装、下沟等过程中表面被尖锐的东西撞击而出现局部凹陷的一种表面机械损伤。凹坑包括普通凹坑和有应力集中的凹坑。普通凹坑是指管体形状发生变化，但没有出现应力集中，是由施工时岩石碾压或机械重压产生的。有应力集中的凹坑是指伴随有应力集中的裂纹、划痕、擦痕或电弧烧伤的凹坑。在凹坑形成时，由于冷加工硬化作用，使坑附近的金属断裂韧性有所下降。

油气管道管体存在凹坑时，需进行深度检测。当管体凹坑深度小于6%管径，且是不含有应力集中的光滑凹坑，除非凹坑影响管线的清理，否则不需修复；当管体凹坑深度小于6%管径，并伴有金属损失、开裂或应力集中，或当管体凹坑深度大于6%管径，应对管道进行修复。

（何利民　吕宇玲）

【褶皱 fold】　管道轴向压应力造成的管壁局部变形，其明显特征是向外的微小膨胀或向内的凹陷。

油气管道的管体存在皱弯、弯曲缺陷时，可采用B型套筒（见划痕）和环氧钢套筒进行永久修复，修复套筒形状、尺寸应与管道相符。

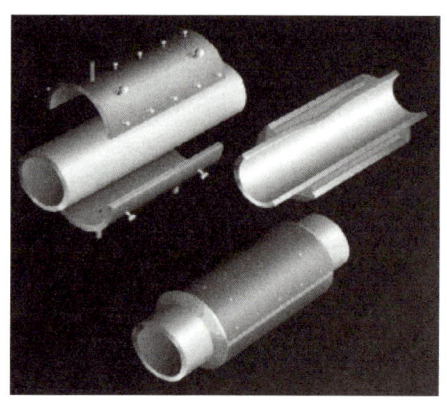

环氧钢套筒结构图

环氧钢套筒修复技术是利用两个由钢板制成的半圆柱外壳覆盖在管体缺陷外,并与管道保持一定环隙,环隙两端用胶封闭,再在此封闭空间内灌注环氧填胶,构成复合套管,对管道缺陷进行补强修复(见图)。

(何利民　吕宇玲)

【裂纹 crack】 管道在应力或环境(或两者同时)作用下产生的裂隙。油气管道裂纹通常可分为直接裂纹和间接裂纹。直接裂纹是指和管壁状态直接相关的裂纹,这些裂纹对管道或管段的完整性有直接影响。间接裂纹是指与管道的完整性有关的材料损坏或系统故障,随着服役时间的增加,它们可能会导致管道出现直接裂纹,典型的例子是管道阴极保护系统的故障或内外防腐涂层的损坏。

管道在使用过程中最可能出现的裂纹有疲劳裂纹、应力腐蚀裂纹(中度或高 pH 值应力腐蚀裂纹)、氢感应裂纹、硫化物应力腐蚀裂纹和热影响区焊缝裂纹。这些裂纹可根据管道金属、环向焊缝和热影响区(HAZ)来判断。

管道裂纹的几何形状有:沿纵向延伸的径向内外表面裂纹(大部分存在于纵向焊缝的热影响区,包括应力腐蚀裂纹);沿圆周方向延伸的径向内外表面裂纹(如果管道承受附加的弯曲荷载,大多存在于环向焊缝的热影响区);不同形状的内表面裂纹,大部分沿圆周方向分布(酸性气体管道中的氢感应裂纹的逐步扩展)。

超声波方法适用于检测裂纹。经过管壁的超声波受到来自管壁的各种不同情况的影响,从而可以测量并描绘出管道的现有状况。超声波检测器(见图)的主要优点是能够提供对管壁的定量检测,其提供的内检测数据精度和置信度高。其缺点是需要耦合剂,应用于输气管道时比较复杂。

超声波检测器

(何利民　吕宇玲)

【金属损失 metal loss】 金属表面部分区域集中失去金属的现象，通常是由于腐蚀所致，也可能由划痕或机械损伤所致。

当油气管道管体泄漏或管体缺陷深度≥0.8t（t为管道厚度），可采用机械夹具进行临时修复或换管进行永久修复，通常临时修复后的2年内需采用永久修复技术进行更换。当缺陷程度<0.8t，可采用补焊、补板、A型套筒、B型套筒、环氧钢套筒、复合材料或换管修复中的任意一种技术进行永久修复。当管道环焊缝附近有应力集中凹坑时，应采用B型套筒或换管进行永久修复。若打磨尺寸能满足规范要求，可采用打磨修复。当管体产生皱弯、弯曲缺陷时，若形变不大，可采用B型套筒或环氧钢套筒进行永久修复，修复套筒的形状、尺寸应与管道相符。若管体形变较大应采用换管进行修复。

漏磁检测（MFL）技术可检测出腐蚀或擦伤所造成的管道金属损失缺陷，甚至能够测量那些不足以威胁管道结构的小缺陷（硬斑点、毛刺、结疤、夹杂物和各种其他异常和缺陷）。其应用相对简单，对检测环境的要求不高，具有较高的可信度，并且可兼用于输油和输气管道（见图）。

漏磁检测器

（何利民　吕宇玲）

【涂层缺陷 coating defect】 防腐涂层上所有的异常，包括剥离区和漏点等。管道在建设施工及运行过程中，防腐层不可避免地会因机械碰撞或土壤应力出现一些破损，导致管体与腐蚀性环境接触而受到腐蚀威胁。

对于防腐涂层的检测与评价主要分间接检测与评价和直接检测与评价。间接检测与评价是指开展防腐层地面检漏等间接测试，结合历史记录，进行防腐层漏点和腐蚀活性点的分级评价；直接检测与评价是指依据间接检测与评价确定开挖优先顺序及开挖点数量，进行开挖检测、腐蚀管道安全评价、分析腐蚀原因、提出维护措施，并对间接评价分级准则和开挖顺序进行修正。

（何利民　吕宇玲）

【防腐层漏点 leak source of anticorrosive coating】 防腐层出现不连续处（孔），使管体表面暴露于环境中的一种缺陷。

当防腐层存在缺陷时，可能消耗大量阴极保护电流或使电位分布不均匀。管道防腐层漏点导致管道表面直接暴露于土壤、水环境中，裸露部分的钢铁与环境介质中的氧化物形成原电池，加速防腐层漏点部分的管道发生金属腐蚀。

用于防腐层漏点的间接检测方法主要有地面音频检漏法（皮尔逊法）、电流电位梯度法、密间距电位测量法和交流电流衰减法等。

皮尔逊法主要用于探测和定位埋地管道防腐层的缺陷，在国内应用较为普遍。当一个交流信号加在金属管道上时，防腐层破损点处便会有电流泄漏流入土壤中，信号电流在土壤中形成以破损点为中心的地电场，其地电位梯度随距离的增大而减小，破损点正上方的地表就是地电位梯度在地面上最大的位置，在地面上用专门仪器检测这种电位异常变化，便可根据接收和检测到的信号变化强度和位置，确定防腐层漏点的位置和漏点大小。

电流电位梯度法能精确地确定防腐层漏点位置。可分为直流电位梯度法（DCVG）和交流电位梯度法（ACVG）。DCVG还可评估漏点尺寸、缺陷处的金属腐蚀活性。

（何利民　吕宇玲）

【流动安全保障 flow assurance】 针对深水油气田开发中遇到的流动障碍，如管道中的蜡和沥青质沉积、水合物、严重段塞流及凝管等，进行相关的分析，研究保障管路系统流动（输送）安全的技术措施。与此相关的所有问题、技术均属"流动安全保障"的范畴。与传统研究相比，"流动安全保障"理念及研究技术路线最大的不同是从安全系统工程的高度出发，综合分析各个因素对管路系统流动性的影响，集成各相关技术实现流动安全保障的目标。

我国所产原油80%以上为凝点较高的含蜡原油和黏稠的重质原油，其安全、经济输送一直是我国油气储运界的主要研究课题。多数输油管道存在与流动相关的安全隐患，例如，凝管一直是输油管道运行中的重大隐患，热油管道的低输量运行措施也需要首先解决流动安全问题。

陆上油气管道，尤其是原油和成品油管道的流动保障研究目标和内容包括：对于原油管道（包括多品种原油顺序输送管道），是综合分析和预测管输原油流变性、管道结蜡规律以及管道停输再启动特性等因素对原油管道流动安全和节能降耗的影响，为管道的设计和安全运行提供技术参数和保障措施；对于成品油顺序输送管道，是通过综合分析各种影响混油和管路流动特性的因素对其经济和安全输送的影响，为生产提供相应的保障措施；对于天然气管道（网），是通过综合分析和模拟各种因素引起管网输气的波动，为天然气管网的平稳运行和供气提供建议和保障措施。在所有的保障措施里，包括采用化学流动改进剂（如降凝剂和减阻剂等）以改善和提高所输介质在管道中的流动特性。涉及的3个主要研究方向为原油流变学及其应用研究、油（气）管道流动改进剂研究与应用以及多种油品顺序输送流动特性研究。

（何利民　吕宇玲）

【管道蜡沉积 pipeline wax deposition】 原油自油藏中采出并流经管道时，受周边低温环境影响，靠近管壁处的原油温度会降到析蜡点以下，管壁附近溶解在原油中的蜡分子会结晶析出，借助其自由表面能而沉积于管壁或已形成的不动层上。管输系统中蜡沉积的发生减小了管道的有效流通面积，降低了管道的输送能力，严重时还会造成蜡堵事故。

原油在管道中的流速、流型和流态对蜡沉积层厚度和硬度有较大的影响。对于输油管道的蜡沉积问题，需要采用适当的防蜡技术、脱蜡技术和清蜡技术。防蜡技术分为磁防蜡、化学防蜡、管道内涂层防蜡；脱蜡技术包括尿素预脱蜡、离心法脱蜡等；清蜡技术主要有物理法、化学法、热油/蒸汽清洗法、超声波法以及细菌法。

（何利民　吕宇玲）

【沥青质沉积 asphaltene deposition】 沉淀后的沥青质在一定条件下逐渐堆积至管壁或筒壁的过程。沥青质的沉积过程和沉积速率主要取决于流体组分、流体温度和压力、管外温度、流动速度和管道的结构参数等。

（何利民　吕宇玲）

【管道结垢 pipe scaling】 管道输送的油气等介质，里面含有有机物、H_2S、CO_2、多种离子、细菌以及泥沙等杂质，由于受到化学、物理或生物的作用而形成污垢。管道结垢后使管道缩径，流通截面积变小，造成压力损失、排量减小及管道堵塞。管道结垢还会诱发管道局部腐蚀，导致管道漏失频繁，甚至穿孔，造成破坏性事故。

从管道中采集到的垢样包括各种无机物和以石油及沥青为主的有机物，其中无机垢最为典型，统称为油田垢。在管道中大量出现的油田垢，从成分上大体可以分为盐类垢、腐蚀垢及泥沙等沉积垢。热油管道在输送过程中，不断向周围环境散热，油品温度逐渐下降，当原油温度低于蜡的初始结晶温度时，蜡晶微粒便开始在油流中或固相表面析出，这也是垢物的一部分。

预防管道结垢主要有以下方法：

（1）选用耐蚀材料。选用Cr、Mo含量高而S、P杂质含量低的耐腐蚀合金管材或者玻璃钢管材，可以提高管道的抗蚀能力，减缓因腐蚀引起的结垢，因为Cr含量增加，会提高钝化膜的稳定性，Mo含量增加，可减少Cl^-的破坏作用。

（2）添加化学药剂。用化学方法除掉腐蚀介质或者改变环境性质，可以达到防腐目的。根据管道腐蚀环境和生产情况，有针对性地选用缓蚀剂种类、用量及加注制度。这类化学药剂包括缓蚀剂、杀菌剂、除硫剂、除氧剂、pH值调节剂等。

（3）管道清扫。管道清扫时，应尽量缩短酸液与管道的接触时间，酸化后管内残酸应尽量排尽，防止残酸对管道的腐蚀所引起的结垢。

（4）建立完善的结垢监测系统。该系统便于发现生产中出现的结垢问题，及时采取科学的除垢措施。

管道除垢的方法有化学除垢、高压水喷射除垢、机械除垢、管内移动式除垢和超声波除垢等。

（何利民　吕宇玲）

【水合物堵塞　hydrate blockage】　天然气开采、加工和运输过程中，在一定温度和压力下天然气与液态水形成冰雪状复合物造成的管道堵塞。水合物堵塞严重时，会堵塞井筒、管道或者设备，从而影响天然气的开采、加工和运输。天然气水合物一般形成在阀门、管线、设备的节流处，或者设备设施以及地势的低洼处（见图）。

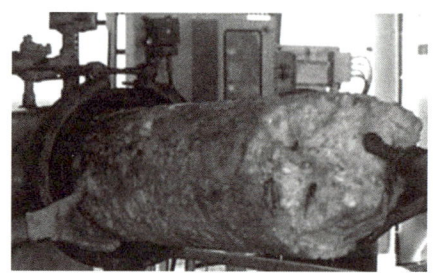

水合物堵塞管道

如果输气管线的某处因为某种原因，已形成水合物堵塞，就得及时解堵。解除水合物堵塞的措施包括加热解堵、降压解堵和注抑制剂解堵。所谓加热解堵，即在水合物形成的局部管段，利用热源（如热水、蒸汽）加热天然气，提高天然气的温度，破坏天然气水合物的形成条件，迫使水合物分解，并被天然气带走。如果管道太长可以考虑分段加热，还可以使用伴热管线加热。降压解堵即在水合物形成的管段利用特设的支管，暂时将部分天然气放空，降低管中压力，相应也降低水合物的温度，当水合物的温度低于输气管线的气流温度时，水合物就立即开始分解，但是在天然气工业中降压解堵并不是一个常用的方法，通常利用减压来作为一个补救措施用于融化已形成的水合物。注抑制剂解堵即利用化学抑制剂抑制水合物的形成，在天然气工业中使用最普遍的化学抑制剂是甲醇。

（何利民　吕宇玲）

【严重段塞流 severe slug flow】　一种在油田生产中液塞长度大于立管高度的段塞流。尤其是在深海油气资源开采当中，几百米甚至上千米的立管有可能会出现较长的液塞，严重影响海管和平台的正常安全运行。

严重段塞流可能出现的条件为：

（1）严重段塞流只出现在卧底管线向下倾斜时，即倾斜角度为负值时；

（2）管道进口的气液流量较低；

（3）当立管中流动为不稳定流动时，即气体流量增加时液体压力减小，较易产生严重段塞流。

通常可以从以下两个方面减小、消除严重段塞流。(1) 在设计方面采取措施。在原有设备中另外附加其他设备。严重段塞流的出现是可以进行预测的。在最初的设计阶段，可以预先通过生产工艺流程以及生产要素的改变，尽量规避严重段塞流，设计海管直径时一定要考虑段塞流影响管线的平稳运行和启输压力，从而维持生产的平稳运行，可以显著提升生产效率。(2) 对于已经建成的油田，消除段塞流常采取的方法是增加附加设施，如节流阀等。此外，还有一种方法可以阻滞严重段塞流发生时所出现的断流或溢流现象，那就是把入口分离器建造或改装得足够大，形成的较大空间能够避免该现象的发生，由于这种方式占据空间大、生产成本高，通常很少用于生产实践。

（何利民　吕宇玲）

附 录

石油科技常用计量单位换算表

物理量名称及符号	法定计量单位名称及符号		非法定计量单位名称及符号		单位换算
	名称	符号	名称	符号	
长度 L	米 海里	m n mile	英寸	in	1in=25.4mm（准确值） 单位密耳（mil）或英毫（thou）有时用于代表"毫英寸"
			英尺	ft	1ft=12in=0.3048m（准确值） 1ft（美测绘）=0.3048006m
			码	yd	1yd=3ft=0.9144m
			英里	mile	1mile=5280ft=1609.344m（准确值） 1mile（美）=1609.347m
			密耳	mil	1mil=2.54×10^{-5}m
			海里 （只用于航程）	n mile	1n mile=1852m
			杆	rd	1rd=5.0292m
			费密		1 费密=10^{-15}m
			埃	Å	1Å=0.1nm=10^{-10}m

续表

物理量名称及符号	法定计量单位名称及符号		非法定计量单位名称及符号		单位换算
	名称	符号	名称	符号	
面积 $A(S)$	平方米	m^2	平方英寸	in^2	$1in^2=645.16mm^2$（准确值）
			平方英尺	ft^2	$1ft^2=0.09290304m^2$（准确值）
			平方码	yd^2	$1yd^2=0.83612736m^2$（准确值）
			平方英里	$mile^2$	$1mile^2=2.589988km^2$ $1mile^2$（美测绘）$=2.589998km^2$
			英亩	acre	$1acre=4046.856m^2$ $1acre$（美测绘）$=4046.873m^2$
			公顷	ha	$1ha=10^4m^2$
体积 容积 V	立方米 升	m^3 L	立方英寸	in^3	$1in^3=16.387064cm^3$（准确值）
			立方英尺	ft^3	$1ft^3=28.31685L^3$（准确值）
			立方码	yd^3	$1yd^3=0.7645549m^3$（准确值）
			加仑	gal	$1gal$（英）$=277.420in^3=4.546092L$ （准确值）$=1.20095gal$（美） $1gal$（美）$=3.785412L$
			品脱（英） 液品脱（美）	pt liq pt	$1pt$（英）$=0.56826125L$（准确值） $1liq\ pt$（美）$=0.4731765L$
			液盎司	fl oz	$1fl\ oz$（英）$=28.41306cm^3$ $1fl\ oz$（美）$=29.57353cm^3$
			桶	bbl	$1bbl$（美石油）$=9702in^3=158.9873L$
			蒲式耳（美）	bu	$1bu$（美）$=2150.42in^3=35.23902L$ $=0.968939bu$（英）
			干品脱（美）	dry pt	$1dry\ pt$（美）$=0.5506105L^3$ $=0.968939pt$（英）
			干桶（美）	bbl	$1bbl$（美）（干）$=7056in^3=115.6271L$

续表

物理量名称及符号	法定计量单位名称及符号		非法定计量单位名称及符号		单位换算
	名称	符号	名称	符号	
速度 u,v,w,c	米每秒 节	m/s kn	英尺每秒	ft/s	1ft/s=0.3048m/s（准确值）
			英里每小时	mile/h	1mile/h=0.44704m/s（准确值）
			英寸每秒	in/s	1in/s=0.0254m/s
加速度 a 重力加速度 g	米每二次方秒	m/s²	英尺每二次方秒	ft/s²	1ft/s²=0.3048m/s²（准确值）
质量 m	千克（公斤）吨	kg t	磅	lb	1lb=0.45359237kg（准确值）
			格令	gr	1gr=1/7000lb=64.78891mg（准确值）
			盎司	oz	1oz=1/16lb=437.5gr（准确值）=28.34952g
			英担	cwt	1cwt（英国）=1 长担（美国）=112lb（准确值）=50.80235kg 1cwt（美国）=100lb（准确值）=45.359237kg
			英吨	ton	1ton（英国）=1 长吨（美国）=2240lb=1.016047t 1ton（美国）=2000lb=0.9071847t
			脱来盎司或金衡盎司	oz（troy）	1oz（troy）=480gr=31.1034768g（准确值）
			[米制]克拉	metric carat	1metric carat=200mg（准确值）
体积质量，[质量]密度 ρ	千克每立方米 克每立方厘米	kg/m³ g/cm³	磅每立方英尺	lb/ft³	1lb/ft³=16.01846kg/m³
			磅每立方英寸	lb/in³	1lb/in³=27679.9kg/m³ 1g/cm³=1000kg/m³
力 F	牛[顿]	N	达因	dyn	1dyn=10⁻⁵N（准确值）
			磅力	lbf	1lbf=4.448222N
			千克力	kgf	1kgf=9.80665N（准确值）
			吨力	tf	1tf=9.80665×10³N

续表

物理量名称及符号	法定计量单位名称及符号		非法定计量单位名称及符号		单位换算
	名称	符号	名称	符号	
力矩 M	牛[顿]米	N·m	英尺磅力	ft·lbf	1ft·lbf=1.355818N·m
			千克力米	kgf·m	1kgf·m=9.80665N·m（准确值）
压力，压强 p	帕 兆帕	Pa MPa	标准大气压	atm	1atm=101325Pa（准确值）
			工程大气压	at	1at=1kgf/cm^2=0.967841atm =98066.5Pa（准确值）
			磅力每平方英寸	lbf/in^2（psi）	1lbf/in^2=6894.757Pa
			千克力每平方米	kgf/m^2	1kgf/m^2=9.80665Pa（准确值）
			托	Torr	1Torr=1/760atm=133.3224Pa
			约定毫米水柱	mm H$_2$O	1mm H$_2$O=10^{-4}at=9.80665Pa（准确值）
			约定毫米汞柱	mm Hg	1mm Hg=13.5951mm H$_2$O =133.3224Pa
[动力]黏度 μ	帕秒	Pa·s	泊	P	1P=0.1Pa·s（准确值）
			厘泊	cP	1cP=10^{-3}Pa·s
			千克力秒每平方米	kgf·s/m^2	1kgf·s/m^2=9.80665Pa·s
			磅力秒每平方英尺	lbf·s/ft^2	1lbf·s/ft^2=47.8803Pa·s
			磅力秒每平方英寸	lbf·s/in^2	1lbf·s/in^2=6894.76Pa·s
运动黏度 ν	米二次方每秒	m^2/s	斯[托克斯]	St	1St=10^{-4}m^2/s（准确值）
			厘斯	cSt	1cSt=10^{-6}m^2/s
			二次方英尺每秒	ft^2/s	1ft^2/s=0.09290304m^2/s
			二次方英寸每秒	in^2/s	1in^2/s=6.4516×10^{-4}m^2/s

续表

物理量名称及符号	法定计量单位名称及符号		非法定计量单位名称及符号		单位换算
	名称	符号	名称	符号	
能量 $E(W)$ 功 $W(A)$	焦[耳] 千瓦[小]时	J kW·h	尔格	erg	1erg=1dyn·cm=10^{-7}J（准确值）
			英尺磅力	ft·lbf	1ft·lbf=1.355818J
			千克力米	kgf·m	1kgf·m=9.80665J（准确值） 1J=1N·m
			英马力小时	hp·h	1hp·h=2.68452MJ
			电工马力小时		1电工马力小时=2.64779MJ
功率 P	瓦[特]	W	英尺磅力每砂	ft·lbf/s	1ft·lbf/s=1.355818W
			马力	hp	1hp=745.6999W
			[米制]马力	metric hp	1metric hp=735.49875W（准确值）
			电工马力		1电工马力=746W
			卡每秒	cal/s	1cal/s=4.1868W
			千卡每小时	kcal/h	1kcal/h=1.163W
			伏安	V·A	1V·A=1W
			乏	var	1var=1W
热力学温度 T 摄氏温度 t	开[尔文] 摄氏度	K ℃	兰氏度	°R	1°R=$\frac{5}{9}$K
			华氏度	°F	$\frac{t_F}{°F}=\frac{9}{5}\frac{t}{℃}+32=\frac{9}{5}\frac{T}{K}-459.67$
热，热量 Q	焦[耳]	J	英制热单位	Btu	1Btu=778.169ft·lbf=1055.056J
			15℃卡	cal_{15}	$1cal_{15}$=4.1855J
			国际蒸汽表卡	cal_{IT}	$1cal_{IT}$=4.1868J 1$Mcal_{IT}$=1.163kW·h（准确值）
			热化学卡	cal_{th}	$1cal_{th}$=4.184J（准确值）
热流量 Φ	瓦[特]	W	英制热单位每小时	Btu/h	1Btu/h=0.2930711W

续表

物理量名称及符号	法定计量单位名称及符号		非法定计量单位名称及符号		单位换算
	名称	符号	名称	符号	
热导率 （导热系数） $\lambda, (\kappa)$	瓦[特] 每米 开 [尔文]	W/ (m·K)	英制热单位每秒英尺兰氏度	Btu/ (s·ft·°R)	1Btu/(s·ft·°R)=6230.64W/(m·K)
			卡每厘米秒开尔文	cal/ (cm·s·K)	1cal/(cm·s·K)=418.68W/(m·K)
			千卡每米小时开尔文	kcal/ (m·h·K)	1kcal/(m·h·K)=1.163W/(m·K)
			英热单位每英尺小时华氏度	Btu/ (ft·h·°F)	1Btu/(ft·h·°F)=1.73073W/(m·K)
传热系数 $K, (k)$ 表面传热系数 $h, (\alpha)$	瓦[特] 每平方米开 [尔文]	W/ (m²·K)	英制热单位每秒平方英尺兰氏度	Btu/ (s·ft²·°R)	1Btu/(s·ft²·°R)=20441.7W/(m²·K)
			卡每平方厘米秒开尔文	cal/ (cm²·s·K)	1cal/(cm²·s·K)=41868W/(m²·K)
			千卡每平方米小时开尔文	kcal/ (m²·h·K)	1kcal/(m²·h·K)=1.163W/(m²·K)
			英热单位每平方英尺小时兰氏度	Btu/ (ft²·h·°R)	1Btu/(ft²·h·°R)=5.67826W/(m²·K)
热扩散率 a	平方米每秒	m²/s	平方英尺每秒	ft²/s	1ft²/s=0.09290304m²/s（准确值）
质量热容， 比热容 c 质量定压热容， 比定压热容 c_p 质量定容热容， 比定容热容 c_V 质量饱和热容， 比饱和热容 c_{sat}	焦[耳] 每千克 开 [尔文]	J/ (kg·K)	英制热单位每磅兰氏度	Btu/(lb·°R)	1Btu/(lb·°R)=4186.8J/(kg·K)（准确值）

续表

物理量名称及符号	法定计量单位名称及符号		非法定计量单位名称及符号		单位换算
	名称	符号	名称	符号	
质量熵，比熵 s	焦[耳]每千克开[尔文]	J/(kg·K)	英制热单位每磅兰氏度	Btu/(lb·°R)	1Btu/(lb·°R)=4186.8J/(kg·K)（准确值）
质量能，比能 e 质量焓，比焓 h	焦[耳]每千克	J/kg	英制热单位每磅	Btu/lb	1Btu/lb=2326J/kg（准确值）
电流 I 交流 i	安[培]	A	毫安	mA	1mA=10^{-3}A
电压，电位 U 电动势 E	伏[特]	V			1V=W/A
电容 C	法[拉]	F			1F=1C/A
电荷 Q	库[仑]	C			1C=1A·s 1A·h=3.6kC（用于蓄电池）
磁场强度 H	安[培]每米	A/m			
磁通量 Φ	韦[伯]	Wb			1Wb=1V·s
渗透率 K	二次方微米毫达西	μm^2 mD	达西	D	1D=1μm^2（准确值） 1mD=1×10^{-3}D
物质浓度 c	摩[尔]每立方米 摩[尔]每升	mol/m^3 mol/L	体积摩尔浓度	M	1M=1mol/L =1000mol/m^3

条目汉语拼音索引

A

安全阀 /167
安全停输时间 /187
安全预警 /361
氨吸收制冷回收工艺 /139
氨压缩制冷回收工艺 /137
氨制冷脱水工艺 /130
凹坑 /379

B

板翅式换热器 /61
板式换热器 /59
半地下油库 /231
爆燃 /364
爆炸 /363
爆炸燃烧 /363
闭式混合冷剂制冷 /275
闭式热水循环采油集油
　　流程 /11
避雷针 /219
变压吸附脱硫工艺 /110

标识带 /309
丙烷压缩制冷回收
　　工艺 /139
丙烷乙烷复叠式制冷回收
　　工艺 /140
丙烷制冷脱水工艺 /129
并排卸货 /281
波浪流 /26
玻璃钢管道 /161
薄膜罐* /264
薄膜型储罐 /264
捕雾器 /40
不带水开挖管道穿越 /344
不加热集油流程 /2
不完全环状流 /27
布管 /322

C

采气管线 /95
测绘检测 /373
测量放线 /317
差压式流量计 /35

掺活性水集油流程 /6
掺轻质馏分油集油流程 /8
掺热水集油流程 /4
掺热油集油流程 /5
掺稀原油集油流程 /7
掺蒸汽集油流程 /5
常温多级分离集气
　　流程 /93
常温分离单井集气
　　流程 /92
常温分离多井集气
　　流程 /92
常温分离集气流程 /91
超声波流量计 /36
超声波内检测 /371
超音速分离工艺 /110
称重式计量装置 /32
齿轮泵 /151
冲击流 /26
稠油污水处理技术 /79
储罐* /207
储罐附件 /212

储罐容量 /204
储罐施工 /351
储气柜* /245
储气库调峰 /253
储油洞室 /234
储油洞室微震监测 /238
储油罐 /207
储油库 /203
储油溶腔 /241
传感器 /45
串联卸货 /282
醇胺脱硫工艺 /104

D

带水开挖管道穿越 /344
单管拱管道跨越 /349
单管环状掺水集油
　流程 /12
单管集油流程 /9
单井罐拉油流程 /14
单井计量站 /17
单容式储罐 /263
单吸式离心泵 /149
单向阀* /166
低氢型焊条下向立焊 /328
低渗透气田地面集输 /88
低温泵 /268
低温分离集气流程 /94
低温分离脱水工艺 /124
低温含油污水处理
　技术 /78
低温克劳斯工艺 /113
低温双层储罐 /212
低温液体泵* /268

低压气罐 /245
地下储气库 /250
地下水封石洞油库 /232
地下盐穴洞库 /240
地下油库 /232
地质灾害易发性 /365
第三方破坏 /364
电磁超声检测 /372
电磁流量计 /35
电动阀 /169
电化学腐蚀 /301
电加（伴）热集油
　流程 /4
电阻焊钢管 /159
垫底气 /252
吊管机 /334
顶管法管道穿越 /339
定向钻穿越* /337
定向钻对穿工艺 /338
定向钻法穿越 /336
定向钻机 /337
段塞流* /26
段塞流捕集器 /43
盾构法管道穿越 /342
多级分离稳定 /67
多井计量站 /17
多相泵 /29
多相流量计 /18
多重乳状液* /49

E

EMAT* /372
ESD系统* /311
二级布站 /22

F

FLNG* /293
Fluor法脱硫工艺 /108
FSRU* /293
反乳化作用* /49
防腐层漏点 /381
防腐钢管* /318
防腐管 /318
防火堤 /205
防渗填层 /238
放空火炬系统 /196
非金属管道 /160
非均相化多相流量计 /34
废弃矿坑型地下
　储气库 /252
沸溢 /364
分层流 /26
分离器控制系统 /45
分离式多相流量计 /33
分相流模型 /29
分子筛脱硫工艺 /102
分子筛脱水工艺 /121
风险评价 /376
砜胺脱硫工艺 /106
浮顶储罐充水倒装法
　施工 /357
浮顶储罐充水正装法
　施工 /357
浮顶储罐内脚手架
　施工 /358
浮顶罐施工 /356
浮式储存及再气化
　装置 /293

浮式液化天然气生产储卸
　　装置 /293
辐射与环状组合式管网
　　集气流程 /91
辐射与枝状组合式管网
　　集气流程 /90
辐射状管网集气流程 /90
辐射状管网集油流程 /10
负压比例混合器 /228
负压波法 /191
复合乳状液 /49
覆土油罐 /210

G

干气露点 /133
高后果区 /376
高后果区识别 /368
高凝油集油流程 /13
高压管束 /246
高压气罐 /246
隔震垫* /288
功图法计量装置 /32
固定床吸附 /135
固定顶储罐充气倒装法
　　施工 /352
固定顶储罐电动链多点
　　提升倒装法施工 /354
固定顶储罐电动螺杆顶升
　　法施工 /353
固定顶储罐卷扬机提升倒装
　　法施工 /355
固定顶储罐施工 /351
固定顶储罐液压提升倒装
　　法施工 /355

固定顶储罐中心柱倒装法
　　施工 /352
刮蜡清管器 /156
管道伴行道路 /317
管道测径 /335
管道穿越工程 /336
管道地质灾害 /365
管道断裂控制 /297
管道防腐 /331
管道防腐补口 /332
管道防腐补伤 /332
管道敷设 /298
管道腐蚀 /300
管道腐蚀检测 /306
管道附属工程 /308
管道干线标志 /308
管道干燥 /335
管道焊接 /326
管道结垢 /383
管道跨越工程 /346
管道蜡沉积 /383
管道路由 /296
管道清管 /334
管道施工作业 /314
管道试压 /335
管道输油工艺 /175
管道水工保护 /297
管道通信系统 /312
管道外腐蚀直接评价
　　方法 /374
管道完整性管理 /366
管道完整性直接评价
　　方法 /373
管道下沟 /333

管道线路工程 /295
管道泄漏定位 /192
管道泄漏检测 /189
管道压力试验 /374
管道沿线地区等级 /295
管道易损性 /366
管道自动控制 /310
管端坡口 /322
管沟 /319
管口组对 /323
管式换热器 /60
管式加热炉 /57
管体缺陷 /378
管线阀门 /162
管线腐蚀监测 /304
管线钢 /314
管线钢管 /315
管线结蜡 /192
管线内防腐层 /174
管线内防腐技术 /306
管线排流保护 /303
管线清蜡 /193
管线外防腐层 /170
管线直流排流保护 /304
管子流量标定装置* /37
硅胶脱水工艺 /124
过滤分离设备 /253
过滤滤料 /83

H

含气率 /24
含水层型地下储气库 /251
含液率 /24
含油污水处理技术 /77

含油污水处理压力
　　流程　/76
含油污水处理重力
　　流程　/75
含油污水气浮选技术　/85
含油污水双层滤料过滤
　　技术　/81
含油污水双向过滤
　　技术　/80
含油污水旋流除油
　　技术　/80
焊缝检验　/330
焊接接头　/326
桁架式管道跨越　/347
核桃壳滤料　/84
鹤管　/220
衡量法*　/223
呼吸阀　/214
划痕　/378
化学腐蚀　/301
还原—吸收工艺　/114
环泵式比例混合器*　/228
环氧煤沥青防腐层　/171
环状管网集气流程　/90
环状流　/27
缓冲气*　/252
换热器　/59
回流罐　/73
回流冷凝器　/73
混合冷剂制冷　/274
混凝土管片　/343
混输泵*　/29
混油处理　/180
混油界面检测　/180

混油切割　/181
活塞膨胀机　/279
火炬燃烧*　/363
火筒式加热炉　/56
火灾　/362

J

基线检测　/375
级联式液化工艺*　/273
集气管线　/96
集气站　/97
集输管道内防腐技术　/307
集输气管网　/94
集输站场　/16
集油流程　/1
几何检测　/372
计量站　/16
加减阻剂输送　/178
加轻油稀释输送　/177
加热集油流程　/3
夹层橡胶垫*　/288
架空敷设　/299
间接检测　/189
间歇泉　/289
减压系统　/186
减阻剂　/179
降凝剂　/177
降凝输送　/176
搅拌器　/216
阶式制冷　/273
阶式制冷工艺*　/140
接转站　/19
节流阀　/167
节流阀制冷脱水工艺　/129

截止阀　/164
金属腐蚀　/300
金属损失　/381
紧急停车系统　/311
浸没燃烧式气化器　/270
警示牌　/309
就地控制　/312
聚氨酯泡沫清管器　/154
聚丙烯塑料管道　/162
聚合物配制站　/14
聚乙烯防腐层　/172
聚乙烯胶黏带
　　防腐层　/173
聚乙烯塑料管道　/161
均相化多相流量计　/34
均相流模型　/29

K

卡曼涡街流量计*　/201
开架式气化器　/270
开式混合冷剂制冷　/275
开式集油流程　/1
开挖法管道穿越　/344
可燃冰*　/197
克劳斯硫黄回收工艺　/111
空冷式冷凝器　/127
空冷脱水工艺　/125
空气泡沫发生器*　/229
空温式气化器　/271
孔板流量计　/200
控制阀　/46
矿山法隧道穿越　/345
扩孔　/338
扩孔器　/339

条目汉语拼音索引

LNG* /255
LNG-FSRU* /293
LNG 槽车* /267
LNG 槽车卸液 /283
LNG 常压储罐 /260
LNG 储存系统 /260
LNG 储罐调压系统 /290
LNG 储罐隔震垫 /288
LNG 储罐加强圈 /288
LNG 储运系统 /259
LNG 地上储罐 /262
LNG 地下储罐 /262
LNG 翻滚 /257
LNG 分层 /257
LNG 工厂 /267
LNG 管道 /267
LNG 罐车 /267
LNG 接收站 /268
LNG 老化 /258
LNG 码头 /283
LNG 气化站 /269
LNG 卸船系统 /280
LNG 卸货臂 /280
LNG 液化率 /258
LNG 运输船 /281
LNG 运输系统 /266
LNG 蒸气云 /292
LNG 装卸系统 /282
LNG 子母型储罐 /261
冷剂制冷脱水工艺 /128
冷甲醇法脱硫工艺 /107
冷凝器 /125

冷箱 /128
离心泵 /149
立式圆筒形金属拱
　顶罐 /208
立式圆筒形金属外浮
　顶罐 /208
立式圆柱形金属内浮
　顶罐 /209
沥青质沉积 /383
联合站* /21
梁式管道跨越 /348
梁式管道直跨* /348
两相水力摩阻系数 /28
量油孔 /217
裂纹 /380
裂隙水处理 /239
零位罐 /210
流动安全保障 /382
流动加油车* /222
流量法* /223
流型图 /28
硫黄成型工艺 /115
硫黄回收工艺 /111
漏磁检测 /371
螺杆泵 /152
螺旋缝埋弧焊钢管 /159
螺旋轴向泵 /30
螺旋钻机顶管穿越 /340

煤层气地面集输 /88
弥散流 /27
密闭集油流程 /2
密闭输送流程 /183

密封塞 /236
膜分离脱酸工艺 /109
膜过滤 /82

内胆自增压 /285
内对口器 /324
内检测 /370
泥水平衡式盾构掘
　进机 /342
逆止阀* /166
凝析气高压集输工艺 /145
凝析气集输处理 /144
凝析气节流阀制冷处理
　工艺 /145
凝析油逐级闪蒸分馏稳定
　工艺 /145

O

ORV* /270

P

"Π"形钢架管道
　跨越 /349
旁接油罐输送流程 /183
泡沫比例混合器 /227
泡沫产生器 /229
泡沫枪 /230
膨胀机 /279
膨胀与冷剂相结合制冷
　回收工艺 /142
膨胀制冷回收工艺 /141
皮碗清管器 /154
平衡法顶管穿越 /341

- 397 -

平衡湿容量 */132
平衡吸附量 */132
坡口机 /323
破乳 /49
破乳剂 /50

Q

气波制冷回收工艺 /144
气垫气* /252
气动阀 /170
气泡流 /25
气体饱和水含量 /198
气体分输站 /195
气体接收站 /195
气体罗茨流量计 /202
气体腰轮流量计 */202
气田集输 /87
气团流 /25
气液旋流分离器 /43
汽车油罐车 /222
千斤顶顶管穿越 /340
潜在影响区域 /377
橇装式可移动LNG
　卫星站 /285
轻烃泵 /147
轻烃回收 */133
轻型托架式管道跨越 /348
清管器 /153
清管器收发装置 /157
球阀 /165
球罐 /211
球形罐 /265
区域性阴极保护 /307
全容式储罐 /264

全自动焊 /329

R

燃烧 /362
热分离机制冷回收
　工艺 /143
热固性重防腐环氧粉末
　涂料 */172
热交换器 */59
热水伴热流程 */10
人孔 /216
容积泵 /151
容积式流量计 /35
溶腔检测 /242
熔结环氧粉末外涂层 /172
萨尔图集油流程 /10

S

萨尔图集油流程 /10
SCADA系统 /310
SCV* /270
三甘醇脱水工艺 /118
三管伴热集油流程 /10
三管流程* /10
三级布站 /23
闪蒸* /71
闪蒸分离器 /129
闪蒸罐 */71
闪蒸容器 /71
闪蒸塔 */71
射流清管器 /157
失效概率 /377
失效后果 /377
失效可能性 */377

施工作业带 /318
湿容量* /132
石油沥青防腐层 /171
石油运输车* /222
实时模型法 /191
事故 /360
事故隐患 /359
手动阀 /169
手工电弧焊 /327
疏水器 /168
输气工艺 /193
输气管线 /97
输气末站 /194
输气首站 /194
输气站 /193
输送钢管 /158
输油泵 /185
输油臂 /221
输油流程 /182
输油末站 /185
输油首站 /184
输油站 /183
树枝状管网集气流程 /90
树枝状管网集油流程 /11
数字化管道 /312
双管掺液集油流程 /9
双金属复合管 /160
双流体模型* /29
双螺杆多相泵 /30
双容式储罐 /263
双吸式离心泵 /150
水封洞库竖井 /233
水合物堵塞 /384
水合物浆液输送 /197

水合物抑制剂 /199
水环输送 /180
水击 /186
水冷式冷凝器 /126
水力保护界限 /237
水力活塞泵采油集油
　流程 /13
水露点 /199
水幕系统 /236
水平中开式离心泵* /150
水套加热炉 /58
速度式流量计 /35
酸气图 /199

T

塔底再沸器 /72
塔顶产品储罐* /73
弹性弯曲敷设 /317
碳酸丙烯酯法* /108
体积管 /37
天然气除油器 /44
天然气处理 /99
天然气固体脱硫工艺 /101
天然气固体吸附脱水
　工艺 /119
天然气管道减阻 /196
天然气回收冷凝法 /136
天然气集气流程 /89
天然气集输 /87
天然气计量 /200
天然气井场 /95
天然气凝液回收 /133
天然气凝液浅冷回收
　工艺 /136

天然气凝液深冷回收
　工艺 /140
天然气溶解储存 /248
天然气水合物 /197
天然气水合物固态
　储存 /249
天然气脱水 /116
天然气脱酸性气工艺 /101
天然气吸附储存 /246
天然气系统调峰 /195
天然气液化储存 /247
天然气液化工艺 /272
天然气液体脱硫工艺 /103
天然气液体吸收脱水
　工艺 /117
甜气图 /199
调节阀 /167
铁路油罐车 /219
烃露点 /199
停输再启动 /188
同步回转油气混输泵 /148
透光孔 /215
透平膨胀机 /279
涂层缺陷 /381
土压平衡式盾构掘
　进机 /343
脱丁烷塔 /70
脱甲烷塔 /68
脱水泵 /147
脱乙烷塔 /69

W

挖沟机 /320
挖泥船 /320

外对口器 /325
外输泵 /147
弯管 /315
弯管机 /316
完整性评价 /370
围岩稳定性 /238
尾气处理工艺 /113
稳定燃烧 /363
涡街流量计 /201
涡轮流量计 /201
卧式储罐 /210
污水连续砂滤技术 /81
无缝钢管 /158
无损检测 /330

X

吸附剂平衡湿容量 /132
吸附剂设计湿容量 /133
吸附剂有效容量* /133
吸附剂再生 /132
吸附量* /132
吸附平衡 /130
吸附热 /131
吸附速率 /131
吸收塔 /70
下撑式组合管梁管道
　跨越* /348
纤维球滤料 /83
纤维素下向焊 /327
线路截断阀室 /309
巷道 /235
橡胶隔震垫* /288
橡胶清管球 /153
消防报警通信系统 /226

- 399 -

消防给水系统 /225
消防管道 /224
消防器材 /227
消防栓* /230
消火栓 /230
消沫剂* /51
消泡剂 /50
效能评价 /369
斜拉索式管道跨越 /347
泄压阀 /186
泄压放空系统 /196
卸液软管 /284
新砜胺脱硫工艺 /107
絮凝 /49
悬缆式管道跨越 /350
悬索式管道跨越 /346
旋涡流量计* /201
旋转接头 /284

压力式比例混合器 /229
压气站 /195
严重段塞流 /385
盐穴储气库气密性
　试验 /242
盐穴型地下储气库 /251
氧化铁脱硫工艺 /102
页岩气地面集输 /89
液化石油气泵 /148
液化石油气调峰 /248
液化天然气 /255
液膜下落式气化器* /270
液位报警器 /219
液位检测 /223

液压安全阀 /214
液压阀 /170
一级半布站 /22
一级布站 /22
移动消防设备 /225
乙二醇脱水工艺 /119
阴极保护 /303
应急事故池 /205
硬质聚氨酯泡沫
　塑料 /174
油罐管式加热器 /213
油库* /203
油库消防 /207
油库消防系统 /224
油轮 /222
油品等温输送 /175
油品改性输送 /176
油品计量 /223
油品加热输送 /175
油品顺序输送 /176
油品蒸发损耗 /207
油气藏型地下储气库 /250
油气产量计量装置 /31
油气产品常温压力
　储存 /244
油气产品储存 /244
油气产品低温常压
　储存 /247
油气产品低温压力
　储存 /248
油气分输接转站 /20
油气回收 /206
油气混输 /23
油气混输接转站 /19

油气集输 /1
油气集中处理站 /21
油气计量分离器 /18
油气水分离 /38
油气水三相分离器 /39
油水乳状液 /48
油田采出水处理 /74
油田集输工艺泵 /147
油田加热炉 /56
油田污水改性纤维球过滤
　技术 /81
油田污水稳定生物塘处理
　技术 /85
油吸收 /134
游离水脱除器 /54
有效储气量 /252
预冷混合冷剂制冷 /276
原油除砂 /46
原油磁处理输送 /178
原油电脱水 /52
原油电脱水器 /55
原油负压闪蒸稳定 /62
原油加热 /56
原油加热闪蒸稳定 /64
原油精馏稳定 /66
原油开式罐沉降脱水 /53
原油全塔分馏稳定 /65
原油热化学沉降
　脱水 /51
原油乳状液* /48
原油提馏稳定 /65
原油脱水 /47
原油微正压闪蒸
　稳定 /63

原油稳定 /61
原油稳定塔 /68
原油压力罐沉降脱水 /53
运油车* /222

杂散电流腐蚀 /302
再冷凝器 /286
再生塔 /71
在线取样 /224
增压泵 /147
增压器 /287
增压站 /98
闸阀 /163

站控制系统 /311
褶皱 /379
真空加热炉 /58
蒸发气处理系统 /290
蒸发式冷凝器 /127
蒸发率 /291
蒸发脱水 /54
蒸气压缩式制冷 /277
蒸汽伴热集油流程 /3
蒸汽驱集油流程 /13
直板清管器 /155
直缝埋弧焊钢管 /159
直接检测 /189
直接膨胀制冷 /277

直埋敷设 /299
止回阀 /166
制冷工质* /278
制冷剂 /278
质量流量计 /36
质量平衡法 /191
中间介质型气化器 /272
周转系数 /204
注气压缩机 /253
装油车* /222
自保护药芯焊丝半
　自动焊 /328
阻火器 /218
组合拱管道跨越 /350